普通高等医学院校药学类专业第二轮教材

细胞生物学

（供药学、医学及相关专业用）

主　编　易　岚

副主编　詹秀琴　李　玲

编　者（以姓氏笔画为序）

王羚鸿（内蒙古医科大学）	龙　莉（昆明医科大学）
孙　娇（吉林大学）	杨南扬（南华大学）
李　玲（空军军医大学）	时　晰（徐州医科大学）
武慧敏（河南中医药大学）	易　岚（南华大学）
郑　皓（郑州大学）	董　秀（辽宁中医药大学）
詹秀琴（南京中医药大学）	霍　静（长治医学院）

中国健康传媒集团

中国医药科技出版社

内 容 提 要

　　本教材是"普通高等医学院校药学类专业第二轮教材"之一，系根据细胞生物学教学大纲的基本要求和课程特点编写而成。内容上涵盖绪论、细胞的基本特征、细胞生物学的研究技术、细胞膜及其表面、细胞质基质与内膜系统、线粒体、细胞骨架、细胞核、细胞信号传递、细胞的增殖及其调控、细胞分化与再生医学、细胞衰老与死亡等内容。本教材为书网融合教材，即纸质教材有机融合电子教材、教学配套资源（PPT、微课、视频、图片等）、题库系统、数字化教学服务（在线教学、在线作业、在线考试），使教学资源更加多样化、立体化。

　　本教材可供普通高等医学院校药学、医学及相关专业师生教学使用，也可作为相关从业人员的参考用书。

图书在版编目（CIP）数据

　　细胞生物学/易岚主编 . —北京：中国医药科技出版社，2021.7（2025.1重印）

　　普通高等医学院校药学类专业第二轮教材

　　ISBN 978 - 7 - 5214 - 2478 - 2

　　Ⅰ. ①细…　Ⅱ. ①易…　Ⅲ. ①细胞生物学 - 医学院校 - 教材　Ⅳ. ①Q2

　　中国版本图书馆 CIP 数据核字（2021）第 125613 号

美术编辑　陈君杞
版式设计　易维新

出版　**中国健康传媒集团** | 中国医药科技出版社
地址　北京市海淀区文慧园北路甲 22 号
邮编　100082
电话　发行：010 - 62227427　邮购：010 - 62236938
网址　www. cmstp. com
规格　889 × 1194mm $^1/_{16}$
印张　17 $^1/_4$
字数　537 千字
版次　2021 年 7 月第 1 版
印次　2025 年 1 月第 3 次印刷
印刷　北京金康利印刷有限公司
经销　全国各地新华书店
书号　ISBN 978 - 7 - 5214 - 2478 - 2
定价　45.00 元

获取新书信息、投稿、为图书纠错，请扫码联系我们。

出版说明

全国普通高等医学院校药学类专业"十三五"规划教材，由中国医药科技出版社于2016年初出版，自出版以来受到各院校师生的欢迎和好评。为适应学科发展和药品监管等新要求，进一步提升教材质量，更好地满足教学需求，同时为了落实中共中央、国务院《"健康中国2030"规划纲要》《中国教育现代化2035》等文件精神，在充分的院校调研的基础上，针对全国医学院校药学类专业教育教学需求和应用型药学人才培养目标要求，在教育部、国家药品监督管理局的领导下，中国医药科技出版社于2020年对该套教材启动修订工作，编写出版"普通高等医学院校药学类专业第二轮教材"。

本套理论教材35种，实验指导9种，教材定位清晰、特色鲜明，主要体现在以下方面。

一、培养高素质应用型人才，引领教材建设

本套教材建设坚持体现《中国教育现代化2035》"加强创新型、应用型、技能型人才培养规模"的高等教育教学改革精神，切实满足"药品生产、检验、经营与管理和药学服务等应用型人才"的培养需求，按照《"健康中国2030"规划纲要》要求培养满足健康中国战略的药学人才，坚持理论与实践、药学与医学相结合，强化培养具有创新能力、实践能力的应用型人才。

二、体现立德树人，融入课程思政

教材编写将价值塑造、知识传授和能力培养三者融为一体，实现"润物无声"的目的。公共基础课程注重体现提高大学生思想道德修养、人文素质、科学精神、法治意识和认知能力，提升学生综合素质；专业基础课程根据药学专业的特色和优势，深度挖掘提炼专业知识体系中所蕴含的思想价值和精神内涵，科学合理拓展专业课程的广度、深度和温度，增加课程的知识性、人文性，提升引领性、时代性和开放性；专业核心课程注重学思结合、知行统一，增强学生勇于探索的创新精神、善于解决问题的实践能力。

三、适应行业发展，构建教材内容

教材建设根据行业发展要求调整结构、更新内容。构建教材内容紧密结合当前国家药品监督管理法规标准、法规要求、现行版《中华人民共和国药典》内容，体现全国卫生类（药学）专业技术资格考试、国家执业药师职业资格考试的有关新精神、新动向和新要求，保证药学教育教学适应医药卫生事业发展要求。

四、创新编写模式，提升学生能力

在不影响教材主体内容基础上注重优化"案例解析"内容，同时保持"学习导引""知识链接""知识拓展""练习题"或"思考题"模块的先进性。注重培养学生理论联系实际，以及分析问题和解决问题的能力，包括药品生产、检验、经营与管理、药学服务等的实际操作能力、创新思维能力和综合分析能力；其他编写模块注重增强教材的可读性和趣味性，培养学生学习的自觉性和主动性。

五、建设书网融合教材，丰富教学资源

搭建与教材配套的"医药大学堂"在线学习平台（包括数字教材、教学课件、图片、视频、动画及练习题等），丰富多样化、立体化教学资源，并提升教学手段，促进师生互动，满足教学管理需要，为提高教育教学水平和质量提供支撑。

普通高等医学院校药学类专业第二轮教材
建设评审委员会

数字化教材编委会

主　编　易　岚

副主编　詹秀琴　李　玲

编　者（以姓氏笔画为序）

王羚鸿（内蒙古医科大学）　　　龙　莉（昆明医科大学）

孙　娇（吉林大学）　　　　　　杨南扬（南华大学）

李　玲（空军军医大学）　　　　时　晰（徐州医科大学）

武慧敏（河南中医药大学）　　　易　岚（南华大学）

郑　皓（郑州大学）　　　　　　董　秀（辽宁中医药大学）

詹秀琴（南京中医药大学）　　　霍　静（长治医学院）

前言

生物学家 Wilson 曾预言：一切生命的关键问题都要到细胞中去寻找答案。细胞是生物体结构和功能的基本单位，一个细胞蕴含了所有生命的奥秘。细胞生物学就是从细胞的整体水平、亚显微水平、分子水平等不同层次来揭示所有生命现象奥秘的科学。以细胞生物学为代表的生命科学在过去 10 多年可谓是日新月异，细胞生物学与医学、药学的结合更是给人类带来了福音。细胞生物学既是临床医学的基础，也与药学的关系密切。

为了充分体现教材的育人功能，突出教材的先进性、前沿性、时效性、实用性，使教材更好地服务于院校教学。依据"加强创新型、应用型、技能型人才培养规模"的高等教育教学改革精神和教育部相关教学标准要求，我们组织 11 所高校具有丰富一线教学经验的教师编写了本教材。本教材共 12 章，包括细胞生物学与药学、细胞的基本特征、细胞生物学的研究技术、细胞膜及其表面、细胞质基质与内膜系统、线粒体、细胞骨架、细胞核、细胞信号传递、细胞的增殖及其调控、细胞分化与再生医学、细胞衰老与死亡等内容，在每一章中都融入了细胞生物学中涉及的研究热点和药学相关知识与应用，在编写过程中力争做到内容简洁、编排合理、文字精练、图文并茂、经典实用。

本教材具有以下主要特点。

1. 教材编写将价值塑造、知识传授和能力培养融为一体，根据药学专业的特色和优势，深度挖掘提炼细胞生物学知识体系中所蕴含的思想价值和精神内涵，提升中国医药自信。

2. 设置"学习导引""课堂互动""知识链接""知识拓展""案例解析"等模块，让学生了解相关理论和技术发展前沿。

3. 设有本章小结和练习题，便于学生记忆和学习。

4. 本教材为书网融合教材，即纸质教材有机融合电子教材、教学配套资源（PPT、微课、视频、图片等）、题库系统、数字化教学服务（在线教学、在线作业、在线考试），使教学资源更加多样化、立体化。

本教材可供普通高等医学院校药学、医学及相关专业师生教学使用，也可作为相关从业人员的参考用书。

在本教材编写过程中，各位编者根据学科发展及教学实践做了大量细致的工作，但受能力所限，疏漏之处在所难免，恳请大家批评指正，以便修订时完善。

编　者
2021 年 3 月

第一章

绪 论

学习导引

知识要求

1. **掌握** 细胞生物学的概念；细胞学说。
2. **熟悉** 细胞生物学的研究内容、发展及其与药学的关系。
3. **了解** 细胞生物学的发展趋势；细胞生物学技术在药学领域中的应用。

能力要求

学会运用细胞生物学技术，解决药物研发、药物筛选中的一些问题。

细胞是生命体结构和功能的基本单位。细胞生物学以细胞为研究对象，以细胞的生命活动为着眼点，从显微、亚显微以及分子等不同水平来阐述生命体这一基本单位的特性。细胞生物学不仅是医学教育的重要基础课程，也是现代药学的基础和支柱学科之一，其理论和技术的研究成果正不断向药学领域渗透，在很大程度上促进了药学的发展。

第一节 概 述

PPT

细胞是生命体结构和功能的基本单位。一个细胞蕴含了所有生命的奥秘，一切生命的关键问题都要到细胞中去寻找答案。

课堂互动

你了解的哪些知识与细胞生物学相关？

一、细胞生物学的概念及其研究内容

细胞生物学研究的对象是细胞。关于细胞的研究，较早建立的是细胞学（cytology）。在此基础上，科学家们对细胞的各种生物学现象进行系统研究，借助普通光学显微镜，观察到细胞由细胞膜、细胞质、细胞核三部分构成，可以通过生长与分裂形成子代细胞。20世纪50年代，随着电子显微镜被发明和使用，科学家们可以分辨细胞的亚显微结构。随着分子生物学的建立和渗透，又可以进一步明确细胞亚显微结构的分子组成，对细胞的研究从细胞整体层次、亚细胞层次逐步深入分子层次，从传统的细胞学逐渐发展成现代的细胞生物学（cell biology）。总之，细胞生物学是运用物理、化学和分子生物学等方法，从细胞的整体、显微、亚显微和分子等不同层次研究细胞结构功能，并不断向探究细胞与细胞间、细胞与细胞外界相互作用等领域拓展，向探究细胞增殖、分裂、死亡等生命活动内在规律纵深的一门系统科

学。它研究和揭示细胞基本生命活动规律，是现代生命科学前沿的分支科学之一。

细胞生物学的研究内容通常可分为细胞的结构与功能、细胞的基本生命活动、细胞的社会性以及细胞工程等部分，这些内容之间是相辅相成的。细胞的结构与功能部分主要研究细胞膜与物质的跨膜运输、细胞内膜系统与囊泡运输、线粒体与细胞的能量转换、细胞骨架与细胞运动、细胞核与染色体、基因信息的传递与蛋白质的合成等内容。细胞的基本生命活动部分包括细胞分裂与细胞周期、生殖细胞与受精、细胞分化、细胞衰老与细胞死亡等内容。细胞的社会性研究包括细胞连接、细胞外基质及其与细胞的相互作用、细胞信号传递等内容。此外，细胞生物学的研究还包括细胞起源与进化等。

二、细胞生物学的地位及其与其他学科的关系

21 世纪是生命科学的世纪，细胞生物学是生命科学的重要分支学科，也是高等医药院校的一门基础课程，同时也是一门前沿学科。在我国基础科学发展规划中，把细胞生物学、分子生物学、神经生物学、生态学并列为生命科学的四大基础学科，在生命科学中占有核心地位。

细胞生物学的兴起是与分子生物学的发展不可分割的。目前，细胞生物学的两种重要研究方式：一是从细胞的表型特征入手，探索隐藏在其背后的分子机制；二是从基因或蛋白质等生物大分子入手，了解其对细胞功能或行为的影响。这两种方式都是从分子水平上对细胞核以及细胞质内的各种超微结构及其功能进行深入的探讨。如体细胞核移植、干细胞定向诱导分化、细胞重编程等方面的研究为人们制备体外疾病模型、研究疾病发生机制、寻求细胞及组织移植的新材料方面提供了重要的技术支撑。因此，现代细胞生物学实际上是分子生物学与细胞生物学的结合，即细胞分子生物学或分子细胞生物学。

在对细胞结构和功能深入研究的过程中，细胞生物学逐渐衍生出一些分支学科，如细胞遗传学、细胞生理学、细胞社会学、膜生物学、染色体生物学、干细胞生物学等。近些年来，随着包括人类在内的一些生物基因组序列分析的完成，以研究细胞中所有基因以及与蛋白质的结构和功能差异为主要内容的基因组学（genomics）及蛋白质组学（proteomics）等新兴研究领域的形成，使细胞生物学的研究内容愈加丰富多彩，研究进展日新月异。细胞工程也是细胞生物学的重要分支学科。细胞工程是指以细胞为单位，通过细胞生物学和分子生物学等工程学的方法对细胞内遗传物质加以修饰，并对修饰后的细胞进行离体培养，从而根据人们的意愿获得所需物种或者细胞产品的一种技术。主要涉及的技术手段包括细胞培养、细胞融合、核移植以及染色体工程等。通过动物细胞杂交而获得的单克隆抗体技术是细胞工程最富成就的典范，而哺乳类动物细胞通过克隆而获得的无性繁殖个体与胚胎是该领域最具创新的进展之一。细胞工程如今已成为生物制药工业中的关键技术。

细胞生物学是一门综合性较强的学科，介于分子生物学与个体生物学之间，与其他学科相互交叉，涉及方面较广。细胞生物学也是一门承上启下的学科。它广泛渗透到遗传学、发育生物学、生殖生物学、神经生物学和免疫生物学等的研究中，并同农业、医学和生物高技术发展有极其密切的关系。以医学为例，医学作为一门维持人类健康、防治人体疾病的应用型学科，同细胞生物学有着密切的关系。细胞生物学的新理论、新发现、新技术在医学方面的应用，极大地促进了医学的进步。如单克隆抗体的应用，使很多疾病的诊断变得简单而精确，治疗效果也大幅度提高。21 世纪初细胞生物学的研究成果，如干细胞与动物无性克隆研究进展、小 RNA 和人类基因组中非编码蛋白序列在细胞生命活动中作用的不断发现等，已充分表明细胞生物学是现代生命科学前沿最活跃、最富有发展前景的分支学科之一。

PPT

第二节　细胞生物学的发展

迄今为止，细胞生物学的发展经历了细胞发现、细胞学创立、实验细胞学和分子细胞生物学等阶段。每一个阶段、每一小步对细胞生物学的发展都非常关键。

课堂互动

绝大多数的细胞肉眼看不见，我们是如何发现细胞的？

一、细胞的发现

细胞学的建立始于细胞的发现，细胞的发现又归功于显微镜的诞生。世界上最早的显微镜诞生于 1590 年，是荷兰一位名叫江生的少年在偶然中发现的。1665 年，英国科学家罗伯特·胡克（Robert Hooke）用自己设计和制造的显微镜（放到倍数 40～140 倍）观察了软木塞的薄片，第一次观察到植物细胞的结构（实际上只是植物细胞纤维质的细胞壁所构成的空隙），并首次借用拉丁文"cellar"来描述他看到的蜂窝状小室，细胞（cell）这个名词就此被沿用下来。如果说罗伯特·胡克是第一个观察到死细胞的人，那么第一个看见活细胞的人是荷兰科学家列文·虎克（Antony leeuwenhoek）。1673 年，他用自己制造的简单显微镜观察池塘水滴时，发现了很多游走的细胞——原生动物纤毛虫（原核细胞）。后来他又观察到了哺乳动物和人的精子、鲑鱼红细胞以及牙垢中的细菌等。

知识拓展

自学成才的典范———列文·虎克

荷兰科学家列文·虎克（1632～1723）是我们学习的榜样，只上过中学的他，最初在一个布店学徒，后来靠卖布和纽扣为生。直到 39 岁，他的人生才开始有转折。为了检测布匹的质量，他磨制了透镜！他一生亲手磨制了 550 个透镜，组装了 247 台显微镜。至今仍收藏在荷兰乌德勒支博物馆的显微镜检测结果显示，其放大倍数为 270 倍、分辨率为 2.7μm，这在当时是十分了不起的。在 40 多年的科学生涯中，他用自己组装的显微镜观察了大量动、植物的活细胞，看到了鲑鱼红细胞的细胞核；在牙垢中发现了细菌。他还对一些细胞的大小进行了测量，其中红细胞直径 7.2μm、细菌直径 3μm，与用现代测量工具测得的数值十分相近。作为活细胞的发现者，也因在细胞生物学上的卓越贡献，他于 1680 年当选英国皇家学会外籍会员，并于 1699 年获得巴黎科学院"通讯院士"荣誉称号。列文·虎克由一个布店学徒工成长为出类拔萃的科学家，与他一生勤奋好学、孜孜以求是分不开的，这为后人树立了自学成才的典范。

在 Robert Hooke 发现细胞后的近 200 年中，科学家们借助光学显微镜陆续发现了一些不同类型的细胞结构：1827 年，K. E. V. Bear 在蛙的卵中看到了细胞核。1831 年，R. Brown 在植物的叶片细胞中也看到了细胞核。1835 年，E. Dujardin 在根足虫和多孔虫细胞内观察到胶液状物质。1839 年，J. Purkinje 将动物神经细胞中的胶状液描述为原生质（protoplasm）……但人们对细胞的概念还相当模糊，对细胞的认识以及它们和有机体的相互关系仅仅停留在形态学描述层面，并没有进行科学系统的分析和总结。

二、细胞学说

从 1665 年英国物理学家 Robert Hooke 发现细胞到 1839 年细胞学说的建立，经过了 170 多年。在这一时期内，科学家对动、植物的细胞及其内容物进行了广泛的研究，积累了大量资料。1838 年，德国植物学家 M. J. Schleiden 在前人研究成果的基础上提出：细胞是一切植物的基本结构单位；细胞不仅本身是独立的生命，并且是植物体生命的一部分，维系着整个植物体的生命。1839 年，德国动物学家 T. A. H. Schwann 受到 M. J. Schleiden 的启发，结合他对动物细胞研究的成果，把细胞学说从植物界扩展到动物界，提出一切动物组织均由细胞组成，从而建立了生物学中统一的细胞学说（cell theory）。1858 年，被誉为"病理学之父"的德国病理学家 R. C. Virchow 提出"一切细胞来源于细胞"的著名论断。他后来还指出，机体的一切病理现象都源于细胞的损伤。他的这些观点是对细胞学说的重要补充，使细胞学说得以进一步完善。

现今的细胞学说主要包括三方面内容：细胞是一切多细胞生物的基本结构单位，对单细胞生物来说，一个细胞就是一个个体；多细胞生物的每个细胞为一个生命活动单位，执行特定的功能；现存细胞通过分裂产生新细胞。

细胞学说将植物学和动物学联系在一起，论证了整个生物界在结构上的统一性以及在进化上的共同起源，有力地推动了生物学向微观领域的发展。细胞学说的建立，对生命科学的许多领域的研究和发展起到了积极的推动作用。恩格斯对细胞学说也给予了极高的评价，并将它列为 19 世纪自然科学三大发现之一（另外两个分别是能量守恒定律和达尔文的进化论）。

三、光学显微镜下的细胞学研究

细胞学说建立后，掀起了对细胞进行广泛观察与描述的高潮。利用光学显微镜，各种细胞器和细胞分裂活动相继被发现。1840 年，Jan E. Pukinje 首次将细胞的内含物命名为原生质（protoplasm）。1861 年，Max Schulze 提出"组成有机体的基本单位是一小团原生质，这种物质在各种有机体中是相似的"，即原生质理论（protoplasm theory）。1880 年，Hanstein 提出原生质体（protoplast）概念。随着显微镜分辨率的提高以及石蜡切片等各种染色方法的相继出现，多种细胞器相继被发现：1883 年，Edouard van Beneden 和 Theodor Boveri 发现中心体；1894 年，Richard Altmann 发现线粒体；1898 年，Camillo Golgi 发现高尔基体。

利用光学显微镜，细胞分裂的研究也迅速开展起来。1841 年，R. Remak 观察到鸡胚血细胞的直接分裂；1882 年，Walther Flemming 改进了细胞固定和染色技术，在动物细胞中首次发现细胞的间接分裂过程，并称之为有丝分裂（mitosis）；Eduard Strasburger 在植物细胞中也发现了有丝分裂，他将植物中有丝分裂过程分为前期、中期、后期和末期等四个时期，并指出有丝分裂的实质是核内染色体形成后向两个子细胞的平均分配。K. Schneider 将染色体纵裂一分为二平均地分配到两个子细胞中的过程称为核分裂（karyokinesis）。19 世纪 80 年代末，T. Boveri 发现动物配子的形成过程中，染色体数目减少了一半；之后有学者在植物细胞配子的形成过程中也观察到了这一现象。1905 年，J. B. Farmer 和 J. E. More 把有性生殖个体生殖细胞形成过程中染色体数目减半的分裂方式称为减数分裂（meiosis）。

四、实验细胞学阶段

20 世纪初期到 20 世纪中叶，细胞生物学的研究不再局限于使用光学显微镜观察细胞的形态结构，而是采用多种实验手段对细胞的生化代谢和生理功能进行研究，这个阶段被称为实验细胞学阶段。这一阶段，由于体外培养技术的建立与应用，对细胞学的研究更深入，研究内容也更加丰富，因此也形成了一些独立的分支学科。

1902 年，T. Boveri 和 W. Suttan 把细胞中染色体的行为和 G. Mendel 的遗传因子联系起来，提出染色体遗传理论。同年，W. Gannon 认为遗传因子在染色体上，并提出了遗传的染色体学说。1909 年，W. Johannsen 把遗传因子命名为基因（gene）。1910 年，T. Morgan 和他的合作者在果蝇杂交实验等大量前期基础上，证明了基因是遗传性状的基本单位，且直线地排列在染色体上成为连锁群，建立了基因学说。由此，细胞学与遗传学结合形成了细胞遗传学。

1909 年，Harrison 建立了组织培养技术，直接观察和分析细胞的形态和生理活动。1943 年，A. Claude 应用高速离心机从活细胞中分离出细胞核、线粒体、叶绿体和微粒体等各种细胞器或细胞结构，并进一步研究它们的化学组成、生理功能和各种酶在这些细胞器中的定位等。由此，细胞学与生理学相融合形成了细胞生理学这一分支学科。

19 世纪 20 年代，R. Feulgen 建立了福尔根染色法来特异性定性检测细胞内的 DNA。1940 年，J. Brachet 用甲基绿 – 派洛宁染色法检测细胞中的 DNA 和 RNA。同年，T. Casperson 用紫外光显微分光光度法检验细胞中的 DNA 含量。由此，细胞生物学与化学相融合形成了细胞化学。此后，随着流式细胞术、核酸原位杂交技术、免疫荧光技术及激光扫描共聚焦等显微技术的应用，人们对核酸、蛋白质等细胞组分的定性、定位、定量及动态变化的研究日渐深入。

五、电子显微镜的应用

光学显微镜受到光的波长的限制，放大倍数难以提高，利用光学显微镜对细胞进行研究有局限性。20 世纪 30 ~ 70 年代，借助电子显微镜技术，细胞生物学进入全新的发展时期。1933 年，E. Ruska 等以电子作为光源，成功地发明了电子显微镜（他也因此获得 1986 年诺贝尔物理学奖）。其后的 40 年间，人们利用电镜发现了内质网、溶酶体、核糖体等细胞器或细胞组分，并明确了高尔基体和线粒体等细胞器的超微结构。20 世纪 70 年代，超高压电子显微镜的出现，使人们又相继发现了细胞质中纵横交错的细胞骨架结构和细胞核基质内的核骨架结构。20 世纪 80 年代初期，扫描电子显微镜和原子力显微镜的发明，使细胞的亚显微结构观测深入超微（大分子）结构层次，可用于研究 DNA 和蛋白质等生物大分子的表面立体结构。随着电子显微镜技术的进展，除对细胞进行超微结构观察之外，也逐步应用生物化学与生物物理学手段，对分离出的细胞器进行化学组分以及对应功能的分析，这些工作的积累为细胞学发展成细胞生物学打下了基础。

六、分子生物学时代

1953 年，J. Watson 和 F. Crick 提出 DNA 双螺旋结构模型，这被后人称为 20 世纪人类最伟大的发现之一。也是从这个时候开始，分子生物学进入一个快速的发展时期。1958 年，M. Meselson 和 F. Stahl 证明了 DNA 复制为半保留复制。同年，Crick 发表了中心法则（central dogma），指出遗传信息的流向是 DNA —— RNA —蛋白质。G. Gamow 在 1955 年发表了三联体密码假说。1961 年，M. Nirenberg 和 Mathaei 依据从核糖核酸实验获得的结果，确定了 DNA 中编码每一种氨基酸的"密码"。这些重要发现以及后来建立的 DNA 重组技术、DNA 序列分析技术等分子生物学研究技术不断地渗透到细胞生物学各领域，使细胞的形态结构和生理功能研究深入分子水平。

20 世纪 80 年代，细胞生物学在分子水平研究上获得了迅猛发展。细胞膜结构的液态镶嵌模型（fluid mosaic model）的提出成为以后研究细胞许多生物学行为的基础。线粒体基粒的 ATP 酶复合体通过结合变构机制（binding – change mechanism）合成 ATP 模型的提出对于线粒体以及细胞的能量转换做出了重要贡献。在细胞骨架与细胞运动研究方面，1985 年，M. P. Sheetz 和 S. Brady 鉴定出基于微管介导细胞内运动的驱动蛋白（kinesin）。在基因表达调控研究中，1977 年，P. A. Sharp 和 R. Roberts 相继发现了真核细胞基因中内含子（intron）的存在，免疫球蛋白基因重排机制、小核 RNA 与蛋白质组成的复合体在 pre – mRNA 加工中的作用、DNA 序列特异性的真核细胞转录因子被分离出来等，也是基因表达调控研究中取得的重要成就。在细胞信号转导研究中，G 蛋白、磷脂酰肌醇信号通路的发现以及它与细胞骨架的联系；Src 蛋白的酪氨酸激酶活性及其与细胞增殖关系的发现使人们认识到酶活性在细胞信号转导中的中心作用。在细胞增殖周期研究中，MPF 和细胞周期素的相继发现丰富了人们对细胞周期调节机制的认识。在细胞分化研究方面，继 20 世纪 60 年代 J. Gurdon 在非洲爪蟾细胞核移植实验中证明已分化的蝌蚪肠上皮细胞的细胞核具有全能性之后，1997 年，I. Wilmut 和其同事将成年绵羊乳腺上皮细胞的核移植到另一只羊的去核的卵细胞中，成功克隆出绵羊多莉（Dolly），证明已分化的动物细胞核仍然具有全能性，这一成果被评为当年度世界十大科技成就。

这个时期，对细胞生物学其他领域的研究也取得了前所未有的进展。在细胞衰老与死亡研究领域，H. R. Horviz 于 1986 年鉴定出控制程序性细胞死亡（programmed cell death，PCD）的相关基因。1990 年，C. Harley 提出细胞衰老的端粒钟（telomere clock）学说。在干细胞与细胞工程研究领域，1981 年，G. R. Martin 等人率先建立的小鼠胚胎干细胞系，开启了整体水平的基因操作技术在细胞分化及人类疾病中应用的新征程。1998 年，J. A. Thomson 和 J. D. Gearhart 成功建立人类胚胎干细胞系……这些研究成果奠定了现代细胞生物学的基础。

七、细胞生物学的发展趋势

回顾细胞生物学的发展道路，可以看出它主要沿着三个方向发展。

1. 与物理科学结合　在生命现象中，有许多看起来十分复杂甚至难以理解的事情，如果找到它的物理和化学基础，规律就较容易掌握些。遗传密码的发现，揭开了生命遗传现象的奥秘，这是物理科学向细胞生物学渗透而建立分子生物学过程中的重大成就，这类事例很多。

2. 与技术科学结合　首先是新技术的应用推动着细胞生物学的发展。近年来，电子显微镜、电子计算机以及波谱、能谱技术的广泛应用，使细胞生物学的研究周期大大缩短，精密度大大提高。下一步的发展，可能是利用特制的探测装置在分子水平上研究生物活体标本的活动规律。细胞生物学只有不断以现代化的技术手段武装自己，才能成为精密科学。另一方面，细胞生物学的研究又为技术科学的研究提供原型和新的设计思想。心理学家希望通过对动物行为的研究，从生物的结构中得到启发，设计出新型的电子计算机。不仅模仿动物，而且开始以人类自身为样板，模拟人的思维、学习和记忆等高级智力活动，这就是人工智能的研究。细胞生物学与技术科学相结合的另一个广阔领域，是研究人与机器的相互关系和人与机器系统的最优安排，研究怎样使环境适合于人的工作与生活，以及人在特殊环境条件下的生理心理特点。细胞生物学与技术科学的结合将会越来越紧密。

3. 与社会科学结合　社会科学与自然科学之间的相互渗透是社会发展的一个重要标志，而细胞生物学正好是这个渗透的中间地带。当代一些需要迫切解决的社会问题，例如人口问题、生态问题等，可以和细胞生物学结合。随着人类社会的发展，人类对自然界干预的能力、途径和规模也在日益增长，使生物界原有的生态系统稳态遭到扰动和破坏，这又会反过来影响人类社会的生活。

进入 21 世纪以来，细胞生物学已从专注"单个细胞"的显微、亚显微和分子水平的研究，扩展到机体水平的细胞结构与功能的研究，在生物个体水平研究细胞功能的分子基础上，研究细胞的分子结构及其在生命活动中的作用成为当今生命科学的主要任务，围绕这一任务形成了基因调控、信号转导、肿瘤生物学、细胞分化和凋亡等多个研究热点，也取得了不少成就。但是从细胞水平上彻底弄清细胞生命活动的规律，还有大量工作要完成。

人类认识世界的目的是更好地改造世界、造福人类。因此，细胞生物学理论及技术的转化和应用研究应该是细胞生物学发展的终极目标。该研究领域与医学、药学的关系将会更加密切。可以预见，在未来的时代，细胞生物学还将作为生命科学的重要基础学科继续发展。

第三节　细胞生物学的应用

PPT

一、在食物、环境、能源领域的应用

细胞生物学作为一门基础科学，与食物、环境、能源等当前举世瞩目的全球性问题关系密切。

可以说，在过去的几十年里，细胞生物学在农业和"绿色革命"方面为解决发展中国家长期以来面临的食物匮乏等严重问题做出了巨大的贡献。如今，人类在一定限度内定向改造植物，用基因工程、细胞工程培育优质、高产、抗旱、抗寒、抗涝、抗盐碱、抗病虫害的优良品种已经得以实现……可见，细胞生物学的成就和食品工业相结合，会使人们的生活更加美好。

同时，农用杀虫剂、除莠剂等的广泛使用，使大面积的土地和水域受到污染，威胁着人类生产和生活。如何在人类的经济生活以及其他社会生活中合理利用细胞生物学的这些成果，使大量消耗资源的传统农业向以生物科学和技术为基础的生态农业转变，使细胞生物能够更好地为人类服务也是我们亟待解决的问题。

众所周知，地球上不可再生的能源如石油、煤的贮备是有限的，而自然界中可再生的生物资源已经重新被重视。自然界中的生物量大多是纤维素、半纤维素、木质素。将化学的、物理的和生物学的方法结合起来加工，就可以把纤维素转化为酒精，用作能源。太阳能是人类可以利用的最强大的能源，而植物细胞的光合作用则是将太阳能固定下来的最主要途径，可以预测，利用细胞生物学的理论和方法解决能源问题是大有希望的。

知识拓展

杂交水稻之父——袁隆平

袁隆平，中国工程院院士，中国杂交水稻事业的开创者，国家最高科学技术奖获得者。1964年，在安江农校任教师的袁隆平，受一株具有显著杂种优势的天然杂交水稻的启发，开始水稻杂种优势利用研究。1966年，他提出雄性不育系、保持系和恢复系"三系法"配套利用水稻杂种优势的育种设想，拉开了中国杂交水稻研究的序幕。1973年，杂交水稻三系配套成功，并于1976年得到大面积推广。1986年，袁隆平提出杂交水稻育种战略。1997年，他在国际"超级稻"概念的基础上，提出"杂交水稻超高产育种"的技术路线，在实验田取得良好效果，亩产近800公斤，引起国际上的高度重视。2010年，袁隆平院士团队和张启发院士团队合作，共同研究转基因水稻。2016年，袁隆平提出第三代杂交水稻育种技术——以遗传工程雄性不育系为遗传工具，兼具配组自由度高和育性稳定的优点，成为中国杂交水稻育种技术的新发展方向。2016年，为开拓我国水稻生产新的增长区域，袁隆平提出耐盐碱水稻。2020年，袁隆平团队在青海柴达木盆地盐碱地里试种的高寒耐盐碱水稻（又称海水稻）长出了水稻。

袁隆平有两个梦想：一个是禾下乘凉梦，一个是杂交水稻全球覆盖梦。他的一生都在为让所有人远离饥饿而奋斗，袁隆平院士这种有理想并能孜孜不倦为之努力的精神值得我们每一个人学习。

二、在医学领域的应用

医学源于细胞生物学。自从有了人类，就有了疾病。医学要解决的问题，是阐明人生、老、病、死等生命现象的机制和规律，并对疾病进行诊断、治疗和预防。人类生命从受精卵开始，经过胎儿、新生儿、幼年、成年、老年直至死亡的过程。而疾病的发生就是在这些过程中以细胞为单位进行的细胞正常结构的损伤和功能紊乱，进而导致人体组织器官的病变。比如：严重危害人类健康的癌症是正常细胞癌变的结果；动脉粥样硬化的发生与动脉壁内皮细胞的特性改变有关；阿尔茨海默病等神经退行性变性疾病是神经元选择性变性死亡的结果……细胞是生命的基本单位，也是体现人类生、老、病、死的基本单位。因此，细胞生物学是现代医学的基础和支柱学科。

细胞生物学的发展推动医学的发展。细胞生物学的理论与技术的研究成果不断向医学领域渗透，在很大程度上促进了医学的进步。细胞生物学的发展不仅让人类对于疾病的认识更加深入，同时，伴随其研究范畴的更加广泛，机制更加深入，新的医学诊断和治疗手段也将成为可能。过去严重威胁人类健康的急性传染病，如鼠疫、霍乱、天花、黑热病、结核病等已被控制甚至消灭，而恶性肿瘤、心脑血管疾病、艾滋病、免疫病、遗传病逐步成为人类的主要疾病和主要死亡原因，且发病率仍呈上升趋势，因此，医学的主要研究对象从传染病转变为重大的慢性及退行性疾病，而这些疾病的攻克也依赖于细胞生物学的发展。我们知道，遗传病是由于遗传物质发生改变而导致的疾病，过去遗传病没有根治的办法，只能以预防为主。随着细胞生物学的发展，让人们认识到遗传病都与基因有关，用基因修饰方法来增加或消除缺损基因的某些成分，可以制备正常基因并代替某些患者基因的遗传性或疾病性缺损基因。随着生物学的发展，遗传病等一些顽症必将在很大程度上被控制或治愈。

细胞生物学既是临床医学的基础，也与基础医学的其他学科，特别是人体胚胎学、医学遗传学、生

理学、病理学以及分子生物学等的关系非常密切。对医学生来说，学好细胞生物学，不仅能为学习其他医学课程打下扎实基础，有助于培养良好的科研思维习惯和科学素养，也有助于在今后的临床工作中，不断地发现问题、研究问题和解决问题。

三、在药学领域的应用

细胞生物学不仅是基础医学、临床医学的基础学科，也是现代药学的基础和支柱学科，是药学及相关专业学生的一门重要课程。

药学是以药物为研究对象的综合学科，药学学科不断地吸收和运用其他学科特别是生命科学的新知识和新技术，以提高自身的发展水平，并推动药学科学研究向前发展。细胞生物学与药学的关系极为密切。细胞生物学的理论和技术的研究成果不断向药学领域渗透，在很大程度上促进了药学的发展。对学生而言，掌握细胞生物学的基础理论、基本知识和技能，能够为学习药学基础课程与专业课程打下坚实的基础。

细胞生物学是药理学的基础理论。在药理学研究中，药物对机体的作用可分为药物效应动力学（药效学）与药物代谢动力学（药动学）两方面。药效学是研究药物对生物体的作用及机制，而药物对机体的作用是通过细胞这一生命的结构和功能元件来实现的，因此药物对细胞的影响是药效学的一项重要内容。此外，在药效学研究过程中，建立细胞模型研究药物对细胞模型的影响，并表征药物对生物体的作用非常必要。目前已在体外构建了多种肿瘤细胞模型用于抗肿瘤药物的初筛与复筛研究。药动学是研究药物在生物体的影响下所发生的变化与规律，主要讨论药物在体内过程，包括机体对药物的吸收、分布、代谢与排泄等。药物在体内的代谢过程也要在细胞中得以实现，药物的有效性与安全性、药物作用的选择性等都与对特定组织细胞的亲和性密切相关。药物在体内转运，需要通过细胞膜，这一过程被称作药物的跨膜运输，它与药物的吸收、分布、排泄、代谢等密切相关。如脂溶性药物与生物膜的脂质双分子层亲和力强，所以在体内吸收快，脂溶性大的药物甚至易于通过血－脑屏障，发挥中枢治疗作用，这也可能是某物毒性反应和副作用的形成机制。

细胞亚细胞器的结构与功能与药物代谢密切相关。细胞亚细胞器，如内质网、核糖体、核膜等的结构与功能研究有助于阐释药物代谢的机制，同时可以利用药物代谢机制进行前体药物设计等研究。因此，掌握细胞生物学的基础理论，有助于临床正确选择药物。

细胞生物学也是药剂学研究的基础理论之一。药剂学研究的基本任务是将药物制成适宜的剂型，研究不同剂型对药效的影响。由于不同的药物剂型可能会影响药物的体内过程，因此选用不同剂型前，必须了解靶器官细胞的结构基础，进而确定某特定剂型的药物分子是否可以选择性地到达作用部位，实现更好的药效。脂质体、纳米球、微球等剂型就是基于细胞生物学相关理论进行药物设计的新成果之一。

受体理论与靶向药物作用机制密切相关。受体是与细胞内外源信号分子（包括药物）结合的特异性生物大分子，主要位于靶细胞膜上，也存在于细胞质或细胞核中。受体被激活后能够产生胞内一系列重要的生理、生化与药理反应。体内存在的神经递质、激素等信号分子均为特异性很高的受体，而受体所偶联的效应体系种类有限，只是由于各种受体的调节方式不同，以及各种受体间存在不同水平的相互作用，才产生了细胞内复杂的生理调节。药学细胞生物学从细胞信号转导的基本原理，到细胞增殖、分化与凋亡的不同角度探讨了多种受体介导的靶向药物作用机制。

药物筛选是药物发现的主要手段之一，近年来，药物筛选的技术发展迅速，新技术、新方法不断出现。除了化学工业和整个工业化水平提高以外，细胞生物学等基础理论和实验技术的发展与进步也发挥了关键作用，加快了新药的研发速度。

知识拓展

基于靶标的药物设计

基于靶标分子结构的药物设计指的是利用生物大分子靶标及相应的配体－靶标复合物三维结构的信息设计新药。其基本过程如下：①确定与疾病相关的靶标分子（如蛋白质、核酸等）；②对靶标分子进行分离纯化结晶等处理；③利用核磁共振技术/X射线衍射等方法解析靶标分子的三维结构，提出一系列假定的配体与靶标分子复合物的三维结构结合模式；④依据这些结构信息，利用相关的计算机程序和法则如DOCK/Sybyl等进行配体分子设计，并对配体分子库进行虚拟筛选，得到配体分子与靶标分子的亲和力打分值；⑤对打分值较高的配体分子进行合成，并进行细胞/酶活性测试。若对活性测试结果感到满意，可利用实验动物进行临床前研究阶段；⑥反复重复以上过程，直至满意为止。

细胞生物学是药学院校学生的重要专业基础课程之一，学习这门课程能够增加对多门药学学科知识的理解，并掌握药学研究的细胞生物学工具。同时也与生理学、遗传学、药理学、病理学、分子生物学等关系密切。药学类院校开设的细胞生物学课程和开展相关科学研究，构成了基础药学和临床药学的重要基础。对药学专业学生来说，学好细胞生物学，不仅能为学习其他药学课程打好扎实的基础，而且有助于培养良好的科研思维习惯，在今后的药学相关工作中，不断发现问题、研究问题和解决问题。

本章小结

细胞是生命体结构和功能的基本单位。细胞生物学以细胞为研究对象，以细胞的生命活动为着眼点，从显微、亚显微以及分子等不同水平来阐述生命体这一基本单位的特性。迄今为止，细胞生物学的发展经历了细胞的发现、细胞学说的形成、光学显微镜下的细胞学研究、实验细胞学阶段、电子显微镜的应用、分子生物学时代。细胞生物学既是临床医学的基础，也与药学关系密切；不仅是药理学、药剂学研究的基础理论，其实验技术的发展与进步在药物筛选方面也发挥了关键作用。

练 习 题

1. 什么是细胞生物学？研究内容包括哪些？
2. 细胞学说由哪些人提出？主要包含哪些内容？
3. 细胞生物学与药学有哪些关系？

（易 岚）

第二章

细胞的基本特征

细胞是生物的基本结构和功能单位，是独立生命活动的最小组成单位。生命体的基本表现，如新陈代谢、生长、发育、遗传等，都是通过细胞的活动来体现的。

构成生物有机体的细胞种类繁多，大小、形态和功能各不一样。单个细胞可构成生物体，称为单细胞生物（single - celled organism 或 unicellular organism），第一个单细胞生物出现在 35 亿年前。单细胞生物在整个生物界中属最低等、最原始的生物，包括所有古细菌、真细菌和很多原生生物，例如大肠埃希菌、酵母菌、疟原虫、草履虫等。更多种类的生物体由多细胞构成，为多细胞生物（multicellular organism），例如植物、哺乳动物，由多个分化的细胞组成不同组织、器官和系统，形成完整的个体，协同完成复杂的生命活动。

第一节　细胞的结构特征

PPT

课堂互动

生命体与非生命体的本质区别有哪些？

一、细胞的大小

细胞的类型决定细胞的大小。大多数动物细胞的直径为 $10 \sim 20 \mu m$，可以用光学显微镜观察到；大多数细菌细胞的直径为 $1 \sim 2 \mu m$。最大的细胞是鸵鸟的卵细胞，直径 $13 \sim 15 cm$（蛋黄部分）；最小的细胞是支原体，直径在 $0.1 \sim 0.3 \mu m$。与支原体体积和结构近似的是立克次体与衣原体，但它们需要在其他细胞内寄生，不算严格意义上的细胞。

人体细胞的平均直径为 $10 \sim 20 \mu m$，最大的是成熟的卵细胞，直径在 $100 \mu m$ 以上，最小的是血小板，直径只有约 $2 \mu m$。

细胞大小之所以取决于细胞的类型，是由于其大小必须适应细胞功能。例如，卵细胞通常大于其他细胞，因为要储存胚胎发育所必需的营养，以保证受精后卵裂和早期胚胎发育的需要；能传导兴奋的神经细胞轴突可长达1m，以保证神经信号能传达到身体的末端左右。还有的细胞大小可随生理需要发生变化，如子宫平滑肌在妊娠期间其长度可由$50\mu m$增大到$500\mu m$。

细胞的大小仅和细胞类型相关，而与生物体的大小没有相关性。即一个生物体的机体及器官的大小与细胞的大小无关，而与其数量成正比，此规律称为细胞的体积守恒定律。比如：大象与小鼠的体型大小相差悬殊，但它们相应的器官与组织的细胞大小相差无几，大象的肝脏之所以远大于小鼠的，是由于其肝脏细胞数量远多于小鼠的。可见，生物个体越大，细胞的数量就越多。个体出生后体积不断增加，也是由于细胞数量不断增加的缘故。如新生婴儿约有2×10^{12}个细胞，成年人有$4\times10^{13}\sim6\times10^{13}$个细胞。

二、细胞的形态

细胞质内的骨架结构具有支撑功能，且受相邻细胞以及细胞外基质的制约，因此细胞的形态并不都是球形，而是和细胞的大小一样具有多样性，并且常与细胞在机体中所处位置及生理功能相关（图2-1）。

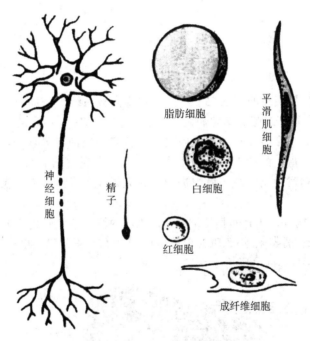

图2-1 人体中不同形态的细胞

游离的细胞通常为球状、椭球状或盘状。如人的红细胞为双凹圆盘形，体积小，表面积大，利于通过毛细血管进行气体交换。组织中的细胞通常具有特定的形态，多为扁平状、柱状、梭状和多角形状等。如在心血管内腔面的内皮细胞通常为单层扁平状，游离面光滑，有利于血液和淋巴液的流动及营养物质透过；神经细胞常呈多角形状，能够感受和传导多方位、远距离的刺激。

细胞形态受相邻细胞以及细胞外基质的制约，还会随着其生存环境的变化而发生改变，体外培养的细胞，其形态就不同于体内自然状态，如梭状的成纤维细胞在培养瓶中可能变成球状或椭球状。

三、细胞的结构

被磷脂双分子层为骨架结构组成的细胞膜所包被、由含有蛋白质和核酸等生物大分子原生质组成的一种结构就是细胞。因此，细胞膜结构是细胞区别于非细胞生命形式的一个根本特征。但进化层次不同的原核细胞和真核细胞，在结构上还是有差异的。

原核细胞最主要的特点是除了细胞膜外没有其他膜性细胞器，包括细胞核。其基因组 DNA 为单一环状分子，存在于拟核（nucleoid）中，无质膜包围，不与细胞质分离。原核细胞虽然没有膜相细胞器，但胞质中有 RNA 和蛋白质组成的颗粒状 70S 核糖体（ribosome），是蛋白质的合成场所。细胞膜外有多糖和多肽组成的细胞壁，原核细胞的主要代表细菌在细胞壁之外还有一层由多糖和蛋白质组成的荚膜（capsule），起保护作用（图 2-2）。某些细菌或古细菌还具有鞭毛和菌毛，鞭毛使细菌能够运动，菌毛帮助其附着于物体的表面。

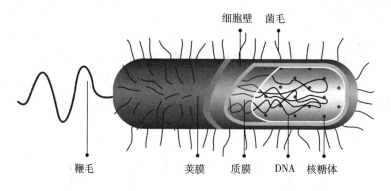

图 2-2　细菌结构模式图

真核细胞和原核细胞最明显的区别在于其具有细胞内膜系统（endomembrane system），内膜使细胞内形成"区域化"，将真核细胞的细胞质划分成许多功能区室，不同的功能在不同的膜相细胞器内完成。如遗传信息的储存和传递在细胞核内完成，营养物质彻底氧化分解并提供能量在线粒体内完成，细胞合成的分泌性蛋白的加工和运输由内质网和高尔基复合体完成等。膜性细胞器的出现，使特定的代谢反应能在相对稳定的内环境中进行，大大提高了代谢效率，保证了细胞各种活动的协调运作。

真核细胞除了膜相结构外，还有非膜相结构，即细胞内没有单位膜包裹的结构，主要包括核糖体、细胞骨架（细胞质骨架和核骨架）、染色质（染色体）、中心体、核仁等，也称为非膜性细胞器。动物细胞结构如图 2-3 所示。

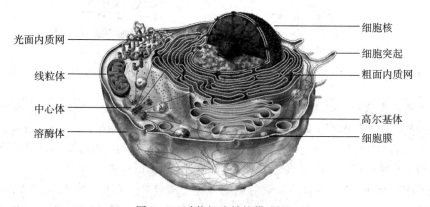

图 2-3　动物细胞结构模式图

PPT　　微课

第二节　细胞的分子基础

细胞内的生命物质总称为原生质（protoplasm），包括有机物和无机物。原生质中的元素有的含量高，如碳、氢、氧、氮、磷、硫；有的只是微量，如钙、钠、钾等。按照分子大小，可将构成原生质物质分为小分子物质和大分子物质。

一、细胞中的小分子

细胞中的小分子包括水、无机盐等无机物，以及单糖、氨基酸、脂肪酸和核苷酸等分子质量在100~1000Da的有机物。

（一）水

水是细胞内含量最多的无机化合物，占细胞总质量的70%~80%。细胞内的水有不同的存在形式：自由运动的水和以氢键与蛋白质、多糖、磷脂等结合的结合水。自由水是各种极性有机分子和离子的溶剂，能输送养分进入细胞并将废物送出细胞，维持细胞的形态和渗透压。水还能参与生命中的化学反应，如在合成过程中水是产物，而在分解反应中水是底物。结合水约占细胞组分的4.5%，是细胞结构的重要组成成分，也是稳定大分子结构的必要因素，如DNA的双股螺旋、蛋白质晶体结构的形成都离不开结合水的存在。

知识拓展

结合水与癌症和衰老的关系

癌症与衰老是目前医学界最为关心的问题。人们对水状态的研究也为此做出了有益的贡献。有研究发现，一些肿瘤组织中结合水量减少，而且水状态与正常组织不同，说明结合水与癌症发生的机制有关。此外，关于肿瘤组织中结合水的研究对癌症的早期诊断也可提供有意义的信息。老年医学中关于衰老机制有着多种不同的解释。蛋白质分子交叉结合产生冰结区，从而抑制代谢的观点就是其中一种。衰老过程中组织可塑性的衰减可能与蛋白质大分子结合水能力的下降有关。

（二）无机盐

无机盐也称矿物质，在细胞内一般占1%~1.5%。细胞内的无机盐通常以离子状态存在，包括阳离子（Na^+、K^+、Ca^{2+}、Fe^{2+}、Mg^{2+}、Zn^{2+}）和阴离子（Cl^-、HCO_3^-、SO_4^{2-}、PO_4^{3-}）。无机盐对于细胞的基本生理功能具有不可或缺的作用。如钙、磷和镁离子参与骨骼和牙齿的构成；钙、钾、钠、氯、碳酸根离子等能调节细胞膜的通透性，维持正常渗透压和酸碱平衡，维持神经、肌肉的应激性；锌、镁离子等构成酶的辅基或作为多种酶系统的激活剂，参与许多重要的生理功能。

（三）单糖

单糖具有（CH_2O）$_n$的分子结构，是构成二糖、寡糖和多糖的基本单位。单糖中最重要的是葡萄糖（glucose）和戊糖（图2-4）。葡萄糖是细胞重要的能源物质，分解时释放能量；戊糖是核苷酸的前体，分为核糖（ribose）和脱氧核糖（deoxyribose）。

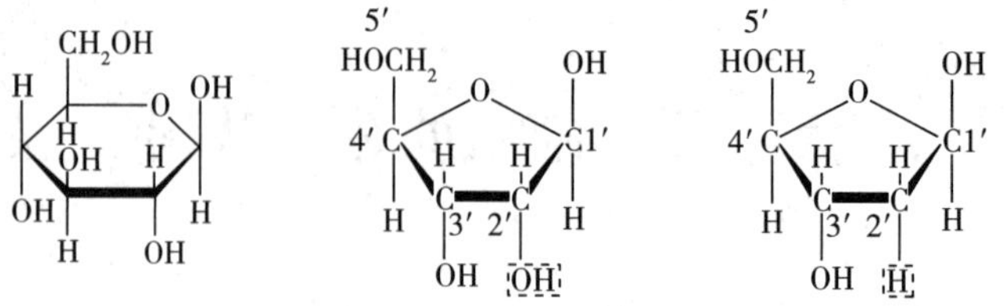

图 2-4　葡萄糖、核糖和 2′-脱氧核糖

（四）脂肪酸

脂肪酸（fatty acid）是指一端含有一个羧基的长的脂肪族碳氢链。脂肪酸在有充足氧供给的情况下，可氧化分解为 CO_2 和 H_2O，释放大量能量，因此脂肪酸和葡萄糖一样，也是机体主要能量来源之一。脂肪酸还是脂肪、磷脂和糖脂的主要成分，如三个长链脂肪酸与甘油形成甘油三酯（triglyceride），即脂肪。

根据碳氢链的饱和程度，脂肪酸可分为三类：①饱和脂肪酸（saturated fatty acid），碳氢链上没有不饱和键；②单不饱和脂肪酸（monounsaturated fatty acid），碳氢链有一个不饱和键；③多不饱和脂肪酸（polyunsaturated fatty acid），碳氢链有两个或两个以上不饱和键。一般动物脂肪多含饱和脂肪酸，植物脂肪则含不饱和脂肪酸较多。

（五）氨基酸

氨基酸是蛋白质的基本组成单位。组成蛋白质的氨基酸常见的有 20 种，还有 2 种属于稀有氨基酸：硒代半胱氨酸和吡咯赖氨酸。硒代半胱氨酸存在于少数酶中，如谷胱甘肽过氧化酶、甲状腺素 5′-脱碘酶、硫氧还蛋白还原酶等。吡咯赖氨酸只存在于产甲烷菌的甲胺甲基转移酶中，不存在于人体。

知识链接

稀有氨基酸：硒代半胱氨酸和吡咯赖氨酸

硒代半胱氨酸（selenocysteine，Sec）于 1986 年由英国科学家 Chambers 和德国科学家 Zinoni 发现，吡咯赖氨酸（pyrrolysine，Pyl）于 2002 年由美国科学家 Srinivasan 和 Hao 等发现。

硒代半胱氨酸和吡咯赖氨酸并非翻译后修饰所致，而是直接由遗传密码 UGA、UAG 编码。在丝氨酰-tRNA 合成酶催化生成丝氨酰-tRNA 后，再在硒代半胱氨酸合成酶的作用下转变成硒代半胱氨酰-tRNA，然后在 UGA 指导下，将硒代半胱氨酸加入新合成的肽链中。类似地，在吡咯赖氨酸的加入中，赖氨酰-tRNA 通过酶的修饰生成吡咯赖氨酰-tRNA，然后与特定的 UAG 密码子配对，将吡咯赖氨酸加入正在合成的肽链中。

硒代半胱氨酸存在于古细菌、真细菌和动物（包括哺乳动物）中，而吡咯赖氨酸目前仅发现存在于某些古细菌和真细菌中。二者的发现不仅扩展了遗传密码的内涵，也加深了人们对终止密码子功能的认识。

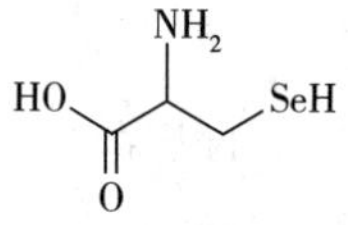

硒代半胱氨酸 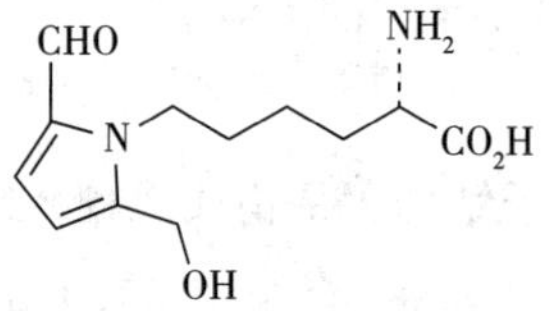　　　　吡咯赖氨酸

组成蛋白质的氨基酸都是 L-α-氨基酸，因为羧基（—COOH）、氨基（—NH$_2$）和一个特异的侧链基团（—R）三者均连接于 α 碳原子上（图 2-5）。不同氨基酸的结构差异在于 R 基团，不同的 R 基团使氨基酸具有不同的理化属性。蛋白质的结构和功能在很大程度上取决于氨基酸的构成。

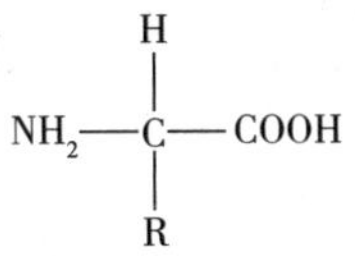

$$NH_2 \text{—} \overset{\displaystyle H}{\underset{\displaystyle R}{C}} \text{—COOH}$$

图 2-5　氨基酸分子结构通式

按照 R 基团的理化属性，可以将氨基酸分为非极性疏水性氨基酸、极性中性氨基酸、酸性氨基酸和碱性氨基酸。非极性疏水性氨基酸包括甘氨酸、丙氨酸、亮氨酸、异亮氨酸、缬氨酸、苯丙氨酸和脯氨酸；极性中性氨基酸包括甲硫氨酸、半胱氨酸、丝氨酸、苏氨酸、色氨酸、酪氨酸、谷氨酰胺和天冬酰胺；酸性氨基酸包括谷氨酸和天冬氨酸；碱性氨基酸包括赖氨酸、组氨酸和精氨酸。

此外，有 8 种氨基酸人体不能合成，只能从食物中获得，称为必需氨基酸，人体能合成的称为非必需氨基酸（表 2-1）。

表 2-1　氨基酸列表

R 基团	中文名称	英文名称	英文缩写
碳氢链	丙氨酸	alanine	Ala（A）
	甘氨酸	glycine	Gly（G）
	＊缬氨酸	valine	Val（V）
	＊亮氨酸	leucine	Leu（L）
	＊异亮氨酸	isoleucine	Ile（I）
芳香族	＊苯丙氨酸	phenylalanine	Phe（F）
	酪氨酸	tyrosine	Tyr（Y）
含杂环	脯氨酸	proline	Pro（P）
	＊色氨酸	tryptophan	Trp（W）
含巯基	半胱氨酸	cysteine	Cys（C）
	＊甲硫氨酸	methionine	Met（M）
含羟基	丝氨酸	serine	Ser（S）
	＊苏氨酸	threonine	Thr（T）
含羧基（酸性）	天冬氨酸	aspartic acid	Asp（D）
	谷氨酸	glutamic acid	Glu（E）
含酰胺基	天冬酰胺	asparagine	Asn（N）
	谷氨酰胺	glutamine	Gln（Q）
含氨基（碱性）	＊赖氨酸	lysine	Lys（K）
	精氨酸	arginine	Arg（R）
含杂环（碱性）	组氨酸	histidine	His（H）

注：＊为 8 种人体必需氨基酸。

（六）核苷酸

核苷酸（nucleotide）是构成核酸的基本单位。每个核苷酸都含有一个碱基、一个戊糖和一个磷酸（图 2-6）。

核苷酸的碱基包括嘌呤和嘧啶两大类：嘌呤类碱基有腺嘌呤（adenine，A）和鸟嘌呤（guanine，G），嘧啶类碱基有胞嘧啶（cytosine，C）、胸腺嘧啶（thymine，T）和尿嘧啶（uracil，U）（图 2-7）。核苷酸中的戊糖有两种，包括核糖和 2′-脱氧核糖。

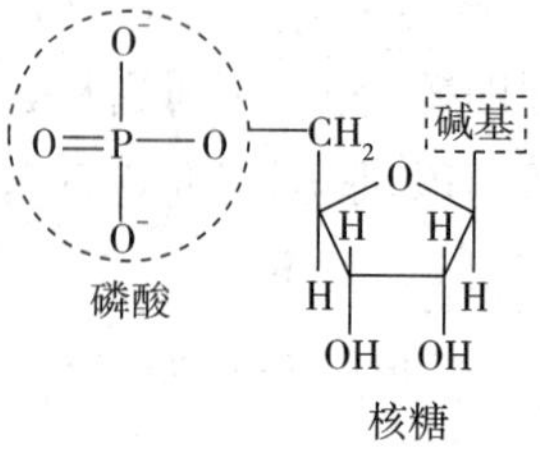

图 2 - 6　核苷酸

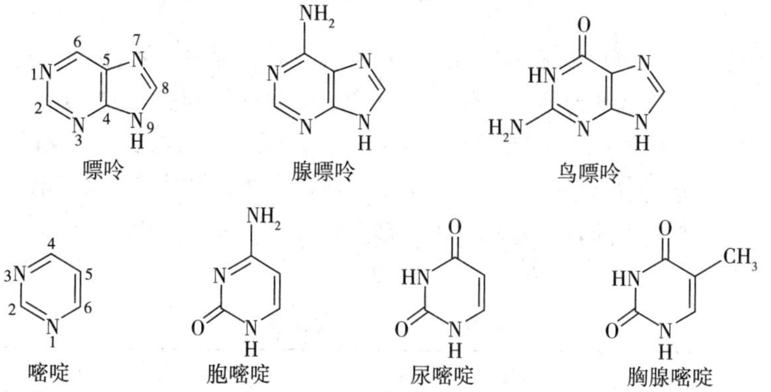

图 2 - 7　嘌呤和嘧啶结构式

嘌呤　　腺嘌呤　　鸟嘌呤

嘧啶　　胞嘧啶　　尿嘧啶　　胸腺嘧啶

磷酸　　核糖　　碱基

碱基与戊糖通过糖苷键脱水形成核苷（nucleoside）。核苷与单个磷酸结合形成核苷酸，与两个磷酸结合形成核苷二磷酸，与三个磷酸结合则形成核苷三磷酸。其中，三磷酸腺苷（ATP）是细胞生命活动最直接的能量来源（图 2 - 8）。

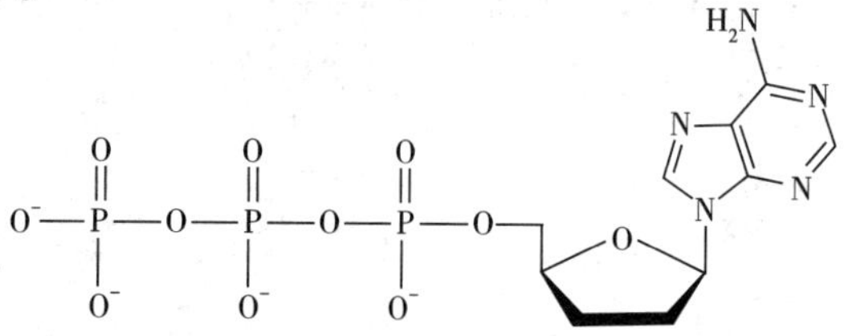

图 2 - 8　三磷酸腺苷（ATP）

二、细胞中的大分子

生物大分子是指分子量达到 $10^4 \sim 10^6$ Da，且是生物体内主要活性成分的有机分子，是生命活动重要的分子基础。细胞内的生物大分子主要包括蛋白质、核酸和多糖等。

（一）核酸

核酸是由多个核苷酸聚合形成的。第一个核苷酸分子的 3′-羟基和第二个核苷酸分子的 5′-磷酸间脱水形成 3′, 5′-磷酸二酯键（phosphodiester bond），第二个核苷酸分子的 3′-羟基再和第三个核苷酸分子的 5′-磷酸间脱水形成 3′, 5′-磷酸二酯键，依此连接下去，形成一条具有方向性的核酸长链，便是核酸。核酸单链上 5′端有磷酸基团的一边称为上游，3′端有羟基的一边称为下游。

根据核酸链上核苷酸所含戊糖的不同，核酸分为脱氧核糖核酸（deoxyribonucleic acid，DNA）和核糖核酸（ribonucleic acid，RNA）两种。

1. DNA　是重要的遗传物质，储存了生命体的遗传信息。DNA 以脱氧核苷酸为基本组成单位，其中的碱基包括 A、C、T 和 G 四种。脱氧核糖核苷酸通过 3′, 5′-磷酸二酯键形成的具有方向性的 DNA 单链，为 DNA 的一级结构（图 2 - 9）。

Waston 和 Crick 于 1953 年根据 DNA 样品的 X 射线衍射分析结果提出了 DNA 的双螺旋结构，这是 DNA 的二级结构。该结构由两条通过氢键连接的平行、反向的 DNA 单链组成，外侧为脱氧核糖和磷酸通过 3′，5′-磷酸二酯键连接形成 DNA 分子的骨架，内侧为来自两条链的碱基（图 2 - 10）。碱基均按照互补配对的原则，与对应链上的碱基处于同一平面而以氢键结合。碱基互补原则：A - T 两个氢键；C - G 三个氢键。天然条件下的 DNA 多数是 B 型 DNA 结构，为右手双螺旋，直径 2nm，位于同一平面上的每一碱基对垂直于螺旋轴，每一相邻碱基对旋转 36°，间距 0.34nm，10 个碱基对旋转 360°，间距为 3.4nm，存在大沟和小沟。

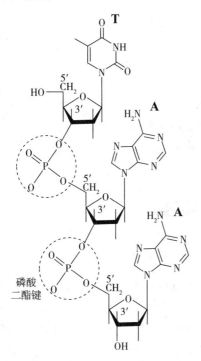

图 2 - 9　DNA 的一级结构

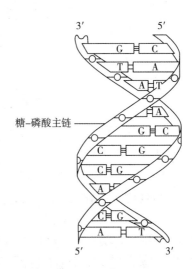

图 2 - 10　DNA 的二级结构

知识拓展

DNA 双螺旋结构背后的故事

　　DNA 双螺旋结构的发现是 20 世纪人类最伟大的成果。1962 年，詹姆斯·沃森、弗朗西斯·克里克和莫里斯·威尔金斯因为发现 DNA 双螺旋结构而获得诺贝尔生理学或医学奖。而在此过程中，我们忽略了一位伟大的女科学家——富兰克林罗莎琳德·埃尔西·富兰克林。

　　1952 年 5 月，富兰克林获得一张 B 型 DNA 的 X 射线晶体衍射照片，这张照片被称作"照片 51 号"，被 X 射线晶体衍射先驱之一约翰·贝尔那形容为"几乎是有史以来最美的一张 X 射线照片"。当时，沃森和克里克也在尝试排列 DNA 的螺旋结构，他们的模型是三股螺旋。但他们从富兰克林的同事威尔金斯处看到"照片 51 号"后，很快就领悟到了 DNA 的结构：两条以磷酸为骨架的链相互缠绕形成了双螺旋结构，氢键把它们联结在一起。他们在 1953 年 4 月 25 日出版的英国《自然》杂志上报告了这一发现。沃森与克里克在论文中提及他们是受到威尔金斯与富兰克林等人的启发，但并未详细说明，也没有致谢。但是，多年后克里克和沃森承认："罗莎琳德的贡献是我们能够有这项重大发现的关键。"

　　科学家也是人，也有着普通人的各种优点和缺点，科学界也并非一块净土。在人类科学发展史上，很多科学家的卓越工作没有得到应有的评价，即使是诺贝尔奖的授予，也不是那么公平。但随着时间的推移，他们的杰出工作一定会逐渐被认可。其实，不管外界的评价如何，热爱探索的科学家们已经得到了最想要的褒奖——热爱的工作和自然界运行规律的发现！

除了 B 型 DNA 结构，DNA 双螺旋结构还有 A 型 DNA、Z 型 DNA 等 20 多种亚型。

在细胞中，DNA 双螺旋结构还可以进一步盘曲形成更加复杂的空间结构，称为 DNA 的三级结构。DNA 的三级结构具有多种形式，主要表现为超螺旋结构。

真核生物具有双螺旋结构的 DNA，和组蛋白结合在一起形成核小体后，进一步通过螺线营、超螺线管形成高度紧密、压缩的染色质（图 2 - 11）。

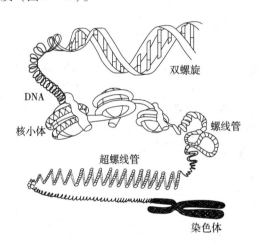

图 2 - 11　DNA 的核小体、超螺旋结构和染色体

DNA 的主要功能是储存、复制和传递遗传信息，通过转录和翻译，指导 RNA、蛋白质的合成，传递遗传信息，并控制遗传信息的表达。

2. RNA　RNA 中的戊糖是核糖，碱基包括 A、U、C 和 G 四种。RNA 通常为线性单链结构的多核苷酸，通常是以单链 DNA 为模板、在依赖 DNA 的 RNA 聚合酶的作用下合成。

长度大于 200 个核苷酸的 RNA 称为长链 RNA，短于 200 个核苷酸的称为短链 RNA。长链 RNA 主要包括为蛋白合成提供密码的信使 RNA（messenger RNA，mRNA）和长链非编码 RNA（long non - coding RNA，lncRNA）。短链 RNA 包括转运 RNA（transfer，tRNA）、微小 RNA（microRNA，miRNA）、核小 RNA（small nuclear RNA，snRNA）、核仁小 RNA（small nucleolar RNA，snoRNAs）等多种分子质量较小的 RNA。

mRNA、tRNA 和核糖体 RNA（ribosomal RNA，rRNA）参与蛋白质合成。

（1）mRNA　由 DNA 转录而来，占细胞内 RNA 总量的 1% ~ 5%。不同基因 DNA 转录生成的 mRNA 分子量相差较大。mRNA 是以细胞核内 DNA 分子为模板进行转录，再通过核孔复合体转移到细胞质中，作为合成蛋白质的模板。

mRNA 包含非编码区和编码区两部分。mRNA 的 5′端和 3′端都有一段由 30 至数百个核苷酸组成的非翻译区，不编码蛋白质，但参与蛋白质的合成过程。编码区位于两个非翻译区之间，以起始密码子开始，以终止密码子结束。mRNA 的 5′端有 7 - 甲基鸟嘌呤的帽子结构（m7GPPPN），3′端有多聚腺苷酸尾巴（图 2 - 12）。

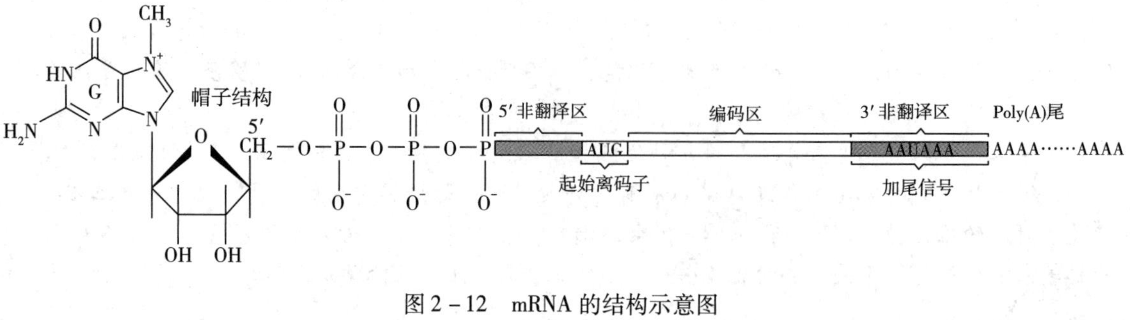

图 2 - 12　mRNA 的结构示意图

（2）tRNA　占细胞 RNA 总量的 5% ~ 10%，是分子量较小的一类核酸，通常由 70 ~ 90 个核苷酸构成。

tRNA 分子含有多种稀有碱基，其单链分子在局部形成茎环结构，使 tRNA 呈三叶草形的二级结构（图 2 - 13）。tRNA 的 3′端的碱基顺序一般为 CCA，是氨基酸的结合部位。环状端有反密码子环（anti-codon loop），其中间的三个碱基是反密码子，能识别 mRNA 上相应的密码子并与之互补配对。tRNA 的三级结构呈现"L"形（图 2 - 14）。每种 tRNA 只能转运一种特定的氨基酸到核糖体参与蛋白质合成。

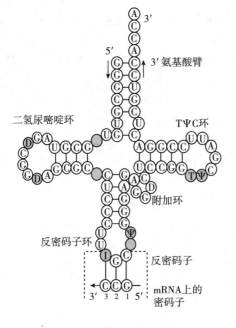

图 2 - 13　tRNA 的二级结构

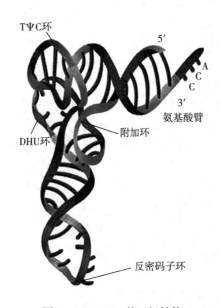

图 2 - 14　tRNA 的三级结构

（3）rRNA　是细胞内分子量最大、含量最多的 RNA，约占 RNA 总量的 80% 以上。rRNA 的大小一般用沉降系数 S（用于衡量溶液中某种物质在离心过程中沉降速度的快慢，$1S = 10^{-13}$ 秒）表示。原核生物核糖体沉降系数为 70S，含有 30S 小亚基（含 16S rRNA）和 50S 大亚基（含 5S 和 23S rRNA）。真核生物的核糖体沉降系数为 80S，含有 40S 小亚基（含 18S rRNA）和 60S 大亚基（含 5S、5.8S 和 28S 三种rRNA）。5S rRNA 长度约为 120bp，28S rRNA 长度为 4800bp。rRNA 的功能是与蛋白质共同构成核糖体。广义上来说，rRNA 也属于长链非编码 RNA。

（4）miRNA　是比较重要的一类单链非编码小 RNA，在真核生物中广泛存在，含 21 ~ 23 个核苷酸。主要通过与目标 mRNA 分子中的互补序列进行碱基配对，阻止核糖体与 mRNA 结合或导致目标 mRNA 链被酶切，从而抑制蛋白质翻译，在转录后基因表达调控中起作用。

（5）核酶　是一类具有催化活性的 RNA。1981 年，美国科学家 T. Cech 和 S. Altman 在研究原生动物四膜虫 rRNA 前体的剪接时，发现 rRNA 基因转录产物的 I 型内含子的剪切和外显子拼接过程可在无任何蛋白质存在的情况下完成，从而证明了 RNA 可以进行自我剪接（self - splicing），即具有催化功能。在此之前，蛋白质一直被认为是唯一具有催化功能的生物分子。核酶的发现为生命进化过程中"RNA 世界"的假说提供了支持，它提示 RNA 可能作为遗传物质，在早期生命自我复制系统中可能起重要作用。

案例解析

【案例】核酶可以进行自我剪接，说明有催化功能。

【问题】蛋白酶被广泛运用于人类的生产生活中，如食品发酵、药物生产、污染物的处理等。根据核酶的特性，我们在哪些方面可以进行开发应用？

【解析】1988年，Haseloff等发现锤头（hammer head）状结构的核酶可通过作用于特定基因的mRNA而抑制该基因的表达，开创了设计、合成序列特异性人造核酶的先例。这表明，从原理上讲可以设计出作用于任何致癌基因转录物的特异性核酶，从而有可能对肿瘤、某些遗传性疾病及一些病毒性疾病（如艾滋病、慢性乙型肝炎等）从转录水平上开始治疗，开创了基因治疗的新途径。

*ras*基因因其致癌特性及其在多种肿瘤中存在的广泛性，而成为核酶基因治疗的热点靶基因之一。人类原发肿瘤点突变主要发生在*ras*基因密码子12、13、59、61位，这些位点的突变都能使*ras*癌基因活化，导致细胞增殖信号的不断流动，使细胞具有恶性潜能。ras蛋白一旦活化即失去恢复非活性状态的能力。现已发现*ras*特异性突变存在于数种疾病中，如大约90%的胰腺癌、50%的结肠癌、33%的肺癌及45%的恶性黑色素瘤中都存在突变的*ras*基因。由于*ras*基因的活化通常由一个突变引起，所以突变位点恰好可作为核酶的剪切位点，而不会影响正常基因的表达。Kasani等设计并合成抗活化H-ras核酶，将其克隆于哺乳动物表达载体PH b Apr-1-neo，以β-肌动蛋白作为启动子，并以此重组载体质粒转染EJ膀胱癌细胞系统，经检测发现，核酶的表达使细胞内H-ras mRNA及P21蛋白的水平大大下降，同时，细胞的形态发生变化，生长受到抑制，DNA合成速度下降。体内研究表明，转染了抗H-ras核酶的EJ膀胱癌细胞在裸鼠体内的致癌率大大下降。

（二）蛋白质

蛋白质是构成细胞的主要成分，占细胞干重的50%以上。蛋白质不仅构成细胞的结构，而且参与细胞的新陈代谢、物质运输、信号转导等生命活动，是生命活动的主要体现者。

蛋白质是在核糖体上完成的，由mRNA模板上密码子决定的特定氨基酸合成的多肽链结构。根据蛋白质复杂分子结构的折叠程度，将蛋白质分子结构分成一级、二级、三级、四级结构4个层次（图2-15）。

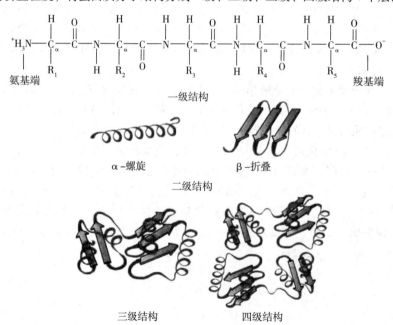

图2-15 蛋白质的结构层次

1. 一级结构 一个氨基酸分子中的羧基与另一个氨基酸分子中的氨基之间脱去一分子水，形成的酰胺键称为肽键（图2-16）。多个氨基酸通过肽键相连可形成多肽链，每一条肽链都有一个氨基端和一个羧基端。蛋白质的一级结构是指多肽链上氨基酸的排列顺序。一级结构中的主要化学键是肽键，有些蛋白质还有二硫键，是由两个半胱氨酸巯基脱氢氧化而成。牛胰岛素是第一个被测定一级结构的蛋白质分子，该工作由英国化学家 F. Sanger 于1955年完成。1965年，我国在世界上首次用人工方法全合成了结晶牛胰岛素。

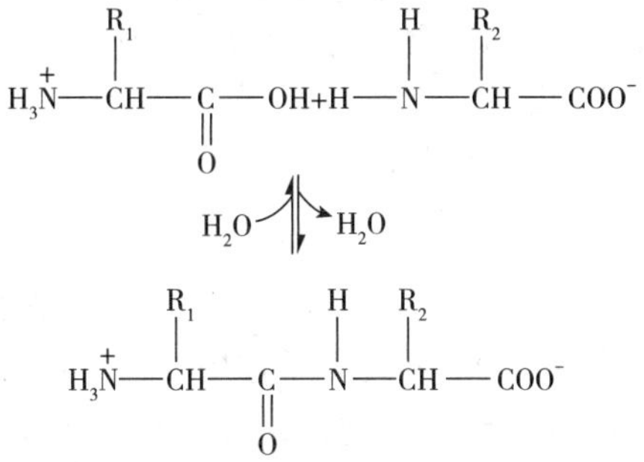

$$H_3\overset{+}{N}-CH-\underset{O}{\overset{R_1}{\underset{\|}{C}}}-OH+H-\overset{H}{N}-\overset{R_2}{CH}-COO^-$$

$$H_2O \quad \uparrow \quad H_2O$$

$$H_3\overset{+}{N}-CH-\underset{O}{\overset{R_1}{\underset{\|}{C}}}-\overset{H}{N}-\overset{R_2}{CH}-COO^-$$

图2-16 肽键的形成

不同数量、不同理化特性和不同顺序的氨基酸组合在一起，可以产生多种不同的一级结构，使得蛋白质具有很高的多样性，为细胞提供多样功能的蛋白质。

2. 二级结构 是在一级结构的基础上，多肽链局部区域的氨基酸按一定规则排列的空间结构。蛋白质的二级结构主要包括 α-螺旋（α-helix）、β-折叠（β-sheet）、β-转角（β-turn）和无规则卷曲。以下介绍前两种结构。

（1）α-螺旋　呈棒状结构，同一肽链上的每个残基的酰胺基团的氢原子和位于它后面的第4个残基上的羰基的氧原子之间形成氢键。多肽链主链围绕中心轴呈有规律的顺时针方向螺旋式盘旋上升。每3.6个氨基酸残基形成一个螺旋，螺距为0.54nm。α-螺旋是多肽链最稳定的构象，主要存在于球状蛋白分子中，如肌红蛋白分子中约有75%的肽链呈α-螺旋。

（2）β-折叠　又称β-片层结构（β-pleated sheet），β-折叠中肽链上的羰基氧原子和酰胺氢原子形成氢键，相邻两氨基酸残基的轴向距离为0.35nm，相邻的两个β-折叠按相同或相反的方向相互平行。

3. 三级结构 是指肽链在二级结构的基础上，不同区域的氨基酸侧链间相互作用，肽链进一步折叠形成的空间结构。一条肽链上所有的氨基酸都参与蛋白质三级结构的构成。维系三级结构的化学键包括氢键、二硫键、离子键、疏水作用和范德华力。

4. 四级结构 许多蛋白质含有两条或者两条以上的肽链，这些多肽链通过非共价键相互连接形成多聚体结构，即四级结构。四级结构中具有独立三级结构的多肽链称为蛋白质的一个亚基（subunit），各亚基极性基团之间存在氢键和离子键，非极性基团之间存在疏水键和范德华力。

（三）多糖

多糖是细胞重要的贮存能量的物质，如淀粉和糖原，同时也是细胞结构的重要组分，如纤维素。

淀粉（包括直链和支链淀粉）和糖原都是葡萄糖的大分子聚合物，不同的是，糖原分子比淀粉分子中的支链更多。纤维素和甲壳素是组成细胞结构的两种多糖。纤维素不溶于水及一般有机溶剂，是构成植物细胞细胞壁的主要成分。甲壳素结构与纤维素相类似，但支链中含有氮，存在于节肢动物的骨骼和真菌的细胞壁中。

PPT

第三节　细胞的进化

地球上所有生物的细胞都是从一个共同的祖先细胞进化而来的，距今 38 亿年前出现了原始生命体，即一种由膜或膜样的结构包围有机分子的集合体，它具有原始的新陈代谢作用且能够进行繁殖，这是地球生命起源的一个关键步骤。距今 35 亿年前出现了原核细胞，距今 15 亿年前进化出真核细胞，距今 12 亿年前进化出多细胞生物。

一、生命体的进化过程

（一）原始生命体的出现

原始生命体是由原始地球上的非生命物质通过化学作用，经过漫长的自然演化过程逐步形成的。这个过程大致可以分为四个阶段：①无机小分子形成有机小分子物质；②有机小分子物质形成生物大分子物质，目前认为最先出现的生物大分子是 RNA，因为越来越多的证据发现，RNA 分子兼有 DNA 分子和蛋白质分子的功能，因此第三个阶段也被称为"RNA 世界"；③生物大分子物质组成多分子体系，包括更多种核酸和蛋白的出现；④多分子体系进化为原始生命体，开始具有原始新陈代谢和遗传功能。

（二）细胞的产生和进化

膜的出现产生了以 RNA 为核心的原始细胞，原始细胞的 RNA 逐渐被更稳定的 DNA 取代，从而出现了真正的原核细胞。

一般认为，真核细胞是由原核细胞进化而来的。关于原核细胞进化为真核细胞，目前有分化起源说和内共生起源说两种假说。分化起源说认为在长期的自然演化过程中，原核生物通过内部结构的分化逐步形成内膜系统，逐渐成为结构日趋精细、功能更加完善的真核细胞。内共生学说认为真核细胞是由原始厌氧菌吞入需氧菌逐步演化而来，线粒体的存在便是这一假说的依据之一。

（三）多细胞生物的进化

生命进化的另一个重要步骤是由单细胞生物进化为多细胞生物。早期的真核生物均为单细胞生物，直到单细胞生物进化为多细胞生物，才逐渐分化成各种各样的植物和动物。

单细胞生物进化为多细胞生物，不仅仅是细胞数量上的变化，更重要的是出现细胞的分化，即在多细胞的机体体内，各种细胞朝不同方向分化演变，形成由不同结构和功能细胞构成的不同组织，它们互相协调成为一个有机的整体。

在高等脊椎动物中，已有 200 多种分化细胞，它们形成不同的组织，如上皮组织、结缔组织、肌肉组织和神经组织等，这些组织再进一步构成具有特定功能的器官和系统，最后成为一个完整的个体。

（四）病毒的起源

病毒不具有细胞结构，不能独自生存并繁衍，因此倾向于认为病毒不是真正的生命体，但仍然有和生命体类似的一些结构和功能。关于病毒的起源有三种主要假说。

1. 病毒是细胞进化的一个分支　在生命体进化的第四个阶段后，即多分子体系进化为原始生命体、细胞开始出现的过程中，一些原始生命物质继续保持非细胞形态，并且逐渐适应在其他生物细胞内营寄生方式，这就是病毒。

2. 病毒是由细胞退化而来的　某些较高级微生物在退化过程中丢失了某些遗传信息，以致不能自身增殖，而必须依赖较高级细胞才能复制，并逐渐演化为现在的病毒。比较基因组分析的结果越来越支持病毒由远古细胞退化而来的假说。

3. 病毒来源于细胞核酸　病毒的基因组可能是细胞的染色体或线粒体的核酸脱落或逃逸出来的基因物质。由于某种原因，这些核酸脱离细胞独立存在，经过进一步演化而具备专性寄生的特性。近年发现，某些 RNA 肿瘤病毒中存在癌基因，和正常机体细胞中存在的原癌基因序列高度同源。这些发现支持了内源性学说的成立。

总之，病毒种类繁多，基因组结构组成、遗传物质的合成和传递方式也多样。所有病毒可能共有某一种起源方式，也可能通过多种方式起源。

课堂互动

原核细胞和真核细胞在结构上的不同和其功能有怎样的相关性？

二、原核生物

由原核细胞构成的生物称为原核生物。原核生物的出现，是从非生命体进化为生命体的一个质的飞跃。原核细胞体积较小，结构简单，由于细胞内没有膜结构，细胞的所有代谢活动均在细胞质中进行，效率相对较低。原核细胞以简单二分裂方式繁殖，不存在有丝分裂或减数分裂。

常见的原核生物有细菌、放线菌、蓝绿藻、支原体、衣原体、螺旋体和立克次体等，其中支原体是最小的原核生物。

（一）支原体

支原体（mycoplasma）是 1898 年 Nocard 等发现的一种类似细菌的原核微生物，1967 年正式命名为支原体。支原体是最小、最简单的细胞，也是唯一不具有细胞壁的原核生物。支原体直径小于 $0.3\mu m$，能通过细菌滤器，可引起肺炎、脑炎和尿道炎等疾病。由于支原体没有细胞壁，因此，影响细胞壁合成的抗菌药物，如青霉素类、头孢菌素类、碳青霉烯类、万古霉素等对支原体无效，临床治疗常用四环素类、大环内酯类和氟喹诺酮类药物。

（二）细菌

细菌（bacteria）是原核生物的典型代表。1683 年，列文虎克最先使用自己设计的单透镜显微镜观察到大概放大 200 倍的细菌。常见的细菌有球菌、杆菌和螺旋菌。

三、真核生物

由真核细胞构成的生物称为真核生物。真核细胞多达 200 多种，如此众多种类的真核细胞使生命体的形态和功能呈现出复杂多样化的存在。真核生物不仅比原核生物进化程度高，结构更加复杂，而且细胞分裂方式多为有丝分裂（少数为无丝分裂），每一个子代细胞核都得到亲代的一条染色体拷贝。在大多真核细胞中，还有另一种有性繁殖过程，即减数分裂，这一过程中，二倍体亲代细胞经由两次分裂成为单倍体，DNA 的数量减半。真核生物包括原生生物界、真菌界、植物界和动物界。

（一）原生生物界

原生生物是简单的真核生物，多为单细胞生物，能在一个细胞内完成全部生命活动，如营养、呼吸、排泄、生殖、运动和感应等，亦有部分是多细胞的，但不具组织分化。原生生物包括单细胞藻类、单细胞真菌和原生动物。常见的原生生物包括纤毛虫、变形虫、疟原虫、黏菌，也有光自营的单细胞游动微生物，如绿虫藻等。原生动物中很多属于病原生物，可导致人类和动物疾病。

（二）真菌界

真菌是指营养方式为异养的真核菌类，广泛分布于土壤、水体、动植物及其残骸和空气中，营腐生、寄生和共生生活。真菌是多型性的生物，由简单到复杂依次为原质团、单细胞、假菌丝、两型菌丝和菌丝体。菌丝体最为常见，由微小的丝状物构成，在基物上向一个方向分枝、延伸，以便获取养料。菌丝细胞的细胞壁成分大多是几丁质，少数为纤维素。

（三）植物界

植物界生物有叶绿体，能进行光合作用，自己制造有机物，细胞壁主要成分是纤维素。此外，它们绝大多数固定生活在某一环境，不能自由运动。植物细胞具全能性，即由一个植物细胞可培养成一个植物体。

（四）动物界

动物界具有与植物不同的形态结构和生理功能，不能将无机物合成有机物，只能以有机物为食物进行消化、吸收、呼吸、循环、排泄、感觉、运动和繁殖等生命活动。动物细胞无细胞壁，有复杂的胚胎发育过程。根据体内有无脊柱，分为无脊椎动物和脊椎动物两大类。

本章小结

细胞是生物的基本结构和功能单位，是独立生命活动的最小组成单位。大多数动物细胞的直径为 $10 \sim 20\mu m$，大多数细菌细胞的直径为 $1 \sim 2\mu m$。最小的细胞是支原体，直径在 $0.1 \sim 0.3\mu m$。真核细胞和原核细胞最明显的区别在于其具有细胞内膜系统，不同的功能在不同的膜相细胞器内完成。细胞内生命物质总称为原生质，包括有机物和无机物。构成原生质的物质分为小分子物质和大分子物质。细胞中的小分子包括水、无机盐等无机物，以及单糖、氨基酸、脂肪酸、核苷酸等有机物。细胞内的生物大分子主要包括蛋白质、核酸和多糖等。DNA 是细胞内重要的遗传物质，储存生命体的遗传信息，蛋白质是构成细胞的主要成分，是生命活动的主要体现者。由原核细胞构成的生物称为原核生物，常见的原核生物有细菌、放线菌、蓝绿藻、支原体、衣原体、螺旋体和立克次体等。由真核细胞构成的生物称为真核生物。真核生物不仅进化程度高，种类也繁多，包括原生生物界、真菌界、植物界和动物界。除原生生物多为单细胞生物外，真核生物多为多细胞生物。

练 习 题

题库

一、单选题

1. 构成生物体的基本结构和功能单位是（　　）
   A. 细胞膜   B. 细胞器   C. 细胞核
   D. 细胞   E. 细胞质

2. 原核细胞与真核细胞的主要区别在于有无完整的（　　）
   A. 细胞膜   B. 细胞器   C. 细胞核
   D. 细胞壁   E. 细胞质

3. 最早发现细胞的遗传物质 DNA 分子为双螺旋结构的学者是（　　）
   A. Schleiden 和 Schwann   B. R. Hook 和 A. Leeuwenhook   C. Watson 和 Crick
   D. R. Brown   E. C. Darwin

4. 以下不属于原核细胞的是（　　）
   A. 大肠埃希菌   B. 肺炎环菌   C. 支原体
   D. 真菌   E. 蓝藻

5. 目前所知的最小细胞是（　　）
   A. 球菌   B. 杆菌   C. 衣原体
   D. 支原体   E. 立克次体

6. 以下具有非膜相结构的细胞器是（　　）

A. 核糖体 　　　　　　B. 内质网 　　　　　　C. 线粒体

D. 溶酶体 　　　　　　E. 高尔基复合体

7. 原核细胞与真核细胞共有的细胞器是（　　）

A. 核糖体 　　　　　　B. 内质网 　　　　　　C. 高尔基复合体

D. 线粒体 　　　　　　E. 溶酶体

8. 细胞中的下列化合物中，属于生物小分子的是（　　）

A. 蛋白质 　　　　　　B. 单糖类 　　　　　　C. 酶

D. 核酸 　　　　　　　E. 以上都不对

9. 原生质是指（　　）

A. 细胞内的所有生命物质 　　B. 蛋白质 　　　　C. 糖类

D. 无机化合物 　　　　　　　E. 有机化合物

10. 构成蛋白质分子和酶分子的基本单位是（　　）

A. 氨基酸 　　　　　　B. 核苷酸 　　　　　　C. 脂肪酸

D. 核酸 　　　　　　　E. 磷酸

11. 维持蛋白质一级结构的主要化学键是（　　）

A. 氢键 　　　　　　　B. 离子键 　　　　　　C. 疏水键

D. 肽键 　　　　　　　E. 二硫键

12. 关于核酸，下列叙述有误的是（　　）

A. 是核苷酸的聚合体 　　B. 包括 DNA 和 RNA 两类 　　C. 只存在于细胞核中

D. 决定着细胞的一切生命活动 　　E. 是细胞的遗传物质

13. 关于蛋白质的四级结构，下列说法错误的是（　　）

A. 指由几个具有三级结构的亚基聚合而成的空间结构

B. 是在三级结构的基础上形成的一种空间构象

C. 并非所有的蛋白质都有四级结构

D. 四级结构一定包含几条多肽链

E. 构成四级结构的亚基之间以共价键相连

二、多选题

1. 以下属于真核细胞膜相结构的是（　　）

A. 线粒体 　　　　　　B. 核糖体 　　　　　　C. 高尔基复合体

D. 溶酶体 　　　　　　E. 内质网

2. 关于原核细胞的特征，下列叙述错误的是（　　）

A. 无真正的细胞核 　　　　B. 其 DNA 分子与组蛋白结合

C. 以无丝分裂方式进行繁殖 　　D. 内膜体系缺乏

E. 细胞体积较小

3. 关于真核细胞，下列叙述正确的是（　　）

A. 有真正的细胞核

B. 有多条 DNA 分子，DNA 与组蛋白有机结合形成染色质

C. 有 2～3 条 DNA 分子，且不与组蛋白结合

D. 细胞内膜性细胞器发达

E. 细胞内没有膜性细胞器

4. 具有细胞形态的生命形式所具有的特性包括（　　）

A. 细胞膜包被的原生质团 　　B. 必需数量的遗传物质 　　C. 蛋白质合成的机构

D. 通过分裂产生后代 　　　　E. 以上都不对

5. 关于 DNA 分子，下列说法错误的是（　　）

A. 携带遗传信息

B. 具有双螺旋的空间结构

C. DNA 分子上分布大量基因

D. 所含碱基位于双螺旋结构的外侧

E. 由两条方向相同的单核苷酸长链互补结合而成

三、思考题

1. 小分子脱氧核糖核苷酸是如何组装成光学显微镜下可见的染色体的？

2. 原核细胞与真核细胞的异同有哪些？

（詹秀琴）

第三章

细胞生物学的研究技术

学习导引

知识要求

1. **掌握** 细胞微观结构的观察方法；光学显微镜的基本原理；细胞分离与培养的常用方法；细胞及细胞组分的分离技术。

2. **熟悉** 光学显微镜的基本操作；细胞分离培养的基本操作流程；细胞内蛋白质的提取方法。

3. **了解** 电子显微镜的原理和用途；细胞内核酸的提取方法；细胞工程技术的应用范围；细胞生物学技术的最新发展趋势。

能力要求

学会根据研究对象的特点，选用适当的细胞生物学技术。

细胞生物学是以细胞为研究对象，从细胞的显微水平、亚显微水平、分子水平等三个层次，以动态的观点，研究细胞和细胞器的结构、功能及各种生命活动规律的学科。细胞生物学广泛地利用相邻学科的成就，在技术方法上博采众长，融会贯通。例如用分子生物学的方法研究基因的结构；用生物化学、分子生物学的方法研究染色体上各种非组蛋白及其对基因活动的调节和控制；利用免疫学的方法研究细胞骨架的各种蛋白（微管蛋白、微丝蛋白、中间丝蛋白）在细胞中的分布及其在生命活动中的变化；就连起源于分子遗传学的重组 DNA 技术和起源于免疫学的杂交瘤技术，也成为细胞生物学的有力工具。由此可见，细胞生物学的研究内容非常广泛，涉及的研究技术也种类繁多，本章仅就常用的几种主要技术及其原理进行简单介绍。

第一节 细胞形态结构的观察方法

PPT

观察是细胞研究的第一要素。分辨率（resolution）是指可以清晰分辨物体细微结构最小间隔的能力，用能分清的相邻两个物点间最小距离表示。人类眼睛的分辨率仅有 $100\mu m$，无法直接观察到细胞及其内部复杂的精细结构，显微镜能帮助人类清晰地观察到神奇的微观世界，普通光学显微镜的分辨率为 $0.2\mu m$，最大放大倍数为 1000 倍；电子显微镜的分辨率约为 $0.1nm$，放大倍数可达 150 万倍（图 3-1）。

一、显微结构的观察

显微结构（microscopic structure）是指光学显微镜下可以观察到的结构。根据观察对象不同，光学显微镜的选择也不同，常用的显微镜有以下几种类型。

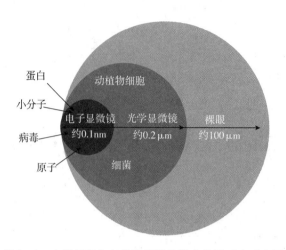

图 3-1　人类裸眼与各类显微镜分辨率范围对比示意图

（一）光学显微镜

光学显微镜（optical microscope），又称光镜，如图 3-2 所示，主要由三大部分构成：①照明系统，包括光源和聚光器；②光学放大系统，由两组玻璃透镜，即物镜和目镜组成，是光学显微镜的主体部分；③机械系统，包括准焦螺旋及载物台等部分，用于固定标本、照明及光学放大系统的准确调控。

光学显微镜用物镜创建一个物体标本的放大图像，并用目镜进一步放大图像，使我们可以用肉眼观察到被放大的物体。假设图 3-3 中的标本为 AB，用物镜生成倒立实像的主像（放大后的图像）A′B′。接下来，排列目镜使主像 A′B′比前焦点更接近目镜，然后创建更大的虚拟像 A″B″，目镜筒上的眼（瞳孔）的位置就可以观察到放大的图像。简而言之，最后观察到的图像是一个倒立的虚像。

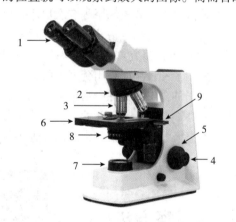

图 3-2　光学显微镜结构图

1. 目镜；2. 物镜转轮（用于安装多物镜）；3. 物镜；
4. 粗准焦螺旋；5. 细准焦螺旋；6. 载物台（用于放置标本）；
7. 光源（光源或镜子）；8. 聚光器；9. 机械机构

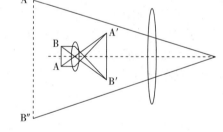

图 3-3　光学显微镜原理图

光学显微镜的局限性在于这种技术只能有效地应用于成像暗的或强折射的物体。焦平面外的点发出的失焦光会降低图像的清晰度。特别是活细胞，由于细胞的内部结构是无色透明的，这会导致缺乏足够的对比度来进行观察。最常见的增强对比度的方法是用选择性染料对不同的结构进行染色，但这通常会影响活细胞的生存。染色也可能引起伪影，这是由于处理标本时会引起结构的细节产生变化。

一般来说，这些染色技术利用细胞结构折射率的差异，将细胞内部不同结构区分开来。显微镜的工作目标是得到样品的一个放大像，使原来肉眼看不见的细节变得清晰可见。这里有两个基本的性能指标：分辨率极限和最高有效放大倍数。分辨率是分辨物体细节的最小极限，仪器可分辨的最小细节经适当放大后，变成人眼所能看清的结构。显然，如果超越了仪器分辨率的能力，即使进一步提高放大倍数，也不能让人清晰地看到更小的细节。这种现象必须借助光的波动学说来解释。光学显微镜中所用的可见光源是波长为400～800nm的电磁波，波传播的特性之一是衍射。衍射（diffraction）是指波遇到障碍物时能偏离原来直线传播的性质。根据基础物理知识可知，由于实际光学仪器都有限制光束的"窗口"（物镜边缘所限制的透光范围），它造成的衍射效应会使每个物点形成的像都是有所扩展的衍射光斑。靠得太近的像点彼此重叠起来，会使画面中的细节变得模糊不清。光学显微镜中还有一些像差（如球差和色差等）也会使像点扩展，但它们大多可以被矫正。所以衍射现象的存在限制了光学显微镜分辨细节的能力。因此，存在一个有限的极限，超过这个极限，就不可能分辨视野中的两个相邻点，这个极限就是衍射极限（diffraction limit）。假设整个光学装置的像差可以忽略，则分辨率 R 的大小取决于光的波长、镜口率和介质的折射率，表示为

$$R = \frac{0.61\lambda}{n\sin\alpha}$$

式中，λ 表示照明光源的波长；n 表示介质的折射率；α 表示样品对物镜角孔径的半角。在光学显微镜系统中，光源一般为可见光，λ 约为 $0.5\mu m$；对于给定的物镜，镜口率已经固定，若想增大其 R 值，唯一的办法是增大介质折射率 n 值。空气的 n 为1，水的 n 为1.33，香柏油的 n 为1.5，基于这一原理，产生了水浸物镜和油浸物镜。

光学显微镜可广泛应用于微电子学、纳米物理学、生物技术、药学研究、矿物学和微生物学等。普通光学显微镜的分辨率为 $0.2\mu m$，在细胞结构观察中，光镜能观察到的细胞结构有线粒体、中心体、细胞核等。

知识拓展

光学显微镜的发展简史

早在公元前1世纪，人们就已发现通过球形透明物体去观察微小物体时，可以使其放大成像。后来人们逐渐对这一规律有了更多认识。1590年，荷兰眼镜制造匠 Janssen 在一次偶然的机会下制造了一台初见雏形的显微镜。一次，他和他的儿子把几片镜片放进一个圆筒中，发现通过圆筒可以观察到物体的细节，于是他受到启发，反复实践，终于制作出世界上第一台简易的显微镜。1610年前后，意大利的 Galilei 和德国的 Kepler 在研究望远镜时，通过改变物镜和目镜之间的距离，得出了合理的显微镜光路结构。17世纪中叶，英国的 Hooke 和荷兰的 Leeuwenhoek，都对显微镜的发展做出了卓越的贡献。1665年前后，Hooke 在显微镜中加入粗动和微动调焦结构、照明系统和承载标本片的工作台。这些部件经过不断改进，成为现代显微镜的基本组成部分。

1673～1677年，Leeuwenhoek 制成单组元放大镜式的高倍显微镜，其中有九台保存至今。Hooke 和 Leeuwenhoek 利用自制的显微镜，在动、植物机体微观结构的研究方面取得了杰出的成就。19世纪，高质量消色差浸液物镜出现，1827年 Amici 第一个采用浸液物镜制造显微镜，大大提高了显微镜观察微细结构的能力。19世纪70年代，德国的 Abbe 奠定了显微镜成像的古典理论基础。这些都促进了显微镜制造和显微观察技术的迅速发展，并为19世纪后半叶包括 Koch、Pasteur 等在内的生物学家和医学家发现细菌和微生物提供了有力的工具。

在显微镜本身结构发展的同时，显微观察技术也在不断创新：1850年出现了偏光显微术；1893年出现了干涉显微术；1935年荷兰物理学家 Zernike 创造了相称显微术，为此他获得1953年诺贝尔物理学奖。古典的光学显微镜只是光学元件和精密机械元件的组合，它以人眼作为接收器来观察放大的像。后来在显微镜中加入了摄影装置，以感光胶片作为可以记录和存储的接收器。现代又普遍采用光电元件、电视摄像管和电荷耦合器等作为显微镜的接收器，配以微型电子计算机后构成完整的图像信息采集和处理系统。

（二）相差显微镜

相差显微镜（phase contrast microscope）是根据光的衍射和干涉原理，将透过标本的光线程度差或相位差转换成肉眼可分辨的振幅差的显微镜。活细胞和未染色的生物标本，由于细胞各部分细微结构的折射率和厚度不同，当光波通过时，波长和振幅并不发生变化，仅相位发生变化，但是这种相位差人眼无法分辨。而相差显微镜通过改变这种相位差，并利用光的衍射和干涉现象，把相差变为振幅差来观察活细胞和未染色的标本。相差显微镜适合观察单细胞层，标本不需要染色即可观察，同时，相差显微镜还可以观察研究活细胞中细胞核、线粒体等的动态变化。观察体外培养细胞的结构常用倒置相差显微镜（inverted phase contrast microscope，IPCM），它的特点是光源和聚光镜装在载物台的上方，相差物镜在载物台的下方，可以清楚地观察到培养皿内的贴壁细胞。

1952 年，Nomarski 在相差显微镜原理的基础上发明了微分干涉相差显微镜（differential interference contrast microscope），又称 Nomarski 相差显微镜，优点是能显示结构的三维立体投影影像。与相差显微镜相比，其标本可略厚一点，折射率差别更大，故影像的立体感更强。广泛应用于细胞工程中的受精卵显微注射、基因转移、核移植，早期胚胎细胞的分离等各种镜下显微操作。

（三）荧光显微镜

荧光显微镜（fluorescence microscope）是以特定波长的激发光为光源，用以照射被检物体，使之发出荧光，之后在显微镜下观察物体的形状及其所在位置。荧光显微镜用于研究细胞内物质的吸收、运输、化学物质的分布及定位等。细胞中有些物质，如叶绿素等，受激发光照射后可发出荧光；另有一些物质本身虽不能发荧光，但如果用荧光染料或荧光抗体染色后，经激发光照射也可发出荧光，这在实际的工作中有着广泛的应用。比如，吖啶橙能对细胞 DNA 和 RNA 同时染色，但显示不同颜色的荧光。DNA 呈绿色，RNA 呈红色。如图 3 - 4 所示，与普通光学显微镜相比，荧光显微镜在结构上的突出特点是具有两组滤光片。第一组滤光片位于光源与样品之间，仅能通过荧光染料的激发光；第二组滤光片位于样品与物镜之间，仅能通过激发出的荧光。荧光显微镜观察到的物像以暗背景为映衬，颜色反差明显，检测特异性程度高。荧光显微镜可以观察荧光染料标记后的细胞成分，可用作细胞内特定结构的定位观察。同时，不同荧光染料标记的细胞内大分子可以显示出不同的颜色，能够区分不同的细胞成分，利用这一特点，可以观察细胞内的大分子物质的定位，研究蛋白质分子间的相互关联和作用。

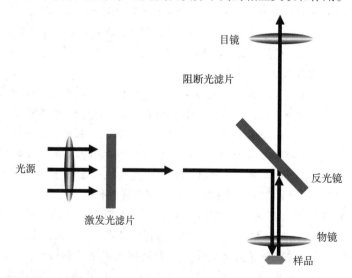

图 3 - 4　荧光显微镜光学系统通路

（四）激光扫描共聚焦显微镜

激光扫描共聚焦显微镜（confocal laser scanning microscope，CLSM）是在荧光显微镜成像的基础上加装激光扫描装置，逐点、逐行、逐面快速扫描成像，扫描的激光与荧光收集共用一个物镜，物镜的焦点即扫描激光的聚焦点，也是瞬时成像的特点。系统经一次调焦，扫描限制在样品的一个平面内。调焦深度不一样时，就可以获得样品不同深度层次的图像，这些图像信息都储于计算机内，通过计算机分析和模拟，即可显示细胞样品的立体结构。CLSM 可以辨别细胞内许多复杂物质的三维结构，包括构成细胞骨架系统的纤维、染色体以及基因的排列等。

在结构配置上，CLSM 除了包括普通光学显微镜的基本构造外，还包括激光光源、扫描装置、检测器、计算机系统（包括数据采集、处理、转换、应用软件）、图像输出设备、光学装置和共聚焦系统等部分。由于该仪器具有高分辨率、高灵敏度、三维重建、动态分析等优点，因而为基础医学与临床医学的研究提供了有效手段。CLSM 既可以用于观察细胞形态，也可以用于细胞内生化成分的定量分析、光密度统计以及细胞形态的测量，配合焦点稳定系统可以实现长时间活细胞动态观察。此外，CLSM 对荧光样品的观察具有明显的优势，只要能用荧光探针进行标记的样品都可利用其观察和分析。

（五）双光子显微镜

双光子显微镜（two - photon microscope）是结合了激光扫描共聚焦显微镜和双光子激发技术的一种新技术。双光子激发的基本原理是在高光子密度的情况下，荧光分子可以同时吸收 2 个长波长的光子，在经过一个很短的所谓激发态寿命的时间后，发射出一个波长较短的光子；其效果和使用一个波长为长波长一半的光子去激发荧光分子是相同的。双光子激发需要很高的光子密度，为了不损伤细胞而使用高能量锁模脉冲激光器。这种激光器发出的激光具有很高的峰值能量和很低的平均能量。在使用高数值孔径的物镜将脉冲激光的光子聚焦时，物镜的焦点处的光子密度是最高的。双光子激发只发生在物镜的焦点上，所以双光子显微镜不需要共聚焦针孔，从而提高了荧光检测效率。

新型双光子显微镜带有的超高灵敏度的直接探测器能记录组织深层最细微的内部结构。多达 7 个的外置通道以及光谱拆分软件，充分支持多色的多光子实验。再结合高速 12kHz 扫描头和最大扫描视野，将轴向位移减至最小，能有效地收集来自深层组织的微弱光子，使图像更明亮，将对标本的光毒性减至最小。双光子显微镜可以在常规（单光子）荧光或共聚焦显微镜无法实现的深度进行活组织可视化，特别适用于扩展观察活体动物脑组织中的细胞或脑切片的精细神经结构。

课堂互动

根据光学显微镜的原理，讨论未来光学显微镜可能有哪些发展趋势。

二、超微结构的观察

1931 年，第一台电子显微镜（electron microscope）由德国的 Ernst Ruska 和 Max Knoll 共同设计开发。电子显微镜的出现，揭开了细胞超微结构的神秘面纱，使人类探索微观世界的步伐大幅加快。电镜观察到的结构称为超微结构（ultrastructure），也称为亚显微结构（submicroscopic structure），是超出光学显微镜分辨水平的细胞结构的统称。它可以将观察对象放大到 10^6 倍，同时显微照片可以通过现代照相技术和计算机辅助技术来进一步放大和研究。

电子显微镜按结构和用途可分为透射电子显微镜和扫描电子显微镜两大类。透射电子显微镜常用于观察那些用普通显微镜所不能分辨的细微物质结构；扫描电子显微镜主要用于观察固体表面的形貌，也能与 X 射线衍射仪或电子能谱仪相结合，构成电子微探针，用于物质成分分析。

（一）透射电子显微镜

透射电子显微镜（transmission electron microscope，TEM），简称透射电镜，是一种使用加速电子束作为照明源的显微镜（图 3 - 5）。由于电子的波长比光子的波长短 10 万倍，电子显微镜比光学显微镜具有更高的分辨能力，可以揭示较小物体的结构。理论上用这样短波的电子照明，显微镜的分辨率可达 0.002nm，但由于电磁透镜的相差比玻璃透镜的相差大得多，电镜的实际分辨率不超过 0.1nm。

TEM 用于研究各种生物和无机标本的超微结构，包括微生物、细胞、大分子、活检标本、金属和晶体。生物样品由于标本的制备、反差及照射损伤等原因，电子显微镜的分辨率实际上仅为2nm，尽管如此，它仍是光学显微镜分辨率的100倍，可以观察到细胞膜、细胞核、线粒体、高尔基复合体、核糖体等细胞器的超微结构。

尽管光学显微镜和电子显微镜在原理上有相似之处，但实际上两者的差异极大。因为电子通常无法在标准气压下传播，常规电子显微镜要求电子束必须处于真空之中，用泵将电子显微镜的柱抽空，并通过气闸将样品和任何其他必需的设备引入真空。不同于光学显微镜，电子显微镜的透镜具有固定焦点，为了保持样品和物镜之间的距离以及镜头间距的恒定，电子显微镜具有可变焦距镜头。其放大倍数是由通过中间透镜和投影透镜线圈的电流（用于磁透镜）强度决定的（图3-6）。另一个不同之处在于，光学显微镜成像是虚拟的，而电子显微镜观察到的最终图像是真实的。还有一个区别是在光学显微镜中，图像通过吸收样品中的光形成；而在电子显微镜中，图像由样品中原子散射的电子产生。

图3-5　透射电子显微镜外观图

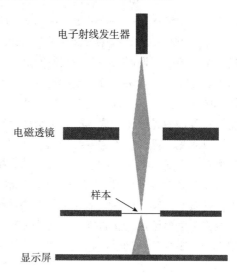

图3-6　透射电子显微镜基本原理图

（二）扫描电子显微镜

扫描电子显微镜（scanning electron microscope，SEM），是一种介于透射电子显微镜和光学显微镜之间的电子光学仪器，用于直接研究固体物体的表面。它利用能量相对较低的聚焦电子束作为电子探针，以常规方式在样品上对其进行扫描，产生和聚焦电子束的电子源和电磁透镜与针对电子束的透射电镜相似。和透射电镜相比，扫描电镜试样制备比较简单。在保持材料原始形状的情况下，可以直接观察和研究试样表面形貌及其他物理效应（特征），这是扫描电镜的一个突出优点。在SEM中检查不需要复杂的标本制备技术，并且可以容纳大而笨重的标本。现在，SEM已与TEM结合使用，产生了扫描透射电子显微镜（scanning transmission electron microscopy，STEM）。这种显微镜可以研究样本非常厚的部分而没有色差限制，并且可以使用电子方法来增强图像的对比度和亮度。

SEM本质上是一种物体表面形貌观测技术。在SEM中，电子束在整个样品上进行扫描，然后分析反向散射的电子以提供表面的物理图像。因为可以将电子束非常精确地聚焦（以纳米为单位），所以SEM可以提供高水平的形貌细节。SEM本身虽然不提供任何化学信息，但电子束会从样品种类中产生X射线。通过使用能量色散（EDX）分析仪对这些X射线进行分析，可以获得样品表面层的元素映射。

利用SEM观察生物样品时，因电子照射而发生样品的损伤和污染程度很小，这一点对于观察一些生物试样尤为重要，比如蛋白质的表面结构。由于SEM具有上述特点和功能，所以越来越受到科研人员的重视，已广泛用于材料科学、冶金、生物学、医学等许多领域。

第二节　细胞培养技术

PPT　　　微课

细胞培养（cell culture）是指从生物体内取出细胞，在体外（in vitro）模拟体内生理环境，在无菌、适宜温度、酸碱度和一定营养条件下，使细胞得以生存、生长、繁殖并维持细胞主要结构和功能的一种方法。细胞可以在培养前直接从组织中取出，通过酶或机械手段获得，也可以从已经建立的细胞系或细胞株中提取。由于需要培养的细胞类型不同、特点不同，所以细胞培养所需的条件也不同，但是一般来说，总是需要合适的生长容器、必需营养素（氨基酸、碳水化合物、维生素、矿物质、生长因子）、适宜的温度和气体环境，以及合适的酸碱度。大多数细胞需要表面或人工基质（贴壁或单层培养），少数细胞可以在培养基中自由漂浮（悬浮培养）。细胞的寿命是由基因决定的，因此体外培养有一定的繁殖代数。但肿瘤细胞在最佳条件下，可以无限繁殖。

一、细胞培养的条件

（一）培养液

培养液（culture medium），又称培养基，是培养细胞所需介质的统称，主要指培养细胞所需的营养物质。体外细胞培养所需的营养物质与体内细胞大体相同，包括糖、氨基酸、维生素、无机盐离子以及其他微量元素等。根据培养细胞的种类不同，需要选择不同的培养液类型。这些基础培养液只能提供细胞生长所需的必需营养物质，实际细胞培养时，还需要添加一些天然的生物活性成分，其中最主要的是血清（胎牛或小牛血清）。血清提供的是细胞外基质、生长因子和转铁蛋白等重要的蛋白质，以促进细胞贴壁和增殖。此外，为防止细胞被细菌污染，需在培养液中添加一定量的抗生素。

（二）温度

一般哺乳类与禽类细胞在体外培养的适宜温度是 37～38℃，不适宜的环境温度会影响细胞的生长。细胞对低温的耐受能力要强于对高温的耐受能力，在低温下，细胞的代谢活力及核分裂能力降低。若温度不低于0℃，虽然细胞代谢受到影响，但无损伤作用；25～35℃时，细胞以缓慢的速度生长；但若被置于40℃数小时，则不仅不利于细胞生存、生长，甚至可导致其死亡。

（三）渗透压

高渗溶液或低渗溶液会引起细胞发生褶皱、肿胀、破裂。因此，渗透压是体外培养细胞的重要条件之一。多数体外培养的细胞对渗透压都有一定的耐受能力，实际应用中，260～320mmol/L 的渗透压可适用于大多数细胞。

（四）气体环境与 pH

细胞的体外培养需要理想的气体环境，氧气、二氧化碳是细胞生存的必要条件。氧气参与细胞的三羧酸循环，为细胞生存、代谢与合成提供能量；二氧化碳既是细胞的代谢产物、细胞生长的必需成分，又与维持培养液的 pH 有关。大多数细胞适宜的 pH 范围往往是 7.2～7.4。在开放式培养中，以5%的二氧化碳气体比例为宜。

（五）无菌环境

无毒和无菌是体外培养细胞的必要条件。细胞在活体内和免疫系统可抵抗微生物或其他有害物质的入侵，但细胞在体外培养的过程中，缺乏机体免疫系统的保护而丧失对微生物的防御能力和对有害物质的解毒能力。为保证细胞能在体外环境中生长繁殖，必须要确保无菌工作区域、良好的个人卫生、无菌试剂和培养基以及无菌操作。常见的微生物污染有支原体、细菌、真菌。支原体体积小，不易鉴别，无致死毒性，可与细胞长期共存，对细胞有潜在影响；细菌增殖快，在短时间内即可大量扩增，并产生毒

素杀死细胞；真菌的种类繁多，肉眼可见，漂浮于培养液面上，可呈丝状、管状或树枝状等。

二、细胞培养的种类和方法

根据培养细胞的来源，细胞培养可分为原代培养和继代培养；根据培养细胞的类型，继代培养又可分为单层培养和悬浮培养。

（一）原代培养

原代培养（primary culture）又称初代培养，是指直接从生物供体取出某种组织，分散成单细胞后，在体外进行的首次培养。原代培养主要是指在分离细胞之后、第一次继代培养之前进行的培养技术，通常是从大量组织中制备的，因此，这些培养物可包含多种分化的细胞，例如成纤维细胞、淋巴细胞、巨噬细胞、上皮细胞等。根据原代培养的目的和细胞类型的不同，常见的原代培养方法主要有组织块培养法和消化培养法。

1. 组织块培养法 对于软组织（例如脾脏、大脑、肝脏、软肿瘤等）中细胞的提取，通常将软组织切碎或切成薄片后，直接接种于培养瓶（或皿）中，瓶壁可预先涂以胶原薄层，以利于组织块黏着于瓶壁，几个小时之后，增殖的细胞可从组织块边缘向外生长，并连成片状的单层细胞。

2. 消化培养法 可以迅速地获得大量的原代细胞。组织消化法是把组织剪切成较小团块（或糊状），应用酶（常用胰蛋白酶）的生化作用使细胞间的连接松动，团块膨松，由块状变成絮状，此时再采用机械法，用吸管吹打分散，或电磁搅拌，或在摇珠瓶中振荡，使细胞团块得以较充分的分散，活细胞从组织中释放出来；然后对细胞悬液进行细胞计数，并用培养液稀释成所需的浓度（细胞个数/毫升）；最后将稀释好的细胞悬液接种于培养器皿，使细胞贴壁生长形成单层细胞。例如，可从垂体取材，用消化培养法进行泌乳细胞、甲状腺分泌细胞、生长激素分泌细胞等内分泌细胞的原代培养。

（二）继代培养

继代培养（secondary culture）又称传代培养，是指将适应了体外生长的原代培养细胞按照一定比例转移至新鲜的培养基中继续培养的过程。通常，当细胞经过几个继代培养步骤时，可能会自发获得突变，以适应外部培养条件。但当增殖达到一定密度后，细胞之间相互接触会抑制细胞的生长和分裂，这种特性称为接触性抑制（contact inhibition）。另一方面，培养基中营养物质的逐渐消耗和细胞增殖过程中产生的代谢物不断累积，都会影响细胞的生长状态，需要及时对细胞进行稀释、移瓶，此过程称为传代（passage）。"传代代数"与细胞"增殖代数"不同，细胞培养的"一代"不表示细胞分裂一次，而是指培养细胞从接种到分离再培养的过程。在一次传代培养过程中，细胞通常能分裂 3～6 次。由此可见，传代代数与增殖代数相关但并不相同，确切的代数因细胞株和培养条件的不同而异。

体外培养的细胞因其类型不同，选取的传代方法也不同。贴壁依赖性细胞（anchorage‑dependent cell）要先用胰蛋白酶进行消化，待制成细胞悬液后再传代；而非贴壁依赖性细胞（anchorage‑independent cell）可直接传代。

1. 单层培养（monolayer culture） 又称为附着培养或依赖贴壁的培养，是将细胞以单层的存在形式，在培养瓶（或皿）中培养的过程。这些细胞在生长过程中需要附着的基质存在，用来帮助它们黏附到含有培养基的细胞培养皿中。大多数培养细胞属贴壁依赖性细胞，这类细胞传代后悬浮在培养瓶中，几十分钟至 2 小时就能单层贴附在瓶壁上生长，24 小时可形成单层。单层培养的细胞之间存在接触性抑制，但肿瘤细胞由于遗传改变而失去接触抑制特性，可持续分裂增殖。

2. 悬浮培养（suspension culture） 指悬浮在液体培养基中的细胞培养，就细胞的不同潜力和特性而言，可用于淋巴细胞、某些癌细胞及白血病细胞等的传代培养。适用于了解细胞之间的相互关系及其对多细胞生物的影响。悬浮培养的细胞在培养过程中一直悬浮在培养液中生长。离心传代时，将培养瓶中的细胞悬液转移到离心管内，离心弃上清后，沉淀加适量新配制的培养液混匀成细胞悬液，计数后转移到新的培养瓶中。

（三）细胞系和细胞株

1. 细胞系　原代培养细胞经首次传代成功后所繁殖的细胞群体称为细胞系（cell line）。细胞系可分为有限细胞系和无限细胞系两类。多数细胞系在体外生长速率逐渐下降，传代次数有限，培养寿命有限，这样的细胞系称为有限细胞系（finite cell line）。不同种类的细胞传代次数差异很大，主要取决于物种、细胞谱系差异以及培养条件等。例如，人和动物正常组织的细胞在体外传代不超过 50 代，来源于成人肺组织的成纤维细胞只能传 20 代。少数细胞在传代过程中，发生基因突变，获得无限增殖能力，这类可在体外连续传代的细胞系称为无限细胞系或连续细胞系（infinite cell line）。例如，来源于美国 Henrietta Lacks 女士宫颈癌组织的海拉细胞（Hela cell）所构成的海拉细胞系（Hela cell line），1951 年建立至今，仍在世界各地的实验室中被大量应用，成为最著名的"永生"细胞。

2. 细胞株　通过选择法或克隆形式从原代培养物或细胞系中获得的具有特殊性质或标志的细胞群体称为细胞株（cell strain），它来源于一个克隆，是一个具有相同性质或特征的培养细胞群落。细胞株是由具有特殊性质的单细胞增殖而成的细胞群，其特殊性质或标志在整个培养期间始终存在；但细胞株的分裂潜能是有限的，通常只能传代 30 次左右。因此，我们在利用细胞株进行细胞研究时，一定要注意细胞株的传代次数，以免由于细胞活力下降影响实验结果。

三、培养细胞的冻存和复苏

（一）培养细胞的冻存

细胞冻存是细胞保存的主要方法之一。利用冻存技术将细胞置于 -196℃ 液氮中低温保存，可以使细胞暂时脱离生长状态而将其细胞特性保存起来，在需要的时候及时复苏细胞用于实验。而且适度地保存一定量的细胞，可以防止因正在培养的细胞被污染或其他意外事件使细胞丢种，从而起到细胞保种的作用。除此之外，还可以利用细胞冻存的形式来购买、寄赠、交换和运送某些细胞。细胞冻存时需要向培养基中加入保护剂（甘油或二甲基亚砜），使溶液冰点降低，加之在缓慢冻结条件下，细胞内水分缓慢渗出，减少了冰晶形成，从而避免细胞损伤。为了保持细胞的活力，一般选取生长状态良好、传代次数少、处于对数生长期的细胞进行冻存。贴壁培养的细胞冻存前要用胰蛋白酶短时消化，以使单层细胞突起收缩，细胞从贴壁状态转化为悬浮状态。要注意掌握好消化时间，消化过度将损伤细胞，以致复苏后细胞不易存活。

（二）培养细胞的复苏

细胞复苏是与细胞冻存相反的过程，即细胞恢复生长的过程，是将冻存在液氮或者 -70℃ 冰箱中的细胞解冻之后重新培养的过程。当恢复到常温状态时，细胞的形态结构保持正常，生化反应即可恢复。与细胞冻存不同，细胞复苏过程升温要快，以防止在解冻过程中水分进入细胞，形成冰晶，影响细胞存活。

第三节　细胞及细胞组分分离技术

PPT

细胞由细胞膜、细胞核和细胞质组成，细胞质中含有若干细胞器和细胞骨架等，这些也称为亚细胞组分。对于细胞的结构及功能的研究，是细胞生物学的基本课题，其重要的研究手段之一是分离纯的亚细胞组分。细胞组分分离技术主要包括离心技术以及流式细胞术等。

一、离心技术

离心分离是生物化学、细胞和分子生物学以及医学领域最重要且应用最广泛的研究技术之一，当前的研究主要应用于细胞、亚细胞器和大分子的分离，包括细胞和病毒的沉降，亚细胞器及大分子（例如

DNA、RNA、蛋白质或脂质）的分离等。分离亚细胞组分的方法主要有差速离心和密度梯度离心。差速离心适于分离密度和大小显著数量级差别的颗粒，主要用于分离沉降系数区别比较大的细胞器。对于沉降系数区别较小的细胞器的分离，密度梯度离心效果更好，但制备介质梯度比较费时费力。所以，针对不同的分离目的和分离对象，采用的分离介质及方法也有所不同。

（一）差速离心法

差速离心（differential centrifugation）是指在密度均一的介质中由低速到高速逐级离心，用于分离不同大小的细胞和细胞器。在差速离心中细胞器沉降的顺序依次为细胞核、线粒体、溶酶体与过氧化物酶体、内质网与高尔基复合体、核糖体。由于各种细胞器在大小和密度上相互重叠，而且某些慢沉降颗粒常常被快沉降颗粒裹到沉淀块中，所以一般重复 2~3 次效果会好一些。差速离心的原理如图 3-7 所示，随着离心力的增加，不同密度或大小的颗粒将以不同的速率沉淀，具有最大体积和最大密度的颗粒先沉淀，其次是密度和体积较小的颗粒。差速离心只用于分离大小悬殊的细胞，更多用于分离细胞器。通过差速离心法仅可将细胞器初步分离，要想收集纯度更高的细胞器，则需通过密度梯度离心法进一步分离纯化。

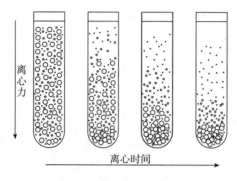

图 3-7　差速离心原理图

（二）密度梯度离心法

密度梯度离心法（density gradient centrifugation）是用一定的介质在离心管内形成连续或不连续的密度梯度，将细胞混悬液或匀浆置于介质的顶部，通过重力或离心力场的作用，使细胞分层分离的离心方法（图 3-8）。分离活细胞的介质有以下要求：①能产生密度梯度，且密度高时，黏度不高；②pH 中性或易调为中性；③浓度大时渗透压不大；④对细胞无毒。密度梯度离心常用的介质有氯化铯、蔗糖和多聚蔗糖。密度梯度离心方法又可分为速度沉降和等密度沉降两种。

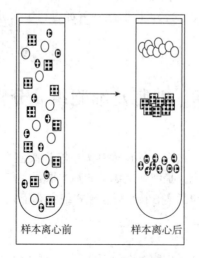

图 3-8　密度梯度离心原理图

1. 速度沉降（velocity sedimentation） 主要用于分离密度相近而大小不等的细胞或细胞器。这种沉降方法所采用的介质密度较低，介质的最大密度应小于被分离生物颗粒的最小密度。生物颗粒（细胞或细胞器）在十分平缓的密度梯度介质中，按各自的沉降系数以不同的速度沉降而达到分离。

2. 等密度沉降（isopycnic sedimentation） 适用于分离密度不等的颗粒。细胞或细胞器在连续梯度的介质中经足够大离心力和足够长时间沉降或漂浮到与自身密度相等的介质处，并停留在那里达到平衡，从而将不同密度的细胞或细胞器分离。等密度沉降通常在较高密度的介质中进行。介质的最高密度应大于被分离组分的最大密度，而且介质的梯度要求较高的陡度，不能太平缓。再者，这种方法所需要的力场通常比速度沉降法大 10~100 倍，故往往需要高速或超速离心，离心时间也较长。大的离心力、长的离心时间都对细胞不利。大细胞比小细胞更易受高离心力的损伤，而且停留在等密度介质中的细胞比处在移动中的细胞受到的损伤更大。因此，这种方法适于分离细胞器，而不太适于分离和纯化细胞。

二、流式细胞术

流式细胞术（flow cytometry）是对单个细胞进行快速定量分析与分选的一门技术。在分析或分选过程中，包在鞘液中的经荧光染色的细胞通过高频振荡控制的喷嘴，形成包含单个细胞的液滴，在激光束的照射下，这些细胞发出散射光和荧光，经探测器检测，转换为电信号，送入计算机处理，输出统计结果，并可根据这些性质分选出高纯度的细胞亚群，分离纯度可达99%，包被细胞的液流称为鞘液，所用仪器称为流式细胞仪（flow cytometer）（图3-9）。随着对流式细胞仪研究的日益深入，其价值已经从基础科学研究上升到临床应用阶段，在临床医学领域里已有广泛的应用。

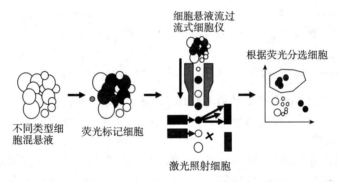

图3-9 流式细胞仪工作原理图

1. 在临床免疫学中的应用 流式细胞仪通过荧光抗原抗体检测技术对细胞表面抗原分析，进行细胞分类和亚群分析。这一技术对于人体细胞免疫功能的评估以及各种血液病及肿瘤的诊断和治疗有重要作用。同时，用流式细胞仪可以监测肾移植后患者的肾排斥反应，如果 T4/T8 比例倒置，患者预后良好，较少发生肾排异现象；反之排异危险性增加。

2. 在血液病诊断和治疗中的应用 流式细胞仪通过对外周血细胞或骨髓细胞表面抗原和 DNA 检测分析，对各种血液病的诊断、预后判断和治疗起着举足轻重的作用。各种血细胞系统都具有其独特的抗原，当形态学检查难以区别时，免疫表型参数对各种急性白血病的鉴别诊断有决定性作用。

3. 在肿瘤临床中的应用 流式细胞仪可精确定量 DNA 含量的改变，这有助于发现癌前病变，协助肿瘤早期诊断。人体正常组织发生癌变要经过一个由量变到质变的漫长过程，而癌前细胞即处于量变过程中向癌细胞转化的阶段。当人体发生癌变或具有恶性潜能的癌前病变时，在其发生、发展过程中可伴随细胞 DNA 含量的异常改变，这可作为诊断癌前病变发展至癌变中的一个有价值的标志，能对癌前病变的性质及发展趋势做出评估，有助于癌变的早期诊断。

PPT

第四节　细胞内生物大分子分离技术

细胞内生物大分子对细胞形态的变化和功能的实现具有重大影响。通过对细胞内生物大分子特性的分析，可以帮助我们了解生物大分子对细胞生命活动的影响，模拟细胞内生物大分子环境，选用更合适的模型体系对特定的细胞生命活动进行深入细致的研究。

借助细胞内生物大分子的分离技术，阐明了细胞中的许多重要反应，例如蛋白质的合成机制。最初发现细胞质粗提液可以使 RNA 翻译出蛋白质，将细胞质提取液分步分离，依次得到核糖体、tRNA 和各种酶，通过分别加入或不加入这些纯组分的实验方法，可以研究哪些成分参与构成蛋白质的合成，之后用类似的研究方法进一步揭示遗传密码的奥秘。

一、蛋白质分离方法

蛋白质的分离纯化是一个用亲和层析法对蛋白质分离的过程，分离方法有透析与超滤、凝胶过滤法、离子交换层析法、低温有机溶剂沉淀法等。

（一）根据蛋白质与配体的结合程度分类

亲和色谱法（affinity chromatography）是分离蛋白质的一种极为有效的方法，经常只需经过一步处理即可使某种待提纯的蛋白质从很复杂的蛋白质混合物中分离出来，而且纯度很高。蛋白质在组织或细胞中以复杂的混合物形式存在，每种类型的细胞都含有上千种不同的蛋白质，某些蛋白质与另一种称为配体（ligand）的分子能特异性结合，亲和色谱法正是利用固相介质中的配体与混合生物分子之间亲和能力不同而进行分离的色谱方法。

（二）根据蛋白质分子大小分类

1. 透析与超滤　透析法（dialysis）是利用半透膜将分子大小不同的蛋白质分开的方法。超滤法（ultrafiltration）是利用高压力或离心力，使水和其他小的溶质分子通过半透膜，同时由不同孔径的滤膜截留不同分子量的蛋白质的过程。

2. 凝胶过滤法　也称分子排阻层析或分子筛层析，这是根据分子大小分离蛋白质混合物最有效的方法之一。柱中最常用的填充材料是葡萄糖凝胶（sephadex gel）和琼脂糖凝胶（agarose gel）。

（三）根据蛋白质带电性质分类

蛋白质在不同 pH 环境中带电性质和电荷数量不同，利用该性质可将其分开。主要包括电泳法和离子交换层析法。

1. 电泳法　各种蛋白质在同一 pH 条件下，因分子量和电荷数量不同而在电场中有不同迁移率，因此得以分开。值得重视的是等电聚焦电泳，其利用两性电解质作为载体，电泳时两性电解质形成一个由正极到负极逐渐增加的 pH 梯度，当带一定电荷的蛋白质在其中泳动时，到达各自等电点的 pH 位置就停止，此法是目前纯化和分析蛋白质的有力手段之一。

2. 离子交换层析法　离子交换剂有阳离子交换剂（羧甲基纤维素）和阴离子交换剂（二乙氨基乙基纤维素）等，当被分离的蛋白质溶液流经离子交换层析柱时，带有与离子交换剂相反电荷的蛋白质被吸附在离子交换剂上，随后用改变 pH 或离子强度的方法将吸附的蛋白质洗脱下来。

（四）根据蛋白质溶解度分类

1. 盐析法　中性盐对蛋白质的溶解度有显著影响，一般在低盐浓度下随着盐浓度升高，蛋白质的溶解度增加，称为盐溶（salting – in）；当盐浓度继续升高时，蛋白质的溶解度将有不同程度的下降并先后析出，称为盐析（salting – out），将大量盐加到蛋白质溶液中，高浓度的盐离子（如硫酸铵的 SO_4^{2-} 和 NH_4^+）有很强的水化力，可夺取蛋白质分子的水化层，使之"失水"，于是蛋白质胶粒凝结并沉淀析出。

盐析时若溶液 pH 在蛋白质等电点则效果更好。由于各种蛋白质分子颗粒大小、亲水程度不同，故盐析所需的盐浓度也不一样，因此调节混合蛋白质溶液中的中性盐浓度可使各种蛋白质分段沉淀。

蛋白质在用盐析沉淀分离后，需要将蛋白质中的盐除去，最常用的办法是透析。即把蛋白质溶液装入透析袋内，用缓冲液进行透析，并不断更换缓冲液，因透析所需时间较长，所以最好在低温中进行。此外也可用葡萄糖凝胶 G-25 或 G-50 过柱的办法除盐，所用时间较短。

2. 等电点沉淀法 蛋白质在静电状态时颗粒之间的静电斥力最小，因而溶解度也最小，各种蛋白质的等电点有差别，可利用调节溶液的 pH 达到某一蛋白质的等电点使之沉淀，但此法很少单独使用，一般与盐析法结合使用。

3. 低温有机溶剂沉淀法 用与水可混溶的有机溶剂，如甲醇、乙醇或丙酮，可使多数蛋白质溶解度降低并析出，此法分辨力比盐析高，但蛋白质较易变性，应在低温条件下进行。

二、核酸分离方法

无论是 DNA 还是 RNA，它们总是以和蛋白质结合的方式存在于细胞中。进行核酸分离纯化的过程就是使核酸与细胞内的其他组分分离，去除纯化试剂，并保持核酸一级结构的完整性。

细胞中的 DNA 分子主要存在于细胞核和线粒体中，细胞核中的染色体 DNA 是长的线性分子，纯化过程中产生的机械剪切力即可使其断裂。核酸的高负电荷磷酸骨架使其比蛋白、脂类、多糖等组分具有更高的亲水性，可通过选择性沉淀和差速离心使核酸分离出来。RNA 分子主要存在于细胞核和细胞质中，相对较短，不太容易受到剪切力的破坏，但是非常容易被 RNase 降解，因此在操作过程中，应保持无 RNase 的环境。

DNA 提取中常用的提取试剂是苯酚或苯酚/氯仿混合物，RNA 提取中常用的提取试剂是硫氰酸胍（guanidine thiocyanate，GuSCN），它既是 RNase 的强抑制剂又是强变性剂。

经离心沉淀分离纯化的核酸分子，通过紫外分光光度法来估算浓度，通过凝胶电泳判断核酸的纯度、完整性以及片段大小。核酸电泳常用的支持介质主要有琼脂糖（agarose）和丙烯酰胺（acrylamide）。琼脂糖凝胶电泳操作简单，电泳速度快，样品无须处理可直接进行电泳，但该方法分辨率较低，不适合分离 100 碱基以下的核酸分子。丙烯酰胺凝胶电泳分辨率相对较高，一般多用于 500 碱基以下的 DNA 分子片段的分离，可以将两条仅相差一个碱基的 DNA 片段分开。

三、单细胞分析技术

在细胞生物学领域，单细胞分析（single cell analysis）是对单细胞水平的基因组学、转录组学、蛋白质组学、代谢组学和细胞间相互作用进行研究。由于在真核和原核细胞群中均可见到异质性（heterogeneity），因此分析单个细胞可以发现研究大量细胞群时未发现的机制。如荧光激活细胞分选技术可以从复杂样品中精确分离出选定的单细胞，而高通量的单细胞分配技术可以同时对数百或数千个未分选的单细胞进行分子分析。这对于分析基因型相同的细胞中的转录组变异特别有用，可以定义其他情况下无法检测到的细胞亚型。

新技术的发展正在增强我们分析单个细胞基因组和转录组以及量化其蛋白质组和代谢组的能力。质谱技术已成为对单细胞进行蛋白质组学和代谢组学分析的重要分析工具。最近的进展已能够定量分析数百个单细胞中的数千种蛋白质，从而使新型分析成为可能。

PPT

第五节 细胞内分子示踪技术

显示细胞内大分子、小分子及无机离子在细胞内分布及变化的技术称为细胞内分子示踪技术。目前普遍应用的细胞内分子示踪技术是基于光镜和电镜的细胞化学技术（cytochemistry）。该技术是将细胞形态观察和组分分析相结合的分析方法，能在保持原有细胞结构的条件下，根据不同成分的不同特性，通过细胞化学反应显示它们在细胞内的数量、分布及在细胞生命活动中的变化，可以对细胞内的化学成分进行定性、定位和定量分析。细胞化学技术包括酶细胞化学技术、免疫细胞化学技术、放射自显影技术和原位杂交技术等。

一、酶细胞化学技术

酶细胞化学技术（enzyme cytochemistry）是指通过酶对特异底物的反应并显色来检测酶在器官、组织和细胞内的分布及酶活性强弱的一种技术。酶的细胞化学反应包括两个反应：第一反应是酶作用于底物的反应，称为酶反应，形成的产物称为初级反应产物；第二反应是捕捉剂（如显色剂）与初级反应产物的作用，称为捕捉反应，产生的终产物沉淀在酶的原位；通过显微镜观察到的荧光分子、有色可溶性化合物、有色沉淀或高电子密度沉淀等在细胞内的位置和颜色深浅，反映细胞内酶的活性、分布以及含量。

（一）样品制备

酶细胞化学技术的一个重要问题是既要保持细胞内酶的活性，又要保持细胞结构的完整，因此选择适当的固定剂种类、浓度、固定的方式和时间是细胞化学技术的一个关键。光镜样品固定多选用中性福尔马林或多聚甲醛，4℃、24小时，常规的石蜡包埋切片可以满足相当一部分酶的细胞化学要求；电镜样品固定通常用 0.5%～2% 戊二醛或 4% 多聚甲醛，4℃、2 小时，再切成 5～100μm 的厚片用于细胞化学反应，反应后经常规的锇酸处理后固定，脱水，包埋，超薄切片，至电镜下观察。冷冻切片能较大限度地保存酶的活性，因此是光、电镜酶细胞化学技术中常用的方法。

（二）反应条件

酶细胞化学反应实际上是孵育反应的过程，孵育液的成分主要有酶的底物、捕捉剂、保证孵育液 pH 的缓冲液以及有关的添加剂等。孵育的温度和时间可根据不同的酶和组织通过实验确定。电镜酶细胞化学的样品在孵育反应后需经锇酸处理后固定，梯度乙醇脱水，环氧树脂包埋和超薄切片，置于电镜下观察。

二、免疫细胞化学技术

应用抗原与抗体特异性结合的原理，通过化学反应使标记抗体的显色剂（荧光素、酶、金属离子、同位素）显色来确定组织细胞内抗原（多肽和蛋白质），对其进行定位、定性及定量的研究，称为免疫细胞化学技术（immunocytochemistry，ICC）。

抗体和抗原之间的结合具有高度的特异性，免疫组织化学正是利用了这一原理。先将组织或细胞中的某种化学物质提取出来，以此作为抗原或半抗原，通过免疫动物后获得特异性的抗体，再以此抗体探测组织或细胞中同类的抗原物质。由于抗原与抗体的复合物是无色的，因此还必须借助于组织化学的方法将抗原、抗体结合的部位显示出来，以期达到对组织或细胞中未知抗原进行定性、定位或定量的研究。

免疫细胞化学技术所用的标本主要为组织标本和细胞标本两大类，前者包括石蜡切片（病理切片、组织芯片）和冰冻切片，后者包括组织印片、细胞爬片和细胞涂片。其中石蜡切片是制作组织标本最常用、最基本的方法，对于组织形态保存好，且能作连续切片，有利于各种染色对照观察；还能长期存档，供回顾性研究。石蜡切片制作过程对组织内抗原暴露有一定的影响，但可进行抗原修复，是免疫组化中首选的组织标本制作方法。

免疫细胞化学实验中常用的抗体为单克隆抗体（monoclonal antibody，mAb）和多克隆抗体（polyclonal antibody，pAb）。单克隆抗体是一个 B 淋巴细胞克隆分泌的抗体，应用细胞融合杂交瘤技术免疫动物制备。多克隆抗体是将纯化后的抗原直接免疫动物后，从动物血中所获得的免疫血清，是多个 B 淋巴细胞克隆所产生的抗体混合物。其常用的染色方法根据标记物的不同可分为免疫荧光法、免疫酶标法以及亲和组织化学法。亲和组织化学法是以一种物质对某种组织成分具有高度亲和力为基础的检测方法。这种方法敏感性更高，有利于微量抗原（抗体）在细胞或亚细胞水平的定位，其中生物素－抗生物素染色法最为常用。

（一）免疫荧光细胞化学技术

将已知抗体标上荧光素，以此作为探针检查细胞或组织内的相应抗原，在荧光显微镜下观察，当抗原－抗体复合物中的荧光素受激发光的照射后会发出一定波长的荧光，从而可以显示抗原在细胞或细胞器水平的定位。

（二）免疫酶细胞化学技术

免疫酶细胞化学技术是免疫组织化学研究中最常用的技术。是先以酶标记的抗体与组织或细胞作用，然后加入酶的底物，生成有色的不溶性产物或具有一定电子密度的颗粒，通过光镜或电镜，对细胞或组织内的相应抗原进行定位或定性研究的方法。

（三）免疫胶体金技术

免疫胶体金技术是指用胶体金标记一抗、二抗或其他能特异性结合免疫球蛋白的分子（如葡萄球菌A蛋白）等作为探针，对组织或细胞内的抗原进行定性、定位或定量研究的方法。由于胶体金的电子密度高，多用于免疫电镜的单标记或多标记的定位研究。

三、放射自显影技术

放射自显影技术（radioautography，autoradiography）是利用放射性同位素的电离辐射对乳胶的感光作用，对细胞内生物大分子进行定性、定位与半定量研究的一种细胞化学技术。该技术用于研究标记化合物在机体、组织和细胞中的分布、定位、数量及变化情况。

放射自显影技术的基本原理是将放射性同位素（如^{14}C和^{3}H）标记的化合物导入生物体内，经过一段时间后，将标本制成切片或涂片，涂上卤化银乳胶，经一定时间的放射性曝光，组织中的放射性即可使乳胶感光。然后经过显影、定影处理显示还原的黑色银颗粒，即可得知标本中标记物的准确位置和数量。放射自显影的切片还可再用染料染色，这样便可在显微镜下对标记的放射性化合物进行定位或相对定量测定。由于有机大分子均含有碳与氢原子，故实验室一般常选用^{14}C和^{3}H来标记有机大分子。同时常用^{3}H胸腺嘧啶脱氧核苷（^{3}H－TDR）来显示DNA，用^{3}H尿嘧啶核苷（^{3}H－UDR）显示RNA，用^{3}H氨基酸研究蛋白质，研究多糖则用^{3}H甘露糖、^{3}H岩藻糖等。

放射自显影技术主要分为：①大体放射自显影，研究放射性物质在整个生物体内或者生物体一个部分的分布，用X光片或者普通感光片作感光材料，结果用肉眼观察；②光镜放射自显影，研究放射性物质在各种组织和细胞内的分布情况，用核子乳胶作感光材料，结果用光镜观察；③电镜放射自显影，研究放射性物质在细胞超微结构上的分布，用细颗粒核子乳胶作感光材料，结果用电镜观察。

四、原位杂交技术

原位杂交（in situ hybridization，ISH）是一种允许在组织切片内精确定位特定核酸片段的技术，其中称为探针的单链DNA或RNA序列与组织或染色体样品中存在的DNA或RNA形成互补碱基对。探针上附着化学或放射性标记，因此可以观察到其结合。按照其技术路径不同主要可分为以下几类。

（一）基因组原位杂交技术

基因组原位杂交（genome in situ hybridization，GISH）是20世纪80年代末发展起来的一种原位杂交技术。它主要是利用物种之间DNA同源性的差异，用另一物种的基因组DNA以适当的浓度作用在靶染色体上进行原位杂交的方法。

（二）荧光原位杂交技术

荧光原位杂交（fluorescence in situ hybridization，FISH）是在已有的放射性原位杂交技术的基础上发展起来的一种非放射性DNA分子原位杂交技术。FISH的基本原理是荧光标记的核酸探针在变性后与已变性的靶核酸在退火温度下复性；通过荧光显微镜观察荧光信号可在不改变被分析对象（维持其原位）

的前提下对靶核酸进行分析。FISH 技术检测时间短，检测灵敏度高，无污染，还可同时使用多个探针，缩短因单个探针分开使用导致的周期过程和技术障碍，目前已广泛应用于染色体的鉴定、基因定位和异常染色体检测等领域。

（三）多彩色荧光原位杂交技术

多彩色荧光原位杂交（multicolor fluorescence in situ hybridization，mFISH）是在荧光原位杂交技术的基础上发展起来的一种新技术，它用几种不同颜色的荧光素单独或混合标记的探针进行原位杂交，能同时检测多个靶位，各靶位在荧光显微镜下和照片上的颜色不同，呈现多种色彩，因而被称为多彩色荧光原位杂交。它克服了 FISH 技术的局限，能同时检测多个基因，在检测遗传物质的突变和染色体上基因定位等方面得到了广泛的应用。

（四）原位 PCR 技术

原位 PCR 技术是指原位杂交细胞定位和 PCR 高灵敏度相结合的技术，在细胞（爬片、甩片或涂片）或组织（石蜡、冰冻切片）上直接对靶基因片段进行扩增，通过掺入标记基团直接显色或结合原位杂交进行检测的方法。

课堂互动

细胞生物学都有哪些常用技术？这些技术手段是如何发展起来的？

PPT

第六节　细胞工程技术

细胞工程技术（cell engineering）是细胞生物学与遗传学的交叉领域，主要利用细胞生物学的原理和方法，结合工程学的技术手段，按照人们预先的设计，有计划地改变或创造细胞遗传性的技术。主要内容包括细胞融合、细胞核移植、细胞重编程、试管婴儿、细胞及组织培养等。

一、细胞融合

有性繁殖时发生的精卵结合是正常的细胞融合，即由两个配子融合形成一个新的二倍体。而细胞融合（cell fusion）是在自然条件下或用人工方法（生物、物理、化学）使两个或两个以上的细胞合并形成一个细胞的过程。其中人工诱导的细胞融合，是在 20 世纪 60 年代作为一门新兴技术而发展起来的。不仅同种细胞可以融合，异种细胞也能融合，因此细胞融合技术被广泛应用于细胞生物学和医学研究的各个领域。基因型相同的细胞融合成的杂交细胞称为同核体（homokaryon）；来自不同基因型的杂交细胞则称为异核体（heterokaryon）。异核体通过细胞有丝分裂进行核融合，最终形成单核的杂交瘤细胞。

细胞融合不仅可用于基础研究，而且有重要的应用价值，理论上任何细胞都有可能通过体细胞杂交而成为新的生物资源。这对于遗传资源的开发和利用具有深远的意义。融合过程不存在有性杂交过程中的种性隔离机制的限制，为远缘物种间的遗传物质交换提供了有效途径。体细胞杂交产生的杂交瘤细胞含有来自双亲的核外遗传系统，在杂交瘤细胞的分裂和增殖过程中双亲的线粒体 DNA 亦可发生重组，从而产生新的核外遗传系统。细胞融合在单克隆抗体的制备及膜蛋白的研究等领域中被广泛应用。

案例解析

【案例】 1996 年 7 月 5 日，世界上第一只克隆羊 Dolly（多莉）在英国苏格兰卢斯林（Roslin）研究所的试验基地诞生。这是世界上第一只用已经分化的成熟的体细胞核（乳腺细胞）通过核移植技术克隆出的羊。

克隆羊 Dolly 的诞生，引发了世界范围内关于动物克隆技术的热烈争论，是科学界克隆成就的一大飞跃。它还被美国《科学》杂志评为 1997 年世界十大科技进步的第一项，也是当年最引人注目的国际新闻之一。

【问题】 克隆羊 Dolly 的诞生主要应用了什么细胞生物学方法？

【解析】 在培育 Dolly 的过程中，科学家采用了体细胞克隆技术，主要分为以下四个步骤：①从一只六岁雌性的芬兰多塞特白面母绵羊（称之为 A）的乳腺中取出乳腺细胞，将其放入低浓度的培养液中，细胞逐渐停止分裂，此细胞称为供体细胞；②从一头苏格兰黑面母绵羊（称之为 B）的卵巢中取出未受精的卵细胞，并立即将细胞核除去，留下一个无核的卵细胞，此细胞称为受体细胞；③利用电脉冲方法，使供体细胞和受体细胞融合，最后形成融合细胞。电脉冲可以产生类似于自然受精过程中的一系列反应，使融合细胞也能像受精卵一样进行细胞分裂、分化，从而形成胚胎细胞；④将胚胎细胞转移到另一只苏格兰黑面母绵羊（称之为 C）的子宫内，胚胎细胞进一步分化和发育，最后，出生的 Dolly 与多塞特白面母绵羊（A）具有完全相同的外貌。

简而言之，从一只成年绵羊身上提取体细胞，然后把这个体细胞的细胞核注入另一只绵羊的卵细胞之中，而这个卵细胞已经抽去了细胞核，最终新合成的卵细胞在第三只绵羊的子宫内发育形成了 Dolly。理论上来讲，Dolly 继承了提供体细胞的那只芬兰多塞特母绵羊的遗传特征，它是一只白脸羊，而不是黑脸羊。分子生物学的测定也表明，它与提供细胞核的那头羊，有完全相同的遗传物质（确切地说，是完全相同的细胞核遗传物质。还有极少量的遗传物质存在于细胞质的线粒体中，遗传自提供卵母细胞的受体）。

二、细胞核移植

细胞核移植（nuclear transplantation）技术，就是将供体细胞核移入除去核的卵母细胞中，使后者不经过精子穿透等有性过程（无性繁殖）即可被激活、分裂并发育成新个体，使得核供体的基因得到完全复制的技术。依供体核的来源不同，可分为胚细胞核移植与体细胞核移植两种。细胞核移植，就是将一个细胞核用显微注射的方法放进另一个细胞里，如图 3–10 所示。前者为供体，可以是胚胎

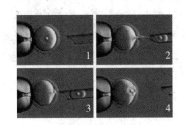

图 3–10　胚泡（GV）转移
1. 带透明带的 GV 期小鼠卵母细胞；2. 胚泡移除；
3. GV 转移；4. 在卵周间隙替换 GV，等待电融合

的干细胞核，也可以是体细胞的核。受体大多是动物的卵子，因卵子的体积较大，操作容易，而且通过发育可以把特征表现出来。因此，细胞核移植技术，主要是用来研究胚胎发育过程中，细胞核和细胞质的功能，以及二者间的相互关系；探讨有关遗传、发育和细胞分化等方面的一些基本理论问题。

三、细胞重编程

细胞重编程（cell reprogramming）指细胞内的基因表达由一种类型变成另一种类型。早期对青蛙克隆的研究为重编程提供了初步的实验证据，之后的证据则包括体细胞核移植、细胞融合、外源基因诱导的重编程以及直接重编程。通过这一技术，可以在同一个体上将较容易获得的细胞（如皮肤细胞）类型转

变成另一种较难获得的细胞类型（如脑细胞）。这一技术的实现将能避免异体移植产生的免疫排斥反应。

四、试管婴儿

体外受精联合胚胎移植技术（in vitro fertilization，IVF），又称试管婴儿，是指分别将卵子与精子取出后，置于试管内使其受精，再将胚胎前体即受精卵移植回母体子宫内发育成胎儿的过程。试管婴儿是用人工方法让卵子和精子在体外受精并进行早期胚胎发育，然后移植到母体子宫内发育而诞生的婴儿。

胚胎移植时，首先从卵巢中取出成熟卵，并在实验室中通过人工方式使卵子受精，之后将受精卵转移到子宫，让其在子宫腔里发育成熟，与正常受孕妇女一样，怀孕到足月，正常分娩出婴儿。试管婴儿目前是辅助生殖技术中的最有效的形式，该过程可以使用自己的卵子和伴侣的精子来完成，或者可涉及来自已知或匿名供体的卵子、精子或胚胎。

试管婴儿一诞生就引起了世界科学界的轰动，甚至被称为人类生殖技术的一大创举，这一技术的产生给那些可以产生正常精子、卵子，但由于某些原因却无法生育的夫妇带来了福音，为治疗不孕不育症开辟了新的途径。

知识链接

试管婴儿技术

随着人类试管婴儿等辅助生殖技术的实施，给广大不孕不育夫妻带来了福音，但同时也带来了许多社会伦理道德的问题。在我国一些地区，受利益驱使，一些非法代孕机构、"美女卵子库""名人精子库"孕育而生。为了防止辅助生殖技术机构的管理混乱，国家出台了一系列法律法规来保障广大患者的利益不受侵害。

1. 所有医院都有做试管婴儿的资质吗？

国家明文规定人类辅助生殖技术必须在经过批准并进行登记的医疗机构中实施，国家对申请开展人类辅助生殖技术医疗机构的人员、技术和设备的配备有着严格的要求，再经过卫生行政部门和权威专家的讨论和检查才能正式审核通过。对于想要做试管婴儿的患者，一定要选择一个有资质的医疗机构才能保证自己的利益。

2. 所有人都可以做试管婴儿吗？

试管婴儿并不是每个人来门诊就诊都能做的，首先要具备做试管婴儿的指征，且需要具备双方的身份证、结婚证和生育服务证，只有符合国家计划生育相关规定的不孕不育夫妻才能进行辅助生殖治疗。

3. 试管婴儿允许被选择性别吗？

当遗传学家认为，夫妇可能生育有性别相关遗传病的孩子时，法律才允许选择性别。应避免无医学指征的性别确诊和判断，也只有极少数生殖中心具有实施该技术的资质。

4. 供精和供卵的来源可以自主选择吗？

人工授精或者试管婴儿的精子来源只能是国家批准的人类精子库。国家对人类精子库管理有着严格规定，人类精子库会对供精者进行严格的健康筛选，并建立供精者档案，对供精者的详细资料和精子使用情况进行计算机管理、永久保存，并为供精者和受精者保密。供精者和受精者互相并不知道对方身份，只会了解血型、身高、体重等基本特征。夫妻双方需要签署知情同意书，对供精辅助生殖所生育的子女同样负有伦理、美德和法律上的权利和义务。我国颁布的管理办法中明确指出，供卵对象限于正在接受试管婴儿治疗中并且自愿捐赠的患者，并不能是自己的亲戚、朋友。供卵者和受卵者之间采取严格的双盲原则。

本章小结

　　细胞生物学是以细胞为研究对象，在显微、亚显微和分子水平三个层次上，研究细胞和细胞器的结构、功能及各种生命规律的学科。显微镜的出现，将细胞生物学研究带入前所未有的微观世界。本章介绍了细胞生物学研究中常见的光学显微镜和电子显微镜的基本原理及适用范围。细胞培养是指在体外模拟体内环境，使细胞在体外生存、生长、繁殖并维持主要结构和功能的一种方法。根据培养细胞的来源，细胞培养可分为原代培养和继代培养。根据培养细胞的类型，继代培养又可分为单层培养和悬浮培养。对于细胞的结构及功能的研究，最重要的研究手段之一是分离纯的亚细胞组分。细胞组分分离技术包括离心技术、流式细胞术等。离心技术分离细胞组分又可分为差速离心法和密度梯度离心法。蛋白质的分离纯化是一个用亲和层析法对蛋白质分离的过程，分离方法有透析与超滤、凝胶过滤法、离子交换层析法、低温有机溶剂沉淀法等。显示细胞内大分子、小分子及无机离子在细胞内分布及变化的技术称为细胞内分子示踪技术，主要包括酶化学技术、免疫化学技术、放射自显影技术和原位杂交技术等。细胞工程技术是利用细胞生物学的原理和方法，结合工程学的技术手段，按照人们预先的设计，有计划地改变或创造细胞遗传性的技术，主要包括细胞融合、细胞核移植、细胞重编程、试管婴儿、细胞及组织培养等。

练 习 题

题库

一、单选题

1. 可以对多重荧光标记的活细胞或固定组织进行无损伤连续切片，对细胞内的结构及大分子进行定性、定量、三维立体定位的显微镜是（　　）

　　A. 相差显微镜　　　　　　　B. 原子力显微镜　　　　　C. 暗视野显微镜

　　D. 激光扫描共聚焦显微镜　　E. 扫描电子显微镜

2. 以下显微镜中，常用于观察未经染色活细胞标本的是（　　）

　　A. 普通光学显微镜　　　　　B. 电子显微镜　　　　　　C. 原子力显微镜

　　D. 相差显微镜　　　　　　　E. 荧光显微镜

3. 提高一般光学显微镜的分辨能力，常用的方法有（　　）

　　A. 利用高折射率的介质（如甘油）

　　B. 调节聚光镜，加红色滤光片

　　C. 用荧光抗体示踪

　　D. 将标本染色

　　E. 增加入射光强度

4. 通过选择法或克隆形式从原代培养物或细胞系中获得的具有特殊性质或标志的细胞群体称作（　　）

　　A. 细胞系　　　　　　　　　B. 细胞株　　　　　　　　C. 单克隆细胞

　　D. 永生细胞　　　　　　　　E. 悬浮细胞

5. 从生物体内取出组织细胞，在体外模拟体内生理环境，在无菌、适当温度下，对这些组织或细胞进行孵育培养，使之保持一定的结构和功能，以便于观察研究，这种细胞生物学技术方法称为（　　）

　　A. 细胞培养　　　　　　　　B. 免疫组化　　　　　　　C. 电镜观察

　　D. 流式细胞术　　　　　　　E. 激光共聚焦

6. 电子显微镜同光学显微镜比较，下列各项中不正确的是（　　）

A. 电子显微镜用的是电子束，而不是可见光

B. 电子显微镜样品要在真空中观察，而不是暴露在空气中

C. 电子显微镜和光学显微镜的样品都需要用化学染料染色

D. 用于电子显微镜的标本要彻底脱水，光学显微镜则不需要

E. 苏木精和伊红染色后可用光学显微镜观察

7. 在递增细胞匀浆液的离心转速过程中，以下组分最先沉淀下来的是（　　）

    A. 核糖体　　　　　　　　B. 线粒体　　　　　　　　C. 细胞核

    D. 微粒体　　　　　　　　E. 溶酶体

8. 细胞冻存和复苏的原则是（　　）

    A. 慢冻慢融　　　　　　　　B. 慢冻速融

    C. 速冻慢融　　　　　　　　D. 速冻速融

9. 在密度均一的介质中，由低速到高速逐级离心，用于分离不同大小的细胞和细胞器的离心方法称为（　　）

    A. 差速离心法　　　　　　B. 高速离心法　　　　　　C. 密度梯度离心法

    D. 等密度沉降法　　　　　E. 速度沉降法

10. 蛋白质的分离纯化过程中，根据蛋白质与配体的结合程度不同的分离方法称为（　　）

    A. 凝胶过滤法　　　　　　B. 亲和色谱法　　　　　　C. 电泳法

    D. 离子交换层析法　　　　E. 盐析法

二、多选题

影响细胞培养的条件主要有（　　）

A. 培养液　　　　　　　　B. 温度　　　　　　　　C. 渗透压

D. pH　　　　　　　　　　E. 无菌环境

三、思考题

1. 试比较光学显微镜与电子显微镜的区别。

2. 试述蛋白质分离的主要方法。

（王羚鸿）

第四章

细胞膜及其表面

学习导引

知识要求

1. **掌握** 细胞质膜、简单扩散、被动运输、主动运输、协同运输、紧密连接、黏着带、黏着斑、桥粒的基本概念；质膜的化学组成、结构特点；膜蛋白类型、主要结合方式；质膜的性质；小分子物质穿膜运输和膜泡运输的方式、主要特点。

2. **熟悉** 膜脂的类型和运动方式；质膜的两大特性及其生物学意义；细胞连接的类型及功能。

3. **了解** 影响膜流动性的因素；细胞膜的结构模型。

能力要求

熟练掌握质膜的化学组成、结构特点以及小分子物质跨膜运输的种类、特点。

自然界存在着成千上万种生物，这些千姿百态的生物都是由细胞构成的，细胞是生命活动的基本单位。在进化过程中，细胞膜的形成是非常关键的，它的出现将细胞中的生命物质与外界环境分隔开。没有细胞膜的形成，就没有细胞形式的生物存在。

课堂互动

细胞膜是什么？除了细胞膜，细胞内还有其他膜性结构吗？

细胞膜（cellmembrane）也称为细胞质膜（plasma membrane），是指围绕在细胞外表面的一层界膜。它是细胞与周围环境之间的屏障，也是细胞与外环境进行物质交换、能量转换与信息传递的重要结构。

所有的细胞均具有细胞膜。在真核细胞内，还存在各种由膜围绕形成的细胞器结构，这些细胞器膜称为细胞内膜（internal membrane），如内质网膜、高尔基复合体膜、溶酶体膜（详见第五章）、核膜、线粒体膜、叶绿体膜等。因此，将细胞内膜和细胞膜统称为生物膜（biomembrane 或 biological membrane）。生物膜是细胞的基本结构。它不仅具有界膜的功能，还参与细胞内的生命活动过程。细胞中各种细胞器的特殊功能也都与生物膜所具有的特殊结构和功能有关。细菌为原核细胞，没有细胞内膜，所以细菌的细胞膜可以代行细胞内膜的一些功能。

PPT

第一节 细胞膜的分子结构和特性

细胞膜是有一层膜结构，包裹在细胞的最外层，厚度较可见光的波长小，加之膜具有折光性，所以无法通过光学显微镜进行观察。20 世纪 50 年代后期，由于电子显微镜技术的发展，Duck 大学的 Robertson 首次在电镜下观察到细胞膜的"暗－明－暗"三层超微结构，后来人们研究发现所有生物膜都有着相同的超微结构，也具有相似的化学组成和结构特征。

一、细胞膜的化学组成

生物化学分析表明，各类细胞膜几乎都是由脂类、蛋白质和少量糖构成的；但不同的细胞，膜结构组分的比例有些差别。一般来讲，脂类在细胞膜中起骨架作用，蛋白质主要执行膜的某些特殊功能；且膜的功能越复杂，蛋白质的种类和含量也就越多。

（一）膜脂

组成生物膜的脂类统称为膜脂，主要包括磷脂、糖脂和胆固醇。这三种脂类都是既有极性（亲水性）部分又有非极性（疏水性）部分的两亲性分子，这种结构使得膜脂分子在水溶液中相互聚集，形成亲水部分在外，疏水部分在内的脂质双分子层结构。

1. 磷脂　是膜脂重要的组成成分，占整个膜脂总量的 50% 以上。根据含有的醇的不同，磷脂可以分为甘油磷脂和鞘磷脂。

参与构成膜脂的甘油磷脂主要包括磷脂酰胆碱（也称卵磷脂，phosphatidylcholine，PC）、磷脂酰乙醇胺（也称脑磷脂，phosphatidylethanolamine，PE）、磷脂酰丝氨酸（phosphatidylserine，PS）和磷脂酰肌醇（phosphatidylinositol，PI）（图 4 – 1）。

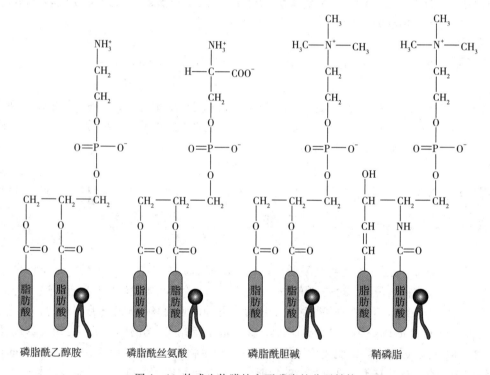

图 4 – 1　构成生物膜的主要磷脂的分子结构

（1）甘油磷脂　含有一个由含氮有机化合物与磷酸相连形成的亲水性头部，疏水性尾部由与甘油相连的两条脂肪酸链形成，极性头的空间占位会影响脂双层分子的曲度，占位较小的更容易使膜形成弯曲。甘油磷脂分子的脂肪酸链含有偶数个碳，链的长短也有差别，多数为 16 或 18 个碳原子。脂肪酸还常含一个或数个不饱和双键，顺式双键结构使得磷脂分子在空间构象上形成一个 30° 角的弯曲。甘油磷脂是膜的基本成分，其脂肪酸链的长短与不饱和程度，与膜的流动性密切相关；而且其中的某些成分在细胞信号转导中也起到了重要作用，如磷脂酰肌醇（PI）。

（2）鞘磷脂（sphingomyelin，SM）　含有鞘氨醇、脂肪酸、磷酸和胆碱（或乙醇胺），结构与甘油磷脂相似，也是两亲性分子：与鞘氨醇羟基结合的磷酸胆碱（或磷酸乙醇胺）形成了鞘磷脂的亲水性头部，以酰胺键与鞘氨醇氨基结合的脂肪酸链及鞘氨醇的烃链构成了疏水性尾部。鞘磷脂也是细胞膜的重要组成成分，由鞘磷脂形成的脂双分子层较甘油磷脂的厚，可形成细胞膜的特定区域，执行特定功能。

2. 糖脂　是含有糖基的类脂，根据分子中类脂的不同，可将其分为甘油糖脂和鞘糖脂，不同细胞膜含有的糖脂不同。

（1）甘油糖脂　由甘油二酯与糖基通过糖苷键相连形成，广泛存在于植物细胞和细菌的细胞膜上。

（2）鞘糖脂　由鞘氨醇、脂肪酸和糖构成的两亲性分子，与鞘氨醇羟基形成共价结合的糖构成其亲水性头部。鞘糖脂包括脑苷脂和神经节苷脂等，在神经细胞质膜上含量较高。脑苷脂是动物细胞中最简单的糖脂，只有一个单糖（葡萄糖或半乳糖）残基；神经节苷脂含有寡糖基，寡糖基由己糖（葡萄糖或半乳糖）、氨基己糖和数目不等的唾液酸构成，与细胞膜的多种功能相关，如可作为 5 - 羟色胺、破伤风毒素、霍乱毒素等物质的膜受体等。

3. 胆固醇　是脊椎动物细胞膜和神经髓鞘的重要组成成分，是含有环戊烷多氢菲骨架的化合物，具有极性的羟基与非极性部分的甾核，与烷基侧链紧密相连（图 4 - 2）。胆固醇本身特殊的刚性结构，使得其不能形成脂双层结构，而是插入磷脂分子之间，亲水性的羟基紧靠磷脂极性的头部。胆固醇与甘油磷脂的相互作用可以防止磷脂脂肪酸链的聚集，增加脂双层的厚度，但对鞘磷脂形成的脂双层厚度基本没有影响。胆固醇作为细胞膜的组成部分，可以增加膜的稳定性，参与膜的流动性调节，以及降低水溶性分子的通透性等。在动物体内，胆固醇还可以转化生成许多具有生物活性的物质，如胆汁酸盐、类固醇激素、维生素 D 等。

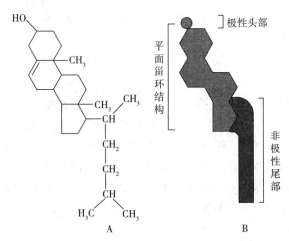

图 4 - 2　胆固醇的分子结构示意图
A. 分子式；B. 示意图

膜脂是生物膜的基本组成成分，不同种类的细胞、同一细胞中不同类型的生物膜，甚至同一细胞质膜的不同部位，膜脂的结构组分都可能存在明显的差别，这也赋予不同膜不同的结构和功能。

（二）膜蛋白

膜蛋白是生物膜的另外一种重要的结构组分，位于脂双层表面或脂双层中，赋予生物膜不同特性和功能。膜蛋白的种类繁多，结构不同，功能各异。膜蛋白的种类和含量在不同类型的细胞之间差异较大，蛋白质含量越高，膜的功能越复杂。

根据膜蛋白在膜上的分布位置及其与脂双层的结合方式，可将膜蛋白分为外在膜蛋白（extrinsic membrane protein）、内在膜蛋白（intrinsic membrane protein）或整合膜蛋白（integral membrane protein）和脂锚定膜蛋白（lipid anchored protein）三种类型（图 4 - 3）。

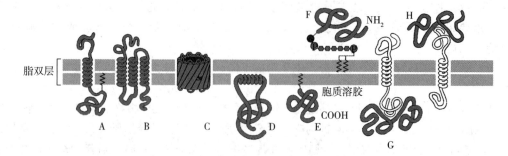

图 4-3　膜蛋白的三种类型

A. 单次穿膜蛋白；B. 多次穿膜蛋白；C. β 筒状穿膜蛋白；

D. 位于胞质侧的膜蛋白；E. 位于胞质侧的脂锚定蛋白；F. 位于质膜外表面的脂锚定蛋白；

G. 膜蛋白位于胞质侧；H. 膜蛋白位于细胞外侧

1. 外在膜蛋白　又称外周膜蛋白、周边膜蛋白（peripheral membrane protein），主要分布在膜的内外表面，为水溶性蛋白，表面多为亲水性基团，容易通过形成离子键或其他较弱的非共价键附着在膜脂分子表面或膜蛋白亲水区一侧。外在膜蛋白与膜的结合疏松，可以通过改变溶液的 pH、浓度或离子强度，甚至提高温度等方法，将其从膜上分离下来，方法比较温和，不破坏膜的结构。

2. 内在膜蛋白　又称整合膜蛋白、穿膜蛋白（transmembrane protein），为双亲性分子，通过其非极性氨基酸区域与脂双分子层的疏水区域相互作用而嵌入膜内，亲水部分则暴露在膜表面的一侧或内外两侧。目前所了解的内在膜蛋白均为跨膜蛋白，在结构上包括三部分：胞质外结构域、跨膜结构域和胞质内结构域。

内在膜蛋白几乎都是完全穿过脂双分子层，可分为单次穿膜、多次穿膜和多亚基穿膜三种类型，通过多个构象穿越脂双层。单次穿膜蛋白的跨膜结构域都含有由 20～30 个疏水性氨基酸残基形成的 α-螺旋，胞质外结构域和胞质内结构域由极性氨基酸残基构成，暴露在膜的一侧或两侧，可与水溶性物质（如激素或其他蛋白质）相互作用。多数穿膜蛋白含有多个穿膜序列（可达 14 个），这些穿膜序列也由疏水性的氨基酸残基构成，如 G 蛋白耦联受体，含有 7 次穿膜螺旋，是典型的多次穿膜蛋白，参与细胞的跨膜信号转导。某些 α-螺旋兼具亲水性与疏水性两种性质不同的侧链，多个 α-螺旋可以形成内侧亲水外侧疏水的通道，如水孔蛋白就具有 6 个 α-螺旋，通常以四聚体形式在膜上形成转运水分子的通道。有些穿膜蛋白，跨膜结构域以 β-折叠为主，可在脂双层中围成筒状结构，称作 β 筒，主要见于线粒体、叶绿体外膜和一些细菌，如大肠埃希菌的细胞膜上的孔蛋白。

内在蛋白与膜结合紧密，较难分离，可以使用去垢剂或有机溶剂，破坏膜结构，使细胞膜崩解，将其从膜上分离出来。

3. 脂锚定膜蛋白　又称脂连接蛋白（lipid-linked protein），这类蛋白通过共价键与脂双层内的脂分子（脂肪酸或糖脂）结合，从而将其锚定在细胞膜的内外两侧。脂锚定膜蛋白与脂分子的结合方式有三种：①脂质中的某些脂肪酸（如软脂酸）直接与膜蛋白氨基末端的甘氨酸残基共价结合，这种脂锚定蛋白多位于细胞质膜的胞质侧；②通过糖脂间接连于脂分子上，蛋白与连接于磷脂酰肌醇分子上的寡糖链末端的磷酸乙醇胺共价结合，不同细胞糖脂的结构有所不同，但都含有磷脂酰肌醇，因此，这种连接方式形成的蛋白称为糖基化磷脂酰肌醇锚定蛋白（glycosylphosphatidylinositol，GPI），这种脂锚定蛋白都分布在细胞质膜外侧；③由 15 或 20 个碳的烃链与膜蛋白羧基末端的半胱氨酸残基共价结合，有时还有另一条烃链或脂肪酸链同时与近羧基末端的其他半胱氨酸残基结合，这种双重锚定使得蛋白质与膜脂结合更加牢固。例如参与细胞信号转导的 Ras 蛋白和介导转运膜泡与靶膜融合的 Rab 蛋白，两者均为双锚定膜蛋白，都分布在细胞质膜的细胞质一侧。

（三）膜糖类

膜糖类为细胞膜中含有的糖类，膜糖不能单独存在，可以形成糖脂（glycolipid），即与膜脂共价结合；另外，膜糖以低聚糖或多聚糖的形式，以共价键方式与膜蛋白结合可以形成糖蛋白（glycoprotein）。如果由一条或多条糖胺聚糖和一个核心蛋白共价连接，则称为蛋白聚糖。膜糖类位于膜的非胞质侧，对于细胞膜是在外表面，但在内膜系统的膜糖则朝向细胞器的腔面。

自然界中单糖及其衍生物有200多种，但存在于动物细胞膜的主要有7种：D-葡萄糖、D-半乳糖、D-甘露糖、L-岩藻糖、N-乙酰半乳糖胺、N-乙酰葡萄糖胺以及唾液酸。2~10个单糖或单糖衍生物连接形成寡糖链，呈直链或分支状，唾液酸常位于糖链的末端。由于组成寡糖链的单糖的种类、数量、排列顺序、结合方式及结构等都不同，寡糖链的种类更灵活多变。在大多数真核细胞膜外表面有一层薄厚不一的富含糖类的周缘区，称为细胞外被（gelcoat）或糖萼（glycocalyx）。细胞外被可用金属染料染色观察，但边界不清，其中的糖类除了与细胞膜的糖蛋白和糖脂相连的低聚糖侧链以外，还包括细胞分泌出来的，却又吸附于细胞表面的糖蛋白与蛋白聚糖的多糖侧链，即细胞外基质的成分。

膜糖链的功能尚不清楚，目前一般认为膜糖是细胞表面的标志，如人类的ABO血型抗原，其区别就在于糖链末端一个糖基的不同；膜糖还具有保护细胞表面免受机械性和化学性损伤的作用，并参与细胞的识别、黏附、迁移等功能活动。

课堂互动

脂类、蛋白质和糖类分子是怎样构建细胞膜的？细胞膜结构如何？

二、细胞膜的结构与特性

脂类、蛋白质和糖类是细胞膜的主要组成成分，这些组分怎样排列组合，除了关系到膜的结构，更与膜的功能密切相关。随着研究技术的发展，人们对细胞膜的认识也越来越深入，提出了很多的结构模型。

（一）细胞膜的结构模型

自细胞发现到19世纪末，由于技术的限制，细胞膜的结构很难观察，有关膜的结构设想是根据间接材料提出的。19世纪90年代，E. Overton研究发现脂溶性物质很容易进入细胞，而非脂溶性物质则很难，他据此提出了脂肪栅的结构设想。1925年，荷兰的科学家E. Gorter和F. Grendel用有机溶剂（丙酮）对人类红细胞膜进行了抽提，并将其铺展成单分子层，测定发现面积约为所用红细胞表面面积的2倍，因而提出了脂双分子层的基本结构概念。以上这些研究只认识到了脂类的作用，并未涉及蛋白质和糖类。后来经过研究，在脂双分子层结构基础上又提出了许多种不同的膜结构模型设想。

1. 片层结构模型　在研究中发现，一些能快速通过细胞膜的物质并不能够很快地通过脂双分子层，如葡萄糖及一些离子等。1935年，J. Danielli和H. Davson通过研究发现油-水界面的表面张力较细胞膜的表面张力明显增高，在实验中还发现如果在脂滴表面吸附蛋白成分后表面张力降低，他们认为膜是"蛋白质-脂类-蛋白质"三明治式结构，因此提出了片层结构模型（lamella structmode），首次将膜结构与生物膜理化性质联系起来。1954年，J. Danielli和H. Davson又对该模型进行了一些修改，认为膜上具有由蛋白质围成的极性孔道，供亲水物质通过，用以解释细胞膜对一些极性小分子的通透原理。

2. 单位膜模型　20世纪50年代，随着技术的发展，电子显微镜问世。1959年，J. D. Robertson用电镜观察发现膜都呈现"暗-明-暗"的三层式结构，膜的总厚度约为7.5nm，即内外两侧为厚约2nm的电子密度高的暗线，中间加以层厚约3.5nm的电子密度低的明线；因而把这种"两暗一明"的结构称为单位膜（unit membrane），提出了单位膜模型（unit membrane model）。

单位膜模型和片层结构模型不同，认为脂双分子层内外两侧的蛋白质是以伸展状态的β-折叠形成的单层肽链，而非球形蛋白质。单位膜模型第一次把膜的分子结构与电镜图像联系起来，但是这个模型把膜看作一种完全对称、静态的单一结构，无法解释膜的动态变化及膜的许多生物学功能，如酶的活性改变与其构象变化。

3. 流动镶嵌模型 1972 年，J. Singer 和 G. Nicolson 总结了当时的模型结构，结合各种新的实验研究的结果，提出了流动镶嵌模型（fluid mosaic model，图 4 - 4），是现在仍被广泛接受的膜的结构模型，同时也有多种实验证据支持：如电镜冷冻蚀刻技术显示脂双分子层中嵌有大量蛋白质颗粒；红外光谱等技术研究证明膜蛋白主要是 α - 螺旋的球形结构而非 β - 折叠结构；免疫荧光标记法观察的细胞融合实验结果也间接表明膜具有流动性。该模型将膜描绘成一种动态结构，认为构成膜的主体的脂质双分子层不是静止的，而是流动的；蛋白质分子是以球形结构方式存在，以不同方式与脂质分子结合，有的附着在脂双分子层的表面，有的穿过脂双分子层或嵌在脂双分子层中。该模型强调了膜的流动性和不对称性，较好地解释了生物膜的许多功能特性，但也有阐释不明之处，如质膜具有流动性，但质膜在动态变化过程中如何保持膜的稳定性和完整性；镶嵌在脂双分子层中的蛋白质对脂质分子的流动性有何影响等。

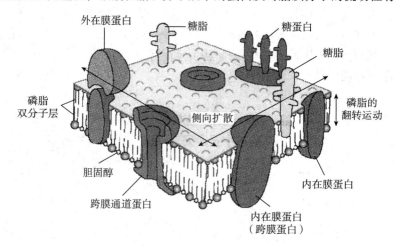

图 4 - 4　流动镶嵌模型示意图

4. 脂筏模型 随着实验技术的不断进步，人们对膜的认识也在不断深入。1988 年，Simon 提出了脂筏模型（lipid raft model），该模型认为在以磷脂为主体的生物膜中，有富含胆固醇、鞘磷脂以及特定种类膜蛋白组成的微区（microdomain），称为脂筏（图 4 - 5）。由于鞘磷脂的饱和脂肪酸链较长，故此区厚度比膜的其他部分大；因分子之间的相互作用力较强，此区域更有秩序且流动性更低；有些脂筏可与细胞骨架蛋白形成不同程度的交联，更进一步限制了其流动性。脂筏周围是富含不饱和脂肪酸的磷脂，是流动性较高的"液态区"，脂筏如同漂浮在脂双层上的"筏子"，为蛋白质形成有效构象提供有利的结构环境。研究显示，脂筏参与细胞信号转导、受体介导的内吞作用以及胆固醇代谢运输等过程，如参与膜泡运输的窖蛋白，可以形成特殊的脂筏结构，使细胞膜形成内陷的小窝，最终形成膜泡实现物质跨膜运输。脂筏功能的紊乱涉及多种疾病的发生。

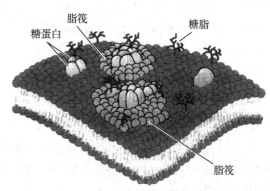

图 4 - 5　脂筏模型示意图

随着科学技术的进步，膜的结构模型不断演变，其内容也在不断地丰富完善，但细胞膜的结构和功能非常复杂，还有待于更进一步的研究。

（二）细胞膜的生物学特性

细胞膜的分子结构和组成决定了细胞膜具有两个显著的特性，即膜的流动性和膜的不对称性。

1. 膜的流动性 细胞膜的主要组成成分是膜脂和膜蛋白，膜的流动性（fluidity）是指膜脂和膜蛋白持续不断的运动状态。正常的生理温度下，细胞膜处于不断的热运动中，具有一定的流动性。膜的流动性是生物膜的基本特性之一，是细胞进行正常生命活动的必要条件。大量研究结果表明，生物膜的许多重要功能都与膜的流动性密切相关，如细胞信号转导、物质跨膜运输等。因此，对膜的流动性的研究已成为膜生物学的主要研究内容之一。

（1）膜脂的流动性及其影响因素　膜脂分子不断运动，使膜具有流动性。20 世纪 70 年代以来，应用一些新的物理学技术来检测膜脂分子的运动，如差示扫描量热术、电子自旋共振、核磁共振、放射性核素标记等。研究结果表明，在高于相变温度的条件下，脂质分子主要有以下几种运动形式（图 4 - 6）：①侧向扩散（lateral diffusion），是指在脂双层的单分子层内，脂分子与相邻分子沿膜平面快速交换位置，交换频率约为每秒 10^7 次，脂质分子在交换过程中原有的排布方向保持不变。实验表明，脂分子的侧向扩散系数约为 $10^{-8} cm^2/s$，即一个脂分子每秒可以移动 2μm 的距离。侧向扩散是膜脂分子的主要运动形式，具有重要的生物学意义。②旋转运动（rotation），是膜脂分子围绕与膜平面相垂直的长轴进行的快速自旋运动。③摆动运动，膜脂分子的脂肪酸链尾部可发生一定程度的摆动，摆动的幅度有一定的差异，靠近亲水性头部区域的摆动幅度小，靠近疏水性尾部的部分摆动幅度大。此外，膜脂分子的脂肪酸链的尾部还可发生一定程度的伸缩、振荡运动。④翻转运动（flip - flop），是指膜脂分子从脂双层的一层翻转到另一层。这种运动极少发生且速度很慢，但胆固醇例外。另外，在细胞某些膜系统中（尤其是在内质网膜上）发生的频率很高，内质网膜上有一种磷脂转位蛋白，它能促使某些新合成的磷脂分子通过翻转运动快速从脂质双层的胞质侧翻转到腔面侧，这对于新膜结构的形成非常重要。翻转运动有利于维持膜脂分子的不对称性。

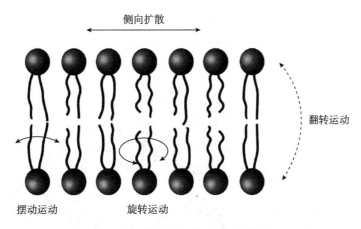

图 4 - 6　膜脂分子的几种运动形式

膜脂的流动性是细胞膜的重要特性之一，对细胞膜的生物学功能影响较大。影响膜脂流动性的因素有很多，主要是生物膜自身的组分和一些环境因素（如温度、pH、离子强度、药物等）：①温度，对膜脂的流动性有明显的影响。一般来说，升高温度会使膜脂的流动性增加，反之则会降低。膜脂可在液晶态与晶态之间转变，这种变化称为相变，发生相变的临界温度称为相变温度。温度升高或降低到一定程度时，膜脂的液晶态遭到破坏，膜的功能丧失。②脂肪酸链的长度和饱和度，一般来讲，脂肪酸的链越短，不饱和程度越高，膜的流动性就越大；脂肪酸链越长，相互之间及与对层中的脂肪酸长链尾部的作用力增强，限制膜脂分子的运动，膜的流动性降低。饱和脂肪酸链呈直线形，分子排列紧密，相互之间的作用力较强，使膜流动性降低；不饱和脂肪酸链可在双键处发生弯曲，致使分子排列较松，因而可增加膜的流动性。一些细菌和动物细胞，常常通过代谢调节增加其膜脂的不饱和脂肪酸链的含量来维持膜脂的流动性。③胆固醇，动物细胞含有的胆固醇对膜的流动性具有双重调节作用。在相变温度以上，胆固醇分子的固醇环与靠近磷脂分子亲水性头部的脂肪酸链结合，限制膜的流动性，增加膜的稳定性；在相变温度以下时，插在磷脂分子之间的胆固醇，可将磷脂分子隔开，防止脂肪酸链凝集，可在一定程度上提高膜的流动性。④卵磷脂和鞘磷脂的比值，两者的比值越高，膜的流动性越高。这是因为卵磷脂所含的脂肪酸链不饱和度高，相变温度较低；而鞘磷脂则相反，它的脂肪酸链饱和度高，相变温度较高且范围较宽（25 ~ 35℃），在生理温度（37℃）下，虽然两者都呈流动状态，但是因为鞘磷脂的黏度比卵磷脂的黏度约高 6 倍，故而鞘磷脂含量高时膜的流动性降低。细胞衰老过程中，卵磷脂和鞘磷脂的比值逐渐下降，膜的流动性也随之降低。⑤膜蛋白，膜蛋白的运动如果受到限制（如与细胞骨架相连接），将影响膜脂的流动性；且膜蛋白与周围的脂分子之间存在着复杂的相互作用，也会限制脂分子的运动，降低膜的流动性。内在膜蛋白含量高时，膜蛋白成为脂分子运动的"障碍"，可降低膜的流动性。

（2）膜蛋白的流动性　分布在膜脂中的膜蛋白也有发生分子运动的特性，但由于分子量较大，其主要运动方式是旋转运动和侧向移动。①旋转运动，与膜脂的运动方式类似，指膜蛋白围绕与膜平面垂直的轴线进行的旋转运动。②侧向移动，指膜蛋白在细胞膜平面的侧向移位。侧向移动是更常见的膜蛋白运动方式。

1970 年，L. D. Frye 和 M. Edidin 采用荧光抗体免疫标记人 - 鼠的细胞融合实验证明，分布在脂双层中的膜蛋白可以侧向移动。他们以离体培养的人和小鼠的成纤维细胞为材料，先分别标记抗成纤维细胞膜蛋白的特异性抗体，人的用红色荧光素，小鼠的用绿色荧光素，然后用标记的抗体分别标记人和小鼠的成纤维细胞；之后介导两种细胞融合，在荧光显微镜下观察。刚融合时，杂交细胞呈一半红色一半绿色，说明人和小鼠细胞的膜蛋白还只限于各自的细胞膜部分。37℃、10 分钟后，发现红、绿两种颜色的荧光开始在融合细胞表面扩散。40 分钟后，两种颜色的荧光颗粒在杂交细胞膜上已基本呈现均匀分布（图 4 - 7）。

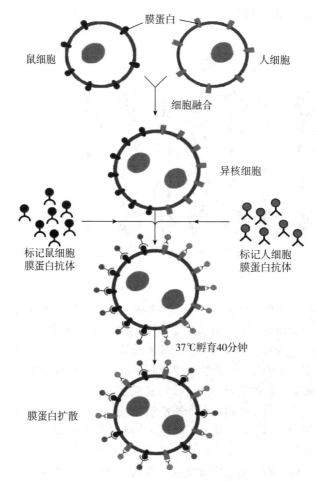

图 4 - 7　人 - 鼠细胞融合过程中膜蛋白的流动性

实际上，并不是所有的膜蛋白都是可以自由移动的，膜蛋白的运动受到许多因素的影响和限制。极性细胞的膜蛋白可被某些特殊结构，如紧密连接限定在细胞表面的某个特定区域；内在膜蛋白与外在膜蛋白、细胞骨架成分及膜脂分子的相互作用均能影响或限制其运动；在细胞之间，一些特别的膜蛋白可通过相互作用形成细胞间的连接，其侧向移动也会受到限制。

流动性是生物膜的基本特征之一，具有重要的生理意义，膜的许多重要生命活动，如物质运输、细胞信号转导等都与膜的流动性密切相关。若膜的流动性降低，细胞膜固化，黏度增大到一定程度时，会出现穿膜运输中断，膜内的酶活性丧失，代谢终止，最终将导致细胞死亡。

2. 膜的不对称性　膜脂双层的内外两层在组成成分和功能上有很大的差异，这种差异称为膜的不对称性（asymmetry）。膜中各种成分都存在不对称性，这保证了细胞生命活动的高度有序性。

（1）膜脂的不对称性　是指同一种膜脂分子在脂双层中呈不均匀分布。实验分析发现，各种膜脂分子在脂双层内、外单层中的分布不同。例如，在人红细胞膜中，鞘磷脂和磷脂酰胆碱多位于脂双层的外层，而磷脂酰乙醇胺、磷脂酰丝氨酸和磷脂酰肌醇则在内层中含量较多；胆固醇在内外两个单层中的比例大致相等。磷脂和胆固醇的不对称分布是相对的，只是含量和比例不同，而糖脂的不对称分布是绝对的，糖脂都位于脂双层的非胞质面。

另外，不同膜性细胞器中脂类成分的组成和分布也有差别。如核膜、内质网膜和线粒体外膜磷脂酰胆碱、磷脂酰乙醇胺、磷脂酰肌醇含量较高，而线粒体内膜则含有较多的心磷脂。正是膜脂各组分分布的差异，使得细胞内的不同细胞器膜具有不同的特性和功能。

（2）膜蛋白的不对称性　是指膜蛋白分子在细胞膜上具有明确的方向性。所有的膜蛋白都呈不对称分布，跨膜蛋白穿越脂双层都有一定的方向性，如红细胞膜上血型糖蛋白肽链的氨基末端伸向质膜外侧，羧基末端在质膜内侧胞质面。膜蛋白结构的方向性决定了其功能的方向性，如细胞膜表面的受体、膜上载体蛋白等，都是按一定的方向传递信号和转运物质。

膜蛋白的不对称性还表现在膜蛋白在脂双层内外两层的分布不同，各种膜蛋白在质膜中都有其特定的位置，如血影蛋白分布于红细胞的内侧面，膜受体多位于质膜的外侧面等。如冷冻蚀刻技术显示，红细胞膜胞质面蛋白颗粒为 2800 个 $/\mu m^2$，而外侧面蛋白颗粒仅为 1400 个 $/\mu m^2$。

（3）膜糖的不对称性　膜糖类的分布呈绝对不对称性。生物膜的膜糖都以糖脂和糖蛋白两种形式存在，糖链部分只分布于膜的非胞质侧，这也是其执行功能的结构基础。

第二节　物质的跨膜运输

PPT　　　　微课

细胞膜是细胞与外环境之间的一种选择性通透屏障，也是细胞与外界环境进行相互交流的重要途径。物质的跨膜运输是细胞膜的重要功能，它既能保障细胞对所需基本营养物质的摄取，也能排出代谢产物或废物，对细胞的生存和生长至关重要。

细胞内外的物质交换有许多不同的机制。总体看来，与细胞膜有关的物质运输活动有两大途径：①小分子物质和离子的跨膜运输，包括被动运输和主动运输两类；②大分子和颗粒物质的膜泡运输，包括胞吞作用与胞吐作用。小分子物质和离子运输时物质直接穿过细胞膜；大分子和颗粒物质的运输则由膜包裹形成膜囊泡来完成。

课堂互动

物质进出细胞是如何通过细胞膜的呢？

一、小分子物质和离子的跨膜运输

小分子物质或离子的跨膜运输与细胞的许多生物学过程密切相关，根据是否需要能量，跨膜运输可分为被动运输和主动运输两类。

（一）被动运输

物质跨膜的被动扩散不消耗细胞内的 ATP，而是利用物质在膜两侧的浓度或电位差，顺浓度或电化学梯度扩散。被动运输依据是否有膜转运蛋白协助分为简单扩散和易化扩散两种。

1. 简单扩散（simple diffusion）　也称为自由扩散（free diffusing），是指小分子物质顺浓度梯度，（或电化学梯度）借助分子热运动直接穿透脂双层的方式，整个过程不需要细胞提供能量，也不需要膜转运蛋白的协助。非极性的小分子如 O_2、CO_2、N_2 可以很快透过脂双层；不带电荷的极性小分子（水、尿素、甘油等）可以透过人工脂双层，只是速度较慢；相对分子质量略大一点的葡萄糖、蔗糖很难透过；而膜对带电荷的物质如 H^+、Na^+、K^+、Cl^-、HCO_3^- 则高度不通透。

事实上，细胞很少通过简单扩散进行物质转运，绝大多数情况下，物质是通过载体或者通道来转运的。离子、葡萄糖、核苷酸等物质有的是通过质膜上膜转运蛋白的协助，顺浓度梯度扩散进入质膜的。

2. 易化扩散（facilitated diffusion）　又称为协助扩散，是物质顺浓度梯度或电化学梯度穿膜的被动运输方式，不消耗细胞的代谢能，是通过特异性的膜转运蛋白来完成的。

根据介导物质转运形式的不同，膜转运蛋白可分为两类：载体蛋白（carrier protein）和通道蛋白（channel protein）。载体蛋白只允许结合与其结合部位相适合的溶质分子，然后通过构象改变介导溶质分子的跨膜转运。载体蛋白既可介导被动运输（passive transport，易化扩散），也可介导主动运输（active transport），如图 4-8 所示。通道蛋白主要根据溶质分子大小和电荷进行辨别，能形成贯穿膜脂双层的孔道，当孔道开放时，特定的溶质（足够小的和带有适当电荷的分子或离子）就可以通过。通道蛋白只能介导被动运输。

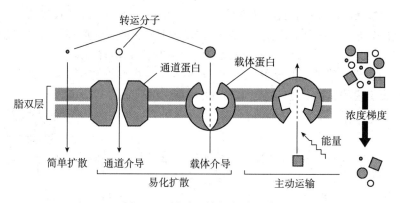

图 4-8　被动运输与主动运输

（1）载体蛋白　几乎所有类型的生物膜上都普遍存在载体蛋白，它是多次跨膜蛋白，能与特定的溶质分子结合，通过一系列构象改变介导溶质分子的跨膜转运。利用这种方式转运的溶质，既可以是小的有机分子，也可以是无机离子。

一种载体蛋白特异地结合和转运一种溶质分子通过细胞膜，这个过程类似于酶对底物的催化反应。各种类型的载体蛋白对溶质分子（底物）有特异的结合位点，载体蛋白对转运的分子或离子有高度的特异性，有类似于酶与底物结合的饱和动力学特征，当载体分子都参与转运时，转运速度达到最大；载体蛋白既可以被底物的类似物竞争性抑制，又可以被某种抑制剂非竞争性抑制，且对 pH 敏感。与酶不同的是，载体蛋白不能使所转运的物质发生任何化学变化。

绝大多数哺乳类细胞都是利用葡萄糖作为细胞的主要能量来源，人类基因组编码十几种与葡萄糖转运相关的载体蛋白，构成葡萄糖载体（glucose transporter，GLUT）蛋白家族，它们具有高度同源的氨基酸序列，都含有 12 次跨膜的 α-螺旋。研究发现，GLUT 蛋白的跨膜区域主要由疏水性氨基酸残基组成。根据葡萄糖的浓度，GLUT 蛋白通过变构而改变开口朝向来实现葡萄糖的双向运输，既可从胞内到胞外，也可从胞外到胞内。

（2）通道蛋白　是横跨质膜的亲水性通道，允许适当大小的离子顺浓度梯度通过，故又称离子通道，介导一些离子、代谢物或其他溶质顺浓度梯度通过自由扩散的方式通过细胞膜。通道蛋白平时处于关闭状态，仅在特定信号的刺激下才打开或关闭，又称为门控通道（gated channel）。通常根据通道门控机制的模式不同和所通透离子的种类，将门控通道分为配体门控、电压门控和压力激活三类。此外，细胞膜上还有一类不依赖门控机制的水通道蛋白。

1）配体门控通道　细胞膜表面受体与细胞外的特定物质 – 配体（ligand）结合，引起通道蛋白发生构象变化，结果使"门"打开，称为配体门控通道。分为阳离子通道（如乙酰胆碱、谷氨酸和 5 – 羟色胺的受体）和阴离子通道（如甘氨酸和 γ – 氨基丁酸的受体）。

2）电压门控通道　细胞内外特异离子浓度发生变化或其他刺激引起膜电位变化时，使通道蛋白的构象发生改变，"门"打开，称为电压门控通道（voltage gated channel）。例如，神经 – 肌肉接头处由 ACh 门控通道开放而出现终板电位时，可使相邻肌细胞膜中的电位门 Na^+ 通道和 K^+ 通道相继开放，引起肌细胞产生动作电位；动作电位传至肌质网，Ca^{2+} 通道打开引起 Ca^{2+} 外流，引发肌肉收缩。

3）压力激活通道　通道蛋白感受应力而使其构象发生改变，"门"打开，离子通过通道进入细胞，引起膜电位发生变化，产生电信号，称为压力激活通道。例如内耳毛细胞顶部的听毛是对牵拉力敏感的感受装置，具有压力激活通道。声波使听毛弯曲时，听毛受力而使听毛根部所在膜变形，膜出现跨膜离子移动，毛细胞会出现短暂的感受器电位。

4）水通道　水分子为极性分子，可以通过简单扩散缓慢地穿过细胞膜，但对于某些具有特殊功能的组织来说，如肾小管对水的重吸收、唾液和眼泪的形成等，水分子的快速跨膜转运是非常重要的。这些细胞膜对水分子的快速转运依赖细胞膜上的水通道蛋白，如水孔蛋白（AQP）家族。目前，已发现哺乳动物细胞中有 11 种水孔蛋白。

1988 年，Agre 在分离纯化红细胞膜上的 Rh 血型抗原时，发现了一个 28kD 的疏水性跨膜蛋白，称为 CHIP28（channel – forming integral membrane protein）。Agre 将 CHIP28 的 mRNA 注入非洲爪蟾的卵母细胞中，在低渗溶液中，卵母细胞迅速膨胀，并于 5 分钟内破裂，细胞的这种吸水膨胀现象会被 Hg^{2+} 抑制，这一发现揭示了细胞膜上水通道的存在，Agre 因此获得 2003 年诺贝尔化学奖。

水孔蛋白为 4 个亚基组成的四聚体，每个亚基又由 6 个 α – 跨膜螺旋组成。每个水孔蛋白亚基单独形成一个供水分子运动的中央孔。水孔蛋白形成对水分子高度特异的亲水通道，只允许水分子通过。这种严格的选择性首先源于通道内高度保守的氨基酸残基（Arg、His 以及 Asp）侧链与通过的水分子形成氢键，其次是源于孔径非常狭窄。

知识拓展

先天性肾性尿崩症

先天性肾性尿崩症主要临床表现为多尿、代偿性多饮、脱水、电解质紊乱等。该病 10% 左右的患者是由于 *AQP2* 基因突变，使主细胞膜上水通道缺陷，导致水的重吸收和尿液浓缩障碍。AQP2 是一种跨膜蛋白，在肾脏集合管主细胞的内质网合成，转运至主细胞顶膜形成水通道，用于水的重吸收，从而进行尿液浓缩，调节体内水平衡。

（二）主动运输

主动运输（active transport）是由载体蛋白介导的物质逆浓度梯度或电化学梯度进行跨膜转运的方式，物质由低浓度侧向高浓度一侧转运。主动运输的特点如下：①逆浓度梯度（逆化学梯度）运输；②需要能量；③都需要载体蛋白协助。

主动运输根据所需能量来源的不同分为三种类型：ATP 直接提供能量（ATP 驱动泵）、间接提供能量（协同转运或偶联转运蛋白）及光驱动泵（利用光能运输物质，见于细菌）。

1. ATP 驱动泵（ATP – driven pump）　是 ATP 酶，直接水解 ATP 释放能量，实现离子或小分子逆浓度梯度或电化学梯度的跨膜运输。所有 ATP 驱动泵都是跨膜蛋白。根据泵蛋白的结构和功能特性，ATP 驱动泵可分为 P 型离子泵、V 型质子泵、F 型质子泵和 ABC 超家族。前三种只转运离子，后一种主要转运小分子。

（1）P 型离子泵（P – type ion pump） 也称为 P 型 ATP 酶，是分布于各种生物细胞质膜中的 ATP 动力泵的一类，含两个相同的具有催化作用的 α 亚基，大多数还含有具有调节作用的小的 β 亚基。转运过程中至少有一个 α 亚基发生磷酸化和去磷酸化反应，从而发生构象的改变实现物质的跨膜运输。如高等生物中的钠 – 钾泵、钙泵和真菌及细菌的 H^+ 泵。

1）钠 – 钾 ATP 泵 也称为钠 – 钾 ATP 酶（$Na^+ - K^+ - ATPase$），是由 2 个 α 大亚基、2 个 β 小亚基组成的四聚体，通过 α 大亚基的磷酸化和去磷酸化过程，使得构象发生变化，导致与 Na^+、K^+ 的亲和力发生变化，从而实现 Na^+、K^+ 的跨膜运输（图 4 – 9）。当酶开口朝向膜内侧时，Na^+ 与酶结合，激活 ATP 酶活性，水解 ATP，使酶磷酸化，导致构象发生改变，于是与 Na^+ 结合的部位开口转向细胞外；磷酸化的酶对 Na^+ 的亲和力低，对 K^+ 的亲和力高，因而在胞外侧释放 Na^+，而与 K^+ 结合；K^+ 与磷酸化的酶结合后，促使酶去磷酸化，酶的构象恢复原状，于是与 K^+ 结合的部位开口转向细胞内，K^+ 与此时的酶的亲和力降低，在胞内被释放。总的结果是每一循环消耗一个 ATP，转运出 3 个 Na^+，转进 2 个 K^+。

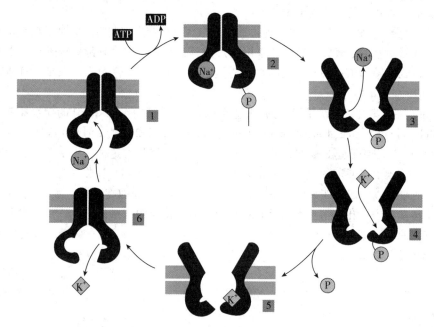

图 4 – 9　钠 – 钾泵的工作示意图

钠 – 钾泵的作用：维持细胞内外 Na^+、K^+ 的浓度梯度，维持细胞的静息电位；维持细胞渗透平衡，保持细胞的体积；储存 Na^+ 电化学梯度的势能，为营养物质如葡萄糖、氨基酸的主动吸收创造条件。

乌本苷（ouabain）、地高辛（digoxin）等药物能抑制心肌细胞钠 – 钾泵的活性，从而降低钠 – 钙交换器的效率，使内流钙离子增多，从而加强心肌收缩，因而具有强心作用。

2）钙泵（calcium pump，Ca^{2+} – pump） 也称为钙 ATP 酶（calcium ATPase），是另一类 P 型离子泵。Ca^{2+} 是细胞内重要的信号物质，其浓度的变化会引起细胞内信号途径的反应，导致一系列的生理变化。通常细胞内 Ca^{2+} 浓度（10^{-7} mol/L）显著低于细胞外 Ca^{2+} 浓度（10^{-3} mol/L），主要是因为细胞质膜和内质网膜上存在 Ca^{2+} 泵，可以将 Ca^{2+} 泵出细胞或泵入细胞器内。其原理与钠 – 钾泵相似，每水解一分子 ATP 分子，泵出 2 个 Ca^{2+}。

位于肌质网（sarcoplasmic reticulum）上的钙泵是目前人们了解最多的一类 P 型离子泵。肌质网是肌肉细胞中一类特化的光面内质网，形成管网状结构位于细胞质中，具有贮存 Ca^{2+} 的功能。钙泵将细胞质中的 Ca^{2+} 泵到肌质网内，使肌质网保持高 Ca^{2+} 浓度。神经冲动发生时，肌细胞膜去极化后引起肌质网上的 Ca^{2+} 通道打开，大量 Ca^{2+} 释放入细胞质，引起肌肉收缩；之后由钙泵将 Ca^{2+} 泵回肌质网，维持肌质网内外的浓度差。

（2）V 型质子泵（V – type proton pump） 也称为 V 型 ATP 酶（V – type ATPase）和液泡质子 ATP

酶（vacuolar proton ATPase），位于动物细胞的胞内体膜、溶酶体膜，植物、酵母细胞的液泡膜上。V 为 vesicle 的第一个字母。V 型质子泵只转运质子，转运过程中水解 ATP 释放能量，将 H⁺ 逆浓度梯度泵入细胞器，维持细胞器内酸性而细胞质基质接近中性的环境，但不生成磷酸化的中间体。

（3）F 型质子泵　也称为 F 型 ATP 酶（F–type ATPase），主要存在于细菌质膜、线粒体内膜和叶绿体的类囊体膜上，其详细结构见线粒体。F 是 factor 的第一个字母。F 型质子泵利用 H⁺ 顺浓度梯度通过质子通道时所释放的能量，驱动 ATP 合成，因此也称为 ATP 合酶（ATP synthase）。F 型质子泵不仅可以利用质子动力势能将 ADP 磷酸化生成 ATP，也可以利用水解 ATP 释放的能量转移质子。

（4）ABC 超家族（ATP binding cassette superfamily）　也是一类 ATP 驱动泵，但成员更多，转运的物质也更多样，广泛分布在从细菌到人类的各种生物中。

目前已发现 ABC 超家族有几百种不同的转运蛋白，每个 ABC 转运蛋白的核心结构通常包括 4 个结构域：2 个高度疏水的跨膜结构域和 2 个 ATP 结合结构域。跨膜结构域一般由 6 个 α–螺旋构成，形成一个运输底物分子的跨膜通道，同时还参与底物的识别过程，决定底物的特异性。ATP 结合结构域位于细胞质侧，高度保守，具有 ATP 酶活性，通过结合 ATP 发生二聚化，ATP 水解后解聚，通过构象的改变将结合的底物转移至膜的另一侧；其转运的底物包括糖、氨基酸、金属离子、多肽、蛋白质、细胞代谢产物和药物等。它们既可作为输入转运蛋白，将营养和其他分子摄入细胞内，如在细菌质膜上，ABC 转运蛋白转运糖、氨基酸、磷脂等；又可以作为输出转运蛋白，将毒素、药物和脂类等泵出细胞。在人体中，ABC 转运蛋白参与胆固醇和脂质的运输、多药抗性、抗原提呈、维持线粒体离子平衡等生物学过程。

第一个被发现的真核生物的 ABC 转运蛋白是 MDR（multidrug resistance）蛋白，即多药抗性蛋白，在多种癌细胞中含量较多。MDR 蛋白能够利用水解 ATP 释放的能量，将药物在发挥功效之前就转运到细胞外，降低细胞内药物的浓度，降低化疗效果。除了肿瘤细胞，ABC 转运蛋白和其他一些抗药性也相关，如疟原虫对药物氯喹的抗药性。氯喹是早期用于治疗疟疾的药物，但细胞很快就产生了能够将氯喹从细胞内转运出去的 ABC 转运蛋白，使氯喹逐渐丧失作用。ABC 转运蛋白不仅涉及细胞的抗药性，也会涉及一些遗传性疾病，如囊性纤维化。

知识拓展

疟疾与中医药

疟疾是一类由疟原虫引起的、严重危害人类健康的虫媒传染病，目前还没有有效的疫苗，所以疟疾的预防和治疗关键在于药物。我国药学家屠呦呦及其科研团队在中国古代中医药典籍《肘后备急方》的启发下，从植物青蒿中提取分离得到了青蒿素，并用于疟疾的治疗，为疟疾药物治疗开辟了新的思路和方法。据统计，在以青蒿素为基础的联合疗法的帮助下，全球疟疾发病率和死亡率大大降低。2015 年，屠呦呦因先驱性地发现青蒿素、开创疟疾治疗新方法而获得诺贝尔生理学或医学奖，这也是我国科学家首次在科研领域获得诺贝尔奖。

2. 协同运输（cotransport）　是一类由协同转运蛋白介导的，依靠间接提供能量完成的主动运输方式。物质跨膜运输所需的能量不是直接来自 ATP，而是由膜两侧离子的电化学浓度梯度产生的势能提供，但是维持这种电化学梯度的是消耗 ATP 供能的钠–钾泵或质子泵，因此协同运输所需的能量间接来自 ATP。动物细胞中常常利用膜两侧 Na⁺ 浓度梯度来驱动，植物细胞和细菌常利用 H⁺ 浓度梯度来驱动。根据物质运输方向与离子顺浓度梯度的转移方向之间的关系，协同运输又可分为同向运输和对向运输。

（1）同向运输　是物质运输方向与 Na⁺ 转移方向相同。例如，小肠上皮细胞逆浓度梯度吸收葡萄糖时，需要伴随 Na⁺ 顺浓度梯度内流，进入细胞内的 Na⁺ 则需要被钠–钾泵泵出细胞外，而保持较低的钠离子浓度，从而形成 Na⁺ 的电化学梯度。在某些细菌中，乳糖的吸收伴随着 H⁺ 的回流。

（2）对向运输　是指物质跨膜运动的方向与 Na⁺ 转移的方向相反，比如动物细胞中由 Na⁺ 驱动的

Na$^+$/H$^+$反向协同运输，Na$^+$顺浓度梯度进入细胞，同时伴随着H$^+$的反向排出，用来清除细胞代谢产生的过多的H$^+$，以调节细胞内的pH。

知识拓展

肾性糖尿病

肾性糖尿病主要临床表现为虽然血糖正常，但尿糖阳性，这是因为编码肾脏近端小管刷状缘的钠-葡萄糖转运体发生基因突变，转运葡萄糖的载体蛋白功能缺陷，对葡萄糖重吸收障碍，导致尿液中出现葡萄糖。肾性糖尿病属于载体蛋白缺陷引起的疾病，是由于基因突变导致的，所以也是一种遗传性疾病。

二、大分子物质的膜泡运输

大分子和颗粒物质，如蛋白质、多糖、核酸等进行细胞转运时需要脂双层包被，形成囊泡，属于膜泡运输，主动运输，需要消耗能量，具体可分为胞吞作用和胞吐作用。

（一）胞吞作用

胞吞作用又称内吞作用，胞吞时细胞质膜内陷形成胞吞泡，将细胞外的大分子和颗粒物质包围，转运进入细胞内。不同细胞形成胞吞泡的大小、方式等都不同，可将胞吞作用分为吞噬作用、胞饮作用和受体介导的胞吞作用三种类型（图4-10）。

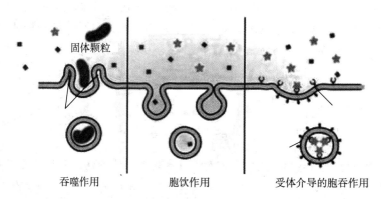

固体颗粒

吞噬作用　　　　胞饮作用　　　　受体介导的胞吞作用

图4-10　胞吞作用的三种类型

1. 吞噬作用（phagocytosis）　是细胞内吞入较大的固体颗粒或分子复合物（直径>250nm），如细菌、细胞碎片等物质的过程。吞噬作用是原生生物获取营养物质的方式。动物体内多见于中性粒细胞、单核细胞和巨噬细胞，具有清除损伤和衰老死亡的细胞、对抗外来入侵的微生物等功能，在机体防御中发挥重要的作用。吞噬作用是一个信号触发的过程，需要细胞骨架的参与。被吞噬的颗粒首先结合在细胞膜表面，之后细胞膜向内凹陷将颗粒包裹，形成膜泡脱离细胞膜进入细胞。形成的膜泡称吞噬体（phagosome）或吞噬泡（phagocytic vesicle）。吞噬泡在细胞内与溶酶体融合，溶酶体内的酶将其降解。

2. 胞饮作用（pinocytosis）　是细胞非特异性地摄取细胞外液体和溶质的过程，几乎见于所有的真核细胞。胞饮作用通常发生在质膜上的特殊区域，该区域的质膜内陷形成一个小窝，最后形成一个没有外被包裹的膜性小泡，称为胞饮体（pinosome）或胞饮泡（pinocytic），直径小于150nm。根据细胞外物质是否吸附在细胞表面，将胞饮作用分为两种类型：①液相内吞，细胞将细胞外液及其中的可溶性物质一起摄入细胞，是一种非特异性的固有内吞方式；②吸附内吞，在这个过程中，细胞外大分子或小颗粒物质先以某种方式吸附在细胞表面，然后再被细胞摄入，具有一定的特异性。

3. 受体介导的胞吞作用（receptor mediated endocytosis） 是大多数动物细胞高效摄取大分子的有效途径，特异性很强。通过细胞膜上特异性受体识别并结合需要摄取的成分，而不需要摄入大量的细胞外液，是一种选择性的浓缩机制，与非特异性的胞吞作用相比，可使特殊大分子的内吞效率增加1000多倍。受体介导的胞吞作用是许多动物细胞摄取重要物质的有效途径，至今至少发现有50种不同蛋白质、激素、生长因子、淋巴因子以及用于合成红细胞中血红蛋白的铁、维生素 B_{12} 等通过此种方式进入细胞。流感病毒和AIDS病毒（HIV）也通过此种胞吞途径侵染细胞。

（1）有被小窝和有被小泡的形成　细胞膜上存在受体集中的特定区域，称为有被小窝（coated pits），向内凹陷可以形成有被小泡。有被小窝具有选择受体的功能，受体移动到此处集中，浓度可达质膜其他部分的10~20倍。通过网格蛋白包被的小泡进行的受体介导的胞吞作用是摄取大分子物质的主要途径。

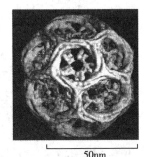

50nm

图4-11　有被小泡模型

网格蛋白（clathrin）是一种高度保守的蛋白复合物，由3条大的重链（分子量为180kD）和3条小的轻链（分子量为35~40kDa）组成。重链和轻链结合组成二聚体，3个二聚体形成三脚蛋白复合体（triskelion），是形成包被的基本结构单位。36个三脚蛋白复合物聚合成六角形或五角形的笼状篮网结构（图4-11），覆盖在有被小窝（或有被小泡）表面。网格蛋白的作用主要是参与选择特定的膜受体，使其聚集于有被小窝内，牵拉细胞质膜向内凹陷（图4-12）。

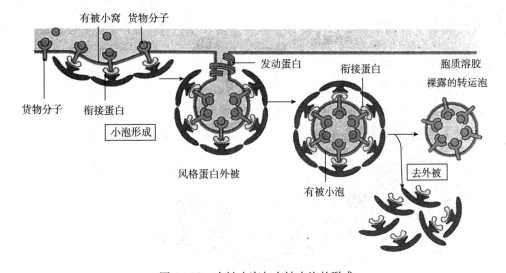

图4-12　有被小窝与有被小泡的形成

受体介导的胞吞作用中，网格蛋白不能直接识别配体-受体复合物，两者之间还有一种起连接作用的衔接蛋白（adaptin）。衔接蛋白可与不同种类的膜受体特异性结合，使细胞捕获不同的转运物质。

首先，细胞外的溶质分子与有被小窝处的受体识别并结合，通过衔接蛋白吸引网格蛋白聚集在有被小窝的胞质侧，网格蛋白的外被弯曲牵动细胞质膜进一步内陷，形成网格蛋白包被小窝，最后，有被小窝与质膜断离形成有被小泡（coated vesicle）进入细胞还需要发动蛋白（dynamin）参与。发动蛋白是一种GTP结合蛋白，通过水解与其结合的GTP，发生构象改变，环绕在有被小窝的颈部的结构发生缢缩，从而使有被小泡从质膜上脱离，形成网格蛋白包被小泡。

（2）无被小泡形成并与内体融合　上述网格蛋白包被小泡一旦脱离质膜，进入细胞后包被很快解聚，网格蛋白返回质膜下方，重新参与新的包被小泡的形成，脱去包被的小泡形成表面光滑的无被小泡。无被小泡继而与早期内体（early endosome）融合。内体膜上有质子泵，可将 H^+ 逆浓度梯度从细胞质基质泵入内体腔，降低腔内的pH（pH 5~6）。低pH环境可使受体与配体分离，内体以出芽的方式形成小囊泡，运载受体返回质膜，受体可以重复利用；而含有配体的内体将与溶酶体融合，利用溶酶体内的酶水解配体供细胞利用。

案例解析

【案例】患者，男，23岁，因"发现血胆固醇高"就诊。体格检查：血压117/72mmHg，双侧手背、肘关节、臀部及膝关节可见多发性黄色瘤，肝脾肋下未触及。其父有高胆固醇血症及冠心病病史，一兄血清胆固醇含量为10.8mmol/L。实验室检查：TG 1.58mmol/L，TC 13.47mmol/L，HDL - C 1.31mmol/L，LDL - C 9.58mmol/L。诊断：家族性高胆固醇血症。

【问题】家族性高胆固醇血症患者为什么出现胆固醇升高？

【解析】LDL是在血液中运输内源性胆固醇的主要方式。家族性高胆固醇血症是一种常染色体显性遗传病，患者细胞膜上的LDL受体数目减少或缺乏，从而导致LDL无法进入细胞内代谢，血液中的LDL增多，最终导致血清胆固醇升高。患者随着年龄增长，身体许多部位容易出现黄色瘤，患动脉粥样硬化、冠心病的风险也较高。

（3）受体介导的LDL胞吞作用 胆固醇是生物膜的构成成分，在体内还可以向其他物质进行转化。胆固醇主要由肝脏合成，包装生成LDL在血液中进行运输，细胞通过受体介导的胞吞作用摄入所需的胆固醇。LDL为球形颗粒，表面包围着一单层磷脂，载脂蛋白及一些游离胆固醇镶嵌在其中；其内部是酯化的胆固醇和脂肪组成的疏水核心。载脂蛋白ApoB - 100是细胞膜上LDL受体的配体。

LDL受体是由839个氨基酸残基构成的单次穿膜糖蛋白，当细胞需要利用胆固醇时，细胞即合成LDL受体，并将其镶嵌到细胞质膜中，受体介导的LDL胞吞过程如图4 - 13所示。

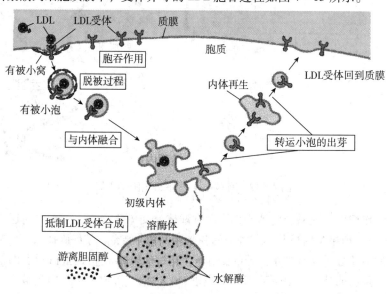

图4 - 13 受体介导的LDL胞吞作用

LDL与受体有被小窝结合，有被小窝向细胞内凹陷、颈部缢缩，与细胞膜脱离，形成有被小泡进入细胞；有被小泡迅速脱包被形成无被小泡；无被小泡与细胞内体融合，在内体低pH环境下，LDL与受体解离；受体经转运囊泡返回质膜，可被重新利用；含LDL的内体与溶酶体融合，LDL被分解释放出游离胆固醇供细胞利用。

如果细胞内游离的胆固醇积累过多，细胞可以通过反馈调节，停止胆固醇及LDL受体的合成。正常人每天降解的LDL，其中2/3都是经由受体介导的胞吞途径进行的。如果编码LDL受体蛋白的基因发生突变，细胞摄取 LDL 就会受阻，血液中的胆固醇含量升高，易导致动脉粥样硬化。

（二）胞吐作用

胞吐作用又称为外排作用或出胞作用，是指将细胞内合成的大分子物质或代谢产物，通过膜泡转运并与细胞质膜融合后排出细胞外的过程，与胞吞作用过程相反。根据物质排出方式的不同，胞吐作用可分为连续性分泌和调节性分泌两种形式。

1. 连续性分泌（constitutive secretion） 又称为固有分泌，是指在糙面内质网合成的分泌蛋白，通过高尔基复合体修饰、包装、分选，形成分泌囊泡，很快被运输并与细胞质膜融合，将分泌蛋白排出细胞外的过程。这种分泌途径普遍存在于动物细胞中，是持续不断的细胞分泌，不受调节。

2. 调节性分泌（regulated secretion） 是指细胞合成分泌蛋白后暂时先储存于分泌囊泡中，当细胞接收到细胞外信号（如激素）的刺激时，才能将分泌蛋白释放到细胞外的过程。这种分泌途径只存在于分泌激素、酶、神经递质的特化细胞中。例如胰岛素，胰腺的 β 细胞合成胰岛素后暂时储存在分泌小泡中，血糖升高时，分泌信号引起胰腺 β 细胞内 Ca^{2+} 浓度升高，启动胞吐过程，使分泌泡与细胞膜融合，胰岛素分泌至细胞外。

PPT

第三节　细胞连接

在多细胞生物中，细胞按照特定的方式相互连接，共同形成一个有机整体。细胞连接是相邻的细胞之间或细胞与细胞外基质之间形成的特化结构。不同组织中，细胞连接的类型和数量不同。根据功能和形态结构的差异，可将细胞连接分为封闭连接、锚定连接和通讯连接三种类型。

一、封闭连接

紧密连接是封闭连接的主要类型，存在于脊椎动物的各种上皮细胞间。在电镜下观察，相邻细胞之间的质膜紧密结合，可以看到连接区域具有蛋白质形成的"焊接线"网状结构，焊接线也称为嵴线（图4-14），相互交联的嵴线封闭了细胞之间的空隙。

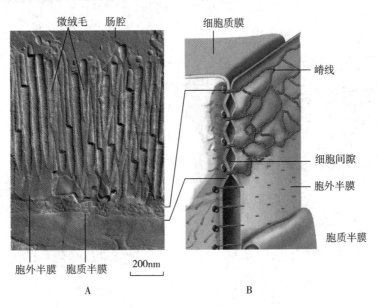

图 4-14　紧密连接结构示意图

紧密连接的"焊接线"由细胞跨膜黏附蛋白分子构成，两个细胞之间的对应蛋白在胞外相互交联，将相邻细胞的质膜紧密连接在一起。形成紧密连接的主要跨膜蛋白为密闭蛋白（claudin）和闭合蛋白（occludin），另外还有膜的外周蛋白。跨膜蛋白可与细胞骨架相连，将有关细胞的细胞骨架系统形成一个整体，增强上皮组织的机械强度，使其抗拉性增强。

紧密连接的主要作用是封闭相邻细胞间的接缝，防止物质沿细胞间隙随意扩散，从而保证组织内环境的相对稳定，消化道上皮、膀胱上皮、脑毛细血管内皮以及睾丸支持细胞之间都存在紧密连接。构成的紧密连接在前两者分别可以阻止消化液和尿液渗透进入组织；在后两者则分别构成了血 - 脑屏障和血 - 睾屏障，能保护这些重要的组织器官免受有害物质侵害。在各种组织中紧密连接对一些小分子的通透性有所不同，例如小肠上皮细胞的紧密连接对 Na^+ 的渗漏程度比膀胱上皮细胞大 1 万倍。紧密连接还可以限制膜脂和膜蛋白的流动性，使得某些膜脂和膜蛋白局限在某些区域内发挥功能。

二、锚定连接

锚定连接（ancho - ring junction），是指通过细胞骨架系统将相互作用的细胞之间或细胞与基质之间连接起来，广泛存在于各种组织内，尤其是需要承受较大机械张力的组织内含量较多，如上皮、心肌、骨骼肌和子宫颈等。锚定连接还可通过细胞质膜下的连接蛋白与细胞骨架相连，不同细胞的细胞骨架通过锚定连接可连成一体，形成一个更加牢靠有序的细胞群体，防止组织断裂。

根据参与细胞连接的细胞骨架的种类，锚定连接分为与肌动蛋白丝相关的锚定连接和与中间丝相关的锚定连接；根据是否涉及细胞外基质，前者又可分为黏着带和黏着斑；后者可分为桥粒和半桥粒。

（一）黏着带和黏着斑

1. 黏着带（adhesion belt） 呈带状环绕细胞，一般位于上皮细胞顶部侧面的紧密连接下方（图4 - 15）。黏着带也被称为带状桥粒（belt desmosome）或中间连接，与黏着带相连的纤维是肌动蛋白纤维。在黏着带处，相邻细胞质膜不是紧靠在一起，两者之间留有 15 ~ 20nm 的间隙，间隙两侧质膜上的跨膜蛋白，通过胞外部分相互黏合，将相邻细胞的质膜连在一起。

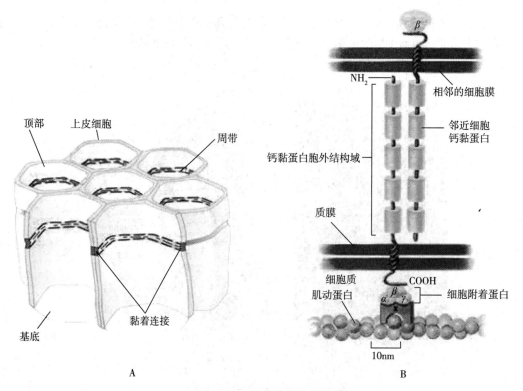

图 4 - 15 黏着带结构示意图

间隙中的黏合分子为 E – 钙黏素（E – cadherin），是 Ca^{2+} 依赖的钙黏蛋白。钙黏素与细胞内的几种附着蛋白结合，附着蛋白主要包括 α、β、γ – 连锁蛋白（catenin），黏着斑蛋白（vinculin），α – 辅肌动蛋白（α – actinim）和片珠蛋白（plakoslobin）。

在黏着带处的质膜下方，有与质膜平行排列的肌动蛋白束 – 微丝束，钙黏蛋白通过细胞内的附着蛋白与微丝束相结合；相邻细胞又通过钙黏蛋白的相互作用联合在一起。因此，相邻细胞中的微丝束通过钙黏蛋白和附着蛋白连接形成了一个广泛的跨细胞的网络。小肠上皮细胞微绒毛中的肌动蛋白纤维束就结合在与黏着带相连的纤维网络上。

2. 黏着斑（adhesion plaque） 是细胞与细胞外基质间的连接方式，通过整联蛋白（integrin）把细胞中的肌动蛋白束和细胞外基质连接起来。整联蛋白二聚体通过纤连蛋白与细胞外基质结合；在细胞内侧，整联蛋白通过微丝结合蛋白与肌动蛋白结合（图 4 – 16）。质膜连接处呈

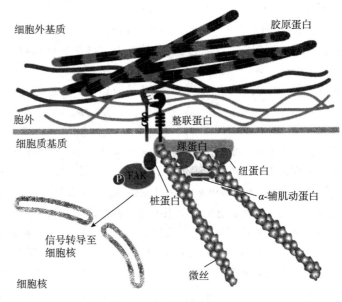

图 4 – 16　黏着斑结构示意图

斑块状，称为黏着斑。例如贴壁生长的体外培养的成纤维细胞，就是通过黏着斑贴附在培养瓶壁上。黏着斑可以通过组装与去组装参与体外培养细胞的黏附铺展和迁移运动。

（二）桥粒和半桥粒

1. 桥粒 相邻细胞间的一种斑点状黏着连接称为桥粒（desmosome），桥粒存在于承受较强拉力的组织中，如表皮、口腔、食管、膀胱、子宫等处的上皮细胞和心肌细胞（图 4 – 17）。

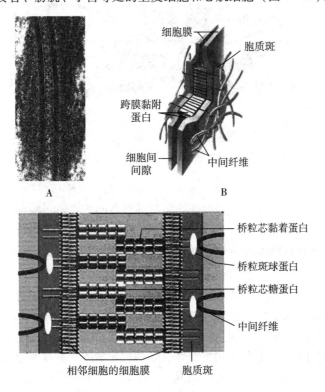

图 4 – 17　桥粒结构示意图

桥粒位于上皮细胞侧面黏着带的下方，相邻细胞间形成类似纽扣状的结构，桥粒连接处的细胞膜之间间隙为20～35nm，由相互作用的跨膜黏附蛋白的胞外部分组成。跨膜黏附蛋白包括桥粒芯糖蛋白和桥粒芯黏着蛋白（desmocollin）。质膜下方细胞内有附着蛋白，如片珠蛋白和桥粒斑蛋白（desmoplakin）等，形成一厚15～20nm的致密斑，为中间纤维连接提供了锚定位点。中间纤维种类较多，且有组织特异性，不同组织细胞与桥粒相连的中间纤维种类也有差别，如在上皮细胞中为角蛋白，在心肌细胞中则为结蛋白。因此，相邻细胞中的中间纤维通过致密斑和钙黏素间接地连成了细胞骨架网络，把组织细胞整合为一个整体，使组织具有很强的抵抗外界压力与张力的作用，可以将作用于单个细胞的切力分散到整个表皮和皮下组织中去。当上皮组织受外力作用时，通过桥粒连接的应变作用，可防止细胞的过度变形或损伤。

自身免疫性疾病天疱疮（pemphigus）患者能产生抗桥粒钙黏素抗体，这种自身抗体可与桥粒结合，破坏皮肤角质上皮的桥粒连接功能，患者皮肤上皮的桥粒破坏或消失，从而导致细胞过早脱落，使体液渗漏到上皮组织内，形成严重的皮肤疱疹，如不及时治疗，严重者可危及生命。

2. 半桥粒（hemidesmosome） 位于上皮细胞基底面与基底膜之间，在形态结构上类似于桥粒，但功能和化学组成不同，它通过细胞膜上的整联蛋白将上皮细胞固着在基底膜上，没有与相邻细胞相互作用的部分。半桥粒与桥粒的不同之处在于：①只在质膜内侧形成桥粒斑结构，其另一侧为基膜；②跨膜连接蛋白为整联蛋白而不是钙黏素，整联蛋白是细胞外基质的受体蛋白；③细胞内的附着蛋白为角蛋白（keratin），中间丝不是穿过而是终止于半桥粒的致密斑内（图4-18）。

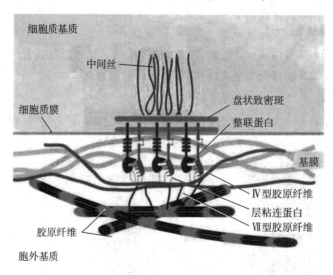

细胞质基质
中间丝
盘状致密斑
细胞质膜
整联蛋白
基膜
Ⅳ型胶原纤维
层粘连蛋白
Ⅶ型胶原纤维
胶原纤维
胞外基质

图4-18 半桥粒结构示意图

三、通讯连接

通讯连接（communicating Junctions）主要介导相邻细胞之间的物质运输和信息传递。主要类型有存在于动物细胞间的间隙连接和化学突触，植物细胞间还存在胞间连丝。通讯连接除了有机械的细胞连接功能之外，主要作用是在细胞间形成电偶联或代谢偶联，以此来传递信息。

（一）间隙连接

间隙连接（gap junction）存在于除了成熟骨骼肌细胞和血细胞以外的大多数动物组织，在连接处相邻细胞间有2～4nm的缝隙。间隙连接是在相互接触的细胞间建立的亲水性跨膜通道，该通道允许相对分子质量小于$1 \times 10^3 kDa$的分子出入，以达到细胞在代谢与功能上的统一。

在相邻细胞质膜上相互作用的跨膜蛋白复合体，是构成间隙连接的基本单位，称为连接子。每个连接子由6个相同或相似的跨膜蛋白亚单位环绕而成，直径8nm，中心形成直径约1.5nm的跨膜孔道。相邻细胞膜上的两个连接子对接便形成一个间隙连接单位，因此间隙连接也称为缝隙连接或缝管连接；构成连接子的蛋白不同，形成的连接子也多种多样。许多间隙连接单位往往集结在一起，区域大小不一。

间隙连接的通透性是可调节的，间隙连接的通道可在不同条件下开放或关闭。在实验条件下，降低细胞内的 pH，或升高细胞内的钙离子浓度都可迅速降低间隙连接的通透性。当细胞膜破损时，大量细胞外的 Ca^{2+} 通过质膜渗漏进入细胞，导致间隙连接关闭，防止损伤正常细胞。

间隙连接是脊椎动物细胞间存在的最广泛的细胞连接方式，物质通过间隙连接建立的细胞通讯直接在相邻细胞间穿行，这是间隙连接发挥功能的基础。间隙连接在胚胎发育、细胞增殖与分化、肿瘤发生、伤口愈合等生命现象中也具有重要作用。

间隙连接的通道允许小分子代谢物和信号分子通过，代谢物如氨基酸、葡萄糖、核苷酸、维生素、无机离子及第二信使如 cAMP、Ca^{2+} 等可以直接从一个细胞进入另一个细胞。只要有部分细胞受到信号分子的刺激，多个细胞就都可以做出反应，在细胞间形成代谢偶联，协调细胞群体活动。

带电离子通过间隙连接的通道在相邻细胞间流动，使得动作电位在细胞间快速传播而形成电偶联，称为电突触（图 4－19）。电突触无须通过神经递质或信息物质释放引发动作电位产生，而是通过带电粒子流动直接传递动作电位，速度更快，这有助于具有电兴奋性的细胞间达到功能的协调一致。电突触常见于平滑肌细胞、心肌细胞及少数神经细胞末梢间。例如，胃肠道的平滑肌细胞之间的电偶联使动作电位迅速在细胞之间传播，可以使平滑肌细胞同步收缩，从而保证胃肠道有节律地运动。

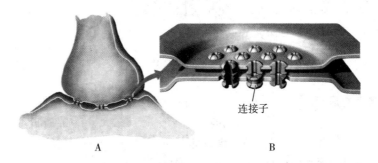

图 4－19　电突触结构示意图

胚胎发育的早期，细胞间通过间隙连接相互协调发育和分化。胚胎发育中，细胞间的偶联使得不同细胞在生长、分化时保持高度的一致，也可诱导细胞按其所处的局部位置向着一定的方向分化。将转化细胞与正常细胞共同培养，诱导两者之间建立间隙连接后转化细胞的生长即受到抑制；当通道封闭后转化细胞的增殖将不再受抑制。研究发现，在肿瘤细胞之间，间隙连接明显减少或消失。

（二）化学突触

化学突触（synapse）主要存在于神经细胞之间以及神经－肌肉接头处，其作用是通过释放神经递质来传导兴奋，包括突触前膜、突触间隙和突触后膜三部分。突触间隙宽 20～30nm，内含有黏多糖和糖蛋白等物质，可阻断电信号通过。

传递和接收信号的细胞分别称为突触前和突触后细胞，突触前神经细胞的突起末梢膨大呈球形，称为突触小体。突触小体靠近突触后神经细胞的胞体或突起形成突触。突触小体的膜称为突触前膜，与突触前膜相对的神经细胞的胞体膜或突起的膜称为突触后膜，介于两膜之间的部分称为突触间隙。

突触小体内有许多被称为突触小泡的囊泡，内含神经递质。当神经冲动传到突触前膜时，突触小泡膜与突触前膜融合，神经递质释放，与突触后膜上的受体识别并结合（配体门通道），引起突触后膜离子通道打开，膜去极化或超极化，引起新的神经冲动。

相对于电突触，化学突触中的信号传递需要借助神经递质，是一个先将电信号转变为化学信号，再将化学信号转变为电信号的过程，信号速度较慢。而电突触传递信号则通过间隙连接直接从一个细胞传递到另一个细胞，速度更快。

本章小结

　　细胞质膜主要由膜脂与膜蛋白构成，膜脂包括磷脂、糖脂和胆固醇，膜蛋白可分为外在膜蛋白、内在膜蛋白及脂锚定蛋白。流动性和不对称性是生物膜的基本特征。膜转运蛋白可分为载体蛋白和通道蛋白。小分子物质跨膜运输包括被动运输与主动运输。被动运输不需要细胞提供代谢能量，不需要（简单扩散）或者需要膜转运蛋白（易化扩散）的协助；主动运输是物质逆着电化学梯度或浓度梯度进行的一种耗能的跨膜转运，由载体蛋白介导，根据其能量来源可分为由 ATP 直接提供能量（ATP 驱动泵）、ATP 间接提供能量（协同转运或偶联转运）及光能驱动三种基本类型。大分子与颗粒性物质的跨膜运输通过胞吞作用和胞吐作用完成。胞吞作用可分为吞噬作用、胞饮作用和受体介导的胞吞作用；胞吐作用可分为持续性分泌和调节性分泌两种途径。封闭连接、锚定连接和通讯连接构成了动物细胞连接的三种主要类型。紧密连接是脊椎动物体内封闭连接的主要形式；锚定连接又分为黏着带、黏着斑、桥粒、半桥粒等类型；通讯连接包括间隙连接、化学突触和植物细胞间的胞间连丝。

练习题

题库

一、单选题

1. 膜脂中含量最多的是（　　）

 A. 脂肪　　　　　　　　B. 糖脂　　　　　　　　C. 磷脂

 D. 胆固醇　　　　　　　E. 鞘磷脂

2. 动物细胞中，对膜的流动性具有双重调节作用的分子是（　　）

 A. 胆固醇　　　　　　　B. 外周膜蛋白　　　　　C. 内在膜蛋白

 D. 鞘磷脂　　　　　　　E. 磷脂

3. 细胞膜脂质双分子层中，蛋白质分子的分布（　　）

 A. 仅在内表面　　　　　B. 仅在外表面　　　　　C. 仅在两层之间

 D. 仅在内表面与外表面　E. 在两层之间、内表面与外表面都有

4. 以下不属于主动运输物质跨膜运输的是（　　）

 A. 质子泵　　　　　　　B. 钠 – 钾泵　　　　　　C. 协助扩散

 D. 膜泡运输　　　　　　E. 钙泵

5. 神经递质在神经 – 肌肉接点处的释放是对（　　）浓度变化的直接响应

 A. 钙离子　　　　　　　B. 氢离子　　　　　　　C. 钠离子

 D. 钾离子　　　　　　　E. 氯离子

6. 上皮细胞中，终止于桥粒极的中间纤维是（　　）

 A. 角蛋白丝　　　　　　B. 结蛋白丝　　　　　　C. 波形丝

 D. 神经丝　　　　　　　E. 弹性蛋白丝

二、多选题

1. 膜脂的流动性体现在（　　）

 A. 烃链的旋转异构运动　B. 侧向扩散运动　　　　C. 翻转运动

 D. 旋转运动　　　　　　E. 摆动运动

2. 下列物质中通过简单扩散的方式进出细胞的有（　　）

 A. 葡萄糖　　　　　　　B. H_2O　　　　　　　　C. K^+

D. CO_2　　　　　　　　　　E. 乙醇

3. 协助扩散的物质跨膜运输借助于（　　）

A. 通道蛋白　　　　　　　　B. 载体蛋白　　　　　　　　C. 网格蛋白

D. 外在蛋白　　　　　　　　E. 衔接蛋白

三、思考题

1. 生物膜有哪些结构组分？其基本特征是什么？

2. 总结比较主动运输与被动运输的特点。

3. 试述受体介导的 LDL 胞吞作用的过程。

（武慧敏）

第五章

细胞质基质与内膜系统

学习导引

知识要求

1. **掌握** 细胞质基质、核糖体、内质网、高尔基复合体、溶酶体、过氧化物酶体等的结构、组成与功能；蛋白质分选的运输方式；膜流的定义和囊泡运输方式。

2. **熟悉** 细胞质基质与核糖体的理化特性。

3. **了解** 细胞质基质与内膜系统相关疾病及相关药学作用。

能力要求

1. 熟练掌握细胞质基质与各种细胞器的发生与转运机制，为临床诊断奠定良好的理论基础。

2. 学会应用细胞质基质与内膜系统的知识解决医学问题，培养自主探究、分析、解决问题的能力。

PPT

第一节　细胞质基质

在真核细胞的细胞质中，除去可分辨的细胞器以外的胶状物质，称为细胞质基质（cytoplasmic matrix or cytomatrix）。细胞与环境，细胞质与细胞核，以及细胞器之间的物质运输、能量交换、信息传递等都要通过细胞质基质来完成，很多重要的中间代谢反应也发生在细胞质基质中。在细胞质基质中，各种复杂的代谢反应是如何有条不紊地进行的？各个代谢环节之间是如何相互关联、相互制约的？数以千种的生物大分子和代谢产物（或底物）又是如何定向转运的？调节细胞增殖、分化、衰老与凋亡等重大生命活动的细胞信号转导及其网络的途径是什么？这些都是细胞生物学所要回答的基本问题。与细胞膜和其他细胞器相比较，人们对细胞质基质的认识还是相当肤浅的，在研究细胞质基质的过程中，曾赋予它诸如细胞液（cell sap）、透明质（hyaloplasm）、胞质溶胶（cytosol）、细胞质基质等十几个名称，其含义也不断地更新与完善，这既反映了从不同的侧面与层次对细胞质基质的了解，也反映了对细胞质基质认识的不断深入。由于细胞质基质的独特结构特征及较大的研究难度，以致现在还没有明确、统一的概念。目前常用的名称是细胞质基质和胞质溶胶。

一、细胞质基质的化学组成

在细胞质基质中，主要含有与中间代谢相关的数千种酶类和维持细胞形态以及细胞内物质运输有关的细胞质骨架结构。从物质代谢与形态结构的角度考虑，有人还把糖原和脂滴等内含物也看作细胞质基质的组分。用差速离心方法分离细胞匀浆中的各种组分，先后除去细胞核、线粒体、溶酶体、高尔基复合体和细胞膜等细胞器或细胞结构后，存留在上清液中的主要是细胞质基质的成分。细胞质基质的主要成分包括约占总体积70%的水、溶于其中的无机离子及以可溶性蛋白质为主的大分子。

二、细胞质基质的理化特性

细胞质基质是一种黏稠的胶体，多数水分子是以水化物的形式紧密地结合在蛋白质和其他大分子表面的极性部位，只有部分水分子以游离态存在，起溶剂作用。蛋白质分子和颗粒性物质在细胞质基质中的扩散速率仅为水溶液中的1/5，而更大的结构如分泌泡和细胞器等只能固定在细胞质基质的某些部位上，或借助马达蛋白沿细胞骨架定向运动。细胞质基质是一个高度有序的体系。其中细胞质骨架纤维贯穿在黏稠的蛋白质胶体中，多数蛋白质直接或间接地与骨架结合，或与生物膜结合，从而完成特定的生物学功能。比如，与酵解有关的酶类彼此结合在一起形成多酶复合体，定位在细胞质基质的特定部位，催化从葡萄糖至丙酮酸的一系列反应。前一个反应的产物为下一个反应的底物，二者间的空间距离仅为几个纳米，各个反应途径之间也以类似的方式相互关联，从而有效地完成复杂的代谢过程。

在细胞质基质中，蛋白质与蛋白质之间，蛋白质与其他大分子之间都是通过弱化学键相互作用的，并且常常处于动态平衡之中。这种结构体系的维持只能在高浓度的蛋白质及特定的离子环境下实现。一旦细胞破裂，或是在稀释的溶液中，这种靠分子之间微弱的相互作用形成的结构体系就会遭到破坏。

三、细胞质基质的功能

细胞质基质的功能主要体现在多种细胞生命活动过程中。

细胞信号转导是细胞代谢及细胞增殖、分化、衰老和凋亡的基本调控途径。近年来取得的主要进展是蛋白质在细胞质基质中的分选及其转运机制。如证明了N端含有某种信号序列的蛋白质合成开始后很快就转移到内质网上，以及在蛋白质合成后如何通过膜泡运输的方式由内质网转运至高尔基复合体。其他蛋白质的合成均在细胞质基质中完成，并根据蛋白自身携带的信号，分别转运到线粒体、叶绿体、微体以及细胞核中，也有些蛋白驻留在细胞质基质中，构成本身的结构成分。

另外，细胞质基质的功能还与细胞质骨架相关。细胞质骨架作为细胞质基质的主要结构成分，不仅与维持细胞的形态、细胞的运动、细胞内的物质运输及能量传递有关，也是细胞质基质结构体系的组织者，为细胞质基质中其他成分和细胞器提供锚定位点。在一个直径16μm的细胞中，其细胞骨架的表面积可达到$50 \times 10^3 \sim 100 \times 10^3 \mu m^2$，而相同直径的球形细胞的表面积仅有$0.8 \times 10^3 \mu m^2$。这样大的表面积不仅限制了水分子的运动，而且把蛋白质、mRNA等生物大分子锚定在特定的位点，并在细胞质基质中形成更为精细的区域，使复杂的代谢反应高效而有序地进行。

细胞质基质在蛋白质的修饰、蛋白质的选择性降解等方面也起着重要作用。

1. 蛋白质的修饰　已发现有100余种的蛋白质侧链修饰是由专一的酶作用于蛋白质侧链特定位点上。侧链修饰细胞的生命活动是十分重要的，其类型主要如下。

（1）辅酶或辅基与酶的共价结合。

（2）磷酸化与去磷酸化。用以调节很多蛋白质的生物活性。

（3）糖基化。除了内质网和高尔基复合体，在细胞质基质中的糖基化过程是指在哺乳动物的细胞中把N–乙酰葡糖胺分子（N–acetyl–glu–cosamine）加到蛋白质的丝氨酸残基的羟基上。

（4）对某些蛋白质的N端进行甲基化修饰。这种修饰的蛋白质，如很多细胞骨架蛋白和组蛋白等，不易被细胞内的蛋白水解酶水解，从而使蛋白在细胞中维持较长的寿命。

（5）酰基化。最常见的一类酰基化的修饰是内质网上合成的跨膜蛋白在通过内质网和高尔基复合体的转运过程中发生的，它由不同的酶来催化，把软脂酸链共价地连接在某些跨膜蛋白在细胞质基质中的结构域上。另一类酰基化修饰发生在诸如src基因和ras基因这类细胞癌基因的产物上，催化这一反应的酶可识别蛋白中的信号序列，将脂肪酸链共价地结合到蛋白质特定的位点上。如基因编码的酪氨酸蛋白激酶与豆蔻酸的共价结合，其酰基化与否并不影响酪氨酸蛋白激酶的活性，但只有酰基化的激酶才能转移并靠豆蔻酸链结合到细胞膜上，也只有这样，细胞才可能被转化。

2. 控制蛋白质的寿命　细胞中的蛋白质处于不断降解与更新的动态过程中。细胞质基质中的蛋白质大部分寿命较长，其生物活性可维持几天甚至数月；但也有一些其寿命很短，合成后几分钟就被降解，如在某些代谢途径中催化限速反应步骤的酶和 fos 等细胞癌基因的产物。这样，通过改变它们的合成速度，就可以控制其浓度，从而达到调节代谢途径或细胞生长与分裂的目的。

在蛋白质分子的氨基酸序列中，除了有决定蛋白质在细胞内定位的信号和与修饰作用有关的信号外，还有决定蛋白质寿命的信号。这种信号存在于蛋白质 N 端的第一个氨基酸残基中，若 N 端的第一个氨基酸是 Met（甲硫氨酸）、Ser（丝氨酸）、Thr（苏氨酸）、Ala（丙氨酸）、Val（缬氨酸）、Cys（半胱氨酸）、Gly（甘氨酸）或 Pro（脯氨酸），则蛋白质是稳定的；若是其他 12 种氨基酸之一，则是不稳定的。每种蛋白质开始合成时，N 端的第一个氨基酸都是甲硫氨酸（细菌中为甲酰甲硫氨酸），但合成后不久便被特异的氨基肽酶水解除去，然后由氨酰 - tRNA 蛋白转移酶（aminoacyl - tRNA - protein transferase）把一个信号氨基酸加到某些蛋白质的 N 端，最终在蛋白质的 N 端留下一个不稳定的或稳定的氨基酸残基。

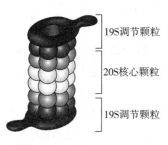

图 5 - 1　蛋白酶体结构示意图

19S调节颗粒
20S核心颗粒
19S调节颗粒

在真核细胞的细胞质基质中，识别蛋白质 N 端不稳定的氨基酸并准确地将其降解需要依赖于泛素化降解途径（ubiquitin - dependent pathway）。泛素是一个由 76 个氨基酸残基组成的小分子蛋白，具有多种生物学功能。在蛋白质降解过程中，多个泛素分子共价结合到含有不稳定氨基酸残基的蛋白质 N 端，再由一种 26S 的蛋白酶复合体（或称蛋白酶体）（proteosome）将蛋白质完全水解。26S 蛋白酶体在结构上可分为 19S 调节颗粒和 20S 核心颗粒两部分。19S 调节颗粒负责识别被泛素链标记的蛋白质底物并对其进行去折叠，最终将去折叠的蛋白质底物传送至 20S 核心颗粒中进行降解（图 5 - 1）。蛋白酶体的含量占细胞蛋白总量的 1%。这种依赖于泛素的蛋白酶体，还参与细胞周期的调控过程。

3. 降解变性和错误折叠的蛋白质　细胞质基质中的变性蛋白、错误折叠的蛋白、含有被氧化或其他非正常修饰氨基酸的蛋白，不管其 N 端氨基酸残基是否稳定，都常常很快被清除。推测这种蛋白质的降解作用可能与识别畸形蛋白质所暴露出来的氨基酸疏水基团有关，并由此启动对蛋白质 N 端第一个氨基酸残基的作用，最终被依赖于泛素的蛋白降解途径彻底水解。在细胞质基质中，正在合成的蛋白质的构象与错误折叠的蛋白质有很多类似之处，如加入蛋白质合成抑制剂，则停留在不同阶段大小不等的多肽链很快被降解，说明蛋白质合成的复合物对延伸中的肽链有暂时的保护作用。

4. 帮助变性或错误折叠的蛋白质重新折叠，形成正确的分子构象　这一功能主要靠热休克蛋白（heat shock protein，Hsp 或称 stress - response protein）来完成。DNA 序列分析表明，热休克蛋白主要有 3 个家族，即 Mr 为 25×10^3、70×10^3 和 90×10^3 的蛋白，每一家族中都有由不同基因编码的多种蛋白成员。有的基因在正常条件下表达，有些则在温度增高或其他异常情况下大量表达，以保护细胞，减少异常环境的损伤。有证据表明，在正常细胞中热休克蛋白选择性地与畸形蛋白质结合形成聚合物，利用水解 ATP 释放的能量使聚集的蛋白质溶解，并进一步折叠形成正确的蛋白质构象。

第二节　核　糖　体

PPT

核糖体（ribosome）是由大、小两个亚基以特定的方式聚合而成的一种非膜性的细胞器，主要由 rRNA 和蛋白质组成，呈椭圆形或球形的颗粒状小体。核糖体最早是在 1953 年由 Ribinsin 和 Broun 用电镜观察植物细胞时发现的。1955 年，Palade 在动物细胞中也观察到了同样的颗粒。1958 年，Roberts 按化学成分把它命名为核糖核蛋白体，简称核糖体，又称核蛋白体。

除哺乳动物成熟红细胞外，所有活细胞（真核细胞、原核细胞）中均有核糖体，它是进行蛋白质合成的重要细胞器，在快速增殖、分泌功能旺盛的细胞中数量更多。

一、核糖体的形态与结构

核糖体是由大、小两个亚基以特定的形式聚合而成的直径约为 25nm 的不规则颗粒状结构。大亚基的体积约为小亚基的 2 倍。在完整的核糖体中，小亚基以凹面与大亚基的扁平上部相贴，并且小亚基的中间分界线与大亚基上部的沟相吻合。在核糖体大、小亚基的结合部之间，有特殊的间隙结构，它是蛋白质合成过程中 mRNA 链结合并穿越的部位（图 5 - 2）。此外，在大亚基中央部位有一条垂直通道为中央管，是新合成多肽链的释放通道，以免受蛋白酶的分解。

与合成肽链的功能相适应，在核糖体上存在着重要的功能活性部位。

1. 与 mRNA 的结合位点 在小亚基上结合 mRNA。

2. 氨酰基位点（aminoacyl site） 也称受位，简称 A 位，是接受并结合新掺入的氨基酰 - tRNA 的位点，主要位于大亚基上。

3. 肽酰基位点（peptigyl site） 又称供位，简称 P 位。是与延伸中的肽酰基 - tRNA 结合的位点，位于大亚基上。

4. E 位点（Exit site） 肽酰转移后与即将释放的 rRNA 的结合位点。

5. 肽酰基转移酶位点 具有肽酰基转移酶的活性，可在肽链合成延伸过程中催化氨基酸之间形成肽键，位于大亚基上。

6. GTP 酶位点 具有 GTP 酶活性，能分解 GTP，供给肽酰基 tRNA 由 A 位移到 P 位时所需要的能量（图 5 - 3）。

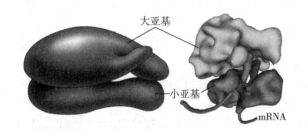

图 5 - 2　核糖体三维结构示意图

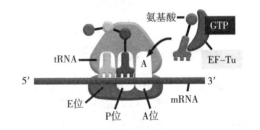

图 5 - 3　核糖体的功能活性部位

二、核糖体的类型与理化特性

除哺乳动物成熟红细胞外，所有活细胞（真核细胞、原核细胞）中均有核糖体，它是进行蛋白质合成的重要细胞器，在快速增殖、分泌功能旺盛的细胞中数量更多。根据存在的生物类型可以分为真核生物核糖体和原核生物核糖体。核糖体还是一个比较特殊的细胞器，不但可以在细胞质中存在，也可以在具有独立遗传系统的细胞器中存在，因此根据核糖体存在的部位可分为细胞质核糖体和细胞器核糖体（包括线粒体和叶绿体）。

以上这些来源于真核细胞、原核细胞、细胞器中的核糖体都具有合成蛋白质的主要功能，但是却各自表现出有明显区别的来源类型特征。因此，核糖体按照成分大小差异又可分为三类：真核细胞胞质核糖体、原核细胞核糖体、真核细胞器核糖体。

原核细胞的核糖体较小，沉降系数为 70S，相对分子质量为 2.5×10^3 kDa，由 50S 和 30S 两个亚基组成。50S 大亚基含有 34 种不同的蛋白质和 2 种 RNA 分子，相对分子质量大的 rRNA 的沉降系数为 23S，相对分子质量小的 rRNA 为 5S。30S 小亚基含有 21 种蛋白质和 1 个 16S 的 rRNA 分子。

真核细胞胞质核糖体较大，沉降系数为 80S，大亚基为 60S，小亚基为 40S。在大亚基中，有大约 49 种蛋白质和 3 种 rRNA：28S rRNA、5S rRNA 和 5.8S rRNA。小亚基含有大约 33 种蛋白质和 1 种 18S 的 rRNA。

分布在线粒体中的核糖体，比一般核糖体小，约为 55S，大亚基为 35S，小亚基为 25S。叶绿体核糖体与原核生物核糖体大小基本一致（表 5 - 1）。

表 5 - 1　不同类型不同来源核糖体的大小和化学组成

类型		来源	单体	大亚基	小亚基	rRNA 及蛋白质	
						大亚基	小亚基
原核生物核糖体		细菌	70S	50S	30S	23S, 5S rRNA + 34 rP	16S rRNA + 21 rP
真核生物核糖体	细胞质核糖体	植物	80S	60S	40S	28S, 5.8S, 5S rRNA + 49 rP	18S rRNA + 33 rP
	线粒体核糖体	动物	80S	60S	40S	28S, 5.8S, 5S rRNA + 49rP	18S rRNA + 33 rP
	叶绿体核糖体	哺乳动物 酵母	55 ~ 60S 78S	35S 60S	25S 45S	16S rRNA 26S, 5S rRNA	12S rRNA 18S rRNA
		植物	70S	60S	30S	23S, 5SrRNA	16S rRNA

　　注：S 表示沉降系数（sedimentation coefficient），是在离心状态下衡量物质颗粒沉降速度的参数，大小主要取决于物质颗粒本身的大小，因此常用沉降系数来间接表示物质颗粒的大小，沉降系数越大，物质颗粒越大，沉降系数越小物质颗粒则越小。

　　生长迅速的细胞胞质中一般具有大量游离核糖体，例如干细胞、胚胎细胞、肿瘤细胞等。真核细胞含有较多的核糖体，一般可以达到 $1 \times 10^6 \sim 1 \times 10^7$ 个/细胞，蛋白质合成旺盛的细胞可达 1×10^{12} 个/细胞，原核细胞中核糖体比真核细胞少，为 $1.5 \times 10^4 \sim 1.8 \times 10^4$ 个/细胞。在活细胞中，核糖体的大小亚基、单核糖体和多聚核糖体常随着功能而变化，处于一种不断解聚与聚合的动态平衡中。执行功能时为多聚核糖体，功能完成后解聚为大、小亚基。

三、核糖体的形成与组装

　　核糖体是 rRNA 和多种蛋白质组成的复合体。在真核细胞中，核糖体的 rRNA 主要由核仁组织区的 rDNA 转录产生。生成的 45S rRNA 经过复杂的过程最终被剪接成 28S rRNA、5.8S rRNA 和 18S rRNA。其中，28S rRNA 和 5.8S rRNA 与核仁外生成的 5S rRNA 在核仁区域结合蛋白质，整合成 60S 大亚基；18S rRNA 与蛋白质整合成 40S 小亚基。完成组装的大、小亚基通过核孔复合体进入细胞质中，通过自组装形成核糖体单体。核糖体单体根据细胞功能的需要，与 mRNA 结合形成多聚核糖体，完成蛋白质的合成功能。

课堂互动

　　在核糖体上与肽链合成相关的 4 个重要的功能活性部位是哪些？

知识拓展

核糖体失活蛋白研究

　　核糖体失活蛋白（ribosome inactivating protein，RIPs）是一类破坏真核细胞核糖体结构，使核糖体大亚基核糖核酸（rRNA）断链，使其功能失活的一类毒蛋白，广泛存在于植物中，最早在蓖麻提取物中发现。不同植物中，植物的不同部位，所含的 RIPs 种类和含量都有很大差异。RIPs 具有细胞毒性以及某些酶活性，如 N - 糖苷酶活性、核糖核酸酶活性、脂肪酶活性等。因此 RIPs 应用广泛，除了在转基因植物中可以抵抗病虫害，在医学领域可以利用其特性抑制肿瘤细胞增殖，改善肿瘤细胞的免疫原性，有的 RIPs 还可以用于 HIV 治疗。其机制有待进一步的研究。

四、核糖体与蛋白质的合成

蛋白质的合成亦称为翻译（translation），是一个连续的过程，通常划分为起始、延长、终止三个阶段。在蛋白质合成过程中，mRNA 的阅读是从 5′端到 3′端，对应肽链的氨基酸序列从 N 端至 C 端。翻译过程从阅读框架的 5′-AUG 起始密码子开始，按 mRNA 模板三联体密码的顺序延长肽链，直至终止密码子出现。

1. 肽链合成起始　是指在起始因子（initiation factor，IF）作用下，核糖体小亚基与 mRNA 结合。氨基酰-tRNA 的反密码子识别 mRNA 的起始密码子，并互补结合，随后大亚基再结合到小亚基上去，至此完整的核糖体形成，开始进行蛋白合成。

原核和真核生物翻译起始有类似过程，其中真核生物起始因子称为 eIF，包括多种亚型；原核生物则有 3 种 IF（表 5-2）。

表 5-2　原核生物和真核生物各种起始因子的生物功能

	起始因子	生物功能
原核生物	IF-1	占据 A 位防止结合其他 tRNA
	IF-2	促进起始 tRNA 与小亚基结合
	IF-3	促进大、小亚基分离，提高 P 位对结合起始 tRNA 的敏感性
真核生物	eIF-2	促进起始 tRNA 与小亚基结合
	eIF-2B，eIF-3	最先结合小亚基，促进大亚基分离
	eIF-4A，eIF-4F	复合物成分，有解螺旋酶活性，促进 mRNA 结合小亚基
	eIF-4B	结合 mRNA，促进 mRNA 扫描定位起始 AUG
	eIF-4E	eIF-4F 复合物成分，结合 mRNA 5′帽子
	eIF-4G	eIF-4F 复合物成分，结合 eIF-4E 和 PAB
	eIF-5	促进各种起始因子从小亚基解离，进而结合大亚基
	eIF-6	促进核蛋白体分离成大、小亚基

原核生物与真核生物的各种起始因子在肽链合成起始过程中有多方面作用。真核生物 eIF-2-GTP 可促进起始氨基酰-tRNA 首先与小亚基结合，是起始复合物生成第一关键步骤必需的蛋白因子。eIF-2 既是真核肽链合成调节的关键成分，又是多种生物活性物质、抗代谢物及抗生素作用靶点，因此，对 eIF-2 的研究较为彻底。

（1）原核生物翻译起始复合物形成

1）核蛋白体亚基分离　蛋白质肽链合成连续进行，上一轮合成终止接下一轮合成的起始。这时完整核蛋白体大、小亚基必须拆离，为 mRNA 和起始氨基酰-tRNA 与小亚基结合做好准备。其中 IF-3、IF-1 与小亚基的结合促进大、小亚基分离。

2）mRNA 与小亚基定位结合　原核生物 mRNA 在小亚基上的定位涉及两种机制：①在各种原核生物 mRNA 起始 AUG 密码子上游 8~13 个核苷酸部位，存在 4~9 个核苷酸的一致序列，富含嘌呤碱基，如-AGGAGG-，称为 Shine-Dalgarno 序列（S-D 序列）；而原核生物小亚基 16S rRNA 的 3′端有一富含嘧啶的短序列，如-UCCUCC-，两者互补配对使 mRNA 与小亚基结合，S-D 序列又称为核蛋白体结合位点（ribosomal binding site，RBS）；②mRNA 上紧接 S-D 序列的小核苷酸序列可被核蛋白体小亚基蛋白 rpS-1 识别结合并通过上述 RNA-RNA、RNA-蛋白质相互作用，使 mRNA 的起始 AUG 在核蛋白体小亚基上精确定位，形成复合体（图 5-4）。

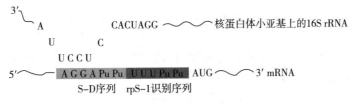

图 5-4　原核生物 mRNA 与核蛋白体小亚基结合位点

3）起始氨基酰－tRNA 的结合　起始 fMet－tRNA$_i^{fMet}$ 和 GTP 结合的 IF－2 一起，识别结合对应小亚基 P 位的 mRNA 起始密码 AUG，这也促进 mRNA 的准确就位；而起始时 A 位被 IF－1 占据，不与任何氨基酰－tRNA 结合。

4）核蛋白体大亚基结合　上述结合 mRNA、fMet－tRNA$_i^{fMet}$ 的小亚基再与核蛋白体大亚基结合，同时 IF－2 结合的 GTP 水解提供能量，促使 3 种 IF 释放，形成由完整核蛋白体、mRNA 和起始氨基酰－tRNA 组成的翻译起始复合物。此时，结合起始密码 AUG 的 fMet－tRNA$_i^{fMet}$ 占据 P 位，而 A 位空留，对应 mRNA 上 AUG 后的下一组三联体密码，准备相应氨基酰－tRNA 的进入。

（2）真核生物翻译起始复合物形成　真核生物肽链合成起始过程与原核生物相似，但更复杂。真核生物有不同的翻译起始成分，如核蛋白体为 80S（40S 和 60S），起始因子种类更多，至少有 9 种起始甲硫氨酸，不需甲酰化等。成熟的真核生物 mRNA 有 5′帽子和 3′poly A 尾结构，与 mRNA 在核蛋白体就位相关。真核生物蛋白质合成起始的具体过程如下。

1）核蛋白体大、小亚基的分离　起始因子 eIF－2B 和 eIF－3 与核蛋白体大、小亚基结合，在 eIF－6 参与下，促进 80S 核蛋白体解离成大、小亚基。

2）起始氨基酰－tRNA 结合　起始 Met－tRNA$_i^{Met}$ 和结合的 eIF－2 共同结合小亚基 P 位的起始位点。

3）mRNA 在核蛋白体小亚基的准确定位　真核生物 mRNA 不含类似原核的 S－D 序列，mRNA 与核糖体小亚基的结合涉及多种蛋白因子形成的复合物。其中帽子结合蛋白复合物（eIF－4F）包括 eIF－4E、eIF－4G 和 eIF－4A 几种组分。该复合物通过 eIF－4E 结合 mRNA 5′帽子及 poly 结合蛋白（PAB）结合 3′poly 尾，而连接 mRNA 首尾的 eIF－4E 和 PAB 再通过 eIF－4G 和 eIF－3 与核蛋白体小亚基结合。然后通过消耗 ATP 从 mRNA 5′端扫描，直到起始 AUG 与甲硫氨酰 tRNA 的反密码配对，mRNA 最终在小亚基准确定位。eIF－4F 复合物组分与该过程有关，如 eIF－4A 有 RNA 解螺旋酶活性，可消耗 ATP 松懈 mRNA 的 AUG 上游 5′区段的二级结构，以利于 mRNA 的扫描，eIF－4B 也促进扫描过程。

4）核蛋白体大亚基结合　已经结合 mRNA、Met－tRNA$_i^{Met}$ 的小亚基迅速与 60S 大亚基结合，形成翻译起始复合物。同时，通过 eIF－5 作用和水解 GTP 供能，促进各种 eIF 从核蛋白体释放。

2. 肽链的延伸　是指根据 mRNA 密码序列的指导，依次从 N 端向 C 端添加氨基酸，延伸肽链，直到合成终止的过程。由于肽链延伸在核蛋白体上连续性循环式进行，所以又称为核蛋白体循环（ribosomal cycle），每次循环肽链便增加一个氨基酸。每次循环分三步：进位（entrance）、成肽（peptide bond formation）和移位（translocation）。延长需要的蛋白因子称为延伸因子（elongation factor）（表 5－3）。

表 5－3　肽链合成的延长因子

原核延长因子	生物功能	对应真核延长因子
EF－Tu	促进氨基酰－tRNA 进入 A 位，结合分解 GTP	EF1－α
EF－Ts	调节亚基	EF1－$\beta\gamma$
EFG	有转位酶活性，促进 mRNA－肽酰－tRNA 由 A 位前移到 P 位，促进卸载 tRNA 释放	EF－2

真核生物肽链延伸过程和原核生物基本相似，只是反应体系和因子组成不同。这里主要介绍原核生物肽链延伸过程。

（1）进位　又称注册（registration），即根据 mRNA 下一组遗传密码子的指导，使相应氨基酰－tRNA 进入 A 位。这一过程需要延长因子 EF－T 参与。肽链合成起始后，P 位结合 fMet－tRNA$_i^{fMet}$，而 A 位空留并对应下一组三联体密码子，需加入的氨基酰－tRNA 由该密码子决定。而后的每次肽链延长循环后，P 位将结合肽酰－tRNA，而 A 位空留。

延长因子 EF－T 为 EF－Tu 和 EF－Ts 亚基的二聚体，当 EF－Tu 结合 GTP 后可使 EF－Ts 分离。EF－Tu－GTP 与进位的氨基酸－tRNA 结合，以氨基酸－tRNA－EF－Tu－GTP 活性复合物形式进入并结合核蛋白体 A 位。EF－Tu 有 GTP 酶活性，促使 GTP 水解，驱动 EF－Tu 和 GTP 从核蛋白体释出，重新形成 EF－Ts 二聚体。EF－T 继续催化下一氨基酰－tRNA 进位。

核蛋白体对氨基酰－tRNA 的进位有校正作用。因为肽链生物合成以很高速度进行，例如：在大肠埃希菌细胞合成 100 残基多肽只需 10 秒钟（37℃），这就要求延长阶段每一过程的速度与之适应。由于 EF－Tu－GTP 仅存在数毫秒即被分解，因此在该时限内，只有正确的氨基酰－tRNA 才能迅速发生反密码与密码适当配合而进入 A 位，而错误的氨基酰－tRNA 因反密码与密码配对不能及时发生，即从 A 位解离。这是维持蛋白质合成高度保真性的另一机制。

（2）成肽 是转肽酶催化的肽键形成过程，多种大亚基蛋白组成转肽酶活性。结合于核蛋白体 A 位的氨基酰－tRNA 使氨基酸臂部分弯折，使该氨基酸在空间上接近 P 位。P 位的起始氨基酰－tRNA（或延长中的肽酰－tRNA）由酶催化，将氨基酰基（或延长中的肽酰基）从 tRNA 转移，与 A 位下一氨基酸 α－氨基形成肽键连接，即成肽反应在 A 位上进行。第一个肽键形成后，二肽酰－tRNA 占据核蛋白体 A 位，而卸载的 tRNA 仍在 P 位。起始的甲酰甲硫氨酸的 α－氨基被持续保留，将成为新生肽链的 N 末端。肽键延长过程以相似机制连续循环，成肽后形成的三肽、四肽等肽酰－tRNA 将暂留 A 位，P 位有卸载的 tRNA。

（3）移位 延长因子 EF－G 有转位酶（translocase）活性，可结合并水解 1 分子 GTP，促进核蛋白体向 mRNA 的 3′侧移动。使起始二肽酰－tRNA－mRNA 相对位移进入核蛋白体 P 位，而卸载的 tRNA 则移入 E 位。A 位空留并对应下一组三联体密码，准备适当氨基酰－tRNA 进位开始下一核蛋白体循环。同样，再经过第二轮进位－成肽－移位循环，P 位将出现三肽酰－tRNA，A 位空留并对应第四个氨基酰－tRNA 进位，依次类推。在肽链合成连续循环时，核蛋白体空间构象发生周期性改变，转位时卸载的 tRNA 进入 E 位，可诱导核蛋白体构象改变，有利于下一氨基酰－tRNA 进入 A 位；而氨基酰－tRNA 的进位又诱导核蛋白体变构，促使卸载 tRNA 从 E 位排出。

真核生物链合成的延长过程与原核生物基本相似，只是有不同的反应体系和延长因子。另外，真核细胞核蛋白体没有 E 位，转位时卸载的 tRNA 直接从 P 位脱落。

3. 肽链合成的终止 当核蛋白体 A 位出现 mRNA 的终止密码后，多肽链合成停止，肽链从肽酰－tRNA 中释出，mRNA、核蛋白体大小亚基等分离，这些过程称为肽链合成终止（termination）。相关的蛋白因子称为释放因子（release factor，RF），其中原核生物有 3 种 RF。释放因子的功能如下：①识别终止密码，如 RF－1 特异识别 UAA、UAG，RF－2 可识别 UAA、UGA；②诱导转肽酶转变为酯酶活性，相当于催化肽酰基转移到水分子—OH 上，使肽链从核蛋白体上释放。

原核肽链合成终止过程如下：①肽链延长到 mRNA 的终止密码在核蛋白体 A 位出现，终止密码不能被任何氨基酰－tRNA 识别到位；②释放因子 RF－1 或 RF－2 可进入 A 位，识别结合终止密码，RF－3 可结合核蛋白体其他部位；③RF－1 或 RF－2 任一释放因子结合终止密码后都可触发核蛋白体构象改变，诱导转肽酶转变为酯酶活性，使新生肽链与结合在 P 位的 tRNA 间酯键水解，将合成的肽链释出，再促使 mRNA、卸载 tRNA 及 RF 从核蛋白体脱离，mRNA 模板和各种蛋白因子和其他组分都可被重新利用。RF－3 有 GTP 酶活性，能介导 RF－1、RF－2 与核蛋白体的相互作用。紧接着进入下一起始过程，在 IF－1、IF－3 作用下，核蛋白体大、小亚基解离（图 5－5）。

真核生物翻译终止过程与原核生物相似，但只有 1 个释放因子 eRF，可识别所有终止密码，完成原核生物各类 RF 的功能。

蛋白质生物合成是耗能过程，延长时每个氨基酸活化为氨基酰－tRNA 消耗 2 个高能键，进位、移位各消耗 1 个高能键，但为保持蛋白质生物合成的高度保真性，任何步骤出现不正确连接，都需消耗能量水解清除，因此每增加 1 个肽键实际消耗可能多于 4 个高能键。可以认为蛋白质是包含遗传信息的多聚分子，部分能量用于从 mRNA 信息到有功能蛋白质翻译的保真性上。这是多肽链以高速度合成但出错率低于 10^{-4} 的原因。原核生物 mRNA 转录后不需加工既可作为模板，转录和翻译紧密偶联，即转录过程未结束，在 mRNA 上翻译就已经开始。

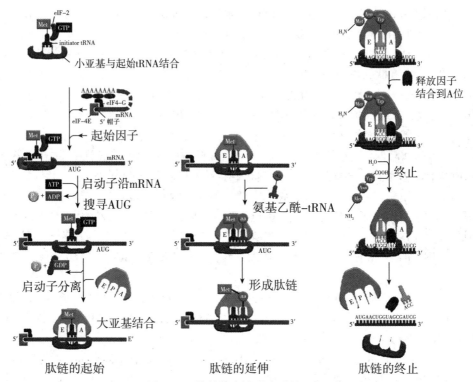

图 5-5 核糖体合成蛋白质的过程

在合成蛋白质时，核糖体通常并不是单独工作的，而常以多聚核糖体的形式存在，一条 mRNA 几乎同一时间被多个核糖体利用，同时合成多条肽链。肽链合成开始时，在 mRNA 的起始密码子部位，核糖体亚基装配成完整的起始复合物后，向 mRNA 的 3′端移动，开始合成多肽链，直到终止密码子处。核糖体在 mRNA 的每一个密码子处与反密码子的 tRNA（携带有相应氨基酸）结合，之后其上的氨基酸便与核糖体上的肽链相连，未结合的 tRNA 离去，核糖体向 mRNA 的 3′端移动，多肽链不断延长。当第一个核糖体离开起始密码子后，起始密码子的位置空出，第二个核糖体的亚基就结合上来，装配成完整的起始复合物后，开始另一条多肽链的合成。同样，其他核糖体依次结合到 mRNA 上，形成多聚核糖体（图5-6）。根据电子显微照片推算，多聚核糖体中，每个核糖体间相隔约 80 个核苷酸。多聚核糖体只是让很多核糖体可以一起工作，每条肽链还是由一个核糖体来完成的，而且所用的时间也没有缩短，只是"同时性"提高了合成效率，这对 mRNA 的利用及对其数量的调控更为经济和有效。

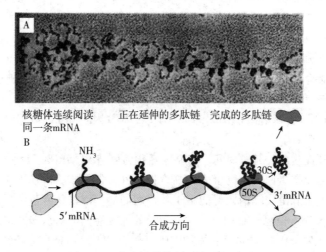

图 5-6 多聚核糖体与蛋白质的合成

A. 电镜图；B. 结构示意图

知识链接

核糖体的结构和功能研究

2009 年诺贝尔化学奖授予了在核糖体结构和功能的研究方面做出重要贡献的三位科学家。他们是英国剑桥大学的 Venkatraman Ramakrishnan、美国耶鲁大学的 ThomasA Steitz 和以色列魏茨曼科学研究所的 AdaE Yonath。

核糖体的化学性质很不稳定，即使在细胞内正常生理条件下也会很快降解。所以人们一直认为它们不可能被纯化、结晶。Yonath 是首先对核糖体晶体学展开研究的科学家，从 20 世纪 80 年代到 2000 年的时间里，他获得了核糖体原子水平的精细三维结构，为核糖体酶学机制的研究奠定了坚实的基础。Steitz 和 Ramakrishnan 除了解析核糖体 30S 和 50S 亚基的精细结构，还阐释了其作为蛋白质翻译机器的工作机制，并发现核糖体具有核糖酶的新功能。这不仅在分子水平上明确了生命体的产生与形成过程，而且为设计和研发新型抗生素提供了新方向、新途径。现在已知的抗菌素约有一半是以细菌核糖体作为靶标研制的。

五、核糖体的存在形式

细胞中核糖体的分布类型有两种，即游离核糖体和附着核糖体。

1. 游离核糖体（free ribosome） 指游离于细胞质中的核糖体，主要合成细胞本身所需的结构蛋白，如膜结构蛋白、细胞内代谢酶、血红蛋白和肌动蛋白等。

2. 附着核糖体（attached ribosome） 指附着于内质网上的核糖体，主要合成膜蛋白和外输性的分泌蛋白，如激素、抗体、溶酶体酶。核糖体在细胞内进行蛋白质合成时，常多个或几十个（甚至更多）串联附着在一条 mRNA 分子上，形成念珠状结构，称为多聚核糖体（polyribosome）。mRNA 的长短，决定多聚核糖体的多少及排列形状，如螺纹状和念珠状等。

六、核糖体与医药学

核糖体是细胞内蛋白质的加工厂，生物体所需的绝大部分蛋白质都是由核糖体合成的。面对复杂的细胞内外环境因素的影响，核糖体会呈现出敏感多变的特性，这种变化特性有可能导致细胞结构和功能相应的改变，甚至引起某些疾病的产生。

核糖体蛋白质除了参与蛋白质合成外，还表现出其他生理功能，如 DNA 损伤、转录和修复，调控细胞生长、增殖、凋亡和发育及细胞转化等。核糖体蛋白质基因（ribosomal protein gens, RPG）的突变或者缺失，会严重影响核糖体蛋白的结构与功能，从而导致胚胎的早期死亡或某些遗传病的发生，同时，核糖体蛋白质基因表达水平的异常也与肿瘤发生相关。如 *DKC*1 突变已被证实和先天性角化不良症有关，这种疾病对癌症有较高的易感性。核糖体蛋白 PRS19 的基因突变可能导致先天性再生障碍性贫血综合征（Diamond – Blackfan Anemia, DBA），而该疾病也是容易转变为癌症的前期表现。因此，RPG 可作为肿瘤诊断标记物或治疗靶点。

抗生素是蛋白合成的抑制剂，如氯霉素通过抑制原核细胞 50S 大亚基的肽酰转移酶活性来抑制蛋白质合成。链霉素与原核细胞核糖体 30S 亚基结合，改变核糖体构象，导致肽链合成中断。放线菌酮能够抑制真核生物核糖体上的多肽转移酶，从而抑制蛋白的起始与延长过程。大环内酯类抗生素（红霉素、克拉霉素、罗红霉素、阿奇霉素、麦迪霉素、乙酰螺旋霉素、交沙霉素等）通过阻断转肽作用和 mRNA 的移位而抑制蛋白合成。使用抗生素可以达到抑制细菌的作用，但是不能滥用抗生素，以避免抗药性和耐药性的发生。

PPT　　　微课

第三节　内膜系统

内膜系统（endomembrane system）是细胞质中膜性结构细胞器的总称，主要包括内质网、高尔基复合体、溶酶体、过氧化物酶体、各种转运小泡以及核膜等功能结构。

一、内质网

1945年，K. R. Porter和A. D. Claude等人在使用电镜观察小鼠成纤维细胞时，发现在细胞质的内质区分布着一些由小管、小泡连接而成的网状结构，他们根据该结构的分布与结构特点将其命名为内质网（endoplasmic reticulum，ER）。

（一）内质网的结构与化学组成

1. 形态结构与基本类型　除成熟的红细胞之外，内质网普遍存在于动植物真核细胞的细胞质中，由厚度5~6nm的单位膜所形成的大小、形状各异的小管（ER tubule）、小泡（ER vesicle）和扁囊（ER lamina）所构成，是内质网的基本"结构单位"（unit structure）。内质网在细胞质中彼此连通，构成一个连续的膜性管网系统，与高尔基复合体、溶酶体等内膜系统在结构与功能上密切相关。在靠近细胞核的部位，内质网常与核外膜连通；在靠近细胞膜的部位，它可延伸至细胞边缘乃至细胞突起中（图5-7）。

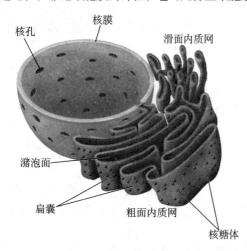

图5-7　内质网形态结构示意图

在不同种生物的同类组织细胞中，内质网的形态结构是基本相似的。但是，内质网常常因不同的组织细胞，或同一种细胞的不同发育阶段，以及不同的生理功能状态而呈现出形态结构、数量分布和发达程度的差别。例如，在睾丸间质细胞中的内质网是由众多的分支小管或小泡构筑形成网状结构（图5-8A）。在培养的哺乳动物和生活的植物细胞中，利用荧光染色标记可在透射电镜下观察到内质网围绕细胞核向外铺展延伸到细胞边缘及细胞突起中（图5-8B）。横纹肌细胞中内质网以肌质网的形式存在，在每一个肌原纤维中连接成网状的结构单位（图5-8C）。

2. 化学组成　内质网可占全部细胞膜系统结构的50%左右，占细胞总体积的10%以上，而占细胞质量的15%~20%。其化学组成与细胞膜基本一致，也是以脂类和蛋白质为主要成分，与细胞膜不同的是，各成分种类和所占的比例不尽相同。内质网膜脂类含量占30%~40%，蛋白质含量为60%~70%。内质网膜的脂类主要包括磷脂、中性脂、缩醛脂和神经节苷脂等，其中磷脂含量最高。不同磷脂的含量百分比大致如下：磷脂酰胆碱55%，磷脂酰乙醇胺20%~25%，磷脂酰肌醇5%~10%，磷脂酰丝氨酸5%~10%，鞘磷脂4%~7%。可见磷脂酰胆碱丰富，鞘磷脂很少。

内质网膜所含的蛋白质和酶类复杂多样，酶类至少30种以上，含有以葡糖-6-磷酸酶为主要标志酶的诸多酶系，如：①与解毒有关的氧化反应电子传递酶系，主要由细胞色素P450、NADPH-细胞色素P450还原酶、细胞色素b_5、NADH-细胞色素b_5还原酶、NADH-细胞色素c还原酶等构成；②与脂类物质代谢有关的酶类，包括脂肪酸CoA连接酶、磷脂醛磷酸酶、胆固醇羟基化酶、转磷酸胆碱酶及磷脂转位酶等；③与碳水化合物代谢有关的酶类，主要包括葡糖-6-磷酸酶、β-葡糖醛酸酶、葡糖醛酸转移酶和GDP-甘露糖基转移酶等；④与蛋白质加工转运相关的酶类。

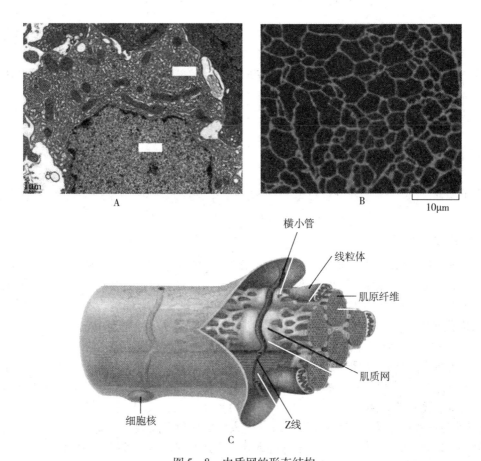

图 5-8 内质网的形态结构

A. 睾丸间质细胞中内质网形态的透射电镜图；B. 荧光标记哺乳动物细胞内质网透射电镜图；
C. 横纹肌细胞肌内质网立体结构形态模式图

（二）内质网的类型

根据内质网膜外表面是否有核糖体附着，可分为粗面内质网（rough endoplasmic reticulum，RER）和滑面内质网（smooth endoplasmic reticulum，SER）（图 5-9）。

1. 粗面内质网 多为排列整齐的扁囊，膜外表面有核糖体颗粒附着，主要功能为外输性蛋白及多种膜蛋白的合成、加工及转运。因此，在具有分泌蛋白或肽类激素功能的细胞中，粗面内质网发达，如胰腺细胞和浆细胞；而在未分化或分化低的细胞中相对少见，如胚胎细胞、干细胞和肿瘤细胞。

2. 滑面内质网 多为由小管和小泡构成的网状结构，膜外表面无核糖体颗粒附着，常与粗面内质网相通，是一种多功能的细胞器。在不同细胞、同一细胞的不同发育阶段或不同生理时期，其结构形态、数量分布及发达程度差别甚大。如睾丸间质细胞、卵巢黄体细胞和肾上腺皮质细胞中含有大量的滑面内质网，与其合成类固醇激素的功能相关；肝细胞中丰富的滑面内质网与其解毒功能相关；平滑肌和横纹肌细胞中的滑面内质网特化为肌浆网（sarcoplasmic reticulum），释放和回收钙离子，以调节肌肉的收缩。

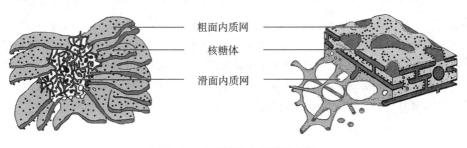

图 5-9 内质网基本类型示意图

以上两类内质网同时存在于大部分细胞中，只是所占比例不同。但也有个别细胞中全部为粗面内质网，如胰腺外分泌细胞；有的细胞中皆为滑面内质网，如肌细胞。

除上述两种基本类型之外，内质网还有一些异型结构，如视网膜色素上皮细胞中的髓样体（myeloid body）；在生殖细胞、快速增殖细胞、某些哺乳类动物的神经元和松果体细胞及一些癌细胞中出现的孔环状片层体（annulate lamellae）。

课堂互动

服用苯巴比妥的癫痫患者的肝细胞内质网和肝炎病毒患者的肝细胞内质网分别有什么特征？

（三）内质网的功能

内质网不仅是蛋白质、脂类和糖类的重要合成场所，而且参与物质运输、物质交换、解毒以及对细胞有机械支持等作用。两类内质网的功能趋向不同，粗面内质网主要负责蛋白质的合成、加工修饰及转运，而滑面内质网主要参与脂类代谢、糖类代谢及细胞解毒等。

1. 粗面内质网的功能

（1）信号肽介导蛋白质的合成　粗面内质网合成的蛋白质主要包括外输性蛋白（肽类激素、细胞因子、抗体、消化酶、细胞外基质蛋白等）、膜整合蛋白（膜抗原、膜受体等）和驻留蛋白（细胞器中的可溶性驻留蛋白），它们由附着型核糖体合成。新生的多肽链需要由信号肽介导与核糖体一起转移至内质网膜，并在内质网膜上继续翻译。

1）信号肽与信号肽假说　1975 年，G. Blobel 等人因提出信号肽假说（signal hypothesis）获得 1999 年诺贝尔生理学或医学奖。该假说认为新生肽链具有一段独特的序列，可引导核糖体和多肽链附着于内质网膜上。这段序列常存在于所合成肽链 N 端，一般由 15～30 个氨基酸组成，被称为信号肽（signal peptide 或 signal sequence）。信号肽假说的主要内容如下：①信号肽的识别，细胞质基质中存在信号肽识别颗粒（signal recognition particle，SRP）（图 5-10），而内质网膜上存在信号肽识别颗粒受体（SRP - receptor，SRP - R）和移位子（translocon，一类通道蛋白）。新生肽链 N 端的信号肽一旦被翻译，即可被 SRP 识别并结合。此时翻译暂时终止，SRP 的另一端则与核糖体 A 位结合，形成 SRP - 核蛋白体复合结构，引导向内质网膜移动，与内质网膜上的 SRP - R 识别和结合，并附着于内质网膜通道蛋白移位子上。然后 SRP 解离，返回细胞质基质中，肽链继续延伸（图 5 - 11）。②肽链进入内质网腔，合成中的肽链通过核糖体大亚基的中央管和移位子蛋白通道进入内质网腔，进入后，信号肽序列会被内质网膜腔面的信号肽酶切除，肽链继续延伸直至肽链合成终止，核糖体大、小亚基解聚，与内质网分离。

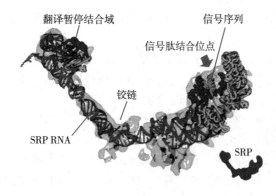

图 5-10　信号肽识别颗粒（SRP）

2）跨膜蛋白的形成　某些多肽链中含有一段疏水性停止转移信号（stop - transfer signal），当此序列进入通道蛋白移位子时，会与之相互作用，使移位子由活化状态转为钝化状态而终止肽链的转移，最终使肽链未完全进入内质网腔内，形成跨膜驻留蛋白，还可能通过内信号肽介导插入机制。内信号肽是指信号肽位于多肽链中而非 N 端，当内信号肽达到移位子时，会结合在脂类双分子层中，阻止肽链全部进入内质网腔，若内信号肽氨基端带有的正电荷比羧基端多，羧基端进入网腔，反之则氨基端进入网腔，从而形成跨膜蛋白。

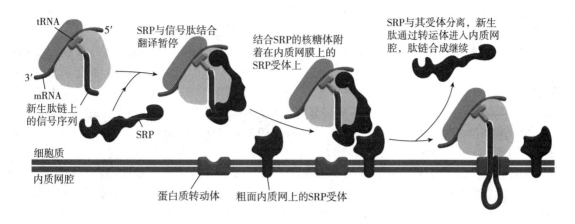

图 5 - 11　核糖体附着与肽链延长示意图

（2）蛋白质的折叠与装配　多肽链需要依据特定的方式盘旋和折叠，形成高级三维空间结构。内质网腔中的氧化型谷胱甘肽（GSSG）和内质网膜腔面上的蛋白二硫键异构酶（protein disulfide isomerase, PDI）为二硫键的形成及多肽链快速折叠提供了保证。

能够帮助多肽链转运、折叠和组装的结合蛋白被称为"分子伴侣"（molecular chaperone）或"伴侣"蛋白（chaperone protein），如钙网素（calreticulin）、重链结合蛋白（heavy - chain binding protein，BiP）、葡萄糖调节蛋白 94（glucose regulated protein 94, GRP 94），后者也称为内质网素（endoplasmin），是内质网标志性分子伴侣。分子伴侣不仅可与多肽链识别和结合来协助其折叠、组装和转运，还能识别并滞留折叠组装错误的蛋白质，防止被运输，但其本身并不参与最终产物的形成。分子伴侣在结构上有一个共同的特点是在羧基端有一段四氨基酸滞留信号肽（retention signal peptide），即 Lys - Asp - Glu - Leu（KDEL）序列，该序列与内质网膜上的相应受体结合而驻留于内质网腔不被转运。

（3）蛋白质的糖基化　单糖或寡糖与蛋白质之间通过共价键结合形成糖蛋白的过程称为糖基化（glycosylation）。发生在粗面内质网的糖基化主要由 N - 乙酰葡糖胺、甘露糖和葡萄糖组成的 14 寡糖与蛋白质的天冬酰胺残基侧链上的氨基基团结合，称为 N - 连接糖基化（N - linked gly-cosylation）。寡糖在与蛋白质连接之前，先要与

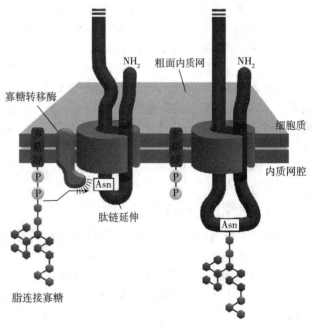

图 5 - 12　N - 连接糖基化示意图

内质网膜上的多萜醇分子连接而被活化，当核糖体合成的肽链中的天冬酰胺进入内质网腔，被活化的寡糖就在糖基转移酶的作用下，将寡糖基由磷酸多萜醇转移到相应的天冬酰胺残基上（图 5 - 12）。

蛋白质的糖基化修饰有很重要的作用：①保护蛋白质不被降解；②参与信号转导并引导蛋白质形成运输小泡，以进行蛋白质的靶向运输；③形成细胞外被，在细胞膜的保护、细胞识别以及通讯联络等生命活动中发挥重要作用。

（4）蛋白质的胞内运输　经过粗面内质网加工和修饰的蛋白质，可被内质网膜包裹以"出芽"方式形成膜性小泡而被转运。具体运输途径包括以下两种：①转运小泡进入高尔基复合体，经过进一步加工后，以分泌颗粒的形式排吐至细胞外；②转运小泡直接进入一种大浓缩泡，逐步发育成酶原颗粒后排出

细胞，此途径只见于某些哺乳动物的胰腺外分泌细胞。

2. 滑面内质网的功能

（1）参与脂类物质的合成与运输　滑面内质网合成细胞所需的几乎全部的膜脂，是其最为重要的功能之一。合成脂质所需的 3 种酶类定位于内质网膜上，其中催化作用在胞质侧完成，而合成脂质的底物来自细胞质基质，主要过程如下：①磷脂酸的形成，是由脂酰基转移酶（acyl transferase）催化脂酰辅酶 A 的 2 条脂肪酸链转移并结合到甘油 – 3 – 磷酸分子上而生成；②双酰基甘油的形成，是由磷酸酶（phosphatase）催化磷脂酸去磷酸化而生成；③双亲脂质分子的形成，是由胆碱磷酸转移酶（choline phosphotransferase）催化双酰基甘油添加和结合 1 个极性基团而生成。

滑面内质网合成的脂质分子在转位酶（flippase）的作用下，快速由细胞质基质侧转向内质网腔面，然后通过两种途径向其他膜结构转运：①以"出芽"方式转运至高尔基复合体、溶酶体和细胞膜；②与磷脂转换蛋白（phospholipid exchange protein，PEP）结合形成复合体进入细胞质基质，然后通过自由扩散到达靶膜后，PEP 将脂质分子释放，完成从脂类含量高的膜向含量低的线粒体和过氧化物酶体膜的转移。目前，在分泌类固醇激素细胞的滑面内质网中，发现了与类固醇代谢密切相关的酶类，证明滑面内质网也参与类固醇的代谢。

（2）参与糖原的代谢　许多实验证明，肝细胞中的滑面内质网参与糖原的分解过程；而细胞质基质中糖原的降解产物葡糖 – 6 – 磷酸也会被葡糖 – 6 – 磷酸酶催化，使之去磷酸化形成葡萄糖，葡萄糖再经由内质网跨膜运输至血液中。

（3）参与解毒作用　肝脏是机体分解毒物的主要器官，其解毒功能由肝细胞中滑面内质网上的氧化及电子传递酶系来完成。这些酶系包括细胞色素 P450、NADPH – 细胞色素 P450 还原酶、细胞色素 b_5、NADH – 细胞色素 b_5 还原酶和 NADH – 细胞色素 c 还原酶等。解毒的机制一般为催化多种化合物的氧化和羟化：①使毒物或药物的毒性被钝化或破坏；②经羟化作用后可增强化合物的极性，使其易于排出体外。当然，也不排除有时这种氧化还原作用会使某些毒物的毒性增强。

（4）参与储存和调节 Ca^{2+}　肌细胞中的肌浆网是滑面内质网的特化结构。一般来说，肌浆网网膜上的 Ca^{2+} – ATP 酶会把细胞质基质中的 Ca^{2+} 泵入网腔中储存起来。当受到神经冲动刺激或细胞外信号物质的作用时，肌浆网将 Ca^{2+} 释放到细胞质基质中。

（5）参与胃酸、胆汁的合成与分泌　在胃壁腺上皮细胞中，滑面内质网可使 H^+ 和 Cl^- 结合生成 HCl。肝细胞中，滑面内质网不仅能合成胆盐，还可通过葡糖醛酸转移酶使非水溶性的胆红素颗粒形成水溶性的结合胆红素。

（四）内质网与医药学

内质网是细胞加工蛋白质和储存 Ca^{2+} 的主要场所，是极为敏感的细胞器。当内质网腔内出现蛋白质错误折叠、未折叠蛋白聚集或 Ca^{2+} 平衡紊乱时，会出现内质网应激反应（endoplasmic reticulum stress，ERS），主要包括：①未折叠蛋白应答反应（unfolded protein response，UPR），错误折叠蛋白与未折叠蛋白堆积会引起一系列"分子伴侣"和折叠酶的表达上调，促进折叠和防止聚集，从而提高细胞的生存能力；②固醇级联反应，通过胆固醇元件结合蛋白（sterol regulatory element binding protein，SREBP）调控特定基因的表达；③内质网超负荷反应（endoplasmic reticulum overload response，EOR），正确折叠的蛋白堆积会启动 NF – κB 因子，激活细胞的主动防御。

当内质网发生病理性改变时，会出现肿胀、肥大或囊池塌陷。

1. 脂肪肝　近年来，脂肪肝的发病率迅速上升，患病年龄趋于年轻化。脂肪肝的主要原因是脂类代谢障碍。食物中的脂肪经小肠吸收水解为甘油、甘油一酯和脂肪酸，进入细胞后在滑面内质网被重新合成甘油三酯，还可与粗面内质网中合成的蛋白质结合形成脂蛋白，然后经高尔基复合体分泌出胞。正常肝细胞中合成的低密度脂蛋白（low – density lipoprotein，LDL）和极低密度脂蛋白（very – low – density lipoprotein，VLDL）等物质被分泌后，可携带、运输血液中的胆固醇、甘油三酯以及其他脂类到脂肪组织。很多因素（如肥胖、饮酒过度、营养不良、某些药物、糖尿病、病毒性感染等）可阻断脂蛋白的合成和运输途径，造成脂类在肝细胞滑面内质网中积聚，从而引起脂肪肝。一般而言，脂肪肝属可逆性疾病，健康饮食、适度饮酒、加强体育锻炼、避免过度劳累、定期体检等可消除一些亚健康因素，是预防脂肪肝的关键。

2. 黄疸 新生儿黄疸最严重的并发症是胆红素性脑病，未结合胆红素为脂溶性，容易透过生物膜（如血－脑屏障），当血清胆红素重度升高时，可导致胆红素性脑病，其后遗症主要表现为神经系统发育异常等。临床上治疗黄疸的方法如下：①光照疗法（蓝光），是一种降低血清未结合胆红素的简单易行的方法，光疗可使胆红素转变产生异构体，使其从脂溶性转变为水溶性，不经过肝脏的结合，经胆汁或尿排出体外；②酶诱导剂，如苯巴比妥（phenobarbital）进入体内，导致肝细胞中与解毒反应有关的酶类大量合成，几天之中滑面内质网面积成倍增加，未结合胆红素转化为结合胆红素，减少高胆红素血症的发生，但起效缓慢，一般 2～3 天才发挥作用，所以需要在未发生黄疸时就服药，而服药对新生儿有一定的副作用，限制了此药在临床中的应用；③茵栀黄口服液，是传统退黄利胆药物，纯中药制剂，是目前临床治疗新生儿黄疸常用的药物之一。

二、高尔基复合体

高尔基复合体又称高尔基体（Golgi complex），是由意大利神经学家、组织学家 Camillo Golgi 于 1898 年在光学显微镜下研究银盐浸染的猫头鹰神经细胞中发现的。美国耶鲁大学的 George Palade 博士在电镜下清晰地观察到高尔基复合体的结构及其周围的囊泡等其他细胞器，由此确立了细胞内存在以高尔基复合体为中心的分泌途径，他因此获得 1974 年诺贝尔生理学或医学奖。

高尔基复合体的数量和发达程度因细胞的分化程度和细胞功能类型不同而存在较大差异，并随细胞生理状态的改变而变化。一般来说，在发育成熟且分泌活动旺盛的细胞中，高尔基复合体较为发达。另外，在不同的组织细胞中高尔基复合体具有不同的分布特征，如：神经细胞中的高尔基复合体一般分布在细胞核周围；在输卵管内皮、肠上皮黏膜、甲状腺和胰腺等有生理极性的细胞中，高尔基复合体常分布在接近细胞核的一极；肝细胞中的高尔基复合体沿胆小管分布在细胞边缘；在精子、卵细胞等特殊类型细胞和绝大多数无脊椎动物的某些细胞中，高尔基复合体呈分散分布。

（一）高尔基复合体的结构与化学组成

电镜下，高尔基复合体由一些排列较为整齐的扁平囊泡和成群的大囊泡、小囊泡三部分构成（图 5－13A）。现已知，构成高尔基复合体主体结构的扁平囊又可划分为顺面高尔基网状结构（cis Golgi network，CGN，又称顺面膜囊）、高尔基中间膜囊（medial Golgi stack）和反面高尔基网状结构（trans Golgi network，TGN，又称反面膜囊）三部分（图 5－13B）。

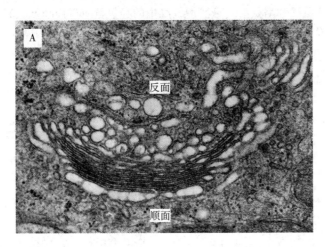
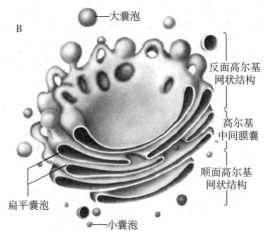

图 5－13 高尔基复合体的形态结构

A. 透射电镜图；B. 结构模式图

1. 扁平囊泡（cisternae） 是高尔基复合体的主体部分。一般由 3～8 个扁平膜囊平行排列在一起，称为高尔基复合体堆（Golgi stack）。相邻的扁平囊间距 20～30nm，每个囊腔宽 15～20nm。扁平囊略弯曲呈弓形，其凸面朝向细胞核，称为顺面（cis face）或形成面（forming face）；凹面朝向细胞膜，称为反面（trans face）或成熟面（mature face）。形成面膜厚约 6nm，与内质网膜厚度相近；成熟面膜厚约 8nm，与细胞膜厚度接近。

2. 小囊泡（vesicles） 为直径 40～80nm 的球形小泡，多聚集分布在高尔基复合体形成面，主要有两种类型：①较多的为表面光滑的小泡；②较少的为表面有绒毛样结构的有被小泡（coated vesicle）。通常这些小囊泡由附近的粗面内质网芽生而成，载有内质网合成的蛋白质成分，最终转运至扁平囊中，故称为运输小泡（transfer‐vesicle）。运输小泡与扁平囊泡相互融合，不仅完成了蛋白质由内质网向高尔基复合体的转运，而且使扁平囊的膜成分和内含物得到不断的更新和补充。

3. 大囊泡（vacuoles） 为直径 100～500nm 的膜泡，又称分泌泡（secreting vacuoles），分布于高尔基复合体成熟面，由扁平囊周边呈球形膨突后脱离而形成。大囊泡不仅含有扁平囊的分泌物质，而且大囊泡的膜又可补充到细胞膜上，因此，内质网、小囊泡、扁平囊、大囊泡和细胞膜之间的膜成分在不断进行着新陈代谢，保持着一种动态平衡。

高尔基复合体是膜性结构细胞器，蛋白质和脂类是其结构的最基本化学组分。在大鼠肝细胞中，高尔基复合体膜约含 60% 的蛋白质和 40% 的脂类，其脂类成分含量介于细胞膜与内质网膜之间，而蛋白质含量低于内质网膜。

高尔基复合体含有多种酶类，一些重要的酶类主要包括：①氧化还原酶（NADH‐细胞色素 c 还原酶、NADPH‐细胞色素还原酶）；②磷酸酶类（5′‐核苷酸酶、腺苷三磷酸酶、硫胺素焦磷酸酶）；③溶血卵磷脂酰基转移酶和磷酸甘油磷脂酰转移酶；④由磷脂酶 A1 与磷脂酶 A2 组成的磷脂酶类；⑤酪蛋白磷酸激酶；⑥α‐甘露糖苷酶；⑦糖基转移酶等，其中以糖基转移酶为标志酶。这些酶类主要参与糖蛋白、糖脂和磷脂的合成。

（二）高尔基复合体的功能

高尔基复合体的主要功能是参与细胞的分泌活动，对来自内质网的蛋白质进行糖基化、水解、分选及定向运输。

1. 分泌蛋白的加工与修饰

（1）糖蛋白的加工合成　由内质网合成并通过高尔基复合体转运的蛋白质，绝大多数需要糖基化修饰而形成糖蛋白。其中在内质网进行 N‐连接糖基化后的蛋白质，还需在高尔基复合体内进行进一步加工修饰，如大部分甘露糖被切除，然后再补加上其他糖残基，完成糖蛋白的合成。在高尔基复合体进行的是 O‐连接糖基化，其主要是寡糖与丝氨酸、苏氨酸和酪氨酸（或胶原纤维中的羟赖氨酸与羟脯氨酸）残基侧链的—OH 基团共价结合及糖基化，形成 O‐连接糖蛋白。除了蛋白聚糖第一个糖基通常为木糖外，几乎所有 O‐连接寡糖中与氨基酸残基侧链—OH 结合的第一个糖基都是 N‐乙酰半乳糖胺。另外，组成 O‐连接寡糖链中的单糖组分，是在糖链的合成过程中一个一个添加上去的。两种糖基化方式的主要区别见表 5‐4。

表 5‐4　N‐连接糖基化和 O‐连接糖基化的主要区别

	N‐连接糖基化	O‐连接糖基化
发生部位	粗面内质网	高尔基复合体
与之结合的氨基酸残基	天冬氨酸	丝氨酸、苏氨酸、酪氨酸、羟赖（脯）氨酸
连接基团	—NH$_2$	—OH
第一个糖基	N‐乙酰葡糖胺	N‐乙酰半乳糖胺
糖链长度	5～25 个糖基	1～6 个糖基
发生部位	粗面内质网	高尔基复合体

（2）蛋白质的水解　某些蛋白质或酶类，只有在高尔基复合体中被特异性地水解后，才能成熟或转

变为具备生物活性的存在形式。如人胰岛素，在内质网中是以 86 个氨基酸残基组成胰岛素原的形式存在。当它被运送至高尔基复合体时，起连接作用的 C 肽段被水解切除后成为有活性的胰岛素。另外，胰高血糖素、血清白蛋白等的成熟，也都是经过在高尔基复合体中的切除修饰完成的。

（3）蛋白质的分选　通过对蛋白质的修饰、加工，使不同的蛋白质带上可被高尔基复合体膜上专一受体识别的分选信号，进而通过选择和浓缩，形成不同去向的运输小泡和分泌小泡。

2. 膜泡的定向运输　被分选后的分泌泡运输途径如下：①经高尔基复合体单独分拣和包装的溶酶体酶，以有被小泡的形式被转运到溶酶体；②分泌蛋白以有被小泡的形式向细胞膜方向运输，最终被释放到细胞外；③以分泌小泡的形式暂时储存在细胞质中，当机体需要时，再被分泌释放到细胞外（图 5 - 14）。

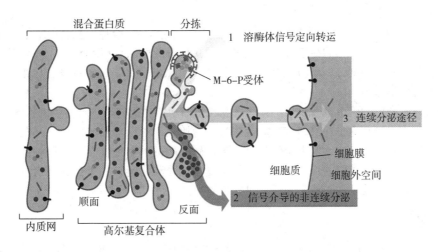

图 5 - 14　经高尔基复合体分拣形成的三种蛋白质运输小泡的转运途径与去向

课堂互动

如何理解高尔基复合体是一个极性细胞器？

高尔基复合体在形态结构、化学组成及功能上均显示出明显的极性。

在形态结构上，扁平囊的顺面膜囊一般靠近细胞核或内质网，囊腔较小而狭窄，囊膜较薄，厚度近似于内质网膜；随着顺面膜囊向反面膜囊过渡，囊腔逐渐变大而宽，囊膜变厚，与细胞膜相似。顺面膜囊呈连续分支的管网状，显示嗜锇反应的化学特征；中间膜囊是位于顺面膜囊和反面膜囊之间的多层间隔囊、管结构复合体系；反面膜囊是由高尔基复合体反面扁囊状潴泡和小管连接成的网络结构，在形态结构和化学特性上有显著的细胞差异性和多样性。因此，从发生和分化的角度看，扁平囊可以看作内质网和细胞膜的中间分化阶段。

在化学组成上，高尔基复合体膜的脂类含量介于内质网膜和细胞膜之间。高尔基复合体各膜囊中所含酶类不同，对蛋白质的加工和修饰有不同的功能。

在功能上，顺面膜囊的主要功能如下：①分选来自内质网的蛋白质和脂类，并将其大部分转入中间膜囊，小部分返回内质网形成驻留蛋白；②对蛋白质进行修饰的 O - 连接糖基化和跨膜蛋白在细胞质基质侧结构域的酰基化。中间膜囊除与顺面膜囊相邻的一侧对 NADP 酶反应微弱外，其余各层对此酶均有较强反应，其主要功能是进行糖基化修饰和多糖及糖脂的合成。反面膜囊的主要功能是对蛋白质进行分选，最终使经过分选的蛋白质，或被分泌到细胞外，或被转运到溶酶体中，此外，某些蛋白质的修饰作用也是在此进行和完成的，如蛋白质酪氨酸残基的硫酸化、半乳糖 $\alpha - 2, 6$ 位的唾液酸化及蛋白质的水解等。

（三）高尔基复合体与医药学

高尔基复合体形态、结构以及功能的改变，提示细胞处于某种生理及病理的特殊时期。如细胞分泌功能亢进时，高尔基复合体出现代偿性肥大；酒精性脂肪肝患者的肝细胞中，高尔基复合体萎缩，其合成分泌脂蛋白的功能减退或丧失；肿瘤细胞中高尔基复合体的改变与其分化状态相关，低分化肿瘤中高尔基复合体少而简单，高分化肿瘤中高尔基复合体发达而复杂。

高尔基复合体在机体的细胞中随着分化阶段的不同会发生生理或病理的改变，主要表现为以下情况。

1. 高尔基复合体肥大　当细胞分泌功能亢进时，常伴随高尔基复合体结构性肥大。在大鼠肾上腺皮质的再生实验中，当腺垂体细胞分泌促肾上腺皮质激素时，高尔基复合体处于旺盛的分泌状态，其整体结构显著增大；随着促肾上腺皮质激素分泌的减少，高尔基复合体结构又恢复到常态。

2. 高尔基复合体萎缩损坏　脂肪肝是由于乙醇等毒性物质造成肝细胞中高尔基复合体的脂蛋白合成分泌功能丧失所导致。病理状态下，肝细胞高尔基复合体中脂蛋白颗粒明显减少甚至消失；高尔基复合体自身形态萎缩，结构受到破坏。

3. 在肿瘤细胞中高尔基复合体的变化　在肿瘤细胞中，高尔基复合体的数量分布、形态结构和发达程度会因肿瘤细胞的分化状态不同而呈现显著差异，如在低分化的大肠癌细胞中，高尔基复合体仅为聚集或分布在细胞核周围的一些分泌小泡，而在高分化的大肠癌细胞中，高尔基复合体则特别发达，具有典型的高尔基复合体形态结构。

高尔基复合体具有对细胞内大分子加工、分选和转运的功能，影响机体对药物的处置与药效的发挥。在药理和毒理学研究中，常通过观察高尔基复合体的电镜照片来确定药物的疗效。环孢素是用于器官移植和自身免疫性疾病治疗的药物，但由于环孢素是蛋白磷酸酶的抑制剂，会引起肝细胞中高尔基复合体的体积密度降低，因此限制了它的临床应用。高尔基复合体是药物运输的重要执行者，定向给药技术的研究能够最大限度地减少药物的毒性，降低其对机体的损伤。

三、溶酶体

1949 年，Christian de Duve 等人为研究与糖代谢有关酶的分布，应用差速离心分离技术对鼠肝细胞组分进行分析时发现，在蒸馏水提取物中，作为对照的酸性磷酸酶比在蔗糖渗透平衡液抽提物中分离的活性高，而且酶的活性与沉淀的线粒体物质无关。这一意外的发现推动他们于 1955 年在应用电镜观察鼠肝细胞时，发现一种富含各种水解酶的颗粒，并将其命名为溶酶体（lysosome）。

（一）溶酶体的结构与化学组成

溶酶体是一种高度异质性（heterogenous）细胞器，所谓异质性是指不同的溶酶体的形态大小、数量分布和所包含的水解酶的种类都可能存在很大差异。溶酶体普遍分布于各类组织细胞中，由一层单位膜包裹，膜厚约 6nm，常呈球形，其大小差异显著，一般直径为 $0.2 \sim 0.8\mu m$，最小的仅为 $0.05\mu m$，最大的可达数微米（图 5-15）。典型的动物细胞中可含有几百个溶酶体，但在不同细胞中溶酶体的数量差异显著。

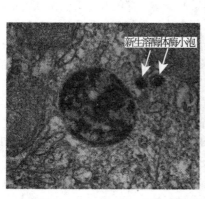
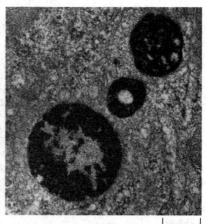

新生溶酶体酶小泡

200 nm

图 5-15　溶酶体形态结构的电镜照片

虽然溶酶体具有高度异质性，但是也具有许多重要的相同特征：①所有的溶酶体都是由一层单位膜包裹的囊球状小体；②均富含多种酸性水解酶；③溶酶体膜富含两种高度糖基化的跨膜整合蛋白 lgpA 和 lgpB，其糖基分布在溶酶体膜腔面，一般认为这可保护溶酶体膜免受所含的酸性水解酶的消化分解；④溶酶体膜上嵌有发达的质子泵，可利用水解 ATP 时释放出的能量，将 H^+ 逆浓度梯度泵入溶酶体内，以形成和维持溶酶体腔内的酸性内环境。

（二）溶酶体的类型

根据生理功能状态分类，可分为初级溶酶体（primary lysosome）、次级溶酶体（secondary lysosome）和三级溶酶体（tertiary lysosome）。

1. 初级溶酶体　是指通过其形成途径刚产生的溶酶体，只含酶，不含底物。初级溶酶体膜厚约6nm，一般呈透明圆球状。但在不同的细胞，或者在同一细胞的不同发育阶段，可呈现为电子致密度较高的颗粒小体或带有棘突的小泡（图5-16A）。

2. 次级溶酶体　初级溶酶体成熟后，接受来自细胞内、外的物质，并与之发生相互作用，即成为次级溶酶体。因此，次级溶酶体实质上是溶酶体的一种功能作用状态，故又被称为消化泡（digestive vacuole）（图5-16B）。

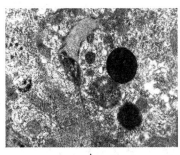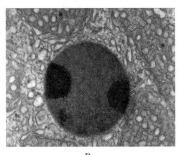

A　　　　　　　　　　　　　　B

图5-16　溶酶体电镜图

A. 初级溶酶体；B. 次级溶酶体

次级溶酶体体积较大，形态多不规则，囊腔中含有正在被消化分解的物质颗粒或残损的膜碎片。根据次级溶酶体中所含作用底物的性质和来源的不同，又将次级溶酶体分为两类。

（1）自噬溶酶体（autophagolysosome）　由初级溶酶体与自噬体（autophagosome）融合形成，其作用底物主要是细胞内衰老残损的细胞器或糖原颗粒等胞内物质。自噬溶酶体的形成是一个多步骤的过程，包括自噬体双层膜结构的形成、自噬体与溶酶体融合、消化后的自噬溶酶体内膜消失、自噬溶酶体内容物的循环再利用及细胞所需氨基酸和能量的提供（图5-17）。

（2）异噬溶酶体（heterophagic lysosome）　由初级溶酶体与细胞通过胞吞作用所形成的异噬体（heterophagosome）融合形成，其作用底物来源于细胞外（图5-17）。

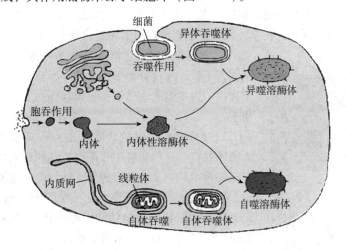

图5-17　自噬溶酶体与异噬溶酶体形成过程示意图

3. 三级溶酶体（tertiary lysosome）　是残留的、不能再消化分解物质的溶酶体，也称为后溶酶体（post-lysosome）、残余体（residual body）或终末溶酶体（telo-lysosome）。这些三级溶酶体有些可通过胞吐的方式被清除并释放到细胞外；有些则会沉积于细胞内而不被外排。如脊椎动物和人类的神经细胞、肝细胞及心肌细胞内的脂褐质（lipofucin）；肿瘤细胞、某些病毒感染细胞、大肺泡细胞和单核吞噬细胞中的髓样结构（myelin figure）；机体摄入大量铁质时，肝、肾等器官组织中巨噬细胞出现的含铁小体（siderosome）。

三级溶酶体的形态差异显著，且有不同的残留物质。脂褐质是由单位膜包裹的不规则形态小体，内含脂滴和电子密度不等的深色物质（图5-18A）。髓样结构的大小在0.3~3μm之间，内含板层状、指纹状或同心层状排列的膜性物质（图5-18B）。含铁小体内部充满电子密度较高的含铁颗粒，颗粒直径为50~60nm（图5-18C）。

综上，溶酶体的三种类型是根据其功能状态而人为划分的，不同的溶酶体类型是同一种功能结构不同功能状态的表现。

图5-18　三级溶酶体的结构示意图
A. 脂褐质；B. 髓样结构；C. 含铁小体

（三）溶酶体的酶类

溶酶体含有60多种酸性水解酶，包括核酸酶、蛋白酶、糖苷酶、酯酶、磷酸酶和硫酸酶等，其中酸性磷酸酶为溶酶体的标志酶。在每一个溶酶体中所含有的酶的种类是有限的，而且不同溶酶体所含有的水解酶也并非完全相同，这使得它们表现出不同的生化或生理性质。这些酶在pH为3.5~5.5的范围内保持活性，能够分解机体中几乎所有生物活性物质。实验表明，将氢氧化铵或氯喹等可穿透细胞膜的碱性物质加入细胞培养液中，使溶酶体内部的pH提高至7左右，则溶酶体酶失去活性。

（四）溶酶体的功能

溶酶体的一切细胞生物学功能都源于其对物质的消化和分解作用。

1. 细胞内的消化作用　溶酶体通过形成自噬溶酶体和异噬溶酶体两种途径，对细胞内衰老和残损的细胞器或由胞吞作用摄入的外源性物质进行消化和分解，产生可被细胞重新利用的生物小分子物质，最终被释放到细胞质基质中，参与细胞的物质代谢（图5-19）。这不仅可以清除丧失功能的细胞器和影响细胞正常生命活动的外源性异物，还有效保证了细胞内环境的相对稳定。

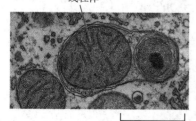

线粒体

1μm

图5-19　溶酶体对细胞内衰老线粒体分解清除的电镜图

2. 细胞营养功能　溶酶体作为细胞内的消化器官，在细胞饥饿状态下，可通过分解细胞内的一些对细胞生存非必需的生物大分子物质，为细胞的生命活动提供营养和能量，维持细胞的基本生存状态。

3. 机体防御和保护功能　正常生理状态及某些病理情况下，溶酶体的自噬作用和异噬作用对机体均可发挥防御保护作用。如在巨噬细胞中具有发达的溶酶体，被吞噬的细菌或病毒颗粒等有害物质，最终都是在溶酶体的作用下被分解消化的。

4. 激素分泌的调控功能　溶酶体可参与机体某些腺体组织细胞的分泌活动，如甲状腺素的形成。储存于甲状腺腺体腔中的甲状腺球蛋白首先要经过吞噬作用进入分泌细胞内，再在溶酶体中水解为甲状腺素后被分泌到细胞外。

5. 个体发生和发育的调控功能　溶酶体的另一重要功能体现在对整个生物个体的发生和发育过程的调控作用。

（1）参与受精　就有性生殖生物而言，精子和卵细胞结合形成受精卵是生命个体发育的开始，其中动物精子的顶体（acrosome）是一种特化的溶酶体，含多种水解酶。当精子与卵细胞相遇、识别和接触时，精子释放顶体酶，溶解和消化围绕卵细胞的滤泡细胞及卵细胞外被，从而为精核进入卵子并与之结合打开一条通道。

（2）参与个体发育　正常生理状态下，无尾两栖类动物个体（如蝌蚪）的变态发育过程中的幼体尾巴退化和吸收、脊椎动物生长发育过程中骨组织的发生及骨质的更新、雌性哺乳动物子宫内膜的周期性萎缩、雄性脊椎动物发育过程中苗勒管的退化、衰老红细胞的清除和断乳后乳腺的退行性变化等，都涉及某些特定的细胞编程性死亡及周围活细胞对其的清除，这些过程都离不开溶酶体的作用。

（五）溶酶体的形成

溶酶体的形成是一个需要内质网和高尔基复合体共同参与，集胞内物质合成、加工、包装、运输及结构转化为一体的复杂而有序的过程。目前认为，溶酶体的形成起始于溶酶体酶蛋白在附着型多聚核糖体上的合成，主要经历以下几个阶段。

1. 溶酶体酶蛋白向内质网转运并在内质网中加工与转运　核糖体初步合成的酶蛋白前体通过信号肽假说机制进入内质网腔，经过进一步合成、折叠及 N – 连接糖基化的修饰，形成 N – 连接的甘露糖糖蛋白，然后以出芽的方式离开内质网腔，并转运至高尔基复合体的形成面。

2. 溶酶体酶蛋白在高尔基复合体中加工、分选与转运　在高尔基复合体形成面囊腔内的磷酸转移酶和 N – 乙酰葡糖胺磷酸糖苷酶的催化下，寡糖链上的甘露糖残基磷酸化形成甘露糖 – 6 – 磷酸（mannose – 6 – phosphate，M – 6 – P），此为溶酶体水解酶分选的重要识别信号。当带有 M – 6 – P 标记的溶酶体水解酶前体到达高尔基复合体成熟面时，被高尔基复合体膜囊腔面上的 M – 6 – P 受体蛋白识别并结合，随即触发高尔基复合体局部出芽和其外胞质面网格蛋白的组装，并最终以表面覆有网格蛋白的有被小泡形式与高尔基复合体囊膜分离。

3. 内体性溶酶体的形成与成熟　分离后的有被小泡快速脱去网格蛋白衣被形成表面光滑的无被运输小泡，随后它们与细胞内的晚期内体融合，即形成内体性溶酶体，也称前溶酶体。内体是指细胞通过胞吞（饮）作用形成的一类异质性脱衣被膜泡，分为早期内体和晚期内体。早期内体囊腔中的 pH 与细胞外液的碱性内环境相当，它们与其他胞内小泡融合后形成晚期内体。前溶酶体膜上具有质子泵，可将细胞质中的 H^+ 泵入其内，使腔内的 pH 由 7.4 左右降为 6.0 左右，此时 M – 6 – P 受体与溶酶体酶蛋白分离，并通过出芽形成的运输小泡返回高尔基复合体成熟面的膜上，同时，溶酶体酶蛋白去磷酸化而成熟。

总之，以 M – 6 – P 为标志的溶酶体水解酶分选机制是目前了解得比较清楚的一条途径，但并非唯一途径。有实验表明，在某些细胞中可能还存在着非 M – 6 – P 依赖的其他分选机制。

（六）溶酶体与医药学

溶酶体在细胞中具有重要的作用，当溶酶体的结构、组成和功能存在缺陷或受损时会引发各类疾病。

1. 先天性疾病　目前已知人的 40 多种先天性疾病与溶酶体有关，其中绝大部分是由于缺乏某些溶酶体酶致使某种物质在组织中大量积累而造成疾病。

（1）台 – 萨氏综合征（Tay – Sachs diesease）　旧称黑蒙性先天愚病。患者由于组织内的溶酶体中缺少 β – 氨基己糖脂酶，导致 GM2 神经节苷脂无法水解而使其在溶酶体中形成同心圆状膜贮积，使得神经细胞受损，表现为渐进性失明、痴呆和瘫痪，患者在 2~6 岁便会死亡。

（2）糖原贮积病（glycogen storage desease，CSD）　该病为常染色体隐性遗传病。患者由于溶酶体内缺乏 α – 糖苷酶，致使糖原代谢受阻而沉积于多种组织中，最终导致溶酶体破裂，泄漏的酶破坏组织细胞。

（3）黏多糖沉积病（mucopolysacchafidosis，MPS）　是黏多糖代谢障碍性遗传病，可分为7个类型。溶酶体内缺乏黏多糖降解酶，使黏多糖堆积在溶酶体内。患者表现为面容粗犷、骨骼异常、智力发育不全、内脏功能受损、角膜浑浊等。

2. 溶酶体损伤性疾病　某些物理、化学和生物因素使溶酶体膜的稳定性发生改变，导致细胞、组织损伤或疾病。

类风湿关节炎（rheumatoid arthritis，RA）是因为患者溶酶体的膜易破，使酶释放到关节处的细胞间质中，导致骨组织受侵蚀后引起炎症。

此外，某些药物会引起获得性溶酶体酶缺乏病。如磺胺类药物会造成巨噬细胞内pH的升高，使溶酶体酶的功能受到影响，被吞噬的细菌不能被有效地清除而引发炎症。抗疟疾、抗组胺和抗抑郁类药物或其中间代谢产物在溶酶体中蓄积，会直接或间接引起溶酶体病。

四、过氧化物酶体

过氧化物酶体（peroxisome）曾被称作微体（microbody），是由单层膜包裹的膜性结构细胞器，最早由J. Rhodin在1954年发现于鼠的肾小管上皮细胞中。由于过氧化物酶体的形态、结构及物质降解功能与溶酶体类似，以致人们在很长时间里无法把它们与溶酶体区分，直至20世纪70年代才逐渐被确认是一种与溶酶体完全不同的细胞器，并根据其内含有氧化酶、过氧化氢酶的特点而命名为过氧化物酶体。

（一）过氧化物酶体的结构与化学组成

电镜下过氧化物酶体多呈圆形或卵圆形，偶见半月形和长方形，其直径在 $0.2 \sim 1.7\mu m$ 之间（图5-20）。作为一种膜性结构的细胞器，脂类和蛋白质是过氧化物酶体膜的主要化学结构组分，其膜脂主要由磷脂酰胆碱和磷脂酰乙醇胺构成，膜蛋白包括多种结构蛋白和酶蛋白。过氧化物酶体膜具有较高的通透性，允许氨基酸、蔗糖、乳酸等小分子自由穿越，在特定条件下允许一些大分子物质进行非吞噬性穿膜转运。

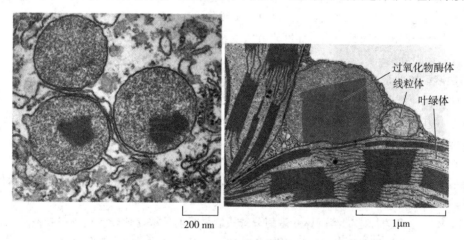

200 nm　　　　　　1μm

图5-20　过氧化物酶体电镜图

（二）过氧化物酶体的酶类

过氧化物酶体具有异质性，这不仅表现在形态、大小、结构的多样性上，而且体现在所含酶类及其功能等方面。迄今为止，已鉴定的酶有40多种，但是尚未发现一种过氧化物酶体含有全部40多种酶。根据不同酶的作用性质，将过氧化物酶体的酶类物质分为三大类。

1. 氧化酶类　占酶总量的50%～60%，主要包括尿酸氧化酶、D-氨基酸氧化酶、L-氨基酸氧化酶、L-α-氨基酸氧化酶等。尽管各种氧化酶的作用底物互不相同，但它们具备相同的基本特征，即在氧化底物的过程中把氧还原成过氧化氢。这一反应通式可表示为 $RH_2 + O_2 \rightarrow R + H_2O_2$。

2. 过氧化氢酶类　占酶总量的40%，因其几乎存在于各类细胞的过氧化物酶体中，故而被看作过氧化物酶体的标志酶。该酶的作用是将过氧化氢分解成水和氧气，即 $2H_2O_2 \rightarrow 2H_2O + O_2$。

3. 过氧化物酶类 可能仅存在于低等动物血细胞及少数几种细胞类型的过氧化物酶体之中。其作用与过氧化氢酶相同,即可催化过氧化氢生成水和氧气。

此外,在过氧化物酶体中还含有苹果酸脱氢酶、枸橼酸脱氢酶等。

课堂互动

为什么慢性低氧症患者肝细胞内过氧化物酶体数量增多?

(三)过氧化物酶体的功能

1. 清除细胞代谢所产生的过氧化氢及其他毒性物质 过氧化物酶体中的氧化酶与过氧化氢酶能够偶联形成一个由过氧化氢协调的简单呼吸链,可以有效地清除包括过氧化氢在内的细胞毒物,从而发挥对细胞的保护作用。这种反应类型,在肝脏和肾脏细胞中显得尤为重要。如饮酒时进入人体的乙醇,主要就是通过此种方式被氧化解毒的。慢性酒精中毒患者的肝细胞中,过氧化物酶体数量增多,是一种代偿作用。

2. 调节细胞氧张力 过氧化物酶体的重要功能还体现在调节细胞氧张力上。虽然过氧化物酶体只占细胞内耗氧量的20%,但其氧化能力会随着氧浓度的增高而增强。因此,即便细胞出现高氧状态,也会通过过氧化物酶体的强氧化作用而得以有效调节,以避免细胞遭受高浓度氧的毒性作用。

3. 参与脂肪酸等高能分子的物质代谢 过氧化物酶体可分解脂肪酸等高能分子,一方面使其转化为乙酰辅酶A,被转运到细胞质基质中,以备在生物合成反应中的再利用;另一方面向细胞直接提供热能。脂肪肝或高脂血症患者,表现为过氧化物酶体数量减少、老化或发育不全。

(四)过氧化物酶体与溶酶体的异同

过氧化物酶体和初级溶酶体形态、大小类似,但是过氧化物酶体中的尿酸氧化酶等常形成晶格状结构,因此可作为电镜下识别的主要特征,包括:①过氧化物酶体中常含有电子致密度较高、排列规则的晶格结构,此为尿酸氧化酶结晶形成,被称作类核体(nucleoid)或类晶体(crystalloid);②过氧化物酶体的膜内表面可见高电子密度条带状结构——边缘板(marginal plate)。该结构的位置与过氧化物酶体的形态有关,如果存在于一侧,过氧化物酶体会呈半月形;倘若分布在两侧,过氧化物酶体则为长方形。此外,这两种细胞器在成分、功能及发生方式等方面都有很大的差异,见表5-5。

表5-5 初级溶酶体与过氧化物酶体的特征比较

特征	溶酶体	过氧化物酶体
形态大小	多为球形,直径0.2~0.5μm,无酶晶体	球形,直径0.15~0.25μm,常有酶晶体
发生	在粗面内质网合成,经高尔基复合体加工后出芽形成	在细胞质基质中合成,经分裂装配形成
酶的种类	酸性水解酶	氧化酶类
标志酶	酸性水解酶	过氧化氢酶
pH	5左右	7左右
是否需氧	不需要	需要
功能	消化分解	氧化解毒

(五)过氧化物酶体与医药学

在与过氧化物酶体相关的疾病发病过程中,过氧化物酶体的病理性改变可表现为数量、体积、形态等多种异常。例如,在患有甲状腺功能亢进症的患者肝细胞中过氧化物酶体的数目增多,而甲状腺功能减退症则表现为过氧化物酶体的数量减少、老化或发育不全。另外,过氧化物酶体的数目、大小以及酶含量的异常在病毒、细菌和寄生虫感染，炎症，内毒素血症等病理情况和肿瘤细胞中也有明显改变。在组织发生缺血性损伤时，过氧化物酶体会出现基质溶解的形态学改变，其主要形式是过氧化物酶体内出现片状或小管状结晶包涵物。

Bowen – Lee – Zellweger 综合征，又称脑肝肾综合征，是一种与过氧化物酶体酶异常相关的常染色体隐性遗传病。目前较为清楚的致病机制是与酶转运相关的蛋白基因突变，导致过氧化物酶体缺少大量的酶，比较明确的如羟丙酮磷酸酰基转移酶、氧化脂肪酸的酶、植烷酸氧化酶、六氢吡啶羧酸裂解酶、胆酸中间物加工有关的酶等。患者主要临床表现为肝功能和肾功能障碍、脑发育迟缓及癫痫等症状，患儿一般在 10 岁内死亡。

与过氧化物酶体相关的遗传病还有 X – 连锁肾上腺脑白质营养不良、DBP（过氧化物酶体内参与 β – 氧化的酶）缺陷病等。此外，近年来研究发现，过氧化物酶体功能异常导致的脑细胞内脂肪酸代谢异常，也是阿尔茨海默病发病的重要原因。

五、内膜系统与膜流

内膜系统的出现使细胞在结构与功能上更加完善，不仅使不同的生理、生化过程彼此独立、互不干扰地在区域内完成，还增大了细胞内的表面积，有效提高了细胞的代谢水平和效率，是真核细胞区别于原核细胞的重要标志。但是，内膜系统的各个组成部分并不是独立的，而是通过膜性小泡出芽与融合实现物质转移与结构重组、更新，这个过程我们称之为膜流（membrane flow）或囊泡流（vesicle flow）。

囊泡（vesicle）是真核细胞中常见的膜泡结构，由细胞内吞或细胞内膜性细胞器出芽而成，是细胞内物质定向运输的主要载体。囊泡有多种类型，每种囊泡表面都有特殊的标志，以保证将转运的物质运送至特定的细胞部位。囊泡转运（vesicular transport）是真核细胞特有的细胞物质内外、内内转运形式，不仅涉及蛋白质本身的加工、修饰和装配，还涉及多种不同膜泡结构之间的定向运输及其精密复杂的调控机制。

（一）囊泡的来源与类型

囊泡不是一种相对稳定的细胞内固有结构，而是细胞内物质定向运输的主要载体及功能表现形式。据研究推测，完成细胞内物质定向运输至少需要 10 种以上的囊泡，其中网格蛋白有被囊泡（clathrin – coated vesicle）、外被蛋白复合体亚基 I（icoatmer – protein subunits I，COP I）有被囊泡和外被蛋白复合体亚基 II（coatmer – protein subunits II，COP II）有被囊泡是目前了解最多的三种类型（图 5 – 21）。

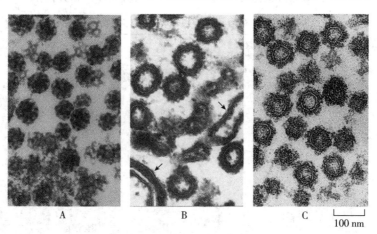

图 5 – 21　三种囊泡的电镜图

A. 网格蛋白有被囊泡；B. COP I；C. COP II

1. 网格蛋白有被囊泡　来自反面高尔基网状结构和细胞膜，介导蛋白质从反面高尔基网状结构向胞内体、溶酶体或细胞膜运输；在受体介导的胞吞作用过程中，介导物质从细胞膜向细胞质或从胞内体向溶酶体运输。

网格蛋白有被小泡的直径通常在 50～100nm 之间，其结构特点如下：蜂巢样外被是由网格蛋白纤维构成的网架结构（图 5 - 22）；衔接蛋白（adaptor）常填充在网格蛋白结构外被与囊膜之间约 20nm 的间隙中，并覆盖在细胞质基质侧的膜泡表面，介导网格蛋白与囊膜跨膜蛋白受体的连接。目前已发现有 4 种衔接蛋白：AP_1、AP_2、AP_3 和 AP_4，它们选择性地与不同受体－转运分子复合物结合，使转运物质被浓缩到网格蛋白有被囊泡中。

网格蛋白有被囊泡的产生是一个十分复杂的过程，除网格蛋白和衔接蛋白之外，发动蛋白（dynamin）也发挥着重要的作用。发动蛋白是细胞质中一种可结合并水解 GTP 的特殊蛋白质，由 900 个氨基构成，在膜囊芽生形成时与 GTP 结合，在外凸（或内凹）芽生膜囊的颈部聚合成环状。随着其对 GTP 的水解，环状发动蛋白向心缢缩，直至形成芽生囊泡断离。而一旦芽生囊泡形成转运泡，便立即脱去网格蛋白外被，转化为无被转运小泡，进而运输至靶膜（图 5 - 23）。

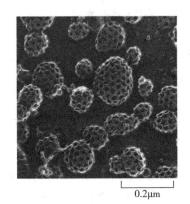

图 5 - 22 网格蛋白形态特征电镜图

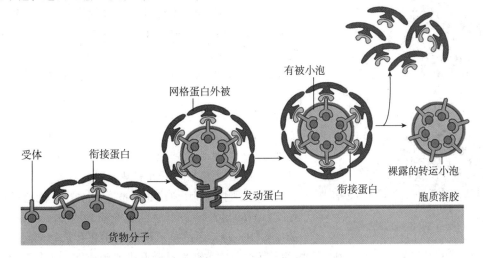

图 5 - 23 胞吞作用形成网格蛋白有被小泡的过程

案例解析

【案例】AP_3 基因突变会导致鼠的皮毛颜色改变，被称为 Mocha Mouse，如图所示。

【问题】试分析 Mocha 鼠皮毛颜色改变的形成机制。

【解析】在已知的衔接蛋白中，当 AP_3 相关基因突变，会导致小鼠的皮毛颜色发生改变。研究发现 AP_3 缺失导致反面高尔基复合体的蛋白无法被转运到液泡和溶酶体中。而黑色素细胞的色素颗粒的形成与溶酶体形成途径相同。酶来源于复合体，先形成酶颗粒，通过笼形囊泡运输到内体。介导这个过程的衔接蛋白有 AP_1、AP_3、BLOG 等几个，因此当 AP_3 突变时还有其他衔接蛋白正常，不能完全阻断黑色颗粒的产生。Mocha 鼠的毛色不会全白。

正常鼠与 Mocha 鼠的毛色对比

2. COP Ⅰ 有被囊泡　主要在高尔基复合体顺面膜囊产生，负责回收、转运内质网逃逸蛋白（escaped protein），以及高尔基复合体膜内蛋白的逆向运输（retrograde transport）。最近研究表明，COP Ⅰ 有被囊泡也可行使从内质网到高尔基复合体的顺向转运（anterograde transport）。顺向转运通常不能直接完成，需要通过"内质网 – 高尔基复合体中间体"（ER – to – Golgi intermediate compartment）的中转。

COP Ⅰ 外被蛋白覆盖于囊泡表面，也是由多个亚基（α、β、γ、δ、ε、ζ 等）组成，其中 α 蛋白（也称 ARF 蛋白）类似于 COP Ⅱ 中的 Sar 蛋白亚基，即作为一种 GTP 结合蛋白，可调控外被蛋白复合物的聚合、装配及膜泡的转运。体外实验证明，GTP 是 COP Ⅰ 外被蛋白发生聚合与解离的必要条件。

COP Ⅰ 囊泡形成的大致过程如下：①GTP – ARF 复合体的形成，即游离于胞质中的非活化状态的 ARF 蛋白与 GDP 解离并与 GTP 结合；②GTP – ARF 复合体被高尔基复合体膜上的 ARF 受体识别、结合；③COP Ⅰ 蛋白亚基聚合，与 ARF 和高尔基复合体囊膜表面其他相关蛋白结合，诱导囊泡芽生。一旦 COP Ⅰ 有被囊泡从高尔基复合体顺面膜囊断离下来，COP Ⅰ 蛋白随即解离，COP Ⅰ 有被囊泡转化为无被转运小泡运向靶膜。

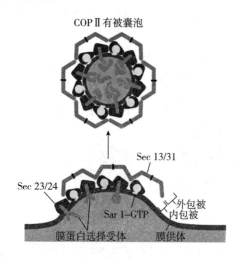

图 5 – 24　COP Ⅱ 的结构组成

3. COP Ⅱ 有被囊泡　产生于粗面内质网，主要介导从内质网到高尔基复合体的物质转运。最初在酵母细胞粗面内质网与胞质及 ATP 的共育实验中，发现内质网膜上形成了有被小泡。利用酵母细胞突变体进行研究鉴定，发现 COP Ⅱ 外被蛋白由 5 种（Sar 1、Sec 23/Sec 24、Sec 13/Sec 31、Sec 16 和 Sec 12）亚基构成，其中 Sar 1 蛋白属于 GTP 结合蛋白，可通过与 GTP 或 GDP 的结合，来调节囊泡外包被的装配与去装配（图 5 – 24）。Sar 1 蛋白亚基与 GDP 的结合，使之处于非活性状态；而与 GTP 结合时，则激活 Sar 1 蛋白并导致其与内质网膜的结合，同时引发其他蛋白亚基在内质网膜上的聚合、装配、出芽及断离形成 COP Ⅱ 有被囊泡。

实验证明，应用 COP Ⅱ 外被蛋白抗体，能有效阻止内质网膜小泡的出芽。采用绿色荧光蛋白（green fluorescent protein，GFP）标记示踪技术观察 COP Ⅱ 有被囊泡转运途径时发现：数个 COP Ⅱ 有被囊泡在向高尔基复合体的转运中，常彼此先融合形成"内质网 – 高尔基复合体中间体"，然后再沿微管继续运行，最终到达高尔基复合体的顺面。COP Ⅱ 有被囊泡在抵达其靶膜并与之融合前，会被结合的 GTP 水解，产生 Sar – GDP 复合物，促使囊泡发生外被蛋白去组装成为无被转运小泡。

COP Ⅱ 有被囊泡的物质转运是具有选择性的，其主要机制如下：COP Ⅱ 蛋白能识别并结合内质网跨膜蛋白受体胞质端的信号序列，而内质网跨膜蛋白受体网腔端又与内质网腔中的可溶性蛋白结合，从而使 COP Ⅱ 有被囊泡能够选择性地转运特定的可溶性蛋白。

课堂互动

细胞中蛋白质是如何转运的？

（二）囊泡转运

囊泡转运是指囊泡以出芽的方式，从一种细胞器膜（或质膜）产生并脱离后，定向地与另一种细胞器膜（或质膜）相互融合的过程。不同类型和来源的囊泡承载和介导着不同物质的定向运输。它们必须沿着正确的路径，以特定的运行方式，才可抵达、锚泊于既定的靶标，并通过膜的相互融合，释放其运载的物质。体外研究结果显示，从酵母或植物细胞中提取的胞质溶胶，能够启动动物细胞中高尔基复合体的囊泡出芽，说明囊泡的芽生是一个主动的自我装配过程。

1. 囊泡转运是细胞物质定向运输的基本形式　囊泡的形成过程伴随着细胞物质的转运，而囊泡的运行轨迹及归宿，取决于其所转运物质的定位去向。如细胞通过胞吞作用摄入的各种外源性物质，总是以网格蛋白有被囊泡的形式，自外向内从细胞膜输送至胞内体或溶酶体；而在细胞内合成的各种外输性蛋白，总是先进入内质网，经过一系列的修饰、加工和质量检查后，以 COP Ⅱ 有被囊泡的形式输送到高尔基复合体，经修饰和加工，最终以胞吐作用（或出胞作用）释放到细胞外；属于内质网驻留蛋白或折叠错误的外输性蛋白如果从内质网逃逸外流，则在进入高尔基复合体后会被捕捉、回收，并由 COP Ⅰ 有被囊泡遣返回内质网。因此，囊泡转运不仅是细胞内外物质交换和信号传递的重要途径，也是细胞物质定向运输的基本形式。

2. 特异性识别融合是囊泡准确转运的保障　被转运的囊泡抵达靶标后与靶膜融合是一个复杂的调控过程，涉及多种蛋白的识别与锚泊结合、装配与去装配，具有高度的特异性。

囊泡与靶膜的相互识别是它们之间融合的前提，这种识别机制与囊泡表面的特异性标记分子和靶膜上的相应受体密切相关。可溶性 N-乙酰基马来酰亚胺敏感因子结合蛋白受体（soluble N-ethyl maleimide-sensitive factor attachment protein receptor，SNAREs）家族在囊泡转运及其选择性锚泊融合过程中具有非常重要的作用，目前已在细胞内定位的家族成员有 10 余种，其中，囊泡相关膜蛋白（vesicle-associated membrane protein，VAMP）和突出融合蛋白（syntaxin）是负责介导细胞内囊泡转运的一对成员。在转运囊泡表面有一种 VAMP 类似蛋白，被称为囊泡 SNAREs（vesicle-SNAREs，v-SNAREs）；突出融合蛋白是存在于靶标细胞器膜上 SNAREs 的对应序列，被称为靶 SNAREs（target-SNAREs，t-SNAREs）。二者互为识别，特异互补。这种"锁-钥"契合式的相互作用，决定着囊泡的锚泊与融合。目前，存在于神经元突触前质膜上的突出融合蛋白和能够与之特异性结合的突触小泡膜上的囊泡相关膜蛋白已被分离鉴定。这两种蛋白的相互作用，可介导膜的融合和神经递质的释放。

另外，还发现了包括 GTP 结合蛋白家族（Rab 蛋白家族）在内的多种参与囊泡转运识别、锚泊融合调节的蛋白因子。如

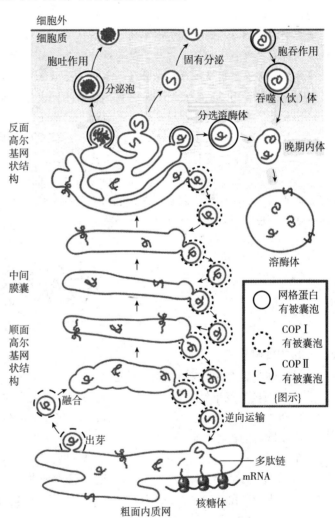

图 5-25　由囊泡介导的细胞内膜流示意图

合成于细胞质中的融合蛋白（fusion protein），其可在囊泡与靶膜融合处与 SNAREs 一起组装成为融合复合物（fusion complex），促使囊泡的锚泊和停靠，催化融合的发生。融合蛋白的主要作用是减少因去除吸附在膜亲水面的水分子而造成的能量消耗，这些水分子位于囊泡与靶膜融合点之间。

3. 囊泡转运是细胞膜及内膜系统相互转换和代谢更新的纽带　粗面内质网产生的转运囊泡转运至高尔基复合体，囊膜成为高尔基复合体顺面囊膜的一部分；高尔基复合体反面囊膜持续产生和分化出的分泌囊泡，可被直接输送至细胞膜，或经由溶酶体最终流向和融入细胞膜；另一方面，细胞膜来源的网格蛋白有被囊泡以胞内体或吞噬（饮）体的形式与溶酶体发生融合转换，使细胞膜转变成内膜系统的一部

分。由此可见，囊泡转运承载和介导细胞物质定向运输的同时，囊泡膜不断地被融汇、更替和转换，从一种细胞器膜（或质膜）到另一种细胞器膜（或质膜），形成膜流并驱动着细胞膜和内膜系统不同功能结构之间的相互转换与代谢更新（图 5 – 25）。

本章小结

真核细胞被生物膜分为细胞质基质、内膜系统和细胞器等部分。细胞质基质是真核细胞中除去可分辨的细胞器以外的胶状物质，占据细胞膜内与核膜以外的空间。细胞质基质是细胞具有高度有序结构的基础，承担细胞代谢、蛋白质修饰与降解等功能。核糖体是非膜性结构的细胞器，由大、小两个亚基以特定的方式聚合而成。大、小亚基都由 rRNA 和蛋白质组成，原核生物核糖体的组成和真核生物之间存在一定差别。根据存在的生物类型不同，核糖体可分为真核生物核糖体和原核生物核糖体两种类型；根据核糖体存在的部位不同，又可分为细胞质核糖体、线粒体核糖体和叶绿体核糖体三种类型，其中细胞质核糖体又可分为游离核糖体和附着核糖体。无论在真核生物细胞内，还是在原核生物细胞内，核糖体的功能都是进行蛋白质的合成。如果核糖体蛋白基因发生突变会导致遗传性疾病的发生，并与某些肿瘤发生密切相关。内膜系统是指细胞内部，结构、功能上乃至发生起源上密切关联的细胞固有的膜性结构细胞器，包括内质网、高尔基复合体、溶酶体、过氧化物酶体以及各种转运小泡等。内膜系统是真核细胞区别于原核细胞的重要标志之一。内膜系统的出现，不仅有效地增加了细胞内空间的表面积，而且使得细胞内不同的生理、生化过程能够彼此相对独立、互不干扰地在一定区域中进行，因而极大地提高了细胞整体的代谢水平和功能效率。内膜系统是真核细胞内最为重要的功能结构体系之一。因此，它与细胞的一系列病理过程以及多种疾病密切相关。

练 习 题

题库

一、单选题

1. 核糖体与粗面内质网直接接触的是 （   ）
    A. 60S 的大亚单位
    B. 40S 的大亚单位
    C. 80S 的核糖体颗粒
    D. 50S 的大亚单位
    E. 30S 的小亚单位

2. 内质网膜的标志酶是 （   ）
    A. 胰酶
    B. 糖基转移酶
    C. RNA 聚合酶
    D. 葡糖 – 6 – 磷酸酶
    E. 以上都不是

3. 在细胞的分泌活动中，分泌物质的合成、加工、运输过程的顺序为 （   ）
    A. 粗面内质网→高尔基复合体→细胞外
    B. 细胞核→粗面内质网→高尔基复合体→分泌泡→细胞膜→细胞外
    C. 粗面内质网→高尔基复合体→分泌泡→细胞膜→细胞外
    D. 高尔基复合体小囊泡→扁平囊→大囊泡→分泌泡→细胞膜→细胞外
    E. 以上都不是

4. 溶酶体的标志酶是 （   ）
    A. 氧化酶
    B. 蛋白水解酶
    C. 酸性水解酶
    D. 酸性磷酸酶
    E. 磷酸化酶

5. 自噬作用是指 （   ）
    A. 细胞内溶酶体膜破裂，整个细胞被水解酶消化的过程

    B. 细胞内的细胞器被溶酶体消化的过程

    C. 溶酶体消化细胞内衰老、变性细胞结构的过程

    D. 溶酶体消化吞噬体的过程

    E. 溶酶体消化细胞自身细胞器或细胞内物质的过程

6. 过氧化物酶体的标志酶是（　　）

    A. 过氧化氢酶   B. 尿酸氧化酶   C. L－氨基酸氧化酶

    D. L－羟基酸氧化酶   E. D－氨基酸氧化酶

7. 异噬作用是指溶酶体消化水解（　　）

    A. 吞饮体或吞噬体   B. 自噬体   C. 残质体

    D. 自溶体   E. 以上都不是

8. 关于"膜流"，以下方向正确的是（　　）

    A. 质膜→大囊泡→高尔基复合体

    B. 高尔基复合体→粗面内质网→质膜

    C. 粗面内质网→高尔基复合体→滑面内质网

    D. 内质网→高尔基复合体→质膜

    E. 以上都不是

二、多选题

1. 滑面内质网（sER）的功能是（　　）

    A. 作为核糖体的附着支架   B. 脂类的合成与转运   C. 糖原的代谢

    D. 细胞解毒作用   E. 合成酶原颗粒和抗体

2. 细胞内具有解毒功能的细胞器有（　　）

    A. 肝细胞内的糙面内质网   B. 肝细胞内的光面内质网   C. 高尔基复合体

    D. 溶酶体   E. 过氧化物酶体

3. 关于高尔基复合体，以下叙述正确的是（　　）

    A. 顺面高尔基网接收来自内质网的小泡

    B. 反面高尔基网含有各种蛋白质分选信号的受体

    C. 大囊泡由成熟面出芽膨大断离形成

    D. 是质膜和内质网间相互联系的细胞器

    E. 是细胞内糖类物质运输的枢纽

4. 游离核糖体附着到内质网膜上需要细胞内三种物质，分别是（　　）

    A. 信号肽   B. 蛋白颗粒   C. 信号识别颗粒（SRP）

    D. 信号识别颗粒受体（SRP－R）   E. 移位子（转运体）

三、思考题

1. 信号假说的主要内容是什么？

2. 溶酶体是怎样发生的？它有哪些基本功能？

3. 比较 N－连接糖基化和 O－连接糖基化的区别。

（孙　娇）

第六章

线 粒 体

学习导引

知识要求

1. **掌握** 线粒体的基本结构、组成；线粒体氧化磷酸化的机制；线粒体的半自主性。
2. **熟悉** 线粒体 DNA 的复制和转录；线粒体蛋白质的合成过程。
3. **了解** 线粒体氧化磷酸化、电子传递链、ATP 生成的过程；线粒体相关的疾病及其与医药学的关系。

能力要求

熟练掌握线粒体的重要结构和组成；线粒体能量转换的过程和基本原理；线粒体的半自主性。

线粒体是细胞内生物氧化和能量转换的重要场所，是细胞的"动力工厂"。除供应细胞生命活动95%的能量外，线粒体是有自身独特遗传系统的半自主性细胞器，参与细胞增殖、细胞运动、细胞分化与细胞凋亡等细胞生命活动过程，与人类疾病的发生发展联系密切，也是药物研发的重要靶向细胞器。

线粒体由瑞士解剖学及生理学家阿尔伯特·冯·科立克于 1857 年在肌肉细胞中首次发现。1898 年，德国科学家卡尔·本达因线粒体的形态在光镜下呈线状或颗粒状，便用希腊语"mitos（线和线的）"和"chondros（颗粒和颗粒状）"组成"mitochondrion"来命名，并被沿用至今。1931 年，德国奥托·海因里希·沃伯格成功完成了线粒体的粗提取，分离得到催化与氧化反应的呼吸酶，揭开了人们对线粒体功能认识的新篇章，并因此获得诺贝尔生理学或医学奖。

到目前为止，先后有 10 余位科学家因对线粒体研究做出杰出贡献而荣获诺贝尔奖。数十万篇科学论文，数百万次动物、临床试验证实，线粒体是生命活力之源，决定人的生老病死，更是人类生命的主宰。

第一节 线粒体的基本特征

PPT

微课

一、形态与结构

（一）线粒体的形态、大小、数量和分布

线粒体普遍存在于进行有氧呼吸的酵母、植物和动物的细胞中。光学显微镜下线粒体通常呈线状、粒状和杆状；其形态具有高度可塑性，细胞类型或生理状态不同，形态则也不同。例如，肝细胞线粒体多为圆形，肾细胞线粒体为圆筒形或细丝状，成纤维细胞线粒体则为线条状；细胞低渗时线粒体膨胀如泡状，高渗时则拉长为杆状。

线粒体是细胞内较大的细胞器。通常，直径为 $0.5 \sim 1.0 \mu m$，长度为 $1.5 \sim 3.0 \mu m$；但其长度变化较大，如胰脏外分泌细胞中可达 $10 \sim 20 \mu m$，人类成纤维细胞为 $40 \mu m$，称为巨线粒体（megamitochondria）。

线粒体的数量可因细胞种类而不同。除哺乳动物成熟的红细胞外，一般有几百至几千个线粒体，如精子细胞约有100个线粒体，而肝细胞约有1300个线粒体，占细胞总体积的20%。此外，细胞内线粒体数量与细胞的代谢活动关系密切，代谢旺盛的细胞线粒体数量多，能量需求低的细胞中线粒体数量则少。

线粒体分布与微管一致，一般聚集在生理功能旺盛、需要能量供应的细胞与区域方向，具有空间差异性。比如在肠表皮细胞中线粒体呈两极分布，集中在顶端和基部；在肌细胞中线粒体集中分布在肌原纤维之间；而精子中线粒体围绕鞭毛中轴紧密排列，以利于精子运动尾部摆动时的能量供应。另外，线粒体存在变形移位现象，可向细胞功能旺盛的区域迁移；此时微管是其导轨，马达蛋白（驱动蛋白 kinesin）为其提供动力。如肾小管细胞中，线粒体通常是均匀分布的；当主动运输机能状态旺盛时，大量线粒体就会集中到细胞质膜边缘。在不同的发育阶段，线粒体的分布也有所差异，在卵母细胞体外培养中，随着细胞逐渐成熟，线粒体会由在细胞周边分布发展成均匀分布。

（二）线粒体的超微结构

电子显微镜下，线粒体是由两层单位膜套叠而成的封闭膜囊性结构，主要由外膜（outer membrane）、内膜（inner membrane）、膜间隙（intermembrane space）和基质腔（matrix space）4部组成。线粒体外膜较光滑，起到细胞器界膜的作用。内膜将线粒体分隔为外室和内室：外室称为膜间隙，内室充满基质称为基质腔。此外，内膜向内折叠形成许多长短不一的嵴（cristae），作为隔板分隔内室，极大增加了生化反应的面积（图6-1）。

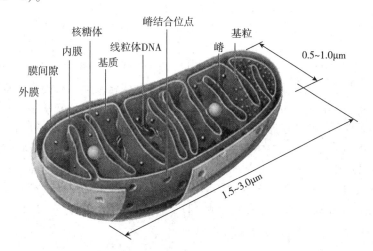

图6-1 线粒体的超微结构示意图

课堂互动

线粒体是细胞内除细胞核外唯一由双层单位膜构成的细胞器，含内膜成分，但为什么不是内膜系统成员？

1. 外膜 包围在线粒体最外层，厚度为6~7nm，平整光滑，含有多种转运蛋白。外膜通透性很高，1000Da以下的分子可自由通过。另外，外膜含有整合蛋白如孔蛋白（porin），可通过β-片层结构形成直径2~3nm的桶状通道，构成水溶性物质可穿过的通道，允许5000Da以下的分子通过。分子量大于上述限制的分子则需拥有一段特定的信号序列以供识别，并通过外膜转运酶的主动运输来进出线粒体。细胞凋亡过程中，线粒体外膜对多种存在于线粒体膜间隙中的蛋白质通透性增加，使得致死性蛋白进入细胞质基质，促进细胞凋亡进程。

2. 内膜 位于线粒体外膜内侧，包裹线粒体基质，把基质与膜间隙分开，厚度为5~6nm。线粒体的内膜向内折叠成嵴，导致内膜的面积大于外膜面积。内膜对物质通透性很差，仅允许不带电荷的小分子物质通过，分子量大于150的物质不能通过，具有高度选择性。大分子和离子通过内膜需要借助膜上转运蛋白系统实现，如丙酮酸和焦磷酸利用H^+梯度进行载体蛋白介导的协同运输。为此，内膜对物质通透的选择性对于控制内外腔物质交换，保证物质代谢需求非常必要，如内膜转运酶或特异性载体通过运输蛋白质酶类及磷酸、谷氨酸、鸟氨酸、各种离子、核苷酸等代谢产物和中间产物，参与氧化磷酸化的氧化还原反应，控制线粒体的分裂与融合。

3. 膜间隙　又称外室（outer chamber），位于线粒体内膜与外膜间的腔隙，宽度为 6~8nm，其内充满无定形的液体，含有高浓度的水溶性蛋白质（500mg/ml）、生化反应底物、可溶性酶、辅助因子等。其中，膜间隙中含有的蛋白质在细胞凋亡的起始中起重要作用。由于外膜的高通透性，膜间隙环境与细胞质基质相近。实际上，膜间隙与线粒体内膜向内腔突进形成的嵴的内部空间即嵴内腔相延续，共同构成外室。利用电子显微镜技术可观察到，有时线粒体的某些部位内、外膜紧密接触，膜间隙变得狭窄或没有膜间隙，此部位称为转位接触点（translocation contact site），其间分布着蛋白质等物质进出线粒体的通道蛋白和特异性受体，分别称为内膜转位子（translocon of the inner membrane，Tim）和外膜转位子外膜转运酶（translocon of the outer membrane，Tom）。转位接触点是细胞质基质中所合成的蛋白质进入线粒体的通道，是一种临时性结构。

4. 基质　又称内室（inner chamber），是由线粒体内膜和嵴围成的腔隙，因内膜形成的嵴向内室突出形成嵴间腔（intercristae space），使得内室形态和大小不规则。线粒体基质比细胞质基质黏稠，呈均质胶状，具有一定渗透压和 pH；主要成分是可溶性蛋白质、脂类和一些有形成分，核基因编码的大部分线粒体蛋白如催化三羧酸循环、脂肪酸和丙酮酸氧化的酶类均位于基质。因而，基质是发生三羧酸循环的重要部位。基质含有线粒体自身 DNA、RNA 和核糖体，具有一套完整的转录和翻译体系，可合成线粒体蛋白。基质中还含有纤维丝和电子密度大的致密颗粒状物质，含 Ca^{2+}、Mg^{2+} 和 Zn^{2+} 等二价阳离子，可调节基质离子环境。

5. 嵴　是线粒体内膜向基质折褶形成的一种结构。嵴的形成使得线粒体内膜表面积增大 5~10 倍，代谢效率增加，承担更复杂的生化反应。嵴是线粒体形态学上变化最大的结构，具有特征性，其数量与线粒体氧化活性的强弱程度有关。嵴的类型主要有"片状嵴""管状嵴""泡状嵴"三种，但在不同种类组织、细胞生理病理条件下，它的形态和排列方式存在巨大的差异。大多数高等动物细胞的线粒体具有片状嵴，而在原生动物和植物细胞线粒体中主要是管状排列的线粒体嵴。嵴的形状与细胞的生化功能也是密切相关的，新生儿细胞中，其线粒体通常是片状嵴，当细胞活跃地合成类固醇时，线粒体嵴是管状嵴。嵴朝向线粒体基质的表面排列着许多规则的圆球状颗粒，即线粒体基粒（elementary particle），基粒中含有 ATP 合酶，能利用呼吸链产生的能量合成 ATP。每个线粒体有 10^4~10^5 个基粒，每个基粒间相距 10nm。

二、化学组成与酶的定位

线粒体的化学组分主要是蛋白质和脂质。此外，还包括水分、维生素、各类无机离子（K^+、Na^+、Ca^{2+}、Mg^{2+}、Zn^{2+} 等）及 DNA、RNA 和核糖体等。蛋白质和脂类在线粒体外膜和内膜中的分布存在差异，体现了功能的相关性。通常，外膜中蛋白质和脂类各占 50%，蛋白质与磷脂的质量比与真核细胞膜中相近；内膜中蛋白质占 80%，脂类占 20%。

（一）线粒体的化学组成

1. 水分　水是线粒体内含量最多的成分，分布在各个组分中。水分是酶促反应的溶剂，也是物理媒介。代谢产物通过水分媒介可在线粒体各种酶系之间扩散，以及在线粒体内、外之间转移。

2. 蛋白质　线粒体主要成分是蛋白质，占线粒体干重的 65%~70%；主要分布于内膜和基质，其中内膜蛋白含量约占总蛋白含量的 66%。线粒体蛋白质分为两类：①可溶性蛋白，主要是位于线粒体基质的酶和膜的外周蛋白；②不溶性蛋白，构成膜的本体，为膜的结构蛋白或是镶嵌酶蛋白。

3. 脂类　占线粒体干重的 25%~30%，主要分布在线粒体双层膜，不同来源的线粒体其脂类组成成分不同。各类脂质成分中，含量最多的是磷脂，占总脂类的 75% 以上，并在线粒体电子传递过程中起着重要的作用；其类型主要是卵磷脂、磷脂酰乙醇胺和心磷脂，及少量磷脂酰肌醇和其他胆固醇类。线粒体与细胞内的其他膜性结构在组成上明显的差别是含丰富的心磷脂和较少的胆固醇。就内、外膜相比而言，外膜脂类含量较高，外膜磷脂含量约为内膜 3 倍。内、外膜不仅磷脂总量不同，所含磷脂成分也不一样。如心磷脂是内膜主要成分，其含量占磷脂总量的 20%，与离子不可渗透性有关；而外膜只含有微量心磷脂。磷脂酰肌醇是外膜的重要组成成分，而内膜含量极少。此外，外膜含有的中性胆固醇也比内膜要多得多，含量是内膜的 6 倍。从脂类的组成成分可以看出，外膜比内膜更接近细胞的其他膜结构。

4. 其他 除蛋白质和脂类外，线粒体还含有参与内膜电子传递与氧化还原过程的辅酶 Q、黄素单核苷酸等化学组成成分。

（二）线粒体的酶类

线粒体是细胞中含酶最多的细胞器，约含 120 种，其中，氧化还原酶约占 37%，合成酶约占 10%，水解酶不足 9%。由于线粒体各部位功能不同，酶的分布也不同，以内膜和基质含酶量较多（表 6-1）。

表 6-1 线粒体中各种酶的定位

部位	酶的名称	特征酶	功能
外膜	单胺氧化酶、犬尿氨酸羟化酶、NADH - 细胞色素 c 还原酶、酰基辅酶 A 合成酶、脂肪酸激酶	单胺氧化酶	催化作用和脂类代谢相关
膜间隙	腺苷酸激酶、核苷酸激酶、二硫酸激酶、亚硫酸氧化酶	腺苷酸激酶	催化水解 ATP，建立电化学梯度
内膜	细胞色素氧化酶、琥珀酸脱氢酶、NADH 脱氢酶、肉碱酰基转移酶、β-羟丁酸和 β-羟丙酸脱氢酶、丙酮酸氧化酶、ATP 合成酶系、腺嘌呤核苷酸载体	细胞色素氧化酶	维持内室的完整性、运送各种代谢产物、生物合成等
基质	谷氨酸脱氢酶、氨基转移酶、丙酮酸脱氢酶复合体、氨甲酰硫酸合成酶、鸟氨酸氨甲酰转移酶、苹果酸脱氢酶	苹果酸脱氢酶	与三羧酸循环、脂肪酸氧化、氨基酸降解等生化反应相关

1. 分布在外膜上的酶 线粒体外膜上酶的含量相对较少，主要是一些特殊的酶类，如参与肾上腺素氧化、色氨酸降解、脂肪酸链延伸等生化催化反应的酶，表明外膜不仅参与膜磷脂的合成，同时能对在线粒体基质彻底氧化的物质进行初步分解。依据参与的功能不同，分布在外膜上的酶大致分为两大类：①对在线粒体基质彻底氧化物质进行初步分解的酶类，包括单胺氧化酶、犬尿氨酸羟化酶、NADH - 细胞色素 c 还原酶；②和脂类代谢有关的酶，如酰基辅酶 A 合成酶、脂肪酸激酶等。外膜的特征酶为单胺氧化酶，是不溶性酶；能催化氧化生物体内各种胺类物质，如多巴胺、5 - 羟色胺、去甲肾上腺素、色胺等进行单胺氧化脱氨反应，最终产物醛和过氧化氢与细胞的氧化密切相关，故又称为含黄素胺氧化酶。目前认为，单胺氧化酶具有调节生物体内胺浓度的功能，能够终止多巴胺等胺类神经递质的作用。

2. 分布在膜间隙的酶 膜间隙仅含有少数几种酶，如腺苷酸激酶、核苷酸激酶、二硫酸激酶、亚硫酸氧化酶等，其中腺苷酸激酶是特征性酶。其功能是催化 ATP 分子末端磷酸基团转移到 AMP，生成 2 分子 ADP。

3. 分布在内膜上的酶 内膜主要机能之一是维持内室的完整性和转运各种代谢产物和中间产物，内膜上还进行一些重要的生物合成。因此，内膜上酶类组成比外膜复杂，包括细胞色素氧化酶、琥珀酸脱氢酶、NADH 脱氢酶、肉碱酰基转移酶、β-羟丁酸和 β-羟丙酸脱氢酶、丙酮酸氧化酶、ATP 合成酶系、腺嘌呤核苷酸载体等，其特征酶是细胞色素氧化酶。内膜上酶类可分成 3 类。

（1）运输酶类 负责运输各种代谢产物和中间产物，如肉毒碱酰基转移酶。内膜上还有一些特殊的转运载体，如腺嘌呤核苷酸载体，运输磷酸、Ca^{2+}、核苷酸、谷氨酸、鸟氨酸等。

（2）合成酶类 内膜是合成线粒体 DNA、RNA 和蛋白质的场所，所需酶类均分布在内膜上。

（3）电子传递和 ATP 合成的酶类 这是线粒体内膜的主要成分，参与电子传递和 ATP 合成。其中，NADH 脱氢酶（线粒体复合物Ⅰ）至少包含 34 条多肽链，由核和线粒体两个不同的基因组编码构成。在电子传递链中共有 3 个质子泵，该酶是第一个质子泵。琥珀酸脱氢酶（线粒体复合物Ⅱ）和线粒体膜牢固结合，是三羧酸循环中唯一与内膜紧密结合的酶，很难从内膜溶解，且其一旦离开内膜，暴露在空气中会很快失活，提纯难度很大。迄今，已从多种原核和真核组织中分离纯化出这种酶，为该酶的酶学研究奠定了基础。

4. 分布在基质中的酶 基质酶的种类很多，与三羧酸循环、脂肪酸氧化、氨基酸降解等生化反应所需的整套酶系均存在于基质中。此外，基质中的重要酶系中还包含谷氨酸脱氢酶、丙酮酸脱氢酶复合体、氨甲酰硫酸合成酶和鸟氨酸氨甲酰转移酶。基质中除含有线粒体自身 DNA 和转移 RNA 外，还含有氨基转移酶、DNA 和 RNA 聚合酶等与线粒体基因转录、翻译有关的各种酶。基质中的特征酶为苹果酸脱氢酶。

三、遗传体系

1963 年，Nass 等人在鸡胚肝细胞线粒体中首次发现了环状 DNA 分子的存在，并称之为线粒体 DNA（mitochondrial DNA，mtDNA）。之后，人们又在线粒体中陆续发现了 RNA（包括 mRNA、tRNA 和 rRNA），以及 DNA 聚合酶、RNA 聚合酶、核糖体、氨基酸活化酶等参与 DNA 复制、转录和蛋白质生物合成的全套装备，说明线粒体具有独立的遗传体系及蛋白质翻译系统。线粒体中约有 1000 个基因产物，mtDNA 仅编码 37 个蛋白质，其余绝大多数蛋白质都是由核基因组编码，在细胞质中合成后经特定的方式转送到线粒体中。

（一）mtDNA 的结构和特点

mtDNA 和细菌 DNA 相似，是一条双链环状分子，裸露而无组蛋白结合，分散在线粒体基质中或附着于线粒体内膜。不同生物细胞的 mtDNA 分子数量和大小不同。一个线粒体中往往有数个 mtDNA 分子，平均有 5 ~ 10 个。人线粒体中有 2 ~ 3 个 DNA 分子。大多数动物细胞的 mtDNA 相对分子质量较小，约为 1×10^7；植物细胞的 mtDNA 相对分子质量较大，为 $3 \times 10^8 ~ 10 \times 10^8$。

每一条 mtDNA 构成线粒体基因组。人线粒体基因组（又称剑桥序列）的测序任务已经在 1981 完成并公布。人线粒体基因组为共价闭合双链环状 DNA 分子。依据两条链在 CsCl 中密度的不同，将其区分为重链和轻链；外侧的称为重链（H 链），内侧的称为轻链（L 链）。人线粒体基因组全长 16569 个碱基对（base pair, bp），共编码 37 个基因，包括 22 个 tRNA 基因、2 个 rRNA 基因和 13 多肽链基因。其中，tRNA 基因编码的蛋白质用于线粒体 mRNA 的翻译；rRNA 基因编码的蛋白质用于构成线粒体的核糖体；13 多肽链基因编码的蛋白质是呼吸链蛋白酶复合体的亚单位，包括电子传递链复合体 I（NADH - CoQ 还原酶复合体）中的 7 个亚基，即 ND1、ND2、ND3、ND4L、ND4、ND5 和 ND6；复合体 III（CoQ - 细胞色素 c 还原酶复合体）中的 1 个亚基，即细胞色素 b 亚基；复合体 IV（细胞色素 c 氧化酶复合体，COX）中的 3 个亚基，即催化活性中心的亚单位 COX I、COX II、COX III；复合体 V（ATP 酶复合体）F_0 部分的 2 个亚基，即 A6 和 A8（图 6 - 2、图 6 - 3）。

与核基因组相比较，人线粒体基因组有如下特点。

（1）线粒体基因组结构紧凑，排列非常紧密，相邻基因间很少有（或无）非编码间隔序列，基因内调控区短，多肽基因相互重叠，如复合物 I 的 ND4L 与 ND4、复合物 V 的 ATP 酶 6 与 ATP 酶 8；而核基因组中非编码序列高达 90%。

（2）mtDNA 的复制不受细胞周期的影响。

（3）两条链转录不对称，H 链编码 2 个 rRNA、14 个 tRNA、12 个多肽；L 链编码 8 个 tRNA、1 个多肽（表 6 - 2）。

（4）翻译时不严格的密码子配对。

（5）部分遗传密码与"通用"遗传密码意义不同（表 6 - 3）。在线粒体基因组的蛋白质翻译系统中，UGA 不是终止信号，而是色氨酸的密码；多肽内部的甲硫氨酸由 AUG 和 AUA 两个密码子编码，起始甲硫氨酸由 AUG、AUA、AUU 和 AUC 4 个密码子编码；AGA、AGG 不是精氨酸的密码子，而是终止密码子；线粒体密码系统中有 4 个终止密码子（UAA、UAG、AGA、AGG）。

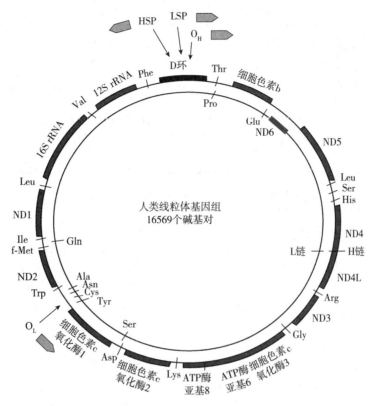

图 6 - 2 人线粒体环状 DNA 分子及其转录产物

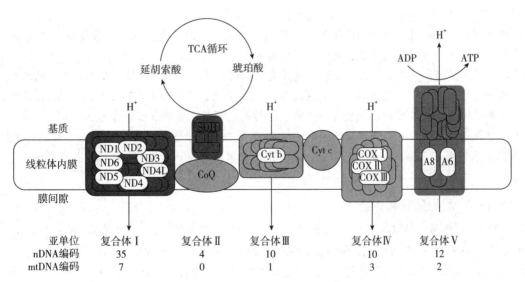

图 6 - 3 人线粒体氧化磷酸化系统中核 DNA 和 mtDNA 编码蛋白质组成

（6）mtDNA 表现为母系遗传。线粒体含有的遗传物质 mtDNA 只通过母系遗传，即只来源于卵细胞，精子的线粒体 DNA 在受精后不久分解。母亲将她的 mtDNA 传递给儿子和女儿，但只有女儿能将她的 mtDNA 传递给下一代。由于未发生遗传交换，其突变率高于核 DNA，并且缺乏修复能力。母亲的线粒体异常会导致许多遗传疾病，如 Leber 遗传性视神经病、2 型糖尿病等。据统计，大约每 200 个新生儿中就有 1 个带有可能致病的线粒体 DNA 变异。

表 6 - 2   人线粒体基因组编码基因

	轻链	重链
rRNA 基因		12S rRNA（小 RNA）
		16S rRNA（大 RNA）
tRNA 基因	8 个	14 个
多肽链基因	ND 6	复合体 I（ND1、ND2、ND3、ND4L、ND4、ND5、ND6） 复合体 III（细胞色素 b 亚基） 复合体 IV（COX I、COX II、COX III） 复合体 V（A6、A8）

表 6 - 3   人线粒体基因组与细胞核遗传密码

密码	细胞核通用密码	线粒体			
		哺乳类	无脊椎类	酵母	植物
UGA	终止	Trp	Trp	Trp	终止
AUA	Ile	Met	Met	Met	Ile
CUA	Leu	Leu	Leu	Leu	Leu
AGA/AGG	Arg	终止	Ser	Arg	Arg

知识拓展

"线粒体夏娃"

所有现代人的线粒体均来自一位大约生活在 17 万年前的非洲女性，又称"非洲夏娃"，是当代人的共同祖先。所有线粒体都保留着小小的一份自己的基因，这些基因仅通过卵子传递给下一代，不通过精子传递。这意味着，线粒体基因起着母系姓氏的作用，使我们可以沿母系血统追溯祖先。当然，这项技术不仅可以使我们知道谁是我们的祖先，也可帮助澄清谁不是我们的祖先。

线粒体还因为它们在法医学上的运用而成为新闻热点，通过线粒体分析可以确定人或尸体的真实身份。线粒体基因之所以如此有用，源自它们大量存在。每个线粒体含有 5 ~ 10 份基因副本，一个细胞里通常有数以百计的线粒体，也就有成千上万份同样的基因，而细胞核（细胞的控制中心）里的基因只有 2 份副本存在。因此，完全无法提取任何线粒体基因的情况是很少见的。

（二）mtDNA 的复制和转录

1. mtDNA 的复制   与原核细胞 DNA 类似，人类 mtDNA 的复制是从一个复制起始点（origin）起始，随后分成两半，一个连接在重链上，称为重链起始复制点（origin of heavy strand replication，O_H），位于环的顶部，控制重链子链 DNA 的自我复制；一个连接在轻链上，称为轻链起始复制点（origin of light strand replication，O_L），位于环的"8"点钟位置，控制轻链子链 DNA 的自我复制。因此，mtDNA 的两条链有各自的复制起始点，并以相反的方向同时进行双向复制；子链 DNA 的合成既需要 DNA 聚合酶（以母链为模板在 RNA 引物上合成子链 DNA），也需要 RNA 聚合酶（催化合成短的 RNA 引物）。

类似原核细胞 DNA，mtDNA 的复制也需要 RNA 引物以作为 DNA 合成的起始。首先，线粒体 RNA 聚合酶以轻链作为模板合成一段分子量相对较大的 RNA 引物，作为重链复制的引物；起始合成的位置位于 O_H 和 tRNA^{Phe} 基因之间的 3 个上游保守序列区段（conserved sequence block，CSB I、CSB II、CSB III）之一附近。接着，在核基因编码的线粒体特异的 DNA 聚合酶作用下，合成一条互补的重链，暂时取代亲代重链与轻链互补。被置换的亲代重链保持单链状态，这段发生置换的区域称为置换环或 D 环（displacement loop），所以此种 DNA 复制方式又被称为 D 环复制。通常，等重链合成一定长度后，轻链才开始复制，轻链的复制要晚于重链；重链以顺时针方向合成，轻链以逆时针方向合成。除 D 环复制外，mtDNA 的复制形式还有 θ 复制、滚环复制等，相同的细胞在不同环境中可以以其中任何一种方式复制，也可以以几种复制方式并存，其调节机制不明。最后，两个合成方向相反的链不断复制，直至各自半环的末端，单股的母链形成一个连锁的对环，后者在 mtDNA 拓扑异构酶的作用下去连锁，释放出新合成的子链。整个复制过程要持续 2 小时，比一般的复制时间要长（如线粒体 16568bp/2h，大肠埃希菌 400 万 bp/40min）。

虽然，mtDNA 的复制机制已相对清楚，但对于这一过程的调节控制仍知之甚少。目前所知道的是，线粒体 DNA 的复制不受细胞周期影响，可在间期进行，甚至整个细胞周期都可复制，但主要在细胞周期的 S 期和 G_2 期复制并与细胞周期同步。在一个细胞周期内，有的 mtDNA 分子可能不止复制一次，而有的 mtDNA 分子却一次也不复制；当线粒体靠近细胞核时，mtDNA 复制最活跃，而当线粒体位于细胞外围区域时，如轴突末端 mtDNA 几乎不复制。

2. mtDNA 的转录　类似于原核细胞 DNA 的转录，mtDNA 的转录可产生一个多顺反子（polycistron），其中包括多个 mRNA 和散布于其中的 tRNA；剪切位置往往发生在 tRNA 处，这些 tRNA 序列可作为核酸酶切割 RNA 前体的识别信息，使其在 tRNA 两端把 RNA 前体切开，从而使不同的 mRNA 和 tRNA 被分离和释放，经进一步加工分别成为成熟的 rRNA、tRNA 和 mRNA 分子。

具体的转录过程分别是从两个主要的启动子，即重链启动子（heavy - strand promoter，HSP）和轻链启动子（light - strand promoter，LSP）处开始。线粒体转录因子（mitochondrial transcription factor 1，mt-TFA）可结合至 HSP 和 LSP 上游 DNA 的特异性序列，并在 mtRNA 聚合酶的作用下启动转录过程，参与线粒体基因的转录调节。

重链的转录起始点有 2 个，因此重链转录可形成 2 个初级转录物，即 mtDNA Ⅰ和Ⅱ。初级转录物Ⅰ开始于 $tRNA^{phe}$，终止于 16S rRNA 基因的末端，最终被剪切为 $tRNA^{phe}$、$tRNA^{val}$、12S rRNA 和 16S rRNA。初级转录物Ⅱ的起始位点约在 12S rRNA 基因的 5′端，比初级转录物Ⅰ的起始位点稍靠下一点，并在初级转录物Ⅰ的终止位置之后持续转录至几乎整个重链，剪切后释放出 tRNA、12 个多聚腺嘌呤 mRNA，但没有 rRNA。相比而言，初级转录物Ⅰ比初级转录物Ⅱ的转录频繁，达 10 倍之多，导致 rRNA、$tRNA^{phe}$ 与 $tRNA^{val}$ 比其他 mRNA 和 tRNA 合成得多。轻链转录物经剪切只形成 8 个 tRNA 和 1 个 mRNA，其余几乎不含有用信息的部分则很快被降解。总体上，初级转录物Ⅰ、Ⅱ和轻链转录物经过剪切加工，形成 2 个 rRNA、22 个 tRNA 和 13 个 mRNA。加工形成的 mRNA 5′端无帽，但 3′端有约 55 个腺苷酸构成的尾部。

mtDNA 转录受核基因编码的蛋白质及相关激素调节。核基因编码蛋白质包括转录活化因子（NRF - 1、NRF - 2、SP - 1、YY1、CREB 等）和协同活化因子（PGC - 1、PRC 等），相关激素则在 RNA 转录的起始和终止阶段发挥作用。

3. 线粒体 mRNA 的特征　不同于细胞核合成的 mRNA，线粒体 mRNA 不含内含子，也很少有非翻译区。线粒体 mRNA 5′端的起始密码为 AUG（或 AUA），3′端的终止密码为 UAA。某些情况下，mtDNA 体系中终止密码子就是一个碱基 U，而后面的两个 A 是在 mRNA 前体合成好之后才加上去的，是多聚腺嘌呤尾巴的一部分。加工后的线粒体 mRNA 的 3′端虽有约 55 个核苷酸构成多聚 A 的尾部，但没有帽子结构。

（三）mtDNA 编码蛋白合成

线粒体含有自身蛋白质合成系统，但由于 mtDNA 编码的基因少，合成的蛋白质有限，只占线粒体全部蛋白质的不到 1%，其余 99% 由核基因编码。mtDNA 编码线粒体中用于蛋白质合成的所有 tRNA。mtDNA 编码的 RNA 和蛋白质合成后并不运出线粒体。所有 mtDNA 编码的蛋白质均在线粒体的核糖体上进行合成；而构成线粒体核糖体的蛋白质则是由核基因编码，在细胞质核糖体合成后再转运到线粒体内，装配成线粒体核糖体。线粒体核糖体因生物的不同而不同，低等真核生物线粒体核糖体为 70~80S；动物线粒体核糖体较小，为 50~60S。

线粒体的蛋白质合成基本上属于原核细胞类型，具有原核生物蛋白质合成的特点，如 mRNA 的转录和翻译两个过程几乎是在同一时间和地点进行；蛋白质合成的起始 tRNA 与原核生物相同，为 N - 甲酰甲硫氨酰 tRNA，而真核细胞的起始 tRNA 为甲硫氨酰 - tRNA；蛋白质合成系统对药物的敏感性与细菌一样，如氯霉素可抑制线粒体的蛋白质合成而不抑制细胞质的蛋白质合成，放线菌酮可抑制细胞质蛋白质的合成而不抑制线粒体蛋白质的合成。此外，线粒体的遗传密码也与核基因不完全相同（表6-3）。细胞核基因最少存在32种tRNA识别mRNA中的61个密码子；但在线粒体中，tRNA的种类明显要少，如人类只有22种。

四、半自主性

线粒体有自己的DNA和蛋白质合成体系，有其独立完整的遗传信息传递和表达体系，能够进行遗传信息的复制、转录和翻译，表明线粒体具有一定的自主性。但是，线粒体仅合成13种蛋白质；线粒体含有的1000种左右的基因产物中，mtDNA仅编码37种，大部分的线粒体蛋白质是依赖核基因编码的。另外，线粒体内遗传信息的传递过程、其生长和增殖受线粒体基因组和核基因组两套遗传系统控制，线粒体遗传系统受控于细胞核遗传系统，这说明线粒体的自主性是有限的，线粒体内复制、转录与翻译受到核基因的控制。因此，线粒体是一个半自主性细胞器。

近年来发现，线粒体与细胞核的遗传系统是相互协作的关系。一方面，mtDNA和蛋白质的合成在很大程度上依赖于细胞核遗传系统，如线粒体DNA复制、转录和翻译过程所需要的DNA聚合酶、RNA聚合酶和氨基酰-tRNA合成酶等都依赖于细胞核DNA编码，在细胞质核糖体合成后运送至线粒体，参与线粒体遗传系统的表达；另一方面，细胞核遗传系统也会受到线粒体遗传系统的影响。在哺乳动物细胞中，细胞核基因组的表达受线粒体基因突变、线粒体蛋白合成抑制等影响。如在某些理化因素及生物学因素作用下，mtDNA复制错误产生的错配小片段，可游离出线粒体膜，进入细胞核并整合至细胞核基因组。近几年已经发现mtDNA可稳定整合到细胞核基因组中的现象。但是目前对线粒体遗传系统如何反馈影响细胞核基因组的情况尚未了解清楚。

案例解析

【案例】 线粒体DNA仅占人类基因组的0.1%，因此采用线粒体置换技术将供体的线粒体移植到受体内不会产生任何后果。一直以来，科学家们认为线粒体只能为我们的身体提供能量。最近多项研究显示，线粒体或能改变机体基因表达。在比较了成千上万个人的线粒体DNA和核DNA后，研究人员发现线粒体DNA能够微量转移到细胞核内。然而，线粒体如何调控细胞核一直是一个尚未解决的科学问题。

【问题】 线粒体与细胞核如何通讯？线粒体如何影响细胞核基因表达？

【解析】 线粒体能够产生细胞生存所需的大约90%的化学能量，人类线粒体仅含有的13个基因也均与电子传递链能量代谢相关，因此供能是线粒体最主要的功能。线粒体不是孤立的细胞器，它能通过物理接触、信号分子和细胞外信号的方式与其他细胞成分交换小分子代谢物、蛋白质、离子和脂质。线粒体与细胞核之间复杂通信网络的存在，使得线粒体能够与核转录程序保持一致，以保证细胞最佳功能的能量需求。

就线粒体与细胞核的通讯而言，线粒体通过其代谢产生的一些信使小分子（AMP、NAD^+、ROS、氧及代谢物，后者如乙酰辅酶A、α-酮戊二酸、琥珀酸、延胡索酸）以及mtDNA作为与细胞核沟通的媒介，影响细胞核内基因的表达。例如，乙酰辅酶A是乙酰转移酶HATs促进组蛋白和蛋白质乙酰化的重要底物，NAD^+是去乙酰化酶HDACs（如SIRT 1/6介导组蛋白和蛋白质去乙酰化）的重要底物；二者作为线粒体的信号，通过影响表观遗传学或染色质修饰，调节基因表达。α-酮戊二酸是双加氧酶的辅因子，如组蛋白去甲基化酶JMJDs、DNA去甲基化酶TET，因而通过组蛋白或DNA甲基化影响细胞转录活性；相反的，琥珀酸和延胡索酸则抑制这些α-酮戊二酸依赖性酶。因此，细胞核基因正向调节线粒体能量代谢活动和数量；反之，线粒体可逆向传递给细胞核代谢物等信使分子，通过激活核转录反应，最终决定细胞命运。

第二节　核编码蛋白的线粒体转运

PPT

线粒体中约有 1000 个基因产物，其蛋白质的来源途径有两个：①少数内源性蛋白质由 mtDNA 编码，在线粒体基质腔合成；②大多数外源性蛋白质由核基因编码，在细胞质中合成后经特定的方式转运进入线粒体。

一、核基因编码的线粒体蛋白质

组成线粒体呼吸链的酶复合物、ATP 合成酶的蛋白质亚基，除 13 种是 mtDNA 编码外，其余大部分是核基因编码的，包括组成线粒体的核糖体蛋白，mtDNA 复制所需的 mtDNA 聚合酶、起始因子、延伸因子，mtDNA 转录所需的 mtRNA 聚合酶、线粒体转录因子 A 及翻译过程所需的相关酶、因子等也都是核基因编码的。另外，核基因还编码了线粒体的膜蛋白，如外膜的线粒体孔蛋白 P70、内膜 ADP/ATP 反向转运体、基质腔和膜间隙的各种可溶性蛋白（包括各种酶）。

在细胞质合成的核基因编码蛋白，在被转运至线粒体之前，称为前体蛋白（precursor protein），转运至线粒体的过程需要导肽的识别、牵引以及分子伴侣蛋白的协助。绝大多数前体蛋白被运到线粒体基质腔，少数输入膜间腔，或插入内膜和外膜上。下面以输入基质腔为例，介绍核基因编码蛋白质的转运过程。

二、核基因编码蛋白质向线粒体基质的转运

（一）核基因编码蛋白进入线粒体时需要信号序列

输入线粒体的蛋白都由成熟形式（mature form）和导肽两个部分组成。导肽含有识别线粒体的信息，具有识别、牵引作用，能牵引蛋白质从特定位点通过线粒体膜进入线粒体内的一定部位。导肽（leading peptide）或称基质导入序列（matrix - targeting sequence，MTS），是指被输入前体蛋白 N 末端由 20 ~ 80 个氨基酸残基组成的疏水序列，富含带正电荷的碱性氨基酸如精氨酸、赖氨酸、丝氨酸和苏氨酸，基本上不含有带负电荷的酸性氨基酸如天冬氨酸和谷氨酸，并有形成两性 α - 螺旋的倾向，带正电荷的氨基酸残基和不带电荷的疏水氨基酸残基分别位于螺旋的两侧。导肽的这种特征性结构有利于其穿过线粒体的脂双层膜。

导肽对所牵引的蛋白质没有特异性要求，非线粒体蛋白只要连接上此导肽信号序列，即会被转运到线粒体。前体蛋白进入线粒体后，导肽被水解切除。然而，有些导肽序列位于蛋白质内部，完成转运后不被切除；还有些信号序列位于前体蛋白 C 端，如线粒体的 DNA 解旋酶 Hmil。

（二）前体蛋白在线粒体外并保持非折叠状态

细胞质中核糖体合成的前体蛋白呈紧密的折叠状态，不能穿越线粒体膜。因此，前体蛋白必须首先在线粒体外进行去折叠，此过程需要细胞质内一类称为"分子伴侣"的蛋白质参与协助。目前已知的分子伴侣包括新生多肽相关复合物（nascent - associated complex，NAC）和热休克蛋白 70（heat shock protein 70，hsp 70）。少数前体蛋白与 NAC 相互作用，可增加蛋白转运的准确性；大多数前体蛋白与 hsp 70 结合，防止前体蛋白形成不可解开的构象，同时也可以防止已松弛的前体蛋白聚集。此外，哺乳动物的细胞质中还存在前体蛋白结合因子（presequence - binding factor，PBF）和线粒体输入刺激因子（mitochondrial import stimulatory factor，MSF），二者能够准确结合线粒体前体蛋白。其中，PBF 具有增加 hsp 70 对线粒体蛋白转运的作用；MSF 为聚集蛋白的解聚提供能量，该作用不依赖 hsp 70，而是单独发挥 ATP 酶的作用。

（三）分子运动产生的动力协助前体蛋白多肽链穿过线粒体膜

蛋白质从细胞质转运到线粒体的过程中，有多种蛋白质复合体或转位因子（translocator）参与其中。结构上，转位因子主要由受体和蛋白质通过孔道两部分构成；类型有以下三种：①Tom 复合体，负责蛋

白通过外膜进入膜间隙。Tom 复合体中的受体相当于内质网上的 SPR 受体，在酵母中如 Tom 70，负责转运导肽序列位于内部的蛋白；Tom 20，负责转运含有 N 端导肽序列的蛋白；在人类线粒体中如 hTom 34，与 Tom 70 类似负责转运有内部导肽序列的蛋白，Tom 复合体中的通道被称为 GIP（general import pore），相当于内质网的 SEC 61 复合体，主要由 Tom 40 构成，还包括 Tom 22、Tom 7、Tom 6 和 Tom 5；②Tim 复合体，其中 Tim 23 负责转运蛋白质到基质，或将蛋白质安插在内膜；Tim 22 负责将代谢物运输蛋白如转运 ADP/ATP 和磷酸的载体蛋白插入内膜；③OXA 复合体，负责将线粒体自身合成的蛋白质插到内膜上，同样也可使经由 Tom/Tim 复合体进入基质的蛋白质插入内膜。

通常，进入线粒体基质的蛋白质可先通过 Tom 复合体进入膜间隙，然后通过 Tim 复合体进入基质；也可直接通过线粒体内、外膜间的转位接触点一步进入基质，在接触点上 Tom 与 Tim 协同作用，并将蛋白质输入基质。例如，绝大多数与 hsp 70 结合的前体蛋白可直接与受体 Tom 20 和 Tom 22 结合；接着，与前体蛋白结合的受体 Tom 20 和 Tom 22 与外膜上的通道蛋白 Tom 40 相偶联；而后，Tom 40 与内膜的接触点（Tim 23/17 受体系统）共同组成跨膜转运通道；最后，非折叠的前体蛋白通过这一跨膜转运通道转移到线粒体基质。

非折叠的前体蛋白与线粒体膜上的受体一旦结合，就需要与外膜及内膜上的跨膜转运通道发生作用，方可进入线粒体。而在此穿膜转运的过程中，需要基质腔内的分子伴侣 – 线粒体基质 hsp 70（mthsp 70）的协助。具体地说，在跨膜转运通道内，前体蛋白多肽链做布朗分子运动摇摆不定；一旦分子运动产生的动力促使前导肽链自发进入线粒体腔，1 分子 mthsp 70 立即结合至前导肽链，防止前导肽退回细胞质；同时，mthsp 70 分子变构产生拖力拖拽前导肽链进入线粒体腔，并引导后面的肽链进入转运通道。随着肽链进一步伸入线粒体腔，更多分子 mthsp 70 结合至肽链，直至肽链全部进入基质腔。线粒体蛋白多肽链穿越线粒体膜的这种机制是由 Simon 提出的，称为布朗 – 棘轮模型（Brownian Rachet model）。这一模型将 mthsp 70 描述为"转运发动机"，其转运能量依靠水解 ATP 提供。

（四）多肽链需要在线粒体基质内重新折叠才能形成有活性的蛋白质

前体蛋白多肽链完全进入基质腔后，必须恢复蛋白质的天然构象才能行使功能。因此，前体蛋白必须重新折叠，转变为成熟的蛋白质。首先，当蛋白质跨过线粒体膜后，大多数前体蛋白的导肽被基质作用蛋白酶（matrix processing protease，MPP）水解切除。接着，mthsp 70 发挥折叠因子而不是去折叠因子的作用，并在基质腔内的 hsp 60 和 hsp 10 的共同协助下，完成多肽链重新折叠。经过上述过程，核编码蛋白进入线粒体基质、成熟并形成其天然构象（图 6 – 4）。

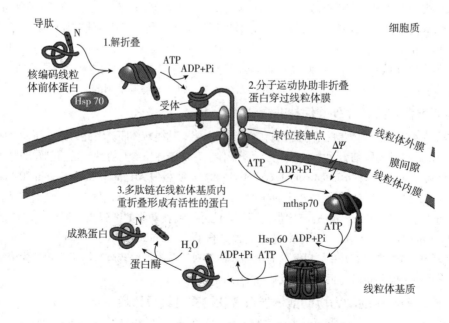

图 6 – 4　核编码的线粒体蛋白质跨膜进入线粒体基质

三、核基因编码蛋白质向线粒体其他部位的转运

核编码蛋白向线粒体膜间腔、内外膜的转运，除需要有基质导向序列外，还需要有第二类信号序列，它们通过与进入线粒体基质类似的机制进入线粒体，而后通过二次定位到达最终目的地。

定位线粒体外膜的蛋白质，如线粒体的各类孔蛋白，其 N 端有一个短的、不被切除的基质导向序列，紧随其后的是一段较长的、强疏水性氨基酸序列。长的疏水性氨基酸序列作为停止转运信号，既可防止外膜蛋白进入线粒体基质，又作为锚定序列将外膜蛋白被 Tom 复合体锚定在外膜上。

定位线粒体内膜和膜间隙的蛋白有以下三种情况：①蛋白 N 端有两个信号序列，位于 N 端最前面的基质导入序列以及其后的第二个导向序列，即膜间隙导向序列（intermembrane space targeting sequence, ISTS），其作用是将蛋白质定位于内膜或膜间隙。首先，蛋白质被运送到基质，然后 N 端基质导入序列被切除，暴露出 ISTS，在 OXA 的帮助下插入内膜。如果 ISTS 被内膜外表面的异二聚体内膜蛋白酶（heterodimeric inner membrane peptidase, Imp 1/Imp 2）切除，则成为膜间隙蛋白。②蛋白 N 端信号序列后面有一段疏水的停止转移序列，能与 Tim 23 复合体结合。当进入基质的信号序列被切除后，蛋白脱离转位因子复合体而进入内膜；如果插入膜中的部分又被酶切除，则成为定位于膜间隙的蛋白。③定位线粒体内膜上负责代谢底物/产物转运的蛋白，如腺苷转位酶，为多次跨膜蛋白，其 N 端没有可被切除的信号序列，但包含 3~6 个内部信号序列，可被 Tim 22 复合体插到内膜上。

PPT

第三节　线粒体与细胞能量代谢

线粒体是真核生物进行氧化代谢的部位，是糖类、脂肪和氨基酸等生物大分子在分子氧存在时生物氧化释放能量的场所；同时，线粒体也是储存和提供能量的场所，可将生物氧化释放的能量储存于 ATP 高能磷酸键中，供给细胞并驱动各种生命活动。因此，线粒体是将食物中蛋白质、脂类和碳水化合物等营养物质储存的化学能转变为细胞生命活动直接供能者 ATP 的场所，即进行细胞能量转换的场所。ATP 是细胞内能量转换的中间携带者，是细胞内能量获得、转化、储存和利用的联系纽带，又被形象地称为"能量货币"。细胞内不断地进行能量储存和释放，ATP 与 ADP 不断进行着互变，当细胞呼吸时释放的能量通过 ADP 磷酸化存储于 ATP 高能磷酸键作为备用；反之，当细胞进行各种生命活动需要能量时，ATP 又通过去磷酸化，断裂一个高能磷酸键，释放能量用于满足机体需要。

> **课堂互动**
>
> 食物中存储的化学能是如何转变为 ATP 的呢？ATP 又是如何被合成的呢？

以葡萄糖氧化为例，葡萄糖在细胞质中经过糖酵解（glycolysis）作用产生丙酮酸；后者进入线粒体基质中，再经过一系列分解代谢形成乙酰辅酶 A（乙酰 CoA）进入三羧酸循环（tricarboxylic acid cycle, TCA cycle）；三羧酸循环过程中脱下的氢经线粒体内膜上的电子传递链逐级传递，释放能量用以将基质中的 H^+ 定向转运至内膜外，形成跨线粒体内膜两侧的 H^+ 梯度和电位梯度；电子在呼吸链的终端将 O_2 还原成 H_2O 的同时，H^+ 借助电化学梯度从内膜外进入基质并释放能量，在内膜的 ATP 合成酶作用下促使 ADP 和 Pi 结合生成 ATP，此即氧化磷酸化（oxidative phosphorylation）过程。

一、葡萄糖在细胞质中的糖酵解

糖酵解在细胞质进行，1 分子葡萄糖经十步反应，生成 2 分子丙酮酸，同时脱下 2 对 H 交给受氢体

NAD^+，形成 2 分子 $NADH + 2H^+$；同时使 2 分子 ADP 与 2Pi 结合生成 2 分子 ATP。具体过程可概括为以下方程式。

$$C_6H_{12}O_6 + 2NAD^+ + 2ADP + 2Pi \rightarrow 2CH_3COCOOH + 2H_2O + 2ATP + 2NADH + 2H^+$$

丙酮酸进一步代谢，因生物种属不同以及供氧情况的差别而有所不同。

专性厌氧生物在无氧情况下，丙酮酸可由 $NADH + H^+$ 供氢被还原为乳酸或乙醇，如强烈收缩的动物肌肉细胞中丙酮酸还原为乳酸，微生物细胞中丙酮酸被分解为乙醇或乙酸等。

专性需氧生物在供氧充足时，丙酮酸与 $NADH + H^+$ 作为有氧氧化的原料进入线粒体。在线粒体基质中，丙酮酸经丙酮酸脱氢酶体系作用，进一步分解为乙酰 CoA，NAD^+ 作为受氢体被还原，生成 1 分子 $NADH + 2H^+$。

$$2CH_3COCOOH + 2HSCoA + 2NAD^+ \rightarrow 2CH_3CO-SCoA + 2CO_2 + 2NADH + 2H^+$$

二、线粒体基质中的三羧酸循环

在线粒体基质中，乙酰 CoA 与草酰乙酸以共价键结合，形成有 6 个碳原子的枸橼酸而进入枸橼酸循环；通过一系列酶促反应，生成 CO_2，在循环的末端又重新生成草酰乙酸分子，开始下一个循环。由于枸橼酸有三个羧基，因此又称三羧酸循环（TCA 循环）。除琥珀酸脱氢酶位于线粒体内膜外，参与该循环的酶都游离于线粒体基质中。

TCA 循环中，每分子乙酰 CoA 氧化的同时会产生起始电子传递链的还原型辅因子，包括 3 分子 $NADH + H^+$、1 分子 $FADH_2$ 以及 1 分子三磷酸鸟苷 GTP（可转换为 1 分子 ATP）。因此，TCA 循环的意义就在于提供了氧化反应所需的氢离子，氢离子通过递氢体将其传递至呼吸链，使之最终完成氧化磷酸化。

TCA 循环总反应式如下。

$$2CH_2COSCoA + 6NAD^+ + 2FAD + 2ADP + 2Pi + 6H_2O \rightarrow 4CO_2 + 6NADH + 6H^+ + 2FADH_2 + 2HSCoA + 2ATP$$

糖类、脂肪和蛋白质在分解代谢过程中都先生成乙酰 CoA，然后进入 TCA 循环而被彻底氧化，所以 TCA 循环是糖类、脂肪和蛋白质三大营养物质进行最后氧化的共同通路，同时也是糖、脂肪酸和某些氨基酸相互转变的代谢枢纽。如，α-酮戊二酸和草酰乙酸分别是合成谷氨酸和天冬氨酸的前体；草酰乙酸先转变成丙酮酸再合成丙氨酸；许多氨基酸通过草酰乙酸变成糖。除丙酮酸外，脂肪酸和一些氨基酸也从细胞质进入线粒体，转变成乙酰 CoA 或 TCA 循环的中间体。TCA 循环产生的中间产物是生物体内许多重要物质生物合成的原料，因此 TCA 循环另一重要功能是为其他合成代谢提供小分子前体。如在细胞迅速生长时期，TCA 循环可提供多种化合物的碳架，以供细胞生物合成使用。

三、线粒体内膜上的氧化磷酸化偶联和 ATP 形成

ATP 是细胞进行生命活动的直接能源，它所携带的能量来源于蛋白质、脂肪和糖类等营养物质的生物氧化，营养物质氧化是 ATP 合成的前提。然而，营养物质的最后氧化均需进入 TCA 循环方能完成。通过 TCA 循环，共生成 4 对 H（氢）；其中 3 对以 NAD^+ 为受氢体，1 对以 FAD 为受氢体。最后，电子载体 NADH 和 $FADH_2$ 把从食物氧化得来的电子逐级、定向地转移到氧分子，氧分子再与基质中的 2 个 H^+ 化合生成 H_2O。这一反应相当于氢原子在空气中燃烧形成水的过程，释放的能量绝大部分用于生成 ATP，即所谓的氧化磷酸化过程。

因此，在 ATP 合成的过程中：一方面，电子从含高能电子、氧化还原电位较负的营养物质，逐级传递至含低能电子、氧化还原电位较正的物质直至氧分子；在自身被氧化的同时，释放的能量催化 ADP 磷酸化合成 ATP，氧化与磷酸化过程偶联在一起；另一方面，伴随电子传递氧化，食物中储存的化学能转变为高能磷酸化合物 ATP，完成线粒体内膜的能量转换过程。因此，氧化磷酸化过程是细胞内化学能-生物能进行能量转换的关键步骤，是释放代谢能的主要环节。通过氧化磷酸化过程，共产生 36 分子 ATP，提供细胞中 ATP 来源的 80%；另外 10% ~ 20% 的 ATP 来源由底物水平磷酸化提供。

（一）氧化磷酸化的结构基础

氧化磷酸化发生在线粒体内膜，特别是内膜折叠形成的嵴，在嵴上分布着氧化磷酸化的结构基础：

电子传递呼吸链和 ATP 合酶复合体。实验已经证明，物质氧化过程中产生的高能质子和电子是通过线粒体内膜上的电子传递链来实现传递的，而 ATP 的合成则直接依赖于内膜上的 ATP 合酶复合体。

1. 电子传递链　在线粒体内膜上存在传递电子的酶体系，包括酶和辅酶，由一系列能够可逆的接受和释放 H^+ 和 e^- 的化学物质所组成，它们在内膜上有序排列成相互关联的链状，还伴随着营养物质的氧化放能，即电子传递链（electron transport chain），也称为呼吸链（respiration chain）。电子通过呼吸链的流动，称为电子传递。

在电子传递过程中，与释放 H^+ 和 e^- 结合并将二者直接传递下去的化学物质称为电子载体；其中，只传递电子的称为电子传递体，如细胞色素 c 和铁硫蛋白；既传递电子又传递质子的称为递氢体，如辅酶 Q、烟酰胺腺嘌呤二核苷酸（NAD^+）和黄素蛋白（含 FMN 或 FAD 蛋白）。亚线粒体颗粒和冰冻蚀刻技术显示，呼吸链中的电子载体有严格的排列顺序和方向，按照氧化还原电位从低向高排序。因而，电子传递途径依次为 NAD^+（FAD）→辅酶 Q→细胞色素 b→细胞色素 c_1→细胞色素 c→细胞色素 a→细胞色素 a_3→O_2（图 6-5）。

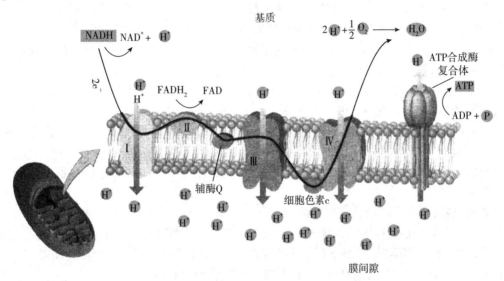

图 6-5　线粒体内膜上的电子传递链及递氢体

除了辅酶 Q 和细胞色素 c 外，呼吸链的主要组分并非独立地分布在线粒体内膜上，而是以复合物形式包埋在线粒体内膜中。利用脱氧胆酸盐处理线粒体，科学家们分离出呼吸链的 I、II、III、IV 四种脂蛋白复合体（图 6-6）。

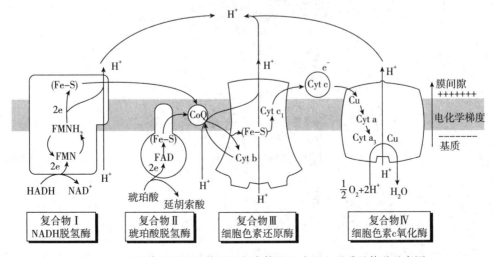

图 6-6　线粒体内膜电子传递链复合体的组成和电子质子传递示意图

（1）复合物 I　　为 NADH – CoQ 氧化还原酶，又称 NADH 脱氢酶，是最大的酶复合体，分子质量约为 850kDa，至少由 34 条多肽链组成，包括 1 个 FMN 和至少 6 个铁硫蛋白。复合体 I 可以使 NADH 脱氢氧化，通过 FMN 和铁硫中心将 1 对电子从 NADH 传递给 CoQ；每传递 1 对电子，即伴随 4 个 H^+ 从基质转移到膜间隙，故又称复合体 I 为质子移位体。

（2）复合物 II　　为琥珀酸 – CoQ 氧化还原酶，又称琥珀酸脱氢酶，分子质量约为 140kDa，由 4 条肽链组成，含有 1 个黄素腺嘌呤二核苷酸（FAD）、2 个铁硫蛋白（Fe – S）和 1 个细胞色素 b。复合物 II 的作用是催化电子从琥珀酸通过 FAD 和 Fe – S 传递至 CoQ，使 $FADH_2$ 上的电子通过还原泛醌进入呼吸链中。但它不能使质子跨膜移位。

（3）复合物 III　　为 $CoQH_2$ – 细胞色素 c 氧化还原酶，又称细胞色素还原酶，分子质量约为 250kDa，一般由 11 条肽链组成，含有 2 个细胞色素 b、1 个 Fe – S 和 1 个细胞色素 c_1 及脂类。复合物 III 的作用是催化电子从 CoQ 传给细胞色素 c，每传递 1 对电子，伴随 4 个 H^+ 从基质转移到膜间隙，故也是质子移位体。

（4）复合物 IV　　是细胞色素 c 氧化酶，又称细胞色素氧化酶，分子质量约为 160kDa，由 13 条肽链组成，含有细胞色素 a_3、细胞色素 a 和 2 个铜原子。它是电子传递链的终点，作用是将从细胞色素 c 接受的电子传递给 O_2，使之还原生成水。每传递 1 对电子要从基质中摄取 4 个 H^+，其中 2 个 H^+ 用于形成水，2 个 H^+ 被跨膜转移到膜间隙，故也是质子移位体。

上述四种复合体相互配合、协调，组成两条呼吸链共同完成电子和质子的传递。其中，复合体 I、III 和 IV 组成一条呼吸链，催化 NADH 氧化；复合体 II、III 和 IV 则组成另一条呼吸链，催化琥珀酸氧化。呼吸链上任何两个复合物间没有稳定的连接结构，而由辅酶 Q 和细胞色素 c 这样的可扩散性分子相连。作为一个放能装置，递氢体 NADH 和 $FADH_2$ 进入呼吸链的部位不同，所释放的自由能也有差异。1 分子 NADH 经过电子传递，释放的能量可形成 2.5 分子 ATP；而 1 分子 $FADH_2$ 经过电子传递，所释放的能量则只形成 1.5 分子 ATP。

2. ATP 合酶复合体　　如前所述，线粒体内膜（包括嵴）内表面并不光滑，其上附有许多圆球形基粒，后者是线粒体中氧化和磷酸化联系在一起的结构。基粒其化学本质是 ATP 合酶或 ATP 合酶复合体，也称 F_1F_0 复合物，是生物体内进行氧化磷酸化的关键酶，是在跨膜质子动力的推动下催化 ADP 形成 ATP 的关键装置。在分子结构上，基粒由头部、柄部和基片三部分组成（图 6 – 7）。

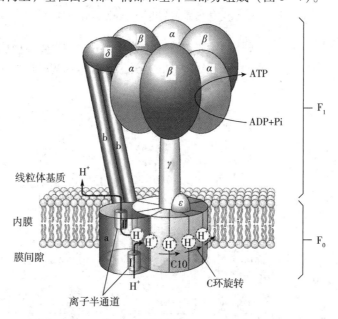

图 6 – 7　ATP 合酶复合体分子结构示意图

（1）头部　　又称偶联因子 F_1，呈球形，与柄部相连凸出在内膜表面，具有 ATP 酶活性；细菌和线粒体 ATP 合酶的 F_1 都是水溶性的蛋白，是由 5 种亚基组成 $\alpha_3\beta_3\gamma_3\delta\varepsilon$ 的九聚体；其中，α 亚基和 β 亚基构成一种球形的排列，是催化 ADP 合成 ATP 的关键部分，且头部 3 个 β 亚基共有三个 ATP 合成的催化位点。

（2）柄部 由 F_1 的 γ 亚基和 ε 亚基构成，将头部与基部连接起来。γ 亚基穿过头部作为头部旋转的轴。此外，构成基部的亚基 b 向外延伸成为柄部的构成部分。分子组成上，是一种对寡霉素敏感的蛋白质（OSCP），是寡霉素解偶联作用的结合部位。

（3）基部 又称偶联因子 F_0，嵌入内膜，是质子流向头部 F_1 的穿膜通道，由镶嵌在线粒体内膜的疏水性蛋白质所组成，是 3 种不同的亚基组成的十五聚体（$a_1b_2c_{12}$）。其中 c 亚基在膜中形成物质运动的环，b 亚基穿过柄部将 F_1 固定；a 亚基是质子运输通道，允许质子跨膜运输。

（二）氧化过程伴随磷酸化的偶联

基于线粒体内膜上的结构基础，氧化磷酸化过程涉及两个主要事件：①电子传递链介导高能质子和电子传递；②ATP 合酶复合体介导 ADP 磷酸化合成 ATP。在生理条件下，电子传递氧化水平和磷酸化水平总是密切偶联的，没有磷酸化就不能进行电子传递。氧化磷酸化偶联的作用就是把 NADH 的氧化能转换成 ATP 高能磷酸键的能，将生物氧化释放能量的过程与 ADP 磷酸化的过程结合起来，并将生物氧化释放的能量转移到 ATP 的高能磷酸键中。

课堂互动

电子传递过程是如何与磷酸化过程相偶联的呢？其具体的偶联机制是什么？

关于电子传递氧化与磷酸化的偶联机制至今尚未完全彻底阐明，曾经先后有过的假说有四种，即化学假说、构象假说、定位质子假说和化学渗透假说。目前被广泛接受的是 1961 年由英国生物化学家米切尔（P. Mitchell）提出的"跨膜电化学梯度驱动 ATP 合成的能量偶联机制"，即化学渗透假说（chemiosmotic coupling hypothesis），米切尔因此获得 1978 年诺贝尔化学奖。该假说认为，电子传递过程的自由能差造成 H^+ 穿膜传递，暂时转变为内膜两侧的质子电化学梯度，形成势能差；接着，质子借助势能差顺浓度回流并释放出能量，驱动内膜 ATP 合酶合成 ATP。因而，正是"跨膜质子电化学梯度"将电子传递氧化过程与 ADP 磷酸化合成 ATP 的过程偶联起来。这一偶联使得 ATP 合成非常高效，机体每天可合成 2×10^{26} 以上的 ATP 分子，重量约在 160kg 以上。

化学渗透假说详细过程可概括如下：①物质氧化与 TCA 循环产生的 NADH 或 $FADH_2$ 分别提供一对电子，经电子传递链传递，最后为 O_2 所接受；②电子传递链同时起到 H^+ 泵的作用，电子传递的过程伴随着 H^+ 从线粒体基质转移到膜间腔；③线粒体内膜对 H^+ 和 OH^- 具有不通透性，随着电子传递过程的进行，H^+ 逐渐在膜间腔中积累，造成内膜两侧质子浓度差，从而保持一定的势能差；④膜间腔 H^+ 有顺浓度返回基质的倾向，H^+ 借助势能通过 ATP 酶复合体的质子通道渗透到线粒体基质中，此过程中所释放自由能驱动 ATP 合酶合成 ATP（图 6 - 8）。

这一假说强调了定向化学反应和内膜的完整性对于 ATP 合成的必要性；并认为，代谢和膜转运互为因果关系，不仅代谢可以导致膜转运的发生，膜转运也可启动膜代谢。

（三）电化学梯度所含能量转换为 ATP 的化学能

不过，ATP 合酶如何利用电子传递过程产生的电化学梯度势能在 ADP 和无机磷酸键建立起共价键并合成 ATP，仍是个谜。1989 年，美国化学家 Paul D. Boyer 提出了结合变构机制（binding - change mechanism）。他认为：①质子运动释放的能量并不直接用于 ADP 磷酸化，而是用于改变 ATP 酶的构象，改变其活性催化位点与 ADP/Pi 底物、ATP 产物结合的亲和力；②任何时刻，ATP 合酶 $F_1\beta$ 亚基 3 个催化位点均以开放（open）、松弛（loose）、紧密（tight）3 种不同构象存在，并保持对 ADP/Pi 底物、ATP 产物的不同亲和力，不断将 ADP 和 Pi 加合在一起，合成 ATP；③质子流通过 F_0 "质子通道"引起 c 亚基环及其上附着的 γ 亚基纵轴在 $\alpha_3\beta_3$ 中央旋转，导致 β 亚基 3 个催化位点构象发生周期性变化。因此，ATP 通过结合变构与旋转催化而合成，即质子流经 F_0 的跨膜运动驱动 $F_1\beta$ 亚基旋转变构并催化 ATP 合成（图 6 -

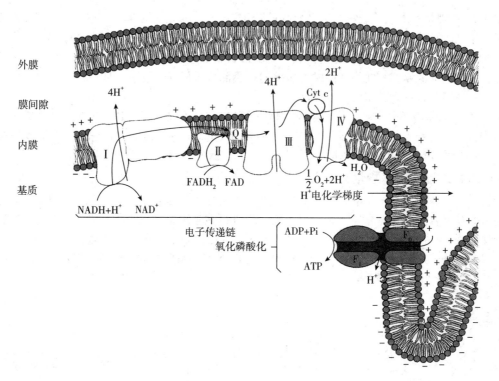

图 6 – 8　化学渗透假说

9）。从以上结合变构具体过程可以看出，ATP 合酶是高效旋转的"分子马达"。1997 年，Boyer 因此学说获得诺贝尔化学奖。

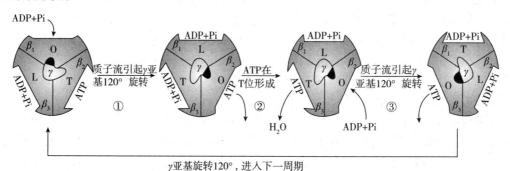

γ亚基旋转120°，进入下一周期

图 6 – 9　ATP 合成的结合变构机制

第四节　线粒体的起源与发生

PPT

一、线粒体的起源

关于线粒体的起源，主要存在两种截然相反的观点：内共生起源学说与非共生起源学说（或分化学说）。近年来古细菌的发现与研究，以及古细菌可能是真核生物起源祖先的论断，十分有利于线粒体内共生起源学说的巩固和发展。

（一）内共生起源学说

该学说认为，线粒体可能起源于古老厌氧真核细胞内共生的早期细菌，而后在长期的进化过程与共生关系中，早期细菌的大部分遗传信息转移到细胞核，而留在线粒体的遗传信息大大减少。支持这一学说的证据包括线粒体的遗传体系、蛋白质合成方式及其对药物的敏感性均与细菌相似。

1970 年，Margulis 提出一种设想，认为真核细胞的祖先是一种体积巨大的、不需氧的、具有吞噬能力的细胞，能够将吞噬所得的糖类进行酵解获得能量。而线粒体的祖先——原线粒体则是一种革兰阴性菌，含有三羧酸循环所需的酶系和电子传递链，能够进行三羧酸循环和电子传递，可利用氧气把糖酵解的产物丙酮酸进一步分解，获得比糖酵解更多的能量。因此，当原线粒体被原始真核细胞吞噬后，并没有被消化，而是与宿主细胞间形成互利的共生关系；寄主原线粒体可从宿主细胞处获得更多的营养，而宿主原始真核细胞则可使用这种细菌（原线粒体）产生的能量。这种关系增加了细胞的竞争力，使其可以适应更多的生存环境。在寄主和宿主都互利的长期共生关系中，原线粒体逐渐演变形成线粒体，使宿主细胞中进行的糖酵解和原线粒体中进行的三羧酸循环和氧化磷酸化成功偶合。

有研究认为，这种共生关系大约发生在 17 亿年以前，与进化趋异产生真核生物和古细菌的时期几乎相同。但线粒体与真核生物细胞核出现的先后顺序仍存在争议。

（二）非内共生起源学说

该学说认为，原始真核细胞是一个进化程度较高的需氧细菌，它比典型的原核细胞大，参与能量代谢的电子传递系统、氧化磷酸化系统位于细胞膜上。随着不断的进化，细胞需要增加其呼吸功能，进而增加其细胞膜的表面积，因此细胞膜不断内陷、折叠和融合，并被其他膜结构包裹（形成的双层膜将其部分基因组包围在内），形成功能上特殊（有呼吸功能）的双层膜性囊泡，最终演变为线粒体。

二、线粒体的发生

对于真核细胞中线粒体的发生机制，目前尚有争论。主要存在三种观点，即重新合成、由非线粒体膜装配而成，以及由原有线粒体分裂生长形成。自从线粒体 DNA 被发现后，目前普遍的观点是线粒体是以分裂方式进行增殖的。G. Attardi 等人认为，线粒体的生物发生过程可分为两个阶段：第一阶段，线粒体的膜生长和复制，然后分裂增殖；第二阶段，线粒体本身的分化阶段，组建成能够执行氧化磷酸化功能的结构。线粒体的分裂增殖和分化阶段分别受到细胞核和线粒体两个独立的遗传系统的控制。

（一）线粒体是通过分裂方式实现增殖的

线粒体如何通过已有线粒体的分裂进行增殖，目前尚不清楚。一般认为，线粒体的分裂可能包括以下几种形式：①间壁分裂，分裂时先由线粒体内膜向中心皱褶形成分隔线粒体结构的间壁，进而将线粒体一分为二，形成两个线粒体（图 6 - 10A）；②收缩分裂，分裂时通过线粒体在其中部缢缩形成很细的"颈"并向两端不断拉长，然后断裂成为两个线粒体（图 6 - 10B）；③出芽分裂，分裂时先从线粒体上长出膜性突起即"小芽"（budding），然后小芽不断长大并与原线粒体脱离，再经过不断发育形成新的线粒体（图 6 - 10C）。

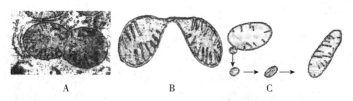

A   B   C

图 6 - 10 线粒体的分裂方式

（二）线粒体分裂时 mtDNA 发生随机的、不均等的分离

上述三种分裂方式中，无论哪种方式，线粒体的分裂都不是绝对均等的，如复制的 mtDNA 在分裂后的线粒体中的分布就是不均等的，野生型与突变型 mtDNA 被随机分配到新的线粒体中，致使子代线粒体中各自突变型 mtDNA 的比例不同，出现复制分离现象，即随机分配导致 mtDNA 异质性变化的过程。而后，在长期的线粒体分裂过程中，异质性细胞中的野生型 mtDNA 与突变型 mtDNA 的比例会发生漂移，向同质性方向发展。分裂旺盛的细胞具有排斥突变型 mtDNA 的倾向，逐渐变成只有野生型 mtDNA 的同质性细胞；而突变型 mtDNA 具有复制优势，在分裂不旺盛的细胞内逐渐积累，形成只有突变型 mtDNA 的同质性

细胞。

（三）线粒体的融合是线粒体之间交换信息和物质的协作过程

线粒体的融合有利于促进线粒体的相互协作，可以使不同线粒体之间的信息与物质得到交换，如膜电位的快速传递、能量与代谢物的分配交换。又如，细胞衰老时 mtDNA 突变累积，线粒体的融合则可使不同线粒体的基因组交换进行充分的 DNA 互补，进而有效地修复这些突变的 mtDNA，保证线粒体正常的功能，延长细胞寿命。

（四）线粒体的分裂与融合循环

线粒体可以相互融合连接形成管状的网络结构，也可以分裂形成分散的、片段化的个体。显微镜下观察活细胞中的线粒体，可见它们持续不断地进行着分裂（fission）与融合（fusion）的循环，因而线粒体是动态的细胞器；线粒体的这种动态变化称为线粒体动力学（mitochondrial dynamics）。线粒体的分裂与融合过程相互协调与平衡，共同塑造了线粒体的形态，也维持了线粒体的功能，使细胞能有效应对不断变化的生理环境。

线粒体的分裂与融合过程受到细胞分裂的影响，细胞进入有丝分裂中期，线粒体则片段化成颗粒状，进而分配到子代细胞；有丝分裂完成后，子代细胞中的线粒体又重新恢复管状的网络结构。此外，线粒体膜电位也会影响线粒体的融合与分裂。如果分裂后新形成的子代线粒体具有较高的膜电位，线粒体将进行下一轮的分裂与融合循环；如果子代线粒体的膜电位下降，出现去极化，线粒体将发生自噬而被消除。

第五节　线粒体与医药学

PPT

线粒体对外界环境因素变化很敏感，环境因素影响可直接造成线粒体结构与功能的异常。如有害物质中毒、病毒感染时，线粒体发生肿胀甚至破裂，肿胀后的体积有的比正常体积大 3~4 倍；原发性肝癌细胞癌变过程中，线粒体嵴的数目逐渐下降，最终成为液泡状线粒体；缺血性损伤时线粒体出现凝集、肿胀等结构变异；坏血病患者病变组织中有时可见 2~3 个线粒体融合成一个大的线粒体的现象，称为线粒体球。一些细胞病变时，线粒体中累积大量的脂肪或蛋白质，有时可见线粒体基质颗粒大量增加，这些物质的充塞影响了线粒体功能，甚至导致细胞死亡；氰化物、CO 等物质可阻断呼吸链的电子传递，造成生物氧化中断、细胞死亡；随着年龄增长，线粒体的氧化磷酸化能力下降等。在这些情况下，线粒体常作为细胞病变或损伤时最敏感的指标之一，成为分子细胞病理学检查的重要依据。

一、线粒体与肿瘤

线粒体与肿瘤关系的研究，主要包括肿瘤细胞线粒体的形态、能量代谢及 mtDNA 突变等方面。mtDNA 游离于线粒体基质中，缺乏组蛋白保护，其损伤修复系统也不完善，因此比核 DNA 更易受各种致癌物质的攻击。肿瘤发生、发展过程中，mtDNA 的 D-loop 区是突变的热点区域，D-loop 区突变将引起整个线粒体功能的紊乱，但不同种类的肿瘤该区突变频率存在差异。D-loop 区突变常见于急性髓性白血病、乳腺癌、肝癌、胃癌等肿瘤中。

D-loop 区突变率高的原因可能与其结构特点有关：①D-loop 区是 mtDNA 与线粒体内膜相接触的位点，更容易受到脂酶过氧化物的损伤；②mtDNA 复制时，D-loop 区形成三链结构，易受到损伤。从突变性质看，D-loop 区频繁的 A-C、C-T 替换可能影响整个线粒体基因组的复制与转录，如 D-loop 区调控元件上的突变可通过与核基因的突变相互作用影响肿瘤的发生和发展。

关于线粒体相关的肿瘤治疗，主要围绕以下三方面进行研究。

（1）干扰线粒体氧化磷酸化。肿瘤细胞膜及其线粒体膜比正常细胞具有更高的跨膜电位，去电子亲脂阳离子复合物能够高度特异地被肿瘤细胞线粒体摄入，进而抑制 ATP 合成酶，干扰肿瘤细胞线粒体 NADH-CoQ 还原酶活性，选择性杀伤肿瘤细胞；还可扰乱肿瘤细胞线粒体膜结构，抑制线粒体膜结合蛋白的功能，抑制线粒体呼吸功能。体内试验已证明，去电子亲脂阳离子复合物可作为化疗药物，具有一定杀瘤效应。

（2）增加胞内氧自由基生成，或者抑制超氧化物歧化酶（superoxide dismutase，SOD），选择性杀伤肿瘤细胞。雌性激素的代谢产物 2-甲基雌二醇能与白血病细胞胞内 SOD 直接结合，抑制其还原 O_2^- 的活性，导致 O_2^- 攻击损伤线粒体膜，同时线粒体内细胞色素 c 释放入胞质并触发凋亡。

（3）诱导线粒体介导的细胞凋亡。许多抗肿瘤药物通过作用于线粒体，导致渗透性穿透孔（permeability transition pore，PTP）通道开放，线粒体跨膜电位下降或消失，继而呼吸链脱偶联，谷胱甘肽耗竭，活性氧簇（reactive oxygen species，ROS）产生及细胞色素 c 和凋亡诱导因子释放，最终诱导肿瘤细胞凋亡发生。

二、线粒体与缺血性损伤

1. 心肌缺血与 mtDNA 突变互为因果关系　在心肌细胞缺血缺氧或灌注异常条件下，氧化磷酸化过程受抑制，氧自由基产生增加，SOD 因酶活性改变使其清除能力下降，导致 mtDNA 损伤而发生突变；mtDNA 突变又使氧化磷酸化障碍加重，形成恶性循环。冠状动脉狭窄、心肌细胞缺血和反复出现低血氧时，心肌细胞产生大量的氧自由基对 mtDNA 造成不可逆性的损害，心肌细胞出现永久性的氧化功能障碍，因此心肌缺血与 mtDNA 突变互为因果关系。另外，动脉粥样硬化病变组织中存在 mtDNA 损伤，同时mtDNA 损伤显著促进动脉粥样硬化形成和进展，其损伤水平与冠心病的危险因素相关。

2. 引起冠心病患者的 mtDNA 损伤的原因　氧化应激是引起冠心病患者 mtDNA 损伤最重要的原因。香烟含有的许多复合物具有遗传毒性和致癌性，包括多环芳香烃、亚硝胺和活性氧产物；吸烟降低总抗氧化能力、增加 mtDNA 氧化损伤和抑制 DNA 修复。脂质过氧化能诱导 mtDNA 氧化损伤。其他因素还包括高胆固醇血症和糖尿病对冠心病患者 mtDNA 的损伤，肥胖以及高半胱氨酸血症介导的 mtDNA 损伤。

3. mtDNA 的氧化损伤引起动脉粥样硬化　在动脉粥样硬化组织中，由于线粒体内产生过量的氧自由基，引起 mtDNA 氧化损伤，mtDNA 的损伤与编码氧化磷酸化体系核基因的表达受损相关联，其损伤导致线粒体呼吸功能受损，使 ATP 合成和 Ca^{2+} 浓度动态平衡受到破坏，进一步引起线粒体功能受损。在此过程中，电子传递链被抑制，腺苷酸池减少，电负性增加，低密度脂蛋白氧化和清除剂缺失，随后线粒体损害、组织损伤和坏死。

三、线粒体 DNA 缺陷导致的其他疾病

根据线粒体 DNA 缺陷的遗传原因，线粒体疾病可以分为核 DNA（nDNA）缺陷、mtDNA 缺陷以及 nDNA 和 mtDNA 联合缺陷 3 种类型（表 6-4）。

表 6-4　线粒体疾病的遗传分类

缺陷位置	遗传方式	遗传特征	生化分析
nDNA 缺陷			
组织特异基因	孟德尔式	组织特异综合征	组织特异单酶病变
非组织特异基因	孟德尔式	多系统疾病	广泛性酶病变
mtDNA 缺陷			
点突变	母性遗传	多系统、异质性	特异单酶病变
缺失	散发	PEO、KSS、Pearson	广泛性酶病变
nDNA 和 mtDNA 联合缺陷			
多发性 mtDNA 缺失	AD/AR	PEO	广泛性酶病变
mtDNA 缺失	AR	肌病、肝病	组织特异多酶病变

注：AD，常染色体显性；AR，常染色体隐性；PEO，进行性眼外肌麻痹；KSS，眼肌病；Pearson，骨髓/胰腺综合征。

（一）mtDNA 突变引起的疾病

1. Leber 遗传性视神经病（Leber hereditary optic neuropathy，LHON）　由 Leber 医生于 1871 年首次报道，主要症状为视神经退行性变，又称 Leber 视神经萎缩。患者多在 18~20 岁发病，男性多见，个

体细胞中突变 mtDNA 超过 96% 时发病，少于 80% 时男性患者症状不明显。临床表现为双侧视神经严重萎缩引起的急性或亚急性双侧中心视力丧失，可伴有神经、心血管、骨骼肌等系统异常，如头痛、癫痫及心律失常等。例如，mtDNA 第 11778 位 G→A 是 LHON 患者最常见的突变类型，该突变可导致原有的限制性内切酶 sfaN I 的切点消失，正常人 mtDNA 经 sfaN I 酶切后产生 915bp、679bp 两个片段，而 LHON 患者 mtDNA 经酶切后只产生 1590bp 片段。

2. 线粒体心肌病　累及心脏和骨骼肌，患者常有严重的心力衰竭，常见临床表现为劳力性呼吸困难，心动过速，全身肌无力伴严重水肿、心脏和肝脏肿大等症状。心肌病的发生与 mtDNA 的突变与缺失有关，如 3260 位点的 A→G 突变可引起母系遗传的线粒体肌病和心肌病；4977 位点的缺失多见于缺血性心脏病、冠状动脉粥样硬化性心脏病等；扩张性心肌病和肥厚型心肌病均可见 7436 位点的缺失等。

3. 帕金森病（Parkinson's disease，PD）　又称震颤性麻痹，是一种晚年发病的神经系统变性疾病，患者表现为运动失调、震颤、动作迟缓等，少数患者有痴呆症状。神经病理学特征包括黑质致密区多巴胺能神经元发生退行性变，部分存活的神经元内出现 Lewy 体。帕金森病患者脑组织，特别是黑质中存在 4977bp 长的一段 DNA 缺失，缺失区域从 AT-Pase8 基因延续到 ND5 基因，结果导致多种组织细胞内的线粒体 I、II、III，甚至 IV 都存在功能缺陷，进而引起神经元中能量代谢障碍。

（二）nDNA 突变引起的疾病

1. 编码线粒体蛋白的基因缺陷　由此引起的疾病并不多，如丙酮酸脱氢酶复合体缺陷、肉碱棕榈酰转移酶缺陷等。诊断时主要从以下方面寻找线索：如有孟德尔遗传的家族史、生化方面特定酶缺陷；组织化学方面如一些呼吸链蛋白亚基是由核基因编码的。

2. 线粒体蛋白质转运的缺陷　nDNA 编码的线粒体蛋白质是在胞质内合成转送入线粒体的不同部位。转运过程中的两种突变会引起蛋白转运异常的线粒体疾病：①前导肽上的突变，将损害指导蛋白转运的信号，使蛋白转运受阻；②蛋白转运因子的改变，如前导肽受体、抗折叠蛋白酶等。

3. 基因组间交流的缺陷　线粒体基因组依赖于核基因组，nDNA 编码的一些因子参与 mtDNA 的复制、转录和翻译。目前发现有两类疾病的 mtDNA 有质或量上的改变，但它们均遵循孟德尔遗传方式，mtDNA 的改变只是第二次突变。

（1）多重 mtDNA 缺失　这类患者不表现为单一的缺失，而是表现为 mtDNA 的多重缺失，且遵循孟德尔遗传方式，可能 nDNA 上的基因存在缺陷。比较典型的如常染色体显性遗传的慢性进行性外眼肌麻痹（autosomal dominantly inherited chronic progressive external ophthalmoplegia，AD-CPEO）。

（2）mtDNA 耗竭　这类患者主要为 mtDNA 完全缺损，即 mtDNA 量异常而不是质的异常，患者往往病情较重，早年夭折。根据临床症状主要分为致命的婴儿肝病、先天性婴儿肌病和婴儿或儿童肌病。这些疾病均呈常染色体隐性遗传，可能是控制 mtDNA 复制的核基因发生突变所致。

知识拓展

中药细胞内作用靶点与线粒体

线粒体是多种药物细胞内的作用靶点。中医药调节气的作用，从某种程度上讲，是通过调节线粒体呼吸链功能、代谢酶活性、膜通透性来实现的。例如，温热药附子、干姜、高良姜、花椒、肉桂等能升高琥珀酸脱氢酶活性，促进三羧酸循环和 ATP 生成；寒凉药如苦参栀子、黄柏、黄芩、黄连和龙胆草则降低琥珀酸脱氢酶活性，减少 ATP 生成。此外，补虚药多含有促进线粒体功能的物质，寒凉药则无。例如，人参所含人参皂苷 Rg1 可降低细胞活性氧水平，提高线粒体膜电位，减轻 DNA 损伤；人参也含有三羧酸循环过程中代谢成分枸橼酸、异枸橼酸、延胡索酸、酮戊二酸、苹果酸、琥珀酸等。通常，单体或单味药作用较为单一，复方制剂则是多位点调节线粒体形态和功能。

本章小结

线粒体是细胞内进行能量代谢的主要结构，它由双层单位膜构成，内膜上分布着具有电子传递功能的蛋白质复合体和ATP合酶复合体。线粒体基质进行着复杂的物质代谢，主要特点是脱氢和脱羧。脱下的氢由受氢体携带至线粒体内膜的电子传递链上传递，最后将电子交给氧，而质子则转移至膜间隙，质子在内膜两侧所形成的电梯度和浓度梯度足以使ATP合酶复合体通过特定的机制合成细胞的能量分子——ATP。ATP分子实现供能与耗能间的能量流通，以维持细胞整体的生存。线粒体具有自己相对独立的遗传体系，但又依赖于核遗传体系，所以具有半自主性。在病理状态下，细胞能量代谢障碍，从而导致细胞内部的结构、功能改变，甚至引发临床疾病的发生。

练 习 题

题库

一、单选题

1. 下列关于糖酵解的叙述中，错误的是（ ）
   A. 是糖和脂肪代谢相联系的途径
   B. 与三羧酸循环通过乙酰CoA相联系
   C. 氧供应不足时，糖酵解途径生成的丙酮酸转变为乳酸
   D. 磷酸烯醇式丙酮酸羧激酶参与该途径
   E. 1摩尔葡萄糖酵解时净生成2摩尔ATP

2. 下列可以作为线粒体内膜标志酶的是（ ）
   A. 单胺氧化酶　　　　　　　　B. 琥珀酸脱氢酶　　　　　　　　C. 活性磷酸二酯酶
   D. 腺苷酸激酶　　　　　　　　E. 苹果酸脱氢酶

3. 下列各种膜中，蛋白/脂类比值最高的膜是（ ）
   A. 线粒体内膜　　　　　　　　B. 线粒体外膜　　　　　　　　C. 质膜
   D. 核膜　　　　　　　　　　　E. 溶酶体膜

4. 下列呼吸抑制剂与阻断的电子传递链部位对应正确的是（ ）
   A. 鱼藤酮：$Q \rightarrow Cyt\ b$　　B. 抗霉素A：$Cyt\ b \rightarrow c_1$　　C. CN^-：$Q \rightarrow c_1$
   D. CO：$c_1 \rightarrow c$　　　　　E. 异戊巴比妥：$c_1 \rightarrow c$

5. 下面实验结果不支持Mitchell化学渗透理论的是（ ）
   A. 当把线粒体悬浮在无O_2缓冲液中，通入O_2时，介质很快酸化，形成一定的H^+浓度差和电势差，内膜的外表面对内表面是正的，并保持相对稳定，证实内膜不允许外侧的H^+渗漏回内膜内侧
   B. 向离体培养的线粒体培养物加入二硝基苯酚时，抑制了培养基酸化
   C. 建立人为的跨线粒体内膜质子浓度梯度后，发现无须电子传递也可以驱动ATP合成
   D. 用解偶联剂或离子载体抑制剂，H^+浓度差不能形成，破坏氧化磷酸化作用的进行
   E. 向离体培养的线粒体培养物加入二硝基苯酚时，电子传递被抑制，但不影响ATP的产生

6. 下列不属于运动肌肉细胞的能量来源的是（ ）
   A. ATP　　　　　　　　　　　B. 磷酸肌酸　　　　　　　　　C. 乳酸
   D. 葡萄糖　　　　　　　　　　E. ADP

二、多选题

1. 以下属于前导肽特性的有（ ）

A. 含有较多碱性氨基酸、羟基氨基酸

B. 位于成熟蛋白的 C 端

C. 引导蛋白质穿膜，并在后来被剪切掉

D. 在转录和翻译阶段起作用

E. 前导肽的识别与二级结构、高级结构有关

2. 下列属于高能化合物的是（　　）

A. 琥珀酰 CoA
B. 二磷酸腺苷
C. 3 - 磷酸甘油酸

D. 1，3 - 二磷酸甘油酸
E. 乙酰磷酸

3. 下列说法正确的是（　　）

A. 热休克蛋白可以促进蛋白质寡聚体的装配和解离，也可以使热变形的蛋白质恢复活性

B. 热休克蛋白在不利条件下，提高细胞的抵抗力，起到应激保护作用

C. 核基因编码的线粒体蛋白质的转运不需要耗能

D. 核基因编码的线粒体蛋白质的转运的过程大致为前体蛋白在线粒体外去折叠、多肽链穿越线粒体膜、多肽链在线粒体基质内重新折叠

E. 分子伴侣的作用不依赖于蛋白质一级结构信息

4. 下列说法正确的是（　　）

A. 基质作用蛋白酶定位于线粒体内膜上，切除大多数蛋白质的基质导入序列

B. 基质导入序列是指输入线粒体的蛋白质在 N 端具有的一段富含精氨酸、赖氨酸、丝氨酸、苏氨酸的序列

C. 新生多肽相关复合物与前体相互作用，能增加前体蛋白转运的准确性

D. 蛋白质通过载体等的协助由胞质通过外膜进入膜间腔

E. 线粒体蛋白导入一旦受损，可能导致蛋白酶体的活性增加，分子伴侣增加，参与线粒体氧化磷酸化的蛋白水平下调

三、思考题

1. 线粒体的超微结构有哪些？

2. 什么是氧化磷酸化偶联机制？化学渗透假说的内容和特点是什么？

3. 试述呼吸链的概念、组成、顺序与功能。

4. 试述线粒体遗传系统与核遗传系统的关系。

5. 线粒体与细胞凋亡有何关系？它是如何参与并启动细胞进入死亡程序的？

（李　玲）

第七章

细 胞 骨 架

学习导引

知识要求

1. **掌握** 细胞骨架的概念和功能；构成微管的基本单位及微管的功能；构成微丝的基本单位及微丝的功能；中间纤维的功能。

2. **熟悉** 微管组织中心的概念；中间纤维的组织特异性。

3. **了解** 可以影响微丝组装的药物；可以影响微管组装的药物；细胞骨架与医药学的关系。

能力要求

熟练掌握细胞骨架的结构和功能。

第一节 概 述

PPT

真核细胞中，由蛋白质纤维构成的纵横交错的网络体系被称为细胞骨架（cytoskeleton），其对于细胞形态、细胞运动、细胞器定位、细胞内物质运输、信息传递、胞质分裂等均发挥着重要的作用。细胞骨架是目前细胞生物学研究中最活跃的领域之一。一直以来，人们认为细菌内部不存在细胞骨架系统，但最近的研究发现，细菌也具有类似真核细胞的细胞骨架结构。

课堂互动

说说你所知道的肿瘤细胞发生转移与哪些因素有关。是什么造成了肿瘤细胞的运动？

20世纪60年代，通过使用戊二醛代替锇酸在室温下固定标本后，细胞骨架结构得到保存，于是人们才能广泛地观察到各类细胞中细胞骨架的三维网架体系。细胞骨架的生物学功能依赖于微管、微丝和中间纤维三种蛋白质纤维（图7-1），每一种纤维分别由不同的蛋白质亚单位组装而成。三类骨架成分既分散地存在于细胞中，又相互联系形成一个完整的骨架体系。

细胞骨架体系不是一个松散的或是静态的支架系统，它处于高度动态平衡中。随着细胞生理条件的改变，细胞骨架结构不断进行组装和解聚，同时受到各种结合蛋白的调节以及细胞内外多种因素的调控。

狭义的细胞骨架是指存在于细胞质内的由微管、微丝和中间纤维构成的细胞质骨架。广义的细胞骨架还包括核骨架（nucleoskeleton）、细胞膜骨架、细胞外基质（extracellular matrix）、核基质（nuclear matrix）等，形成贯穿于细胞核、细胞质、细胞外的一体化网络结构。本章重点介绍细胞质骨架的结构和功能。

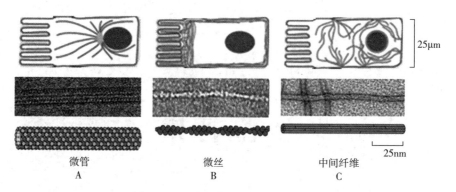

图 7-1 细胞骨架的三种蛋白质纤维

A. 细胞骨架在细胞内分布示意图；B. 电镜下的细胞骨架结构；C. 绘制的细胞骨架结构示意图

第二节 微 管

PPT

一、微管的化学组成与结构

（一）微管的化学组成

微管（microtubule，MT）广泛存在于真核细胞中，它是由微管蛋白和微管结合蛋白组成的细长并具有一定硬性的中空圆筒状结构，在不同类型细胞中有相似结构，对细胞形态的维持、细胞运动和细胞分裂有重要作用。

微管的基本组成单位是微管蛋白（tubulin）。微管蛋白呈球形，占微管中蛋白总量的 80%~95%，是由 α、β-微管蛋白组成的异二聚体。α 和 β-微管蛋白具有相似的结构，分子量相同，均为 55kDa，含 450 个左右的氨基酸残基。α 和 β-微管蛋白上有鸟嘌呤核苷酸 GTP/GDP 的结合位点，同时还有二价阳离子如 Mg^{2+}、Ca^{2+} 的结合位点，以及秋水仙碱（cochicine）和长春新碱（vinblastine）的结合位点。

近年来，研究人员又发现了微管蛋白家族的第三个成员——γ-微管蛋白，约占微管总蛋白的 1%。γ-微管蛋白位于细胞内微管组装的始发区，即微管组织中心（microtubule organizing center，MTOC）。微管中 γ-微管蛋白含量虽较少，但在微管的形成、微管极性的确定及细胞分裂的调控中都发挥了重要作用。

（二）微管的结构

电镜下的微管是中空圆筒状的结构。外径 24~26nm，内径约 15nm，其管壁由 13 根原纤维（protofilament）纵行排列组成（图 7-2），每根原纤维长度变化不等，可达数微米。微管具有极性，其两端的增长速度不同，增长速度快的一端为正端（+），增长速度慢的一端为负端（-）。微管的极性与其维持细胞器定位分布、调控物质运输方向等功能密切相关。

微管在细胞中有单体微管、二联体微管和三联体微管三种不同的存在形式（图 7-3），在多数情况下，大部分细胞质的微管都是以简单的单体微管存在。单体微管在低温、Ca^{2+} 和秋水仙碱条件下容易解聚，属不稳定微管。二联体微管由 A、B 两根单管组成，A 管有 13 根原纤维（完全微管），B 管有 10 根原纤维（不完全微管），与 A 管共用 3 根原纤维，主要分布于纤毛和鞭毛内。三联体微管由 A、B、C 三个单体微管组成，A 管有 13 根原纤维，B 管和 C 管都是 10 根原纤维，多见于中心粒（centriole）及鞭毛和纤毛的基体（basal body）中。二联管和三联管是比较稳定的微管结构。

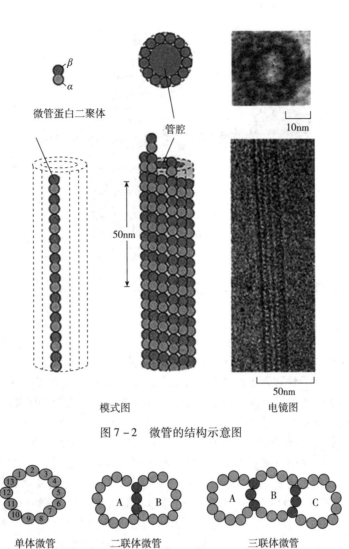

微管蛋白二聚体

管腔

10nm

50nm

50nm

模式图　　　　　　　电镜图

图 7 - 2　微管的结构示意图

单体微管　　　　　二联体微管　　　　　三联体微管

图 7 - 3　微管的三种形式

二、微管结合蛋白

在细胞内，还含有一些以恒定比例与微管相结合，决定不同类型微管的独特属性，维持微管结构、调控微管组装及活性的辅助蛋白，这些蛋白质称为微管结合蛋白（microtubule associated protein，MAP）。

微管结合蛋白并不是微管的组成构件，而是与微管共存，在微管蛋白装配成微管后结合到微管表面的辅助蛋白，占细胞中分离出的微管总重的 10% ~ 15%。研究表明，微管结合蛋白通常是由单基因编码的，C 端含有微管结合结构域。与微管结合后，微管结合蛋白的 N 端突出于微管表面，并在相邻微管之间形成横桥，以横桥的方式与其他骨架纤维相连接（图 7 - 4）。微管结合蛋白突出区域（在相邻微管间所形成的横桥）的长度决定微管成束时间距大小。由于微管结合蛋白 N 端突出区域长度不同，诱导产生的微管束的结构也不同。

研究得较为清楚的几种微管结合蛋白是 MAP1、MAP2、Tau 和 MAP4。前三种微管结合蛋白主要存在于神经元中。MAP4 广泛存在于各种细胞，在神经元和非神经元细胞中均存在，在进化上具有保守性。

不同的微管结合蛋白在细胞中有不同的分布区域，执行特殊功能。例如，在神经细胞中，MAP1 主要存在于神经元的轴突中，MAP2 分布于神经元的胞体和树突中，在微管间、微管与中间纤维间形成横桥，促进微管聚集成束，Tau 只分布于神经元的轴突中，使轴突中的微管更加的紧密。在神经细胞中，微管结合蛋白分布的差异与神经细胞树突和轴突区域化以及感受、传递信息有关。

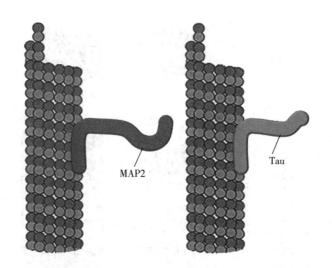

图 7-4 微管结合蛋白 MAP2、Tau 与微管表面结合的模式图

三、微管的组装

微管是一种动态结构，微管的组装是通过 α、β-微管蛋白二聚体的可逆聚合实现的。由 α、β-微管蛋白二聚体组合成微管的特异性和程序性过程称为组装，由微管解离成微管蛋白二聚体的过程称为去组装。微管可通过快速组装和去组装达到平衡，这对于保证微管行使其功能具有重要意义。目前普遍认为，微管的装配主要表现为动态不稳定模型（dynamic instability model），即结合 GTP 的微管蛋白二聚体加到微管纤维上，在快速生长的纤维两端，微管蛋白结合的 GTP 来不及水解，形成"微管蛋白-GTP 帽子（tubulin-GTP cap）"，并使微管纤维较为稳定。随后在微管组装期间或组装后 GTP 被水解成 GDP，从而使 GDP-微管蛋白成为微管的主要成分。微管具有 GTP 帽子时和二聚体具有更高的亲和力，但是一旦暴露出结合 GDP 的亚单位微管，微管蛋白-GTP 帽子及短小的微管原纤维则开始去组装，从微管末端脱落，使微管解聚。微管在组装过程中，不停地在增长和缩短两种状态中转变，表现为不稳定性。细胞内有的微管相对稳定，有些微管则需要在时而增长或时而缩短两种状态中转变，微管的这种"动态不稳定"特性，对维系微管的功能至关重要。

微管组装是复杂而有序的过程，分为成核期、聚合期和稳定期三个时期。成核期（nucleation phase）是微管聚合的开始，速度较慢，因此又称为延迟期（lag phase）。在该期，α、β-微管蛋白聚合成短的寡聚体结构，即形成核心，随即 α、β-二聚体在其两端和侧面增加，使之扩展为弯曲的片状结构，当片状带加宽至 13 根原纤维时，即合拢形成一段微管。聚合期（polymerization phase）又称延长期（elongation phase），该期细胞质内有高浓度的游离微管蛋白，聚合速度大于解聚速度，新的二聚体不断加到微管正端，使微管延长，直至游离的微管蛋白下降，解聚速度逐渐增加。稳定期（steady state phase）又称为平衡期（equilibrium phase），这一时期细胞质中游离的微管蛋白达到临界浓度，微管的组装（聚合）与去组装（解聚）速度相等，微管长度相对恒定。

（一）微管的体外组装

微管的组装与去组装是可逆过程，在适当条件下，微管能进行自我组装，组装过程依赖于局部环境及 α、β-异源二聚体微管蛋白的浓度。在体外，只要有足够的微管蛋白二聚体浓度（临界浓度 1mg/ml），在温和的温度（最适温度 37℃，低温使微管解聚）、适宜的 pH（最适 pH 6.9）、有 Mg^{2+}（无 Ca^{2+}）的缓冲液中，微管蛋白就能够进行自我装配聚合成微管。

在一定条件下，微管两端的装配速度不同，表现出明显的极性。多个重复的 α、β-微管蛋白形成的二聚体头尾相接排列构成原纤维，并在原纤维的两端和侧面增加二聚体扩展形成片层，当片层达到 13 根原纤维时，即合拢成一段微管，然后新的二聚体再不断增加到微管的两端，使之不断延长。微管蛋白增加或释放主要发生于正极，微管的延长主要依靠在正极装配 GTP - 微管蛋白。当 α、β - 微管蛋白二聚体添加到新生微管后，β 亚基的 GTP 逐渐被水解成 GDP 和 Pi，微管蛋白易从末端解聚。当 GTP - 微管蛋白的聚合速度大于 GTP 水解速度，微管末端不断增加 GTP - 帽子，微管便能稳定地延长；反之，则解聚。所以在一定条件下，正端具有 GTP 帽子，微管趋于装配而延长；负端具有 GDP 帽子，微管趋于解聚而缩短。当微管发生正端装配使其延长，负端发生去装配使其缩短时，这种组装现象就是微管装配的踏车运动（tread milling）（图 7 - 5）。

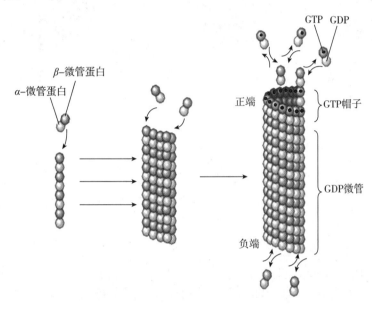

图 7 - 5　微管的体外组装与踏车运动模式图

（二）微管的体内组装

细胞内微管的组装更加严格有序，其特异性和程序性表现为大多数细胞质微管聚合都是从微管组织中心开始生长。微管组织中心的主要作用是帮助微管在装配过程中形成核心。微管组织中心包括中心体、纤毛和鞭毛的基体等。所有微管组织中心都具有 γ - 微管蛋白，γ - 微管蛋白与其他几种蛋白质结合构成 γ - 微管蛋白环形复合体（γ - tubulin ring complex，γ - TuRC）。

中心体内的 γ - 微管蛋白复合体如同一个基座，具有成核作用，是微管生长的起始点，并成为更多 α、β - 微管蛋白二聚体结合上去的核心，微管由此生长、延长。微管组装时，游离的微管蛋白 α、β - 二聚体以一定的方向添加到 γ - 微管蛋白复合体上，而且 γ - 微管蛋白复合体只与二聚体中的 α - 微管蛋白结合，因此产生的微管在靠近中心体的一端都是负极（－），而另一端是正极（＋），都是 β - 微管蛋白。体外研究表明，γ - 微管蛋白复合体除影响微管的成核作用外，还像帽子一样戴在微管的负端，以使微管负端稳定，阻止负端微管蛋白的渗入。因此，在细胞内微管增长或缩短的变化多发生在微管的正极（＋）（图 7 -6）。

（三）影响微管组装和解聚的因素

影响微管组装和解聚的因素很多，包括 GTP、微管蛋白的临界浓度、pH、温度、离子浓度和药物等。在这些影响微管装配的因素中，微管蛋白的浓度及 GTP 的存在最为重要。

影响微管结构的药物包括紫杉醇（taxol）、秋水仙碱和长春新碱等。紫杉醇能和微管紧密结合，以防止微管蛋白亚基的解聚，加速微管蛋白的聚合，并使已形成的微管稳定，但这种稳定对细胞有害。与紫杉醇作用相反，秋水仙碱能特异性结合游离的微管蛋白，使它无法聚合成微管，引起微管的解聚，可破坏纺锤体结构。长春新碱能结合微管蛋白异二聚体，抑制它们的聚合作用。

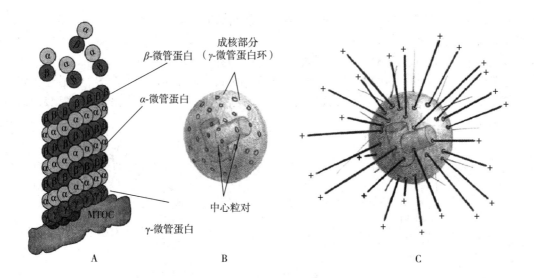

图 7-6 微管在中心体的组装过程

A. 中心体的无定形蛋白基质中含有 γ - 微管蛋白环；B. 中心体上的 γ - 微管蛋白环；
C. 微管从中心体的成核部位上生长出来，负端被包围在中心体内，正端游离在细胞质中

课堂互动

思考中心体装配异常与肿瘤发生的关系。

四、微管的功能

（一）构成细胞的网状支架，维持细胞的形态

微管在大多数真核细胞内参与细胞形态的维持，具有一定的强度，能够抗压和抗弯曲，这种特性能给细胞提供机械支撑力，发挥维持细胞形态的作用。例如，在神经细胞的轴突和树突中，微管束沿长轴排列，起支撑作用；在胚胎发育阶段，微管帮助轴突生长；在成熟的轴突中，微管是物质运输的路轨；在血小板中，环形微管束排列在血小板的四周，维持血小板圆盘形结构；当血小板暴露于低温中，环形微管即消失，血小板变成不规则的球形，但将血小板再加热时，环形微管重新出现，血小板又恢复它的圆盘形结构。

（二）参与中心粒、纤毛和鞭毛的形成

1. 中心粒（centrosome）　存在于动物细胞和低等植物细胞中，它总是位于细胞核附近的细胞质中，接近于细胞的中心，因此叫中心体。中心体由两个相互垂直的中心粒和中心粒周围物质（pericentriolar material，PCM）共同组成。中心粒是构成中心体的主要结构，成对存在，互相垂直。中心粒直径约为0.2mm，长 0.4mm，电镜下的中心粒是由 9 组三联体微管按一定角度排列围成的圆筒状结构（图 7 - 7），中心粒不直接参与微管蛋白的核化，但有召集 PCM 的作用。中心体中有 γ - 微管蛋白，位于中心粒周围物质中，为 α、β - 微管蛋白二聚体提供起始装配位点，所以又叫成核位点。

2. 纤毛与鞭毛　是微管形成的某些细胞表面的特化结构，纤毛较短而多，鞭毛较长而少，都具有运动功能。

纤毛和鞭毛结构相似，均由基体和轴丝两部分构成，外部被细胞膜包裹。轴丝，即轴丝微管，由规则排列的微管构成，轴丝基部与基体相连。纤毛和鞭毛的轴丝微管为 9 + 2 结构，即由外周 9 组二联微管和一对中央微管构成，其中二联微管由 A、B 两个管组成，A 管由 13 条原纤维组成，B 管由 10 条原纤维组成，两者共用 3 条。中央微管由两根单管构成。中央微管的外周包围着一层蛋白性质的鞘，称为中央

鞘（centralsheath）。二联体微管两两之间以微管连接蛋白相连。外周二联管和中央鞘之间也有连接，称为放射辐条（radialspoke）。放射辐条由 A 管伸出，近中央一端膨大，称为辐头。A 管对着相邻的 B 管伸出两条动力蛋白臂（dyneinarm），并向鞭毛中央发出一条辐。A 管头部具有 ATP 酶活性，可为纤毛与鞭毛的运动提供动力（图 7 - 8）。

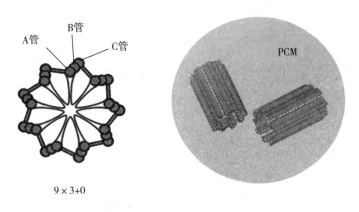

9×3+0

图 7 - 7　中心体的结构示意图
显示成对的中心粒以及中心粒周围物质（PCM）

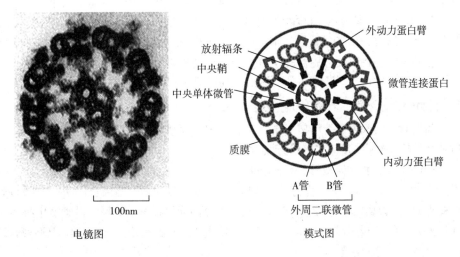

100nm

电镜图

模式图

图 7 - 8　纤毛与鞭毛的横切面

纤毛和鞭毛基体的微管组成类似于中心粒的结构，为三联体微管结构。

（三）参与细胞内物质运输

真核细胞内部是高度区域化的体系，细胞中合成的运输囊泡、一些细胞器和蛋白质颗粒等必须经过细胞内运输才能被运送到功能部位。微管在核周围分布密集，以中心体为核心并向胞质四周伸展。现已证明，微管是细胞内定向物质运输的路轨，与胞质中细胞器移动和物质转运有着密切的关系（图 7 - 9）。例如，线粒体在细胞质中的快速迁移是沿微管进行的；粗面内质网"出芽"形成的运输小泡沿微管运送到高尔基复合体的形成面；神经元轴突的物质运输等都与微管有关。如果破坏微管，会抑制细胞内的物质运输。

微管并不为物质的运输直接提供动力，而是由微管依赖性马达蛋白（motor protein）沿微管驱动细胞内物质运输任务并决定运输方向。目前已发现的多种马达蛋白分别归属于驱动蛋白（kinesin）、动力蛋白（dynein）和肌球蛋白（myosin）家族。其中驱动蛋白和动力蛋白以微管为运输轨道，肌球蛋白以微丝为运输轨道。驱动蛋白和动力蛋白各有两个球形的头部（具有 ATP 酶活性）和一个尾部。其头部可以结合和水解 ATP，导致颈部发生构象改变，使两个头部交替与微管结合，从而沿微管"行走"，转运尾部结合的"货物"（运输泡或细胞器）。大多数驱动蛋白沿着微管负端（－）向微管正端（＋）运输物质，动力蛋白则驱动物质沿着微管正端（＋）向微管负端（－）运输。

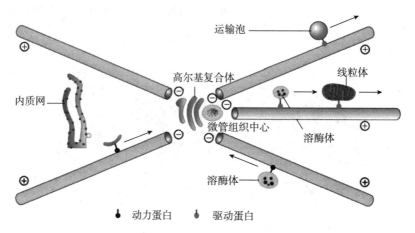

图 7-9　细胞中微管介导的物质运输

（四）参与维持细胞器的定位和分布

微管参与细胞器定位与微管马达蛋白有关，高尔基复合体、内质网、游离核糖体等在细胞质中的定位都需要微管的帮助。例如，驱动蛋白与内质网膜结合，使内质网沿着微管在细胞质中展开分布；动力蛋白与高尔基复合体膜结合，使高尔基复合体分布于细胞中央并定位于中心体附近。如果用秋水仙碱处理细胞，破坏微管的组装，将改变细胞器的定位和分布，内质网会积聚到核附近，高尔基复合体会分解成小的囊泡，遍布整个细胞质。去除秋水仙碱以后，细胞器的有序空间分布会重新恢复。

（五）参与染色体的运动，调节细胞分裂

在细胞分裂间期时，细胞内微管网架崩解，微管解聚为微管蛋白。当细胞进入分裂期，微管蛋白重新组装形成纺锤体。构成纺锤体的微管分为动粒微管（kinetochore microtubule，也称为染色体微管）、极间微管（polar microtubule）和星体微管（astral microtubule）。

极间微管在纺锤体内部相互交叉，保持纺锤体形状的对称；动粒微管与染色体动粒（kintochore）相连。有丝分裂前期通过动粒微管动粒端的聚合延长，推动染色体向赤道板移动。星体微管从中心体向四周发散，与中心体向两极移动有关。有丝分裂末期，纺锤体微管解聚为微管蛋白，重新组装形成微管网络结构。

（六）参与细胞内信号转导

微管在细胞质中分布广泛，具有足够的空间进行信号转导。已证明在 Wnt、ERK、JNK 及 PAK 等多条信号转导通路中，某些信号分子可直接与微管作用或通过马达蛋白、支架蛋白与微管作用来介导细胞生物学效应，调控细胞的生命活动。

知识拓展

吸烟与慢性阻塞性肺病的关系

慢性阻塞性肺疾病（chronic obstructive pulmonary disease，COPD）是一种以不完全可逆性气流受限为特征的可预防的慢性呼吸系统疾病，常存在慢性咳嗽、慢性咳痰、喘息、呼吸困难等症状，主要与有毒有害气体或颗粒物在肺部/呼吸道引起的异常炎症反应有关。COPD 将在 2030 年成为世界第三位主要死因。我国超过 60% 的 COPD 患者是吸烟者，男性中这一比例超过 80%。

呼吸道纤毛运动作为呼吸道一种重要的防御机制，在防止异物沉积或清除气道表面的异物颗粒过程中发挥着重要作用。研究报道，长期吸烟可使气道黏膜表面纤毛倒伏、变短、运动能力下降，异物排出能力显著受损，停止吸烟1~2年后，COPD患者肺部纤毛传输功能才开始自行改善。

COPD发病由内因和外因双重作用所致，其中吸烟是最危险的外界致病因素。吸烟可致肺功能下降，随吸烟指数增加，COPD的发生率增加，且吸烟史越长者COPD严重程度分级越高。因此戒烟有利于阻止COPD患者病情进展，及时恢复肺功能。

我国人群吸烟率仍处于较高水平，吸烟数量和吸烟年数越多，COPD和呼吸道症状患病风险越大。国家相关部门应加强控烟立法，严禁公共场所吸烟，拓宽戒烟咨询渠道，广泛开展健康教育和健康促进活动，增强群众健康意识，改善危险行为，降低烟草对人体健康的危害。

第三节 微 丝

PPT

微丝（microfilament，MF）又称肌动蛋白纤维（actin filament），普遍存在于所有真核细胞中，在具有运动功能和非对称性的细胞内尤为发达。微丝比微管短且细，是细胞骨架系统中最细的一种成分。微丝呈束状、网状或者散在方式存在于细胞质中，与微管和中间纤维共同构成细胞支架，参与细胞形态维持、细胞连接及细胞运动等生理活动。

一、微丝的化学组成与结构

（一）微丝的化学组成

微丝的主要化学成分是肌动蛋白（actin），肌动蛋白是由375个氨基酸组成的单链多肽，相对分子量约为43kDa。与其他两种细胞骨架中的成分不同，肌动蛋白分子具有高度的保守性。

肌动蛋白单体呈哑铃形，称为球状肌动蛋白（globular actin，G-actin）。每个球状肌动蛋白分子由两个亚基组成，其中间的凹陷处有ATP或ADP的结合位点和阳离子（Mg^{2+}或Ca^{2+}）结合位点。微丝是由多个球状肌动蛋白单体形成的双股螺旋状纤维多聚体，也称为纤维状肌动蛋白（filamentous actin，F-actin）。每个肌动蛋白单体有正端和负端，具有极性，因此肌动蛋白分子首尾相接装配成的微丝也具有极性。其中生长迅速的一端称为正端（plus end），相对迟钝和生长缓慢的一端称为负端（minus end），如图7-10所示。

（二）微丝的结构

微丝在电镜下呈实心纤维状结构，每条微丝是由两条平行的肌动蛋白单链，以右手螺旋方式相互盘旋而成，直径为5~8nm。每条肌动蛋白单链由肌动蛋白单体头尾相接成螺旋状排列，螺距为37nm。每条微丝长短不一，在细胞膜内侧分布集中，可以相互聚合成线性的微丝束，也可以交织成二维和三维的网状结构。

二、微丝结合蛋白

微丝结合蛋白又称为肌动蛋白纤维结合蛋白（actin-binding proteins），它并不是微丝的结构成分，而是通过与肌动蛋白单体或肌动蛋白纤维结合，参与组成不同的结构，发挥重要的调控作用（图7-11）。

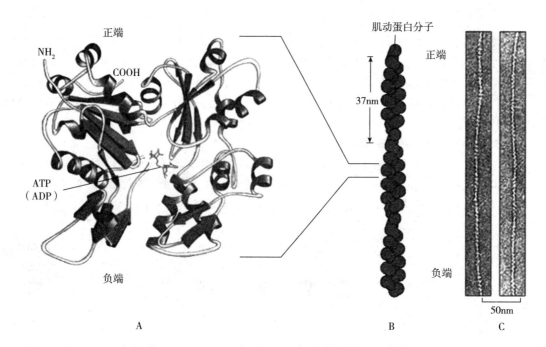

图 7 – 10　肌动蛋白和微丝的结构示意图

A. 球状肌动蛋白结构；B. 纤维状肌动蛋白分子模型；C. 微丝电镜图

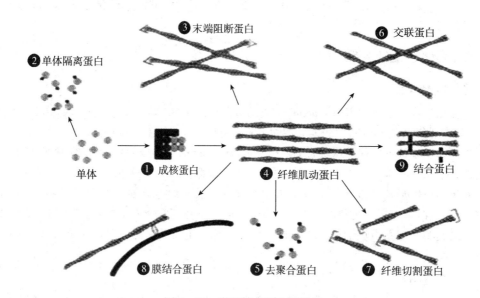

图 7 – 11　微丝结合蛋白的功能

目前发现，肌细胞和非肌细胞中都有微丝结合蛋白，至今已分离出 100 多种。常见的微丝蛋白结合蛋白见表 7 – 1。微丝结合蛋白具有多种功能，但它们与肌动蛋白相互作用的方式却十分简单。这些微丝结合蛋白主要与微丝的结构、微丝的装配及微丝的功能相关。

表 7 – 1　常见的微丝结合蛋白

微丝结合蛋白	相对分子量（kDa）	组织分布
单体隔离蛋白		
抑制蛋白（profilin）	12 ~ 15	广泛分布
胸腺素（thymosin）	5	广泛分布

续表

微丝结合蛋白	相对分子量（kDa）	组织分布
末端阻断蛋白		
加帽蛋白（capping protein）	28~31	棘阿米巴属
β-辅肌动蛋白（β-actinin）	35~37	肾，骨骼肌
CapZ	32~34	肌组织
交联蛋白		
细丝蛋白（filamin）	250	平滑肌，上皮细胞
肌动蛋白结合蛋白（ABP）	250	血小板，巨噬细胞
凝胶蛋白（gelatin）	23~28	变形虫
成束蛋白		
丝束蛋白（fimbrin）	68	小肠表皮
绒毛蛋白（villin）	95	肠表皮，卵巢
α-辅肌动蛋白（α-actinin）	95	肌组织
纤维切割蛋白		
凝溶胶蛋白（gelsolin）	90	哺乳动物细胞
片段化蛋白/割切蛋白（fragmin/severin）	42	阿米巴虫，海胆
短杆素（brevin）	93	血浆
肌动蛋白纤维去聚合蛋白		
丝切蛋白（cofilin）	21	广泛分布
肌动蛋白解聚因子（ADF）	18	海胆卵
蚕食蛋白（depactin）	19	广泛分布
膜结合蛋白		
（肌）营养不良蛋白（dystrophin）	427	骨骼肌
黏着斑蛋白（vinculin）	130	广泛分布
膜桥蛋白（ponticulin）	17	网柄菌属

常见的微丝结合蛋白如下。

（一）单体隔离蛋白

能够与单体肌动蛋白结合，抑制肌动蛋白聚合的这类蛋白质称为肌动蛋白单体隔离蛋白（monomer sequestering protein），包括抑制蛋白和胸腺素。单体隔离蛋白在非肌细胞中负责维持高浓度的单体肌动蛋白。没有单体隔离蛋白，细胞质中可溶性的肌动蛋白几乎全部组装成肌动蛋白纤维。如果改变细胞质中单体隔离蛋白的浓度或活性，将改变细胞质中肌动蛋白单体与聚合体的平衡关系。单体隔离蛋白的浓度和活性决定肌动蛋白是趋于聚合还是解聚。

（二）末端阻断蛋白

末端阻断蛋白（end blocking protein）通过与肌动蛋白纤维的一端或两端的结合，调节肌动蛋白纤维的长度。例如加帽蛋白，其结合在肌动蛋白纤维的末端之后，相当于加上了一顶帽子。如果一个快速生长的肌动蛋白纤维在（+）端加上帽子，那么在（-）端就会发生解聚。某些加帽蛋白能够促使新的纤维形成，同时抑制已存在微丝的生长，这样导致细胞内有大量较短微丝的存在。

（三）交联蛋白

交联蛋白（cross linking protein）能改变细胞内肌动蛋白纤维的三维结构。每一种交联蛋白都有两个或两个以上与肌动蛋白结合的位点，能够使两个或多个肌动蛋白纤维产生交联，形成肌动蛋白纤维的网

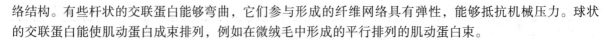

络结构。有些杆状的交联蛋白能够弯曲，它们参与形成的纤维网络具有弹性，能够抵抗机械压力。球状的交联蛋白能使肌动蛋白成束排列，例如在微绒毛中形成的平行排列的肌动蛋白束。

（四）纤维切割蛋白

纤维切割蛋白（filament severing protein）能够与已经存在的肌动蛋白纤维结合，并将它一分为二。由于这种蛋白质能够控制肌动蛋白纤维的长度，因此大大降低了细胞中的黏度。经这类蛋白质作用产生的新末端能够作为生长点，促进肌动蛋白的装配。切割蛋白可作为加帽蛋白封住肌动蛋白纤维末端。

（五）肌动蛋白纤维去聚合蛋白

肌动蛋白纤维去聚合蛋白（actin filament depolymerizing protein）主要存在于肌动蛋白纤维骨架快速变化的部位，它们与肌动蛋白纤维结合，并引起肌动蛋白纤维的快速解聚，形成肌动蛋白单体。

（六）膜结合蛋白

膜结合蛋白（membrane binding protein）是非肌细胞质膜下方产生收缩的机器。在剧烈活动时，由收缩蛋白作用于质膜产生的力引起质膜向内或向外移动（参与细胞吞噬和胞质分裂）。这种运动是由肌动蛋白纤维直接或间接与质膜相结合后所形成的。直接的方式有与膜内在蛋白的结合，间接的方式有与外周蛋白的结合。

三、微丝的组装

在多数非肌肉细胞中，微丝是一种动态结构，不断进行聚合与解聚，以实现维持细胞形态和参与细胞运动的功能。由球状肌动蛋白单体聚合形成纤维状多聚体的过程，称为微丝的组装。反之，由纤维状多聚体解离成球状肌动蛋白单体的过程，称为微丝的去组装。

（一）微丝的组装过程

与微管的组装类似，微丝的组装过程也分为成核期、聚合期和稳定期三个阶段。成核期是微丝组装的限速步骤，需要一定的时间，故又称延迟期。首先球状肌动蛋白单体聚合成二聚体，但是二聚体极不稳定，容易解离，直到一个新的球状肌动蛋白单体聚合上去形成三聚体后才稳定，此时核心形成。一旦核心形成，球状肌动蛋白单体不断地聚合到核心的两端，微丝开始延长，进入聚合期。由于微丝具有极性，所以两端的装配速度不同，正端肌动蛋白添加的速度较快，而负端的添加速度较慢，二者速度相差5～10倍以上。当微丝延长到一定长度，肌动蛋白组装到微丝的速度与其从微丝上解离的速度达到平衡，此时进入稳定期，正端延长长度等于负端缩短长度，微丝长度基本保持不变，但其两端仍在进行着聚合与解聚活动（图7－12）。

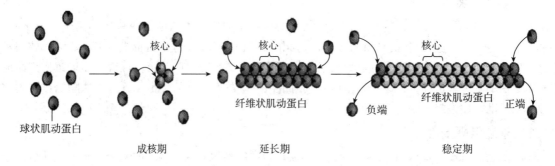

图7－12　微丝的组装过程

（二）微丝组装的模型

微丝的组装可用踏车模型和非稳态动力学模型来解释。目前认为踏车模型在微丝组装过程中可能起主导作用。

在微丝进行组装的过程中，球状肌动蛋白单体可以在微丝任何一端添加，但因为微丝具有极性，新的肌动蛋白单体添加到微丝两端的速度不同，正端速度快，负端速度慢，表现出显著的踏车运动。在微丝装配时，当球状肌动蛋白分子添加到微丝纤维上的速率正好等于球状肌动蛋白分子从微丝纤维上解离的速率时，微丝净长度没有改变，这种过程称为肌动蛋白的踏车行为（图7-13）。

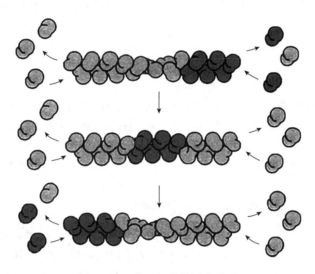

图 7-13 微丝组装的踏车模型

微丝的组装需要 ATP 提供能量。非稳态动力学模型认为，ATP 是调节微丝组装动力学不稳定行为的主要因素，主要调节微丝组装的延长期。1 个球状肌动蛋白单体可以结合 1 分子 ATP 或 ADP。结合 ATP 的肌动蛋白（ATP-actin）对微丝纤维末端的亲和力高，当 ATP-actin 结合到微丝末端后，构象发生变化，ATP 水解成 ADP 和 Pi，转变成 ADP-肌动蛋白（ADP-actin）。ADP-actin 对微丝纤维末端的亲和力低，容易脱落，使微丝缩短。因为 ATP 被水解成 ADP 和 Pi 的速度不变，所以 ATP-actin 的浓度与其聚合速度呈正比。当 ATP-actin 浓度高时，ATP-actin 在微丝末端聚合的速度便升高，微丝快速生长，在微丝纤维的两端形成 ATP-actin "帽子"，此时的微丝有较高的稳定性。伴随着 ATP 水解，微丝结合的 ATP 就变成 ADP，当 ADP-actin 暴露出来后，由于对末端的亲和力小，ADP-actin 会不断从末端解聚脱落，微丝就开始去组装而变短。因此，通常每一根微丝的长度不是固定不变的，而是呈动力学不稳定状态，长度处于延长与缩短的变化中。

（三）影响微丝组装的因素

微丝的装配除了受 G-肌动蛋白临界浓度的影响，还受 ATP、温度、离子浓度（Ca^{2+}、Na^+、K^+）和药物的影响。体外实验发现，在含有 ATP 和 Ca^{2+} 以及低浓度 Na^+、K^+ 的溶液中，微丝趋于解聚而形成肌动蛋白单体；而在 Mg^{2+} 和高浓度 Na^+、K^+ 的溶液中，肌动蛋白单体则趋于聚合成微丝。

微丝的组装也受药物的影响，细胞松弛素 B（cytochalasin B）和鬼笔环肽（phalloidin）等都是影响微丝组装的特异性药物。

细胞松弛素 B 是真菌分泌的生物碱，通过与微丝的正端结合而起抑制微丝聚合的作用，破坏微丝的网络结构，使其功能丧失，是专一用于研究微丝的药物。细胞松弛素 B 作用于活细胞后，会导致肌动蛋白纤维骨架消失，使得细胞的移动、吞噬作用、胞质分裂等细胞活动瘫痪。去除细胞松弛素 B 的影响后，微丝的网络结构和功能可以恢复。细胞松弛素 B 对微管没有作用，也不抑制肌肉收缩，对肌纤维中肌动蛋白丝不起作用，因为肌纤维中肌动蛋白丝是稳定的结构，不发生聚合与解聚的动态平衡。鬼笔环肽是从毒菇（amanita）中分离的毒素，它同细胞松素 B 的作用相反，只与聚合的微丝结合，而不与肌动蛋白单体分子结合。它与聚合的微丝结合后，抑制微丝的解体，因而破坏了微丝的聚合和解聚的动态平衡。

另外，微丝结合蛋白对微丝的组装也有调控作用。

微管和微丝在细胞迁移中各发挥什么作用？

四、微丝的功能

（一）构成细胞的支架，维持细胞的形态

除微管外，微丝亦承担维持细胞形态的重要作用。但微丝不能单独发挥作用，必须形成网状结构或束状结构才能承担功能。例如，细胞膜下有一层由微丝和各种微丝结合蛋白组成的网状结构，称为细胞皮层（cell cortex）或肌动蛋白皮层（actin cortex）。该结构可为细胞膜提供一定的强度和韧性，抵抗细胞内外的压力，维持细胞的形状。微丝还参与构成细胞膜的其他特化结构，如微绒毛和应力纤维。

（二）作为肌纤维的组成成分，参与肌肉收缩

骨骼肌收缩的基本单位是肌小节（sarcomere），肌小节的主要成分是肌原纤维。电镜观察显示，肌原纤维的每个肌节由粗肌丝（thick myofilament）和细肌丝（thin myofilament）组成。粗肌丝又称肌球蛋白丝（myosin filament），直径约为 10nm，由肌球蛋白 II（myosin）组成。每一个肌球蛋白 II 分子有两条重链和四条轻链分子，外形似豆芽状，分为头部和杆部两部分，头部具有 ATP 酶活性，属于与肌动蛋白丝相互作用的马达蛋白，主要功能是参与肌丝收缩。细肌丝又称肌动蛋白丝，直径约为 5nm，由肌动蛋白、原肌球蛋白（tropomyosin）和肌钙蛋白（troponin）组装而成。

1954 年，A. F. Huxley 提出肌丝滑动模型，认为肌细胞收缩是由于粗肌丝与细肌丝之间相互滑动的结果。肌细胞收缩时肌球蛋白的头部与邻近的细肌丝结合并发生一系列的构象变化，触发肌球蛋白头部沿着肌丝正端"行走"，从而导致肌肉的收缩。该过程需要 Ca^{2+} 的调节，也需要 ATP 提供能量。

（三）参与细胞的运动

在非肌肉细胞中，微丝参与细胞的多种运动，如胞质环流、变形运动、细胞的内吞和外吐、变皱膜运动等。微丝以两种不同的方式参与运动，一种是通过滑动机制，如肌动蛋白丝与肌球蛋白丝相互滑动；另外一种是通过微丝束的聚合和解聚。变形运动在人体多见于具有吞噬功能的细胞，如巨噬细胞、白细胞等，在这些细胞内含有丰富的微丝，细胞依赖肌动蛋白和肌动蛋白结合蛋白的相互作用进行细胞膜或细胞质的变形，形成形状不规则的伪足，使细胞进行位置移动。

（四）参与细胞分裂

在有丝分裂末期，即细胞核分裂完成后，两个即将分离的子细胞之间会形成收缩环（contractile ring）。收缩环由肌动蛋白和肌球蛋白 II 组成，收缩的动力来自纤维束中肌动蛋白和肌球蛋白的相对滑动，随着收缩环的收缩，质膜被向内拉，细胞的腰部紧缩，最终使两个子细胞的胞质分离。细胞松弛素 B 能够抑制收缩环的形成。

（五）参与细胞内物质运输

微丝在微丝结合蛋白介导下可与微管一起进行细胞内物质运输。马达蛋白家族中肌球蛋白以微丝作为运输轨道，参与微丝介导的细胞内物质运输。在细胞内，一些膜性细胞器做长距离转运时，通常依赖于微管运输，而在细胞皮层以及神经元突起的生长锥前端等富含微丝的部位，货物（蛋白质或脂类）的运输则由肌球蛋白以微丝为轨道进行转运。此外，还有一些肌球蛋白通过和质膜相结合，牵引质膜和皮层肌动蛋白纤维做相对运动，从而改变细胞的形状。

（六）参与细胞内信号转导

微丝参与细胞内信号传递过程。细胞外的某些信号分子与细胞膜上的特定受体结合后，可触发质膜下肌动蛋白结构变化，将信息进一步传递，启动细胞内下游激酶变化，介导信号转导过程。用细胞松弛

素 B 使细胞膜下的微丝解聚后，多种生长因子与膜受体作用就不再能引起相应的生物学效应。

第四节　中间纤维

PPT

微课

　　中间纤维（intermediate filament，IF）是细胞骨架系统中最稳定，也是化学成分最复杂的纤维成分，因其平均直径介于微管和微丝之间而得名。中间纤维广泛分布于真核细胞，围绕着细胞核形成布满细胞质的网络，并伸展到细胞质膜，与质膜相联结。中间纤维还与核纤层和核骨架共同构成贯穿于细胞核内外的网络体系，赋予细胞强大的支撑作用，在细胞分化、细胞构建等生命活动中发挥重要作用。

一、中间纤维的化学组成与结构

　　电镜下，中间纤维是一类形态相似，直径为 10nm 的丝状蛋白多聚体，又名 10nm 丝。与微管、微丝不同，中间纤维没有极性，其分子结构稳定，不易受到秋水仙碱及细胞松弛素 B 的影响。

　　中间纤维的成分比微管和微丝复杂，不同类型的中间纤维都是由其相应的蛋白单体组成的，各种中间纤维蛋白均来源于同一基因家族，高度同源，有共同的结构域，由头部、杆状区和尾部三部分构成（图 7－14）。位于两侧的 N 末端头部和 C 末端尾部是球形的非螺旋化结构，高度可变，因此不同种类的中间纤维头尾部分分子大小及氨基酸组成都有很大的区别。中间的杆状区由 310～318 个氨基酸残基组成，内含四个高度保守的 α－螺旋区（1A、1B、2A、2B 螺旋），相邻螺旋区之间被三个短小的间隔片段相隔。中间纤维的分子量大小与头尾部有关，结构取决于中间杆状区。

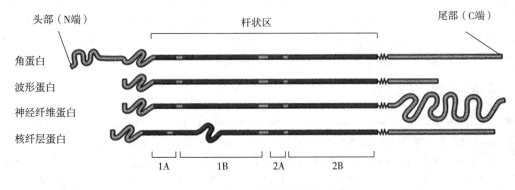

图 7－14　中间纤维蛋白的结构示意图

二、中间纤维的类型

　　根据组成中间纤维蛋白质氨基酸顺序的同源性和聚合特征的差异，中间纤维可分为六大类（表 7－2）。

表 7－2　脊椎动物细胞内中间纤维的主要类型

类型	中间纤维蛋白	分子量（kDa）	组织分布
Ⅰ	酸性角蛋白（acidic keratin）	40～60	上皮细胞
Ⅱ	中性/碱性角蛋白（neural or basic keratin）	50～70	上皮细胞
Ⅲ	波形蛋白（vimentin）	54	成纤维细胞、白细胞及其他细胞
	结蛋白（desmin）	53	肌细胞
	外周蛋白（peripherin）	57	外周神经元
	胶质纤维酸性蛋白（glial firillary acidic protein，GFAP）	51	神经胶质细胞

续表

类型	中间纤维蛋白	分子量（kDa）	组织分布
Ⅳ	神经丝蛋白（neurofilament protein）		
	NF – L	67	神经元
	NF – M	150	神经元
	NF – H	200	神经元
Ⅴ	核纤层蛋白（lamin）		各种类型细胞
	核纤层蛋白 A	70	
	核纤层蛋白 B	67	
	核纤层蛋白 C	60	
Ⅵ	神经（上皮）干细胞蛋白（nestin）	200	中枢神经干细胞

在不同的组织和细胞中，中间纤维成分各异。分布于上皮细胞的角蛋白就是含量丰富且被熟知的一种中间纤维蛋白，分为Ⅰ型酸性角蛋白和Ⅱ型中性/碱性角蛋白，在上皮细胞内以异二聚体的形式参与中间纤维的组装。Ⅲ型中间纤维蛋白包括多种类型，通常在分布的细胞内形成同源多聚体。例如，波形蛋白存在于间充质来源的细胞；结蛋白是肌细胞特有的中间纤维蛋白，在成熟的骨骼肌、心肌和平滑肌中表达；胶质原纤维酸性蛋白特异分布于神经胶质细胞；外周蛋白存在于中枢神经系统神经元和外周神经系统感觉神经元中。Ⅳ型中间纤维蛋白，即神经丝蛋白主要分布在脊椎动物神经元轴突中，由三种神经丝蛋白亚基（NF – L、NF – M、NF – H）组装而成；Ⅴ型中间纤维蛋白，即核纤层蛋白存在于内层核膜的核纤层，有 lamin A、lamin B 和 lamin C 三种；Ⅵ型中间纤维蛋白，即神经（上皮）干细胞蛋白，也称巢蛋白，分布于神经干细胞。此外，中间纤维还参与细胞连接结构——桥粒和半桥粒的构成，间接地将相同的组织细胞联络为一个整体。

三、中间纤维结合蛋白

中间纤维结合蛋白（intermediate filament associated protein，IFAP）是一类在结构和功能上与中间纤维有着紧密联系的蛋白，但其并不是中间纤维的组成成分。中间纤维结合蛋白参与调控细胞内中间纤维的超分子结构，介导中间纤维之间成束、成网，并把中间纤维交联到质膜或其他骨架成分，形成中间纤维网络结构。目前已发现的 15 种中间纤维结合蛋白分别与特定的中间纤维结合，但与微管、微丝结合蛋白不同，迄今为止并没有发现中间纤维切割蛋白、加帽蛋白或是中间纤维马达蛋白等。

四、中间纤维的组装及其调节

（一）中间纤维的组装过程

中间纤维的装配过程与微管、微丝相比更为复杂，具体如下。

（1）两个平行且相互对齐的中间纤维蛋白分子的杆状区相对应的 α – 螺旋区缠绕成双螺旋二聚体结构。

（2）两个二聚体反向平行，以半分子交错的方式组装形成四聚体。因为组装四聚体的两个二聚体以反向平行方式排列，两端是对称的，所以组装形成的四聚体没有极性。一般认为四聚体是中间纤维组装的最小单位，因为在细胞质中可见少量游离的四聚体。

（3）两个四聚体之间首尾结合，连成一条原纤维（protofilament）。

（4）8 条原纤维侧面相互连接，形成一根截面由 32 个中间纤维蛋白分子组成、长度不等的中间纤维（图 7 – 15）。

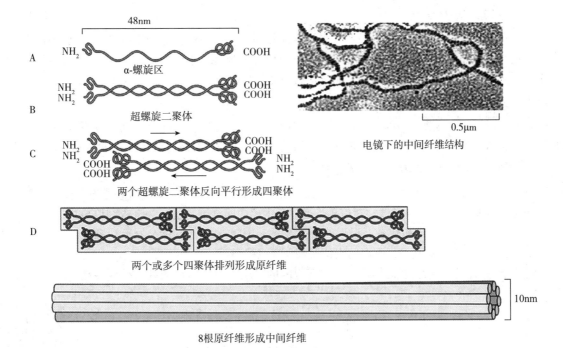

图 7 - 15 中间纤维的组装模型与电镜图

（二）中间纤维组装的调节

中间纤维的装配与温度和蛋白浓度无关，不需要 ATP 或 GTP。目前认为，中间纤维蛋白丝氨酸和苏氨酸残基的磷酸化作用是中间纤维动态调节最常见、最有效的调节方式。

五、中间纤维的功能

（一）参与形成细胞完整的网络骨架系统

中间纤维以单根或成束分布于细胞质中，外与细胞膜和细胞外基质相连，内与核纤层、核基质联系，贯穿整个细胞，形成一个完整的支撑网架，对维持细胞整体结构和功能的完整性有重要作用。因此中间纤维在一些细胞的特殊形态形成、维持以及细胞器的定位，特别是对细胞核的定位和固定等方面起关键性作用。

（二）为细胞提供机械强度支持

中间纤维网架系统具有稳定性和坚韧性，能为细胞提供机械支持，因此在需要承受较大机械张力和剪切力的肌肉和上皮细胞中，中间纤维特别丰富。体外实验证实，中间纤维比微管和微丝更耐受剪切力，在受到较大的剪切力时，产生机械应力而不易断裂，在维持细胞机械强度方面有重要作用。当细胞失去完整的中间纤维网络结构后，细胞很容易破碎（图 7 - 16）。

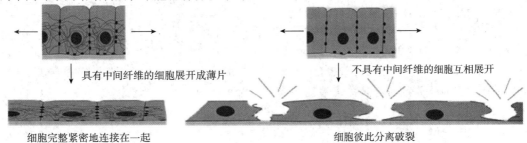

图 7 - 16 中间纤维增强细胞强度

（三）参与细胞连接

一些器官和皮肤的上皮细胞通过桥粒和半桥粒连接在一起。桥粒介导细胞与细胞之间的连接，半桥粒介导细胞与细胞外基质之间的连接。中间纤维参与桥粒和半桥粒连接的形成，因此，中间纤维在细胞间形成一个网络，既能维持细胞形态，又能维持组织的完整性。

（四）参与细胞分化

中间纤维蛋白的表达及分布的组织特异性，表明中间纤维与细胞分化有密切的关系。因此，某些中间纤维蛋白表达，可作为有关细胞的鉴定标志，如巢蛋白就被作为神经干细胞的标志性蛋白。

（五）参与细胞内信息传递及物质运输

中间纤维外连细胞膜和细胞外基质，向内到达核骨架，形成一个跨膜的信息通道。体外实验证明，中间纤维与单链 DNA 有高度亲和性。在信息传递过程中，中间纤维水解产物进入细胞核内，可通过与组蛋白和 DNA 的作用调节复制和转录。近年的研究显示，中间纤维与 mRNA 的运输有关。此外，胞质中mRNA 锚定于中间纤维，对其在细胞内的定位及翻译起重要作用。

中间纤维还与微管、微丝协同作用，参与细胞内的物质运输，如神经蛋白纤维参与神经轴突营养物质的运输。

第五节　细胞骨架与医药学

PPT

细胞骨架成分与细胞形态结构和细胞周期运行等生命活动密切相关。细胞骨架相关的蛋白表达变化或基因突变，会引起多种人类疾病，包括肿瘤、一些神经系统疾病和遗传性疾病等。细胞骨架成分在细胞内的特异性分布可用于诊断一些疑难疾病，也可依细胞骨架成分与疾病的关系来设计研发相关药物。

一、细胞骨架与肿瘤

恶性转化的肿瘤细胞常表现为细胞骨架的破坏和解聚，在肿瘤的浸润、转移过程中，细胞骨架成分改变可增加肿瘤细胞的运动能力。临床上，微管和微丝是肿瘤化疗药物的作用靶点。对肿瘤患者应用长春新碱、秋水仙碱、紫杉醇、细胞松弛素 B 等药物，利用其特异性结合细胞骨架蛋白的特点，破坏肿瘤细胞内微管和微丝的动态平衡，抑制细胞增殖，诱导细胞凋亡。

中间纤维的分布具有严格的组织特异性，可通过检测中间纤维的蛋白成分，鉴别转移性肿瘤的组织来源。绝大多数转移性肿瘤转移后，肿瘤细胞中的中间纤维蛋白仍表达源自组织细胞中的中间纤维蛋白分子特征。例如，皮肤癌表达角蛋白，神经胶质瘤表达原纤维酸性蛋白，肌肉瘤表达结蛋白，非肌肉瘤表达波形蛋白。因此，可通过检测肿瘤细胞中间纤维类型，判断肿瘤细胞的组织来源。

案例解析

【案例】患者，男，50 岁，因"间断性头痛 2 月"入院。头 MRI 示左颞叶不规则异常信号影，强化明显。入院查体：神清语利，双瞳孔等大正圆，光反射灵敏，四肢活动自如。完善相关检查，于全麻下行左侧额颞开颅病变切除术后，术后免疫组化结果为间变性星形细胞瘤 GFAP（+），Olig 2（少突胶质细胞转录因子）（-），MGMT（O6-甲基鸟嘌呤-DNA 甲基转移酶，是 DNA 修复酶）（+），Ki-67（增殖细胞的相关抗原，数值和细胞增殖相关）（30%）。随后，对患者进行了放疗和替莫唑胺口服化疗。

【问题】为什么诊断为星形细胞瘤而不是少突胶质细胞瘤呢?

【解析】GFAP 表达于星形细胞,而 Olig 2 则表达于少突胶质细胞,术后病理中免疫组化 GFAP 阳性则明确肿瘤为星形细胞来源肿瘤,Olig 2 阴性提示不是少突胶质细胞来源,所以诊断为星形胶质细胞瘤。

二、细胞骨架与神经系统疾病

许多神经系统疾病与细胞骨架蛋白的异常表达有关。

1. 阿尔茨海默病(Alzheimer's disease,AD) 患者大脑的神经元中,微管及中间纤维发生异常,并导致神经元的立体空间结构和连接遭到破坏,另外,微管结合蛋白磷酸化过程也出现异常,发生 Tau 蛋白过度磷酸化,失去其促进微管装配及维持微管稳定的作用,并聚集形成不溶性神经元纤维缠结(insolubleneurofibrillary tangles,NFT)。患者出现进行性的记忆衰退和认知功能下降、行为异常和社交障碍。

2. 亨廷顿病(Huntington disease,HD) 是一种常染色体显性遗传性神经衰退性疾病。其发病机制与微管马达蛋白功能的缺失相关。当微管马达蛋白中的驱动蛋白(Kinesin – 1)功能缺失后,引起细胞内物质运输的混乱,进而影响细胞的正常生命活动。

知识拓展

阿尔茨海默病与中医

阿尔茨海默病是发生在老年和老年前期,以进行性认知功能障碍和行为损害为特征的中枢神经系统退行性病变。临床上多表现为记忆障碍、失语、失认、失用、行为和人格改变等症状。据报道,我国目前有 AD 患者 600 万～800 万,约占全球 AD 患者总数的 1/4,预计至 2040 年,我国将成为该病的第一大发病国。近年来采用中医治疗该病日益受到各医家的重视。

阿尔茨海默病属于中医"呆病、痴呆、健忘"的范畴。现代医家对痴呆的病因病机论述繁多,总属本虚标实,其中多以肾虚为本,痰浊、瘀血为标。中医学认为,津血同源,津聚则为痰。《黄帝内经·灵枢》云:"血者,神气也。"血液运行于脉内,是人体活动重要的物质基础。神志活动需要血液的濡养及正常运行。血液运行失常主要表现为血溢脉外和瘀血内停两个方面。瘀血是由于血液运行失常,局部的血液停滞而成。人到老年,脏腑功能衰退,因虚致瘀。患者或由于肾精亏虚,肾阳不足,阳气衰微,则阳虚生内寒,寒凝致瘀血内生;或由于肝失疏泄,气机不畅,气滞不能行血致瘀;或由于脾胃虚弱,气血生化不足,血瘀致瘀;或由于心气亏虚,气不行血,瘀血内生。瘀血阻脑络日久,导致元神失养,从而出现善忘、痴呆等疾病。因此临床上应用中医治疗阿尔茨海默病时,在补益肝肾的基础上适当加用具有活血化瘀作用的中药,有较好的效果。药理学研究亦表明,活血化瘀类中药,不但可以改善血循环,而且具有抗衰老和改善学习记忆的作用。

近年来,中医在对阿尔茨海默病的认识和临床辅助治疗方面均取得了一定的成效。中医以其标本兼治、副作用小等优点日益得到人们的重视。内服外治的多环节、多靶点治疗逐渐成为主流疗法,其治疗模式日臻完备。

三、细胞骨架与遗传性疾病

一些遗传性疾病的患者常有细胞骨架的异常或细胞骨架蛋白基因的突变。

1. 大疱性表皮松解症(epidermolysis bullosa simplex,EBS) 是以皮肤和黏膜起疱为主要症状的遗传性疾病，因表皮基底细胞角蛋白基因突变破坏这类细胞的角蛋白中间纤维网所致。患者对机械性损伤非常敏感，一点轻微的压挤便可使突变的基底细胞破坏，皮肤起疱。

2. 纤毛不动综合征（immotile cilia syndrome） 是由纤毛结构缺陷引起的常染色体隐性遗传性疾病，多与家族近亲婚配相关。其发病原因是纤毛和鞭毛结构中具有 ATP 活性的动力蛋白臂有缺失或缺损，导致精子尾部鞭毛不能摆动，精子不能游到卵子附近完成受精，造成男性不育。动力蛋白臂有缺损会出现气管上皮组织纤毛运动障碍，不能及时清除黏附在黏膜表面的尘埃及病菌，从而引起慢性支气管炎、支气管扩张、慢性鼻窦炎、中耳炎等疾病。

此外，在其他一些遗传性疾病的患者中也能看到中间纤维、微管等的异常情况。

本章小结

细胞骨架主要指存在于细胞质内的，由微管、微丝和中间纤维三类蛋白质纤维构成的细胞质骨架，在细胞运动、细胞内物质运输、细胞分裂等生命活动中发挥重要作用。微管是由微管蛋白和微管结合蛋白组成的中空圆筒状结构，其基本组成单位是微管蛋白。微管对细胞形态的维持、细胞运动和细胞分裂有重要作用。微丝主要化学成分是肌动蛋白。微丝呈束状、网状或者散在方式存在于细胞质中，与微管和中间纤维共同构成细胞支架，参与细胞形态维持、细胞连接及细胞运动等生理活动。中间纤维没有极性，是细胞骨架系统中最稳定，也是化学成分最复杂的纤维成分，在细胞分化、细胞构建等生命活动中发挥重要作用。细胞骨架体系是高度动态结构，会随着生理条件的改变不断进行组装和去组装，并受各种结合蛋白的调节以及细胞内外各种因素的调控。细胞骨架的异常可引起很多疾病，包括肿瘤、相关神经系统疾病和遗传性疾病等。

题库

练 习 题

一、单选题

1. 以下结构没有极性的是（ ）
   A. 中间纤维   B. 微丝   C. 内质网
   D. 微管   E. 高尔基复合体

2. 二联体微管参与构成（ ）
   A. 鞭毛和中心粒   B. 纤毛和鞭毛   C. 胞质微管与纺锤体
   D. 基体和中心粒   E. 纺锤体和基体

3. 关于微管的超微结构，下列叙述错误的是（ ）
   A. 由微管蛋白组成   B. 外径约 25nm   C. 管壁厚 10nm
   D. 管壁由 13 条原纤维组成   E. 内径约 10nm

4. 在培养细胞中加入秋水仙碱可影响（ ）的组装
   A. 微丝   B. 微管   C. 中间纤维
   D. 肌丝   E. 内体

5. 桥粒通过附着蛋白与细胞骨架中的（ ）结构相连接，发挥抵抗外界张力的作用
   A. 肌动蛋白   B. 微丝纤维   C. 中间纤维
   D. 微管蛋白   E. 角蛋白

6. 下列不属于微管特征的是（ ）
   A. 分布靠近细胞核   B. 有踏车运动   C. 无结合蛋白

D. 有极性和蛋白单体库　　　　E. 可形成二联体和三联体微管

7. 下列与微丝功能无关的是（　　）

A. 维持核膜稳定　　　　　　B. 变形运动　　　　　　C. 细胞形态维持

D. 细胞吞噬作用　　　　　　E. 细胞分裂

8. 中间纤维蛋白分子中的保守部分是（　　）

A. 头部　　　　　　　　　　B. 尾部　　　　　　　　C. 杆状区

D. 全分子　　　　　　　　　E. 头部和尾部

二、多选题

1. 肌动蛋白单体自发聚合的条件有（　　）

A. 超过临界浓度的单体肌动蛋白　　　　　　　B. 一定浓度的 GTP

C. 一定浓度的 ATP　　　　　　　　　　　　　D. 较高的 K^+、Mg^{2+} 浓度

E. 一定浓度的 GDP

2. 细胞骨架结构包括（　　）

A. 中间纤维　　　　　　　　B. 微管　　　　　　　　C. 微丝

D. 纺锤体　　　　　　　　　E. 核纤层

3. 下列蛋白中，参与细胞分裂收缩环形成的有（　　）

A. 肌球蛋白　　　　　　　　B. 结蛋白　　　　　　　C. 角蛋白

D. 肌动蛋白　　　　　　　　E. 巢蛋白

4. 微管结合蛋白包括（　　）

A. Tau 蛋白　　　　　　　　B. MAP1 蛋白　　　　　　C. 肌球蛋白

D. MAP4 蛋白　　　　　　　E. MAP2 蛋白

5. 下列属于中间纤维蛋白的是（　　）

A. 角蛋白　　　　　　　　　B. 波形蛋白　　　　　　C. 核纤层蛋白

D. 孔环蛋白　　　　　　　　E. 膜结合蛋白

三、思考题

1. 简述三种细胞骨架的基本组成单位、形态结构和承担的生物学功能。

2. 简述中间纤维的组织特异性与肿瘤诊断的关系。

3. 举例说明哪些疾病与细胞骨架相关。

（董　秀）

第八章

细 胞 核

学习导引

知识要求

1. **掌握** 核膜的基本结构与主要功能；染色质的化学组成及染色体的组装过程；核仁的超微结构及功能。
2. **熟悉** 细胞核的主要功能；染色体的基本结构特征。
3. **了解** 染色质与基因表达的调控关系；核基质与核骨架的功能；细胞核与医药学的关系。

能力要求

熟练掌握细胞核内各种结构的功能。

细胞核（nucleus）是真核细胞内最大、最重要的细胞器，是细胞代谢、生长、分化和增殖等生命活动的调控中枢。细胞核的出现是细胞进化史上的重要事件，它使得细胞中的遗传物质免受细胞质中机械运动的影响，并且使基因表达的两个关键步骤——转录和翻译在不同的时间和空间进行。

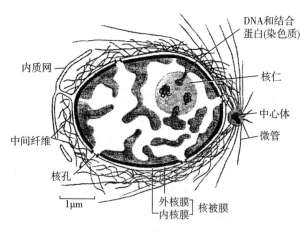

图 8-1 间期细胞核模式图

随着细胞周期的进行，细胞核会周期性地出现与消失。分裂期细胞核消失，只有分裂间期才可见形态结构完整的细胞核。完整的细胞核主要包括核膜、核骨架、染色质和核仁等结构（图 8-1）。

细胞核的形态、大小及数目因细胞的种类不同而有区别。大多数细胞的细胞核呈球形；柱状细胞的核多为椭圆形；梭形细胞的核多为杆状；少数细胞的核呈分叶形等。细胞核的大小因细胞种类、发育情况而异。通常细胞核与细胞质的体积之间呈一定比例，称为核质比（nuclear cytoplasmic ratio）。正常细胞的核质比一般 < 1；分化程度低的细胞，如胚胎细胞、淋巴细胞以及肿瘤细胞等，其核质比普遍 ≥ 1。人体中除成熟红细胞外，细胞都具有细胞核。通常细胞只有一个细胞核，少数细胞具有双核或多核，如肝细胞中常见双核，软骨细胞、破骨细胞中细胞核的数量可达上百个。

第一节 核 膜

PPT

核膜（nuclear membrane）是围绕在细胞核外的双层单位膜，使细胞核处于相对稳定的一个环境，保证了转录和翻译的相对独立。膜上的核孔与核孔复合体是负责核内外物质交换、信息交流的双向选择性亲水通道，其结构和功能的正常可影响整个细胞的代谢。

一、核膜的化学组成

核膜由双层单位膜构成，分为内核膜与外核膜。主要化学成分为脂类和蛋白质，其中蛋白质占 65%～75%，此外还有少量 DNA 和 RNA。构成核膜的化学成分与内质网相似，如细胞色素 P450 均见于核膜和内质网上。但是核膜与内质网的化学组分在比例上是有所差异的，如胆固醇和甘油三酯在核膜的含量较内质网高很多。核膜与内质网成分上的相似性，说明了它们之间的关联性。二者作为内膜系统的不同部分，又有着各自的结构特点。

二、核膜的亚显微结构

普通光学显微镜下很难分辨核膜结构，应用相差显微镜也只能看到一个模糊的界限，只有在电子显微镜下才可以清楚地看到核膜的超微结构。

（一）内、外核膜与核膜间隙

电镜下的核膜分为内、外两层，面向细胞质的一层膜为外核膜，面向核质的另一层膜为内核膜。部分外核膜的外表面常附着许多核糖体，并与粗面内质网的膜有连接。细胞质中的某些微管、微丝也可以与外核膜相连，起固定细胞核的作用。在内、外核膜之间，有一宽 15～30nm 的间隙，称为核膜间隙（perinuclear space）。其内充满液态的不定形物质，通常是各种蛋白质和酶。由于部分粗面内质网膜延伸为外核膜，因此核膜间隙有时与内质网腔是连通的。当细胞代谢旺盛时，核膜间隙会变得较宽（图 8-2）。

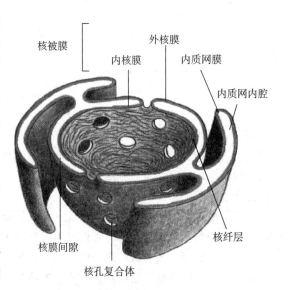

图 8-2 核膜的亚微结构示意图

（二）核孔及核孔复合体

核膜将细胞核内的物质与细胞质分隔开来，多数分子是无法直接穿透核膜的。核膜上分布着特化的小孔结构，作为物质进出的通道，直径 80～120nm，称为核孔（nuclear pores）。通常代谢旺盛的细胞核孔数目较多并且大，成熟及衰老细胞核孔数量较少。高分辨率电镜下可见核孔处的内膜和外膜是融合的，内部还具有颗粒和细丝样填塞物，即核孔复合体（nuclear pore complex）。核孔复合体在核被膜上的数量、分布密度与分布形式随细胞类型、细胞核功能状态的不同而有很大差异。一般来讲，转录功能旺盛的细胞，核孔复合体数量较多。

关于核孔复合体的结构一直是一个令人感兴趣的问题，目前已提出多种模型，但仍有一些关键性的问题有待阐明，这主要是因为分离纯化核孔复合体的方法还不够完善，同时还有电镜制样技术与观察方法的限制。在众多模型中，捕鱼笼式结构模型被普遍接受（图 8-3）。该模型认为核孔复合体主要由四种结构组分构成。

1. 胞质环（cytoplasmic ring） 位于核孔边缘的胞质面，与外核膜相连，又称外环。环上连接有 8 条短的、对称分布的胞质纤维，伸向细胞质。

2. 核质环（nuclear ring） 位于核孔边缘的核质面，与内膜相连，又称内环。环上也有 8 条纤维对称分布，伸向核质，称为核质纤维。核质纤维末端形成一个由 8 个颗粒蛋白组成的小环，整个核质环呈"捕鱼笼"样结构，也称"核篮"（nuclear basket）。

3. 辐（spoke） 是由核孔边缘伸向核孔中心的突起结构，呈辐射状八重对称分布。主要由三个结构域构成：①位于核孔边缘，连接内环与外环的、起支持作用的"柱状亚单位"（column subunit）；②穿

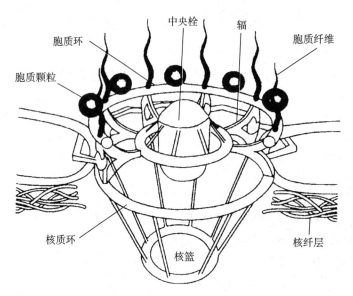

图 8 - 3　核孔复合体结构模型

过核膜伸入核膜间隙的"腔内亚单位"（luminal subunit）；③在"柱状亚单位"内侧靠近核孔复合体中心的核质交换通道——"环带亚单位"（annular subunit）。

4. 中央栓（central plug）　又称为中央颗粒（central granule），位于核孔中央，呈棒状或颗粒状，推测它可能参与核质交换。由于中央颗粒并非存在于所有的核孔复合体中，因此有人认为它不是核孔复合体的固有组分，而是正在通过核孔复合体的被转运物质。由此可见，核孔复合体的整体与通过核孔中心的纵轴呈辐射状八重对称结构；其胞质面与核质面的平面结构呈两侧不对称，这与核孔两侧功能不对称是密切相关的。

核孔复合体主要由进化上高度保守的核孔蛋白质（nucleoporin，Nup）构成。大多数核孔蛋白对称分布于胞质面与核质面，少部分蛋白呈不对称分布。每个蛋白各司其职。如结构性跨膜蛋白的代表 gp 210，是第一个被鉴定出来的核孔复合体蛋白。它位于核膜的"孔膜区"，介导核孔复合体与核膜的连接，为核孔复合体的装配提供起始位点，在内、外核膜融合形成核孔中起重要作用，同时在核孔复合体的核质交换活动中也起一定的作用。

（三）核纤层

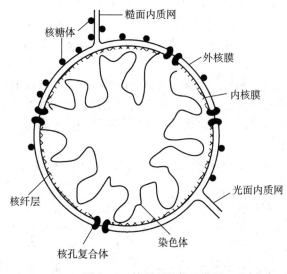

图 8 - 4　核纤层结构示意图

细胞内核膜的内表面，附着 10～100nm 厚的纤维网状物质，称为核纤层（nuclear lamina），如图 8 - 4 所示。核纤层蛋白通过内核膜含有的核纤层蛋白 B 受体与内核膜特异性地结合在一起。核纤层上附着有染色质纤维，并且与核骨架相互连接。核纤层的厚度随细胞的种类不同而异，且核孔处没有核纤层。

核纤层由直径 10nm 左右的核纤层蛋白（lamina）构成，核纤层蛋白的分子量在 60～80kDa 之间，是一类特殊的中间纤维，分为 A、B、C 三种类型。这三类核纤层蛋白并非同时存在于所有细胞中，它们在细胞的分化过程中具有表达差异性。A 型与 C 型核纤层蛋白仅见分化的细胞中，B 型核纤层蛋白与核膜的结合力最强，存在于所有体细胞中。

核纤层对高盐溶液、非离子去垢剂和核酸酶的作用具有较强的稳定性，能同核孔复合体一起存留。这种特性对增强核膜的强度、维持核的形态具有积极作用。研究表明，核纤层可能在维持核孔位置、核膜形状、锚定染色质、调控核膜崩解及重组方面起作用。同时也参与 DNA 复制，以及细胞核构建，是细胞核中起支架作用的多功能网架结构。

核纤层上具有染色质附着的位点，对染色质的有序排列起一定作用。在细胞分裂间期，染色质与核纤层紧密结合，染色质不能螺旋化为染色体；在细胞分裂前期，核纤层蛋白解聚，染色质与核纤层蛋白的结合丧失，染色质逐渐凝集成染色体。

体外细胞核装配研究发现，选择性去除 A 型核纤层蛋白或 B 型核纤层蛋白，将广泛抑制核膜与核孔复合体围绕染色体的装配，说明核纤层对细胞核的组装具有极为重要的作用。缺乏核纤层的细胞核不能进行 DNA 复制，从一个侧面反映了核纤层在 DNA 复制中的作用。

三、核膜的组装与崩解

有研究表明，采用点突变方法改变核纤层蛋白磷酸化位点可干扰核纤层解聚及核膜崩解，说明核纤层的磷酸化介导了核膜的组装与崩解。在细胞分裂的前期，核纤层蛋白的磷酸化水平增加。核膜解体前，高度磷酸化的核纤层蛋白解聚，核膜崩解为核膜小泡。其中核纤层蛋白 B 与核膜小泡结合，核纤层蛋白 A 型与 C 型则解聚成单体，弥散于细胞质中。在细胞分裂末期，核纤层蛋白去磷酸化，结合有核纤层蛋白 B 的核膜小泡在染色质周围聚集、融合，重新装配成双层核膜。同时，核纤层蛋白在内核膜内侧重新组装成核纤层。这一过程有赖于核纤层蛋白与染色质之间的相互作用。

四、核膜的功能

核膜作为细胞核与细胞质的界膜，一方面可以保持细胞核形态及其内部的稳定；另一方面，也可以控制细胞核与细胞质之间的物质交流和信息交流。同时，核膜也参与细胞分裂时染色体的定位与分离。

（一）区域化作用

原核细胞中没有核膜，RNA 转录与蛋白质合成没有时空的分隔。但是在真核生物的细胞中，核膜的出现使得细胞核的代谢活动有了相对稳定的空间环境。DNA 的复制、RNA 的转录和蛋白质的生物合成分别在细胞核与细胞质中完成。因此细胞中核膜的出现及其区域化作用是细胞进化史中的一个关键环节。

（二）物质运输与物质交换作用

核孔复合体是细胞核与细胞质之间物质信息交换的通道，物质运输方式主要有被动运输（自由扩散）和主动运输。核孔复合体允许直径小于 10nm 的离子、小分子自由通过，属于被动运输。但实际上所有小于 10nm 的分子在核膜内外的分布并不是均匀的。可能有些小分子蛋白质与其他大分子结合，或者与某些结构成分结合而被限制在细胞质或细胞核内。

生物大分子在核质间的转运需要载体蛋白的帮助，以主动运输的方式来完成。核孔复合体是一种镶嵌在核孔的周边的、特殊的跨膜转运蛋白复合体，其孔径可调节，是一种双向选择性的亲水通道，能够同时完成物质的核输入与核输出。核孔复合体上进行的主动运输是一个载体蛋白与信号识别的过程，需要消耗能量，并表现出饱和动力学特征，对运输颗粒大小有限制。

亲核蛋白（karyophilic protein）是一类在胞质内合成后进入细胞核发挥作用的蛋白质。亲核蛋白通过本身所含有的核定位信号（nuclear localization signal，NLS），保证整个蛋白质能够被识别，并通过核孔复合体转运到核内。核定位信号是一些短的氨基酸序列片段，富含碱性氨基酸残基，如 Lys、Arg 和 Pro。该序列可存在于亲核蛋白的任何部位，能够在指导蛋白质入核后不被切除。亲核蛋白进入细胞核需要核转运受体（nuclear transport receptor）及 Ran-GTP 酶系统的参与。核转运受体包括分布于胞质中的核输入蛋白受体（importin）与转运素（transportin），以及细胞核中的核输出蛋白受体（exportin）。它们既可与核孔复合体结合，又可与被转运物质结合。Ran-GTP 酶系统有两种存在形式：结合 GTP 的活性形式和结合 GDP 的非活性形式，它们在细胞质与细胞核内的浓度差决定了核质运输的方向性，这种差别是由调节蛋白在细胞核和细胞质中的不对称分布决定的。

亲核蛋白进入细胞核的运输过程大致步骤如下：①在细胞质中，亲核蛋白首先与核输入受体 α 结合形成转运复合物，到达核的外表面后与核输入受体 β 结合形成 NLS – 核输入受体 α/β 复合体；②核输入受体 β 介导 NLS – 核输入受体 α/β 复合体与核孔复合体的胞质纤维结合；③通过某些核孔蛋白的构象改变，使 NLS – 核输入受体 α/β 复合体经核孔由胞质面转运至核质面；④通过核孔复合体时，Ran GTP 酶水解 GTP，为核转运提供能量；同时激活核输入受体 β，释放核输入受体 α 和 NLS，继而亲核蛋白释放，沿核骨架被运至核内；⑤进入核内的核输入受体 β 与 Ran – GTP 结合成二聚体被运回细胞质，Ran – GTP 水解形成 Ran – GDP，并与核输入受体 β 解离。随后 Ran – GDP 返回核内，再转换成 Ran – GTP。核输入受体 α 也通过出核转运回到细胞质被重新利用，参与下一轮亲核蛋白的运输。NLS 只是亲核蛋白进入核的一个必要条件，某种亲核蛋白能否转运成功还要受其他多种因素综合调节。

核孔复合体的双向选择性除了能使某些大分子完成入核运输外，还能使某些大分子完成出核运输，如细胞核中成熟的 mRNA、各种非编码 RNA 等。这些分子的出核也是一个由信号和受体介导的主动运输过程。这些蛋白因子本身含有核输出信号（nuclear export signal），能够被核孔复合体识别。此过程同样需要其他相关蛋白的协助和能量的消耗。如 RNA 分子在特殊蛋白分子的协助下，以 RNA – 蛋白质复合体的形式完成出核过程。

（三）其他功能

核孔复合体除了作为细胞核与细胞质之间的物质交换通道外，还参与细胞核的其他功能。例如，核孔复合体周围紧密围绕着异染色质，能够调节染色质空间分布；核孔复合体可以作为支架招募核质和聚集转录调控因子，进而影响基因转录；构成核孔复合体的某些核孔蛋白也可直接参与转录调控。

第二节 染色质和染色体

PPT 微课

染色质（chromatin）与染色体（chromosome）都是真核细胞内遗传物质存在的形式，因其能够被碱性染料强烈着色而得名。1888 年，Waldeyer 正式提出染色体的概念。此后经过一个多世纪的研究，人们逐渐认识到，染色质和染色体是细胞核内同一物质在细胞周期不同时相的不同表现形态。染色质是细胞分裂间期遗传物质的存在形式，呈细丝状，是一种由 DNA、组蛋白、非组蛋白以及少量 RNA 组成的线性复合结构，在细胞内呈弥散状态。染色体出现在细胞有丝分裂期或减数分裂的特定阶段，是染色质高度螺旋、折叠，缩短变粗，最终凝聚成的条状或棒状结构。染色质与染色体具有相同的化学组成，主要区别在于包装程度的不同，这反映出二者在细胞周期不同阶段的结构状态是有差异的。

一、染色质和染色体的化学组成

使用去垢剂处理人体多种细胞核，离心收集染色质进行生化分析，确定染色质的主要化学成分是 DNA 和组蛋白，以及非组蛋白和少量 RNA。其中，DNA：组蛋白：非组蛋白：RNA 含量的比值约为 1：1：0.6：0.1。DNA 与组蛋白是染色质中含量最稳定的成分，其他组分随细胞生理状态而异。

（一）DNA

凡是具有细胞形态的生物，其遗传物质都是 DNA。DNA 的主要功能是携带和传递遗传信息，并通过转录形成 RNA 来指导蛋白质的合成。真核细胞中每条未复制的染色体均包含一个 DNA 分子。一般来讲，真核生物一个细胞内单倍染色体组中所包含的全部遗传信息称为该生物的基因组（genome）。人的基因组 DNA 为 3.2×10^9 bp，含 2 万 ~2.2 万个结构基因。

基因组 DNA 分子中核苷酸的排列次序一般有以下几类。

1. 单一序列（unique sequence） 指在基因组中核苷酸的排列次序只出现一次或只有一份拷贝。其主要功能是编码蛋白质或酶，因此也称为蛋白编码序列。这一类 DNA 在基因组中所占比例随物种而异，人类基因组中含有1%~1.5%的单一序列。蛋白质编码序列主要是非重复的单一DNA序列，一般在基因组中只有一个或几个拷贝。

2. 中度重复序列（middle repetitive sequence） 指在基因组中核苷酸的排列次序重复出现，且重复次数在10^1~10^5之间，序列长度几百至几千碱基对（bp）不等。这类DNA多数不具有编码蛋白质的功能，它们一般构成基因内或基因间隔序列，在基因调控中发挥作用，如DNA复制、RNA转录及转录后的加工等过程。但中度重复序列中有一些DNA是具有编码功能的，如rRNA基因、tRNA基因、组蛋白的基因、核糖体蛋白的基因等。

3. 高度重复序列（highly repetitive sequence） 其长度一般为几个至几十个bp，在基因组中的重复次数超过10^5。高度重复序列常由一些短的DNA序列串联重复排列而成，其中包括卫星DNA（satellite DNA）、小卫星DNA（minisatellite DNA）和微卫星DNA（microsatellite DNA）。它们分布在染色体的端粒、着丝粒区，均不具有转录功能，主要作用是构成基因的间隔，维持染色体结构，也可能与减数分裂时同源染色体的联会有关。

在细胞的分裂过程中，保证遗传信息的复制与稳定是非常重要的。染色质DNA分子上具有的三个功能性元件保证了DNA分子的自我复制与稳定传递。这三种功能元件分别为复制源序列、着丝粒序列及端粒序列（图8-5）。

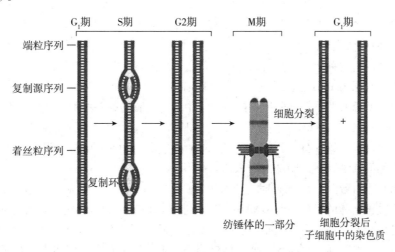

图8-5 染色体稳定遗传的三种功能序列

（1）**复制源序列（replication origin sequence）** 也称为自主复制DNA序列（autonomously replicating DNA sequence，ARS），是DNA复制的起始点。真核细胞中的线性染色质DNA包含多个ARS序列。DNA复制时，多个ARS序列同时被激活，并解螺旋形成复制叉。一个DNA分子上的多个复制叉可以使DNA分子在不同部位同时进行复制。不同来源的ARS序列分析表明，所有复制源序列DNA均含有一段11~14bp的富含AT的保守序列，并且这段保守序列及其上、下游的约200bp的区域是维持其功能所必需的。

（2）**着丝粒序列（centromere sequence）** 分布在两条姐妹染色单体连接的区域，功能是形成着丝粒，保证细胞分裂时，两条姐妹染色单体从着丝粒分离，确保了染色单体均等分配到两个子代细胞中。根据不同来源的着丝粒序列分析，该序列均包含两个彼此相邻的核心区，一个是80~90bp的AT区，另一个是含有11bp的-TGATTCCGAA-保守序列。着丝粒序列缺失损伤实验和插入突变实验结果表明，上述两个核心区序列的损伤可以使着丝粒序列丧失功能。

（3）**端粒序列（telomere sequence）** 是一段在进化上高度保守的串联重复序列，双链中一条3′端为富含TG的序列，互补链富含CA序列。端粒序列分布在染色体DNA的两个末端，在维持DNA分子两个末端复制的完整性与染色体稳定性方面发挥重要的作用。

（二）蛋白质

染色质中DNA的结合蛋白与遗传信息的组织、复制和阅读有密切关系。这些蛋白分为两类：组蛋白

（histone）和非组蛋白（nonhistone）。

1. 组蛋白 染色质中与 DNA 结合的基本结构蛋白是组蛋白。组蛋白富含带正电荷的精氨酸、赖氨酸等碱性氨基酸，等电点一般在 pH 10.0 以上，属于碱性蛋白，能够与酸性的 DNA 紧密结合，二者之间的结合没有特异性。真核生物的组蛋白分为五种：H1、H2A、H2B、H3、H4，且含量丰富。组蛋白按其分布与功能上的差异，又可分为两类：①核小体组蛋白（nucleosome histone）包括 H2A、H2B、H3 和 H4；②连接组蛋白 H1（表 8 – 1）。

表 8 – 1　组蛋白的分类及特性

种类	Lys/Arg	氨基酸残基数	相对分子量	存在部位	作用
H1	29.0	215	23000	连接线	连接并锁定核小体
H2A	1.22	129	14500	核心颗粒	形成核小体
H2B	2.66	125	13774	核心颗粒	形成核小体
H3	0.77	135	15324	核心颗粒	形成核小体
H4	0.79	102	11822	核心颗粒	形成核小体

核小体组蛋白的四种蛋白有相互作用形成复合体的趋势，它们依靠 C 端的疏水氨基酸（如缬氨酸、异亮氨酸）相结合，N 端带正电荷的氨基酸（如精氨酸、赖氨酸）向四周伸出，以便与 DNA 分子结合，从而将 DNA 分子卷曲成核小体。这四种组蛋白在进化上高度保守，且没有种属特异性。其中 H3、H4 最为保守，不同种属间的这两种蛋白一级结构高度相似，如牛和豌豆的 H4 组蛋白的 102 个氨基酸中仅有 2 个不同，海星与小牛胸腺的 H4 组蛋白仅有 1 个氨基酸的差异。这种高度保守性表明，H3、H4 组蛋白的功能与其全部的氨基酸都有关系，这两种蛋白质分子中任何位置的氨基酸的突变都将会对细胞产生影响。

H1 组蛋白是核小体中起连接作用的蛋白，其分子量较大，由 215 个氨基酸组成，与染色质高级结构的形成有关。H1 组蛋白的保守性较差，具有一定的种属特异性。哺乳动物细胞中，H1 组蛋白有六种亚型，成熟鱼类和鸟类的红细胞中，H1 被 H5 取代。

细胞处于 S 期时，组蛋白与 DNA 同时合成。组蛋白在细胞质中合成，随即转移至核内，与 DNA 相结合装配成核小体。带正电荷的组蛋白与 DNA 的结合可抑制 DNA 的复制与转录。研究表明，组蛋白的某些修饰可以影响染色质上基因的活性。如组蛋白的氨基酸发生了乙酰化或磷酸化，会导致组蛋白电荷性质改变，降低组蛋白与 DNA 的结合，使 DNA 解螺旋，利于复制和转录。组蛋白某些氨基酸的甲基化则增强了组蛋白与 DNA 的结合，降低了 DNA 的转录活性。

2. 非组蛋白 染色质中的非组蛋白是指细胞核中除组蛋白以外所有蛋白质的总称，是带负电荷的酸性蛋白，富含天冬氨酸、谷氨酸等。非组蛋白虽然数量少，但种类繁多且功能多样。染色质中的非组蛋白有 500 多种成分，分子量在 15000 ~ 100000 之间。非组蛋白有以下特点：①具有种属和组织特异性，不同组织细胞中非组蛋白种类和数量不尽相同，某种细胞中非组蛋白的含量常随细胞生理状态不同而变化，一般功能活跃细胞的非组蛋白含量要高于不活跃细胞的；②能够识别特异 DNA 序列，具有功能的多样性，非组蛋白的多种成分，如启动蛋白、DNA 聚合酶、引物酶等，以复合物的形式结合在特殊的 DNA 序列上，启动和推进 DNA 的复制。有些非组蛋白是基因转录的调控因子，它们能够特异性地解除组蛋白与 DNA 的抑制作用，一般与基因的调控或选择性表达有关。由非组蛋白构成的染色体骨架也能作为 DNA 袢环停泊的支架，从而帮助染色质构建高级构象，这一点可体现在染色质结构的"袢环"模型中。

二、染色质的结构与组装

1974 年，R. D. Kornberg 等人根据染色质酶切和电镜观察的结果，发现核小体（nucleosome）是染色质的基本结构单位。并在此基础上提出染色体是由串联的核小体发生进一步折叠、压缩组装的。

（一）染色质的基本结构单位——核小体

构成染色质的基本结构单位是核小体，核小体串珠链是染色质的一级结构。每个核小体由三个部分构成：200bp 左右的 DNA、一个盘状组蛋白八聚体，以及一分子的 H1 组蛋白。盘状组蛋白八聚体由 H2A、H2B、H3、H4 组蛋白各两分子构成，称为核小体核心颗粒。146bp 的 DNA 分子在核心颗粒上绕 1.75 圈。两个相邻的核小体以大约 60bp 的 DNA（linker DNA）片段连接，其上结合一个组蛋白分子 H1，H1 组蛋白封闭核小体 DNA 的进出端，起稳定核小体的作用。多个核小体串联在一起形成一条外径约为 10nm 的念珠状纤维。核小体具有自主装配的特性，组蛋白与 DNA 之间的结合不具有核苷酸特异序列依赖性（图 8 - 6）。

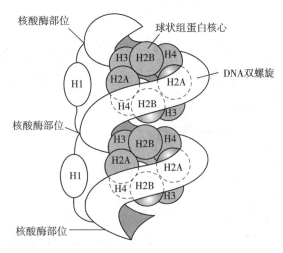

图 8 - 6 核小体结构示意图

（二）染色质的二级结构——螺线管

提取细胞核物质，用温和的酶解法处理，可见染色质在最松散时是以念珠状纤维存在。但正常生理状态下，在电镜下观察到的染色质多数以 30nm 纤维的形式存在。直径 10nm 的核小体串珠纤维进一步螺旋盘绕，每 6 个核小体螺旋一周，形成外径 30nm、内径 10nm 的中空螺线管（solenoid），位于螺线管内部的组蛋白 H1 是螺线管形成和稳定的关键。螺线管是染色质的二级结构（图 8 - 7）。

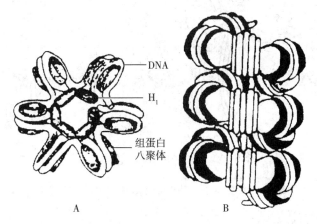

图 8 - 7 螺线管模型

（三）螺线管进一步包装成染色体

关于染色单体是如何从 30nm 的螺线管进一步组装而成的，在学术界仍然存在争议。据现有实验研究结果，多级螺旋模型（multiple coiling model）和骨架 - 放射环结构模型（scaffold - radial structure model）是目前被广泛接受的两种理论。

1. 多级螺旋模型 该模型认为，30nm 螺线管进一步螺旋盘绕，形成直径为 400nm 中空的圆筒状结构，称为超螺线管（super solenoid）。超螺线管是染色质组装的三级结构。这种超螺线管进一步螺旋折叠，形成了染色单体。染色单体为染色质组装的四级结构。根据多级螺旋模型，从 DNA 到染色体的四级组装中，分子的长度共压缩了 8400 倍：DNA 分子缠绕在 10nm 的核小体上，长度压缩了 7 倍；直径 10nm 的核小体形成 30nm 螺线管，长度压缩了 6 倍；螺线管盘绕成超螺线管时，长度压缩了 40 倍；超螺线管再折叠盘绕形成染色单体，长度压缩了 5 倍（图 8 - 8）。

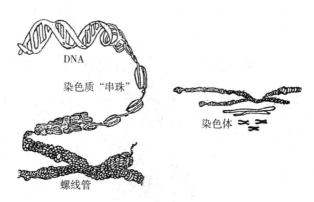

图 8 - 8　染色质组装的多级螺旋模型

2. 骨架 - 放射环结构模型　1977 年，Laemmli 等人采用 2mmol/L 的 NaCl 或硫酸葡聚糖加肝素处理 HeLa 细胞的中期染色体，除去组蛋白和大部分非组蛋白后，在电镜下观察到铺展的染色体中存在非组蛋白的染色体骨架，以及与骨架相连接的无数直径为 30nm 的染色质纤维构成的侧环，由此提出了染色体骨架 - 放射环模型。该模型认为，30nm 螺线管纤维折叠成袢环，即螺线管一端与染色体支架的某一点结合，另一端向周围迂回成环状后再返回与其相邻近的点，多个袢环围绕在支架的周围。每个袢环长大约 21μm，包含 315 个核小体。每 18 个袢环结合在染色体支架上呈放射状平面排列，这样的结构称为微带（miniband）。在染色质的骨架 - 放射环模型中，微带为染色质组装的三级结构。一定数目的微带沿染色体支架纵向排列构成染色单体（图 8 - 9）。

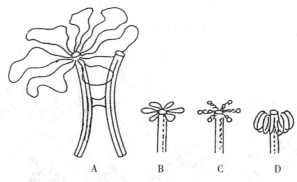

图 8 - 9　染色体的骨架 - 放射环模型

此外，实验观察发现，两栖类卵母细胞的灯刷染色体和昆虫的多线染色体也都含有类似的袢环结构域（loop domain），从而提示袢环结构可能是染色体高级结构的普遍特征。

上述两种染色体高级结构的组织模型都有相关实验证据，前者强调螺旋，后者强调环化和折叠。这些证据表明，也许在染色质组装的不同阶段，这些机制可能在共同起着作用。

三、染色质的形态结构与基因表达调控的关系

间期细胞核中的染色质的螺旋凝集化程度不尽相同，导致细胞核中的染色质在形态特征、基因表达活性以及染色质着色等方面存在差异。

（一）常染色质与异染色质

1. 常染色质（euchromatin）　是指间期细胞内染色质螺旋化程度低，相对处于伸展状态，对碱性染

料吸附性弱，染色均匀且浅的那些染色质。常染色质主要分布在细胞核的中央，少量介于异染色质之间。一部分核仁相随染色质也属于常染色质，它们常常以袢环的形式伸入核仁内。异染色质一般分布在细胞核的边缘或核仁的周围。构成常染色质的 DNA 主要是单一 DNA 序列和中度重复 DNA 序列，它们分布在分裂期染色体的体臂上。正常情况下，常染色质处于功能活跃状态，具有转录活性，但并非常染色质上的所有基因都具有转录活性。因此，常染色质的状态只是基因转录的必要条件。

2. 异染色质（heterochromatin）　是指间期细胞核中，螺旋化程度高，处于凝缩状态，用碱性染料染色时着色较深的染色质。异染色质一般分布在间期细胞核的边缘或围绕在核仁的周围，转录不活跃或者无转录活性。异染色质又可分为组成性异染色质（constitutive heterochromatin）和兼性异染色质（facultative heterochromatin）。

（1）组成性异染色质　也叫作恒定性异染色质或结构性异染色质，是异染色质的主要类型，主要由高度重复 DNA 序列构成，多分布在染色体的着丝粒、端粒及次缢痕等部位，在整个细胞周期（除复制期外）中都处于凝缩状态；其中的 DNA 不转录或不编码蛋白质，具有明显的遗传惰性。体外培养的细胞同步化后，用同位素标记的方法研究表明，S 期的 DNA 复制中，常染色质上的 DNA 复制多发生在 S 期的早、中期，异染色质的 DNA 通常较晚一些复制。

（2）兼性异染色质　某些细胞中有些染色质会在生物体发育到一定阶段时由松展的常染色质状态转变为凝缩失活状态，它们被称为兼性异染色质。兼性异染色质的总量随细胞类型而变化，一般胚胎细胞内的含量少，高度分化的细胞内多。这也说明，伴随着生物体的发育分化，分化细胞中的多数基因渐次固缩进而关闭。所以，从某种意义上来说，染色质异染色质化可能是基因关闭其活性的一种途径。例如人类女性受精卵中，早期卵裂的所有细胞中的两条 X 染色质均为常染色质，具有活性。但在胚胎发育到 16～18 天时，所有胚胎细胞会随机选择保留一条 X 染色质成常染色质，另一条 X 染色质则失去活性，凝缩成为异染色质，在间期细胞核中形成一个直径约 $1\mu m$ 的、紧贴核膜边缘的小体，称为 X 小体或巴氏小体。巴氏小体的数目等于细胞内 X 染色体的数目减 1。因此，通过检测羊水中胎儿脱落细胞中巴氏小体的数目，可以对胎儿性别和性染色质异常做出鉴定。

（二）活性染色质与非活性染色质

细胞内的染色质也可以按照其功能状态的不同可以分为活性染色质（active chromatin）和非活性染色质（inactive chromatin）。绝大多数的细胞在特定阶段具有转录活性的基因通常只占全部基因的不到 10%，这意味着细胞内绝大部分的基因不表达或只具有低的表达活性。因此，所谓的活性染色质是指具有转录活性的染色质，非活性染色质是指没有转录活性的染色质。目前认为活性染色质是由于其中的核小体构型发生了改变，导致其结构松散，有利于转录调控因子和顺式调控元件与其上基因相结合，同时也便于 RNA 聚合酶在模板上滑动，从而进行基因的转录。

四、染色体的结构

染色体的形态结构只有在细胞分裂期才能被观察到，以分裂中期的染色体形态、结构特征最为明显。因此通常将中期染色体作为一个物种染色体的标准，用于染色体研究与染色体病的诊断检查。

（一）着丝粒

中期的每一条染色体都由两条相同的姐妹染色单体（sister chromatid）通过着丝粒（centromere）连接在一起。纵观整条染色体的表面，在着丝粒相连处存在一个向内凹陷、着色浅的缢痕，称为主缢痕（primary constriction）或初缢痕。着丝粒则位于主缢痕内，两条姐妹染色单体相连的中心部位。此处主要由包含高度重复 DNA 序列的异染色质组成。通常将着丝粒两端的染色体分为两个臂：短臂（p）和长臂（q）。

着丝粒在中期染色体的鉴别中有重要作用，根据中期染色体上着丝粒的位置，可将染色体分为 4 类（图 8 - 10）。

1. 中央着丝粒染色体（metacentric chromosome）　着丝粒靠近染色体中央。将染色体短臂朝上、长臂朝下，等分为 8 份，中央着丝粒染色体的着丝粒位于染色体纵轴的 1/2 ~ 5/8 之间，将染色体分成大致等长的两臂。

2. 亚中央着丝粒染色体（submetacentric chromosome） 着丝粒位于染色体纵轴的 5/8 ~ 7/8 之间，将染色体分成长、短两臂。

3. 近端着丝粒染色体（acrocentric chromosome） 着丝粒靠近染色体的一端，位于染色体纵轴的 7/8 至末端之间，短臂很短。

4. 端着丝粒染色体（telocentric chromosome） 着丝粒位于染色体一端，染色体只有长臂。端着丝粒染色体在人类正常染色体中不存在，但在肿瘤细胞中可见。

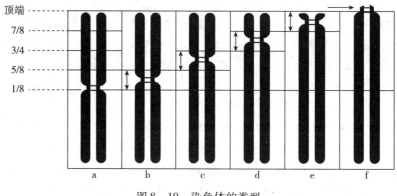

图 8 - 10 染色体的类型

（二）着丝粒－动粒复合体

研究表明，染色体的着丝粒区是一种高度有序的复合结构，在结构和组成上是非均一的，是由着丝粒和动粒共同组成的着丝粒－动粒复合体（centromere - kinetochore complex）。每条中期染色体含有两个动粒（kinetochore），是由多种蛋白质组成的、存在于着丝粒两侧的圆盘状结构，同时也是细胞分裂时纺锤丝微管附着的部位。着丝粒与动粒的结构成分相互穿插，在功能上紧密联系，共同参与在细胞分裂过程中纺锤丝对染色体结合、牵拉和移动。着丝粒－动粒复合体包括以下三种结构域：动粒结构域（kinetochore domain）、中央结构域（central domain）、配对结构域（pairing domain）（图 8 - 11）。

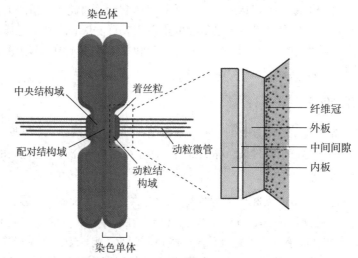

图 8 - 11 着丝粒－动粒复合体结构示意图

1. 动粒结构域 分布在着丝粒的外表面，外、中、内三夹板式的结构，包括动粒和围绕在动粒外层的纤维冠。外板电子密度中等，厚 30 ~ 40nm，是纺锤丝微管连接染色体的附着点；中板电子密度最低，呈半透明状，无特定结构，厚 15 ~ 60nm；内板电子密度最高，厚 15 ~ 40nm，与着丝粒中心相连。在没有动粒微管存在时，外板的表面还覆盖一层由动力蛋白构成的纤维冠（fibrous corona），是支配染色体运动和分离的重要结构。动粒结构域包括与动粒结构、功能相关的，进化上高度保守的着丝粒蛋白（centromere protein，CENP），以及一些与染色体运动相关的微管蛋白、钙调蛋白、动力蛋白等。

2. 中央结构域　是着丝粒区的主体，富含高度重复 DNA 序列，间期呈异染色质，能抵抗低渗膨胀和核酸酶的消化。中央结构域和着丝粒 – 动粒复合体结构的形成及正常功能活性的维持关系密切。

3. 配对结构域　在中央结构域的内表面，是有丝分裂中期姐妹染色单体相互作用的位点。其中含有两种重要蛋白：内着丝粒蛋白（inner centromere protein，INCENP）和染色单体连接蛋白（chromatid linking proteins，CLIPs）。这些蛋白参与细胞分裂时姐妹染色单体的配对、分离，伴随着染色单体之间的分离。INCENP 会迁移到纺锤体赤道区域，而 CLIPs 则会逐渐消失。

（三）次缢痕

细胞中的某些染色体除主缢痕外，染色体的臂上出现的凹陷缩窄部位被称为次缢痕（secondary constriction）。次缢痕的数目、位置和大小通常较为恒定，是某些染色体特有的形态特征，因此也可以作为鉴定染色体的标记。

（四）随体及核仁组织区

随体（satellite）指位于染色体末端的球状结构。人类的近端着丝粒染色体短臂末端可见随体。随体主要由异染色质组成，含高度重复 DNA 序列，常通过次缢痕与染色体主体部分相连。染色体上随体的形态、大小是恒定的，可作为识别染色体的重要形态特征之一。有随体的染色体，其次缢痕部位还有多拷贝的 rRNA 基因（除 5S rRNA），是分裂间期形成核仁的染色质区，称为核仁组织区，与分裂间期细胞核内核仁的组装有关。

（五）端粒

端粒指染色体长臂和短臂的末端，此处富含高度重复 DNA 序列，与端粒蛋白结合后构成端粒（telomere），是染色体末端必不可少的结构。端粒的存在使染色体末端彼此之间不发生融合。但是当染色体端粒发生缺损后，染色体的断端可以彼此粘连，形成异常的衍生染色体。端粒的生物学作用可以概括如下：①端粒 DNA 提供复制线性 DNA 末端的模板，保证了染色体末端复制的完整；②在染色体的两端形成保护性的帽子结构，使 DNA 免受核酸酶和其他破坏因素的影响，使染色体末端不会与其他染色体末端发生融合，从而保证染色体结构的完整和稳定；③端粒的长度与细胞寿命及生物个体的寿命有关。

五、核型与带型

核型（karyotype）是指一个细胞中的全部染色体按其大小、形态特征顺序排列所构成的图像。核型分析是在对细胞中的染色体数目、形态特征分析的基础上，进行分组、配对、排队的过程。核型分析对于研究人类遗传病的机制、物种亲缘关系、物种鉴定等有重要意义。根据染色体的长度及着丝粒的位置，人类体细胞中的 46 条染色体分为 22 对常染色体（autosomal chromosome）和 1 对性染色体（sex chromosome）。常染色体编号 1~22 号，分为 7 个组，按从大到小的顺序，依次记为 A、B、C、D、E、F、G 组。1 对性染色体因男女性别而异，男性为 XY，女性为 XX。其中 X 染色体为亚中央着丝粒染色体，属于 C 组；Y 染色体为近端着丝粒染色体，属于 G 组（表 8 – 2）。

表 8 – 2　人类核型分组及特点

组号	染色体号	大小	染色体类型	次缢痕	随体
A	1~3	最大	1 号、3 号为中央着丝粒染色体	1 号常见	无
			2 号为亚中央着丝粒染色体		
B	4~5	次大	亚中央着丝粒染色体		无
C	6~12，X	中等	亚中央着丝粒染色体	9 号常见	无
D	13~15	中等	近端着丝粒染色体		有

续表

组号	染色体号	大小	染色体类型	次缢痕	随体
E	16～18	小	16号为中央着丝粒染色体	16号常见	无
			17，18为亚中央着丝粒染色体		
F	19～20	次小	中央着丝粒染色体		无
G	21～22，Y	最小	近端着丝粒染色体		有（除Y）

　　按照国际标准，核型的描述包括染色体的数目和性染色体的组成两部分，之间以逗号隔开。正常女性核型描述为46，XX；正常男性核型描述为46，XY。

　　常规核型分析方法主要根据染色体形态和着丝粒位置来区别染色体的差异，有时会造成染色体区分不精确（图8-12）。1968年，瑞典科学家Casperson首先建立染色体Q带技术，之后又出现了R带、C带、T带等显带技术，为核型分析提供了更加有力的工具。显带技术是将染色体经过一系列处理，用特殊染料染色，使染色体沿其纵轴出现明暗或深浅相间、宽窄不等的带纹，这些带纹构成每条染色体特有的带型。每对同源染色体的带型基本相同且相对稳定，不同染色体的带型则不相同。因此，染色体显带技术不仅可以准确鉴别每条染色体，还能同时检测染色体的微小异常，如缺失、易位、倒位等，提高了核型分析在遗传病诊断中的精确度，为某些疾病的诊断及其病因的研究提供了更加有效的依据。

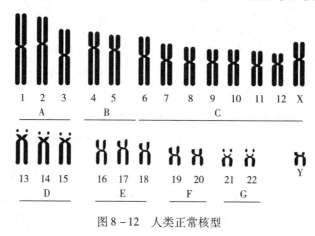

图8-12　人类正常核型

第三节　核　仁

PPT

　　核仁（nucleolus）是分裂间期细胞核中出现的无膜包裹的结构，在细胞分裂期会消失。核仁是合成核蛋白体及核糖核酸的场所，它的出现对细胞生命活动具有重要意义。核仁的大小、位置、形状、数目随细胞生理状态而异。细胞核内通常有1～2个或多个核仁。代谢旺盛的细胞核仁数量相对较多，常靠近核膜分布，这种分布可能有利于核内外物质的交换。蛋白质合成旺盛的细胞中，核仁体积通常比较大，如恶性的肿瘤细胞或卵细胞。蛋白质合成不活跃的细胞，核仁不明显或不存在，如精子和肌细胞。

一、核仁的化学组成

　　核仁内蛋白质约占80%，RNA占5%～10%，DNA约占8%。电泳分析表明其内的蛋白质可达上百种，包括核糖体蛋白、组蛋白、非组蛋白等多种蛋白质。核仁中的核酸部分主要是rRNA基因及其转录产物，核仁的RNA与蛋白质常结合成核糖核蛋白，此外还含有微量脂类。

二、核仁的亚显微结构

透射电镜结果显示，核仁是电子密度很高、无膜包裹的海绵状小体。核仁的超微结构中可区分的主要形态结构包括三部分：纤维中心、致密纤维组分、颗粒组分（图 8 – 13）。纤维成分构成核仁支架，主要包括纤维中心和致密纤维部分。颗粒成分主要是直径 15 ~ 20nm 的核蛋白体。除上述三种基本核仁成分之外，染色质在核仁周围及其内部都有分布，被称为核仁相随染色质。基质成分是核仁中央电子密度最低的间隙，纤维中心、致密纤维组分和颗粒组分都淹没在无定形的核仁基质中。由于电镜制备样品技术的限制，上述各类结构成分在核仁的电镜照片中并不容易区分。药物中毒或细胞受到致癌因素刺激时，可导致核仁解离或圈状核仁。

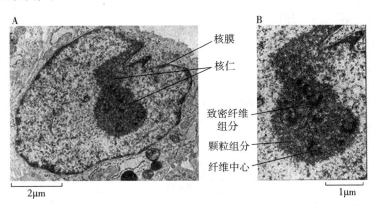

图 8 – 13　人成纤维细胞核仁的超微结构

（一）纤维中心

电镜下观察，纤维中心（fibrillar center，FC）位于核仁相对中心区域，是一个或多个电子密度低的圆形区域，被电子密度高、呈环形或半月形结构的致密纤维部分包围。纤维中心存在 rDNA、RNA 聚合酶 I，以及结合的转录因子，是 rRNA 基因 rDNA 的存在部位。通常认为 FC 代表染色体核仁组织区在间期核内的副本。

（二）致密纤维部分

电镜下可见的致密纤维组分（dense fibrillar component，DFC）呈环形或半月形，电子密度较高，包绕在纤维中心的周围。通常致密纤维组分被认为由正在转录的 rDNA 及 rRNA 构成。

（三）颗粒组分

当核仁代谢活动旺盛时，颗粒组分（granular component，GC）就成为核仁的主要结构。由直径 15 ~ 20nm 的核糖核蛋白颗粒构成。这些颗粒是正在加工的核糖体亚基前体，或正在成熟的核糖体亚基颗粒。间期核仁的大小主要是由颗粒组分的数量决定的。

课堂互动

核仁周期性的变化与染色体的组装之间有什么关系？

三、核仁周期

核仁在细胞周期中是一种高度动态的结构。细胞进入分裂期时，随着染色质凝集，核仁发生变形、变小，直至消失，所有 rRNA 合成停止。在分裂中期和后期核仁不可见，直至分裂末期，rRNA 合成重新启动，随着核仁物质的聚集，核仁逐渐由分散的前核仁体（prenucleolar body，PNB）开始在核仁组织区染色质的附近融合，形成最终的核仁。因此，将核仁在细胞周期中发生一系列形态和功能上的周期性变化称为核仁周期（nucleolar cycle）。

核仁周期变化的分子机制目前还不十分清楚，但有研究表明，核仁的动态变化是 rDNA 和细胞周期依赖性的。分裂间期核仁结构的完整，分裂期核仁的消失、重建，都要依赖于 rRNA 基因的活性。此外，实验结果也证明，选择性抑制 RNA 聚合酶 I 的活性，能够在不影响细胞周期的前提下抑制核仁的组建。因此，rRNA 基因的转录可能是核仁重建的早期步骤。

四、核仁的功能

核仁的功能主要与核糖体的生物发生有关。

（一）rRNA 的合成、加工和成熟

人体细胞的 rRNA 基因除了 5S rRNA 外，5.8S rRNA、28S rRNA 和 18S rRNA 的基因组成一个转录单位，这些转录单位串联重复，分布于 13、14、15、21、22 号 5 对同源染色体上次缢痕处的染色质 DNA 中。rRNA 基因由 RNA 聚合酶 I 负责转录，可同时产生多个同样的 45S RNA 转录产物前体。这些前体 RNA 经过复杂的加工产生了 5.8S rRNA、28S rRNA 和 18S rRNA（图 8－14）。5S rRNA 基因定位在 1 号染色体上，也是串联成簇排列的，其中也存在间隔 DNA。5S rRNA 由 RNA 聚合酶 III 转录，因此它的转录是在核仁之外。

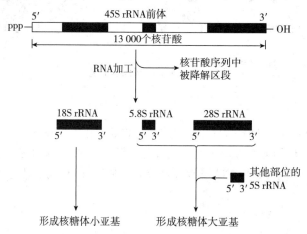

图 8－14　45S rRNA 前体加工过程

（二）核糖体大、小亚基的装配

人体细胞内的 rRNA 前体的加工成熟是以核蛋白体形式进行的。当 45S rRNA 转录完成后，很快与进入核仁的蛋白质和 5S rRNA 相结合，共同形成 80S 的核糖核蛋白体。伴随着 45S rRNA 的加工，80S 的核糖核蛋白体颗粒逐渐丢失一些 RNA 和蛋白质，最后形成 60S 的核糖体大亚基和 40S 的核糖体小亚基，进而通过核孔复合体运输到细胞质中（图 8－15）。当 mRNA 从细胞核通过核孔复合体来到细胞质中时，核糖体大、小亚基与成熟的 mRNA 相结合，从而启动并完成蛋白质翻译。

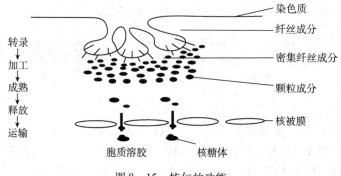

图 8－15　核仁的功能

第四节 核 基 质

PPT

在细胞核中除了染色质、核膜、核仁之外，还有一个以蛋白质成分为主的网架结构体系，称为核基质（nuclear matrix）。这个网架结构体系在20世纪70年代中期由Coffey和R. Berezney等人从大鼠肝细胞中分离出来，因其基本形态与细胞质骨架非常相似，且与细胞质骨架有一定的联系，故人们又将核基质称为核骨架（nuclear skeleton）。

一、核基质的化学组成与形态结构

使用核酸酶与高盐溶液处理细胞核，抽提染色质后，电镜下观察，核基质是由粗细不等、直径为3～30nm的纤维组成的。其中较粗的纤维由直径3～4nm的较细纤维单体聚合而成。核基质的主要成分中蛋白质约占90%，还含有少量RNA。必须指出的是，RNA虽然含量少，但其对于维持核基质网架体系的完整性是必需的。因为在制备核基质过程中，用RNase消化处理后，核基质上的网状颗粒结构会减少，且核基质网架的三维空间结构会发生很大变化。

核基质中的蛋白质成分比较复杂，不像细胞质骨架中纤维分别由专一单体蛋白构成，而且核基质蛋白成分随细胞种类及生理状态不同有明显差异。核基质中的蛋白质成分主要分为两类：①核基质蛋白（nuclear matrix protein，NMP），是各种类型细胞核所共有的，如纤维蛋白、硫蛋白等；②功能性的核基质结合蛋白（nuclear matrix associated protein，NMAP），与细胞分化的类型、生理病理状态有关。

二、核基质的功能

研究表明，核基质参与调节DNA的复制、基因的转录、hnRNA的加工及染色体的组装等过程。

（一）参与DNA复制

核基质作为支架参与并提供DNA复制时的位点。实验证明，DNA聚合酶与核基质上特定位点结合后被激活。该特定位点的核苷酸序列被称为核基质结合序列，富含AT。同时该位点也通过核基质参与调节基因复制与转录。

DNA祥环与DNA复制相关的酶及蛋白因子锚定在核基质网架上形成DNA复制复合体，DNA的整个复制过程都是在核基质上进行的。电镜放射自显影实验结果证明，DNA复制起始点位于核基质上，可溶性的DNA聚合酶结合于复制起始点后，启动合成新的DNA。

（二）参与基因转录

除了DNA聚合酶在核基质上有特定的结合位点外，RNA聚合酶在核基质上也有特殊的结合位点。研究表明，基因组中具有转录活性的基因才能选择性地结合在核基质上，没有转录活性的基因是不与核基质结合的。新合成的转录本hnRNA也与核基质紧密结合。研究结果表明，具有转录活性的基因两端存在核基质结合序列。因此，核基质同时参与了基因的转录及转录后的加工过程。

（三）参与染色体构建

在染色体组装的骨架－放射环模型中，30nm的染色质螺线管可折成祥环并在核基质上锚定。说明核基质作为支架参与了DNA超螺旋化及染色单体构建的过程。

第五节 细胞核的功能

PPT

细胞核是细胞中最大的细胞器，也是细胞代谢的中枢。细胞中遗传物质绝大部分贮存在细胞核中，因此细胞核的功能及代谢活动主要与遗传物质有关。

一、遗传信息的储存

真核生物的遗传信息主要储存在以染色体的 DNA 分子上，DNA 与组蛋白通过高度有序的折叠压缩形成染色质。此外，由于真核细胞内进化出了核膜，将染色质包围，使遗传物质有了独立的储存空间。而原核细胞内的遗传物质不但"裸露"，同时由于没有膜包被，只能存在于细胞内的一个称为"拟核"的区域。正常人每个体细胞的核中有 46 个 DNA 分子，构成 46 条染色质纤维。每个单倍染色体组 DNA 分子含有 3.2×10^9 bp。人类细胞中的所有代谢就是以这 46 条染色质纤维上所承载的指令作为基础来完成的。

二、遗传信息的复制

DNA 复制是遗传信息在亲代细胞与子代细胞间传递的基础。真核细胞中 DNA 的复制主要发生在细胞核中，此外，在线粒体中的少量 DNA 分子数量倍增也是通过复制完成的。真核细胞中的 DNA 复制具有半保留性、多起点性、双向性、半不连续性和不同步性等特点。

真核细胞中，每条染色体上的 DNA 分子都含有多个复制起始点。每个复制点的 DNA 片段在复制开始时，起始点两侧的 DNA 会解螺旋分别形成两个复制叉（replication fork）。两个复制叉在 DNA 拓扑异构酶与 DNA 解旋酶的作用下分别向两侧推进，最终与相邻复制起始点形成的复制叉相连。DNA 分子内的两条单链都可以作为模板，通过碱基互补配对的原则，在 DNA 聚合酶的作用下合成新的 DNA 单链。每条新 DNA 单链的合成方向都是 5′→3′。DNA 双螺旋的两条单链在合成各自新链时，速度具有差异。其中一条复制合成子链的速度快，称为前导链（leading strand），前导链的合成是连续的。另一条复制比较慢的称为延迟链（lagging strand）。延迟链合成的方向与复制叉移动方向相反，通常先要复制成多个小的片段，然后再通过 DNA 连接酶的作用将这些小的片段连接成一条完整的子链。因此，DNA 的复制是不连续的。DNA 的复制发生在细胞周期的间期，染色质上碱基的组成也影响了 DNA 的复制。一般常染色质上的 DNA 先复制，异染色质的 DNA 后复制。富含 G－C 的片段先复制，而富含 A－T 的片段后复制（图 8－16）。

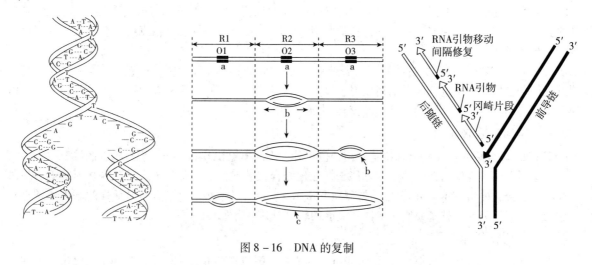

图 8－16　DNA 的复制

三、遗传信息的转录

转录（transcription）是将遗传信息从 DNA 传递至 RNA 分子的过程，即以 DNA 为模板合成 RNA。转录是细胞内蛋白质合成前的重要生化事件。原核细胞中的转录，由于没有核膜的存在，DNA 的复制、转录与蛋白质的合成没有时间与空间的分别。但是在真核细胞中，DNA 的转录及转录后的加工成熟过程发生在细胞核中，蛋白质翻译则是在细胞质中进行。

PPT

第六节 细胞核与医药学

细胞核是遗传物质储存、复制、转录及转录加工的场所，是细胞代谢活动的控制中枢。细胞受到病理因素的刺激后，细胞核最常见的病理变化为核固缩、核破裂及核溶解，这些现象统称为核畸变。反之，当细胞核的结构与功能受损时，又能够影响细胞的功能，进而导致严重的后果，临床上最常见的两大类疾病是遗传性疾病和肿瘤。

一、生殖细胞内遗传物质异常导致的遗传病

（一）染色体病

发生在生殖细胞中的染色体异常能够通过生殖遗传给后代，使后代罹患遗传病。由于细胞核染色体数目或结构的异常所导致的疾病称为染色体病。染色体病患者细胞内的核型是异常的。异常的核型常导致胚胎无法正常发育，这样的胚胎通常以流产或死胎告终。目前在流产或死胎的组织细胞中发现的染色体畸变几乎涉及人类所有的染色体。临床中常见的常染色体病有唐氏综合征（21 三体综合征）、13 三体综合征、18 三体综合征等；常见的性染色体病有 Turner 综合征、先天性睾丸发育不全等。

（二）基因病

生殖细胞中染色体上的基因发生突变，也会导致遗传性的基因病（包括单基因病和多基因病）或肿瘤的产生。如白化病 I 型、血友病 I 型、苯丙酮尿症 I 型、遗传性的高血压、遗传性的糖尿病等。此外，临床上非常罕见的遗传性肿瘤如视网膜母细胞瘤、遗传性乳腺癌等，也是生殖细胞中基因突变的结果。

二、体细胞内遗传物质异常导致的肿瘤

肿瘤是体细胞恶性增殖所形成的克隆群。与正常细胞相比，肿瘤细胞的核质比一般较高。细胞核的形态结构、核内的染色质分布、细胞核的代谢都是异常的。肿瘤细胞代谢较为活跃，生长旺盛，增殖周期缩短。核孔复合体的数量显著增加，以适应肿瘤细胞内频繁的物质交换。

几乎所有的肿瘤细胞都具有异常的核型，包括染色体数目畸变与结构畸变两大类。肿瘤细胞内染色体的数目常见亚二倍体、超二倍体、三倍体，甚至在恶性肿瘤患者胸腹水中发现了六倍体和八倍体的肿瘤细胞。除了存在各种染色体数目畸变，肿瘤细胞中的染色体也多有各种结构畸变，如易位、缺失、重复、倒位、环状染色体等。

目前公认，肿瘤是基因突变的结果。在肿瘤的发生、发展过程中，突变具有累积效应。研究表明，多数肿瘤细胞中的突变往往多种多样，在这些形式各样的基因突变中，人们将那些对肿瘤的发展具有重要推动作用的突变称为"驱动突变"（driver gene mutation），将作用不明显的突变称为"乘客突变"（passenger gene mutation）。这一理论衍生出一个非常重要的肿瘤治疗方向——药物靶向治疗。药物靶向治疗主要针对肿瘤的特定突变基因，比如治疗慢性粒细胞白血病的伊马替尼（商品名：格列卫），治疗肺腺癌的吉非替尼（商品名：易瑞沙，Iressa），以及治疗乳腺癌的曲妥珠单抗（商品名：赫赛汀，Herceptin）。

知识拓展

肿瘤的靶向治疗

药物靶向治疗是一种革命性的治疗肿瘤的方法，是指使用药物或其他物质靶向干扰特定分子（分子靶标）来阻止癌症的生长、进展和转移。目前该方法在治疗多种癌症类型，如乳腺癌、白血病、结直肠癌、肺癌和卵巢癌等方面都取得了显著的临床效果。

癌症发生的基础之一是基因图谱的改变导致蛋白质和受体的突变或改变，从而促进细胞生存和增殖。某些特定的基因改变可以区分癌细胞和正常细胞，因此可将这些基因作为开发药物靶向的靶点。研究人员通过了解癌细胞中这些特定分子靶点的结构和功能特性，可以进一步确定抑制肿瘤生长和进展的潜在分子策略。

根据肿瘤靶标分子的生物特性，用于肿瘤靶向治疗的药物可能表现出不同的功能和特点。目前，临床中常用于靶向治疗的药物可分为小分子、单克隆抗体、免疫治疗性癌症疫苗和基因治疗等。它们的作用机制一般都是基于肿瘤靶标分子的产物。有些用于靶向治疗的药物可以阻断有利于促进癌细胞生长的信号，干扰细胞周期的调节或诱导细胞死亡来杀死癌细胞；有些药物能够靶向癌细胞以及肿瘤微环境中的某些成分，以此来激活免疫系统；有些药物还有特定作用，如将其用作化疗的辅助药物时，这些药物可以阻碍肿瘤的进展和侵袭，或使耐药肿瘤对其他治疗药物重新敏感；还有些药物则通过抑制肿瘤组织血管的生成等来达到抑癌的目的（图8-17）。

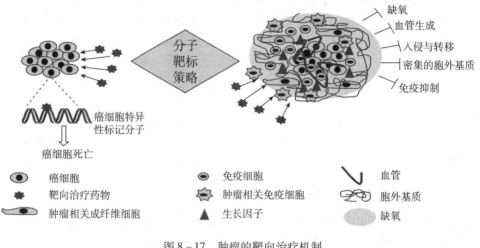

图 8-17 肿瘤的靶向治疗机制

案例解析

【案例】患者，男，54岁，因右腹痛、发烧和体重减轻而入院就诊。腹部 CT 和 MRI 显示肝脏内弥漫性占位性病变，最大的病灶位于肝右叶（Ⅵ段），大小约为 12.05 cm × 8.23 cm × 7.34 cm。无肝外转移。CT 引导活检免疫组织化学病理明确为中度分化腺癌。进行内窥镜检查和影像学检查相结合，排除其他来源的腺癌的可能性，最终诊断为中分化型肝内胆管细胞癌。由于身体状况不佳，未进行全身化疗。在获得患者及其家人的同意后，对患者的肿瘤组织和血液中循环肿瘤细胞 DNA（ctDNA）进行下一代测序（NGS），以试图确定潜在的治疗靶标。患者检测了超过 1021 个通常与癌症相关的基因突变类型，在组织和 ctDNA 中均检测到突变 GNA 11 Q 209L（c.626A > T），等位基因频率分别为 15.7% 和 4.8%。该患者于 2017年 7 月上旬开始接受姑息性的曲美替尼 2mg 每日一次的治疗。2017 年 9 月再次进行 MRI 扫描，发现右肝叶最大病变明显坏死。就肿瘤直径而言，第Ⅵ段的 A 目标病变从 12.05cm 减少到 11.77cm，而第Ⅷ段的 B 目标病变从 4.73cm 减少到 4.57cm。2017 年 12 月中旬重新进行分期 MRI 扫描报告了对治疗的持续反应，Ⅵ段的病变 A 的直径从 11.77cm 减小到 8.68cm，Ⅷ段的病变 B 的直径从 4.57cm 减小到 3.03cm。

【问题】为什么该患者要使用曲美替尼进行治疗？

【解析】GNA11 位于染色体 19p13 上，是 G 蛋白家族的成员，该蛋白在各种跨膜信号转导系统中起调节剂或传感器的作用。通常在肿瘤中发现 GNA 11 突变属于驱动突变。这种突变可以诱导自发转移性肿瘤并激活 MAPK 途径。MAPK 途径中包括靶向治疗的几个重要靶标，如 BRAF V600E 或 K 突变对 BRAF 抑制剂或 MEK 抑制剂治疗有效。MEK 蛋白质是细胞外信号相关激酶（ERK）通路的上游调节器，能促进细胞增殖。曲美替尼（Trametinib）是 MEK1 和 MEK2 激酶活性的可逆性抑制剂。因此，本案例中患者可以使用曲美替尼进行靶向治疗。

本章小结

细胞核是真核细胞内代谢活动的控制中枢，是遗传物质的主要储存场所。随着细胞周期的进行，细胞核在分裂间期可见，分裂期消失。典型的间期细胞核主要由核膜、染色质、核仁以及核基质组成。核膜将遗传物质与细胞质隔离，保证了遗传物质的稳定性，DNA 复制和基因的转录与蛋白质合成具有各自独立的空间，使得真核细胞内的物质代谢分工更加精密。核膜上的核孔复合体是细胞核与细胞质物质运输与信息交流的通道，通过核孔复合体的物质运输具有双向选择性。核纤层是附着于内核膜内表面的蛋白质纤维网，能够维持细胞核的形态，为染色质纤维提供支撑位点，介导核膜的解聚与重建，同时也参与 DNA 的复制、转录等代谢活动。染色质与染色体的化学组成相同，是同一物质在细胞周期不同阶段的不同表现。染色质由 DNA、组蛋白、非组蛋白等分子组成，其基本结构单位是核小体。染色质纤维通过凝集、压缩折叠，形成染色体。染色质可分为常染色质和异染色质，也可分为活性染色质和非活性染色质。染色体上具有着丝粒、染色体臂、次缢痕、随体、端粒等主要结构。细胞中所有的染色体构成一个核型。真核细胞中核仁主要由纤维中心、致密纤维组分、颗粒组分构成。核仁是 rRNA 转录与核糖体亚基组装的场所。核基质是细胞核内的纤维蛋白构成的网架体系，与 DNA 复制、基因转录及染色质定位、染色体的构建等有密切关系。细胞核结构和功能的异常可以引起细胞的病变。

练 习 题

题库

一、单选题

1. rRNA 的主要合成部位是（   ）

    A. 高尔基复合体   B. 核糖体   C. 内质网

    D. 核仁组织区   E. 以上都不是

2. 电镜下见到的间期细胞核内侧高电子密度的物质是（   ）

    A. RNA   B. 组蛋白   C. 异染色质

    D. 常染色质   E. 活性染色质

3. 核质比反映了细胞核与细胞体积之间的关系，当核质比变大时，说明（   ）

    A. 细胞质随细胞核的增加而增加   B. 细胞核不变而细胞质增加

    C. 细胞质不变而核增大   D. 细胞核与细胞质均不变

    E. 以上都不对

4. rRNA 主要是由（   ）

    A. 线粒体 DNA 转录而来   B. 核仁组织者中的 rDNA 转录而来

C. 核小体 DNA 转录而来　　　　　　　　　　　D. DNA 复制而来

E. 以上都不对

5. 组成核小体的主要物质是（　　）

    A. DNA 和组蛋白　　　　　　B. RNA 和组蛋白　　　　　　C. DNA 和非组蛋白

    D. RNA 和非组蛋白　　　　　　E. 以上都不对

6. 蛋白质合成旺盛的细胞（　　）

    A. 核仁不变　　　　　　　　　B. 细胞明显减小　　　　　　C. 核仁明显增大

    D. 核仁明显减小　　　　　　　E. 以上都不对

7. 以下不属于构成核小体核心成分的组蛋白是（　　）

    A. H1　　　　　　　　　　　　B. H2A 和 H2B　　　　　　　C. H4

    D. H3　　　　　　　　　　　　E. 以上都不是

8. 以下不属于核孔复合体的是（　　）

    A. 孔环颗粒　　　　　　　　　B. 周边颗粒　　　　　　　　C. 中央颗粒

    D. 糖原颗粒　　　　　　　　　E. 以上都不属于

9. 以下不具有核定位信号的蛋白质是（　　）

    A. 核质蛋白　　　　　　　　　B. 组蛋白　　　　　　　　　C. ATP 合酶

    D. RNA 聚合酶　　　　　　　　E. DNA 转录因子

10. 核糖体大亚基的装配场所是（　　）

    A. 内质网　　　　　　　　　　B. 核基质　　　　　　　　　C. 核仁

    D. 核膜　　　　　　　　　　　E. 高尔基复合体

11. 进行染色体分类时，一般根据的特征是（　　）

    A. 着丝粒的位置　　　　　　　B. 有无随体　　　　　　　　C. 臂的长短

    D. 有无端粒　　　　　　　　　E. 以上都是

二、多选题

1. 主要成分为 DNA 和组蛋白的结构包括（　　）

    A. 常染色质　　　　　　　　　B. 异染色质　　　　　　　　C. 染色体

    D. 染色单体　　　　　　　　　E. 核小体

2. 常染色质与异染色质的区别在于（　　）

    A. 在核内的分布不同　　　　　B. 化学成分不同　　　　　　C. 转录活性不同

    D. 折叠和螺旋化程度不同　　　E. 电镜下的着色不同

3. 以下结构中可在光镜下见到的是（　　）

    A. 核小体　　　　　　　　　　B. 染色体　　　　　　　　　C. 染色质

    D. 核仁　　　　　　　　　　　E. 以上都能看见

4. 以下结构中每条染色体都具有的是（　　）

    A. 端粒　　　　　　　　　　　B. 着丝粒　　　　　　　　　C. 随体

    D. 次缢痕　　　　　　　　　　E. 染色体臂

三、思考题

1. 为什么说细胞核或核被膜的出现是细胞进化过程的一大进步？

2. 比较常染色质和异染色质的异同。

3. 核孔复合体的超微结构如何？具有什么特点？

（霍　静）

第九章

细胞信号传递

学习导引

知识要求

1. **掌握** 受体的概念和类型；cAMP 信号通路的组成和基本过程；G 蛋白的作用过程和特点。

2. **熟悉** 磷脂酰肌醇信号通路；受体酪氨酸激酶介导的 Ras 信号通路；酪氨酸激酶偶联受体介导的 JAK – STAT 信号通路。

3. **了解** 信号分子的概念和类型；离子通道型受体介导的信号跨膜传递，细胞内受体介导的信号传递；细胞信号转导的特点，信号传递与医药学的关系。

能力要求

能够绘制各信号通路的流程图或反应链；归纳各信号通路的特点。

  无论是原核细胞还是真核细胞，在其生命历程中都随时监测着细胞内外的环境条件，处理收到的各种信息并对这些信息做出相应的反应，以维持细胞与内外环境的平衡和统一。例如单细胞生物通过调节自身代谢，来适应环境的营养条件。而多细胞生物是一个繁忙而有序的细胞社会，细胞与细胞之间随时都在接受和处理来自细胞内和细胞外的各种信号，通过传递和整合这些信号，不仅影响细胞自身的活动，还使单个细胞与细胞群体乃至机体的整体活动保持协调一致，以完成各种生命活动。因此，可以说细胞的一切生命活动都与信息传递有关，信息传递是细胞生存的必要条件。

  细胞与细胞之间的信息传递主要是通过信号分子（signal molecule）来实现的。信号分子与细胞膜上或细胞内的特殊受体（receptor）结合后，将信号转换再传给相应的胞内系统，使细胞对信号分子做出适当的反应，这一过程称为信号转导（signal transduction）。

课堂互动

细胞与细胞之间如何进行信息传递？即细胞间信息传递的方式是什么？

第一节　信号分子与受体

PPT

一、信号分子

  信号是信息传递载体，种类繁多，包括物理信号诸如声、光、电和温度变化等，以及化学信号诸如激素、神经递质、局部化学递质等。绝大多数信号是化学信号，又称为信号分子，由细胞合成和分泌。

信号分子的一级结构或空间构象携带着某些信息，当它们与相应受体结合后，后者将接收到的信息转导给细胞的功能反应体系，从而使细胞对该信号做出应答。除了神经细胞内部主要通过电信号传递信息外，大多数情况下，细胞主要依靠化学信号来传递信息。

（一）根据化学信号的特点及作用方式分类

1. 激素 由内分泌细胞合成并释放，经血液循环或淋巴循环到达机体各部位的靶细胞，如肾上腺素、胰岛素和甲状腺素等。这类信号分子的作用特点是作用的距离远、范围大，而且作用的时间较长。

2. 神经递质 由神经元的突触前膜释放，作用于突触后膜上的特异受体，如多巴胺、乙酰胆碱和去甲肾上腺素等。这类信号分子的作用特点是作用的距离和作用时间都短。

3. 局部化学介质 是由某些细胞合成并分泌的一大类生物活性物质，但是它们不进入血液，而是通过细胞外液的介导，作用于临近的同种或异种靶细胞，如生长因子、前列腺素和一氧化氮（NO）等。NO 是人类发现的第一种气体信号分子，发现于 20 世纪 80 年代，它能进入细胞直接激活效应分子，引起血管平滑肌舒张等多种生物学效应。一些化学信号分子及其功能见表 9-1。

表 9-1 化学信号

信号分子	合成或分泌位点	化学性质	生理功能
激素			
甲状腺素	甲状腺	酪氨酸衍生物	刺激多类细胞的代谢
胰高血糖素	胰腺 α 细胞	肽	促进糖原分解和糖异生
胰岛素	胰腺 β 细胞	蛋白质	促进肝细胞摄取葡萄糖、促进糖原合成和抑制糖异生等
肾上腺素	肾上腺	酪氨酸衍生物	升高血压、提高心率、促进肝糖原分解等
神经递质			
乙酰胆碱	神经末梢	胆碱衍生物	促进骨骼肌收缩、心肌舒张等
γ-氨基丁酸	神经末梢	谷氨酸衍生物	抑制性神经递质，抗焦虑、降血压等
局部化学介质			
表皮生长因子	多种细胞	蛋白质	刺激上皮细胞等多种细胞的增殖
组胺	肥大细胞	组氨酸衍生物	扩张血管、增加渗透、参与炎症反应
NO	神经元和血管内皮细胞	可溶性气体	引起平滑肌松弛、调节神经元活性

（二）根据化学信号的溶解度分类

1. 亲脂性信号分子 疏水性强、分子小，可直接穿过细胞膜进入细胞，与细胞内受体结合，形成激素-受体复合物，调节基因表达。亲脂性信号分子的主要代表是甾类激素和甲状腺素。

2. 亲水性信号分子 不能穿过靶细胞的细胞膜，只能与其细胞膜上的受体结合，将细胞外信号转换为细胞内信号，引起细胞内一系列生化级联反应，最终产生生物学效应。亲水性信号分子主要包括神经递质、局部化学介质和大多数肽类激素。

（三）根据信号分子与受体结合后细胞所产生的效应分类

分为激动剂和拮抗剂。与受体结合后不产生细胞效应的称为拮抗剂，与受体结合后能产生细胞效应的称为激动剂。

知识拓展

信号分子 NO 的发现

NO 是一种具有自由基性质的脂溶性气体分子，在血管内皮细胞和神经细胞合成，可穿过细胞膜后快速扩散，作用于邻近靶细胞。NO 的发现是 20 世纪重要的医学成果之一。多年前，人们就知道乙酰胆碱具有舒张血管的作用。1980 年，美国科学家 Robert F. Furchgott 以其精妙的实验在

Nature 上发表论文，指出乙酰胆碱的舒张血管作用依赖于血管内皮释放的某种可扩散物质。随后他又发现缓激肽等多种扩血管物质也是通过类似机制发挥其扩血管的作用，并将该物质命名为血管内皮源舒张因子。1986 年，Robert F. Furchgott 和 Louis J. Ingarro 同时分别证实血管内皮源舒张因子就是 NO，这是首次发现气体分子可在生物体内发挥信号传递的作用，开辟了医学研究的一个全新领域。1998 年诺贝尔生理学或医学奖授予 Robert F. Furchgott、Louis J. Ingarro 和同样在这一领域做出杰出贡献的 Ferid Murad，以表彰他们发现"一氧化氮可作为心血管系统的信号分子"。

课堂互动

什么是 G 蛋白？什么是三聚体 G 蛋白？G 蛋白耦联受体怎样与 G 蛋白耦联而发挥作用？

二、受体

信号分子必须与受体结合后才能发挥作用。受体是一类存在于细胞膜上或细胞内的特殊蛋白质，绝大多数为糖蛋白，少数为糖脂（如霍乱毒素受体和百日咳毒素受体），能够与细胞外专一信号分子识别并结合，激活细胞内一系列生化反应，从而引起细胞效应。与受体结合的生物活性物质则称为配体（ligand）。受体在信号转导系统中具有关键作用，它通过识别和结合配体，触发整个信号转导过程。不同类型的受体都包含结合配体的功能域和产生效应的功能域，这两个功能域分别具有结合特异性和效应特异性。

（一）受体类型

根据受体存在的部位，可将其分为细胞内受体（intracellular receptor）和细胞表面受体（cell - surface receptor）。

1. 细胞内受体 是位于细胞质基质或核基质中的受体，简称胞内受体，一般是由 400 ~ 1000 个氨基酸组成的单体蛋白，主要识别和结合小的亲脂性信号分子，如甾类激素、甲状腺素、维生素 D 和视黄酸等。

2. 细胞表面受体 是位于细胞膜上的受体，又称为细胞膜受体，或简称膜受体，主要识别和结合亲水性信号分子，包括神经递质、肽类激素和生长因子等。根据信号转导机制和受体蛋白类型的不同，细胞表面受体又可划分为离子通道型受体（ionotropic receptor）、G 蛋白耦联受体（G protein - coupled receptor）和酶联受体（enzyme - linked receptor）三类。

（1）离子通道型受体 又称配体门控受体（ligand - gated receptor）（配体门控通道，见第四章第一节），受体本身既有信号（配体）结合位点，又是离子通道，通常是多个亚基组成的多聚体，分布于细胞膜或内质网膜。相应配体与之结合后，使通道开放，离子可快速通过该通道。离子通道型受体主要分布于神经、肌肉等可兴奋细胞，具有组织分布的特异性。

（2）G 蛋白耦联受体 是一种与三聚体 G 蛋白耦联的细胞表面受体，与配体结合后激活与之耦联的三聚体 G 蛋白，启动不同的信号转导通路，产生各种生物学效应。G 蛋白耦联受体有 1000 多个成员，分布于不同组织的几乎所有类型的细胞上，是迄今为止发现的最大的受体蛋白超家族。如 M 型乙酰胆碱受体、胰高血糖素受体、视紫红质受体（脊椎动物眼中的光激活受体）、β 肾上腺素受体以及脊椎动物鼻中的许多嗅觉受体等都是 G 蛋白耦联受体。G 蛋白耦联受体成员都是一条多肽链构成的糖蛋白，可分为细胞外域、跨膜域和细胞内域三个部分（图 9 - 1），其 N 末端位于细胞膜外侧，能与细胞外信号分子结合；C 末端在细胞质侧。跨膜域由 7 个穿膜 α - 螺旋组成，其氨基酸组成高度保守。各个穿膜 α - 螺旋之间有环状结构，其中位于螺旋 5 和螺旋 6 之间的细胞内环是三聚体 G 蛋白识别的区域。当受体被激活时，这一区域可与三聚体 G 蛋白结合，进而激活三聚体 G 蛋白。如果这一区域发生氨基酸组成的改变或数目减少，将导致受体不能与三聚体 G 蛋白耦联。G 蛋白耦联受体介导了很多胞外信号的细胞应答，如多种肽类激素、局部介质、神经递质和氨基酸衍生物，以及气味、味道和光信号的应答。

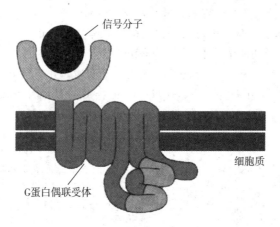

图9-1　G蛋白耦联受体

（3）酶联受体　又称为催化受体（catalytic receptor），是分布在细胞表面的主要受体之一，通常只有一个跨膜区，其胞质区具有酶活性，或者与细胞质中的酶结合。当酶联受体与其配体结合后，受体胞质区的酶活性被激活，或者与之结合的酶被激活（图9-2）。与G蛋白耦联受体一样，酶联受体也分布于不同组织的几乎所有类型的细胞上。迄今为止主要发现了5类酶联受体：受体酪氨酸激酶（receptor tyrosine kinase，RTK）、受体丝氨酸/苏氨酸激酶（receptor serine/threonine kinase）、受体鸟苷酸环化酶（receptor guanylate cyclase）、酪氨酸激酶偶联受体（tyrosine kinase-linked receptor）和受体酪氨酸磷酸酯酶（receptor tyrosine phosphatase）。

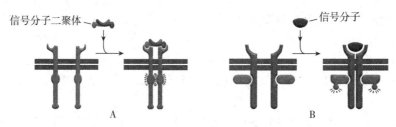

图9-2　酶联受体

A. 受体胞内区酶活性被激活；B. 与受体胞内区结合的酶被激活

（二）受体与信号分子结合的特点

受体能特异性识别并结合相应的信号分子，两者的结合具有以下几个特点。

1. 特异性　受体选择性地与特异配体结合，这种结合特异性主要依赖于配体与受体空间结构的互补性。但受体与配体的结合并不是简单的一对一关系，不同细胞对同一化学信号可能具有不同的受体，也就是说，一种配体可以结合几种不同的受体，进而产生不同的细胞效应。例如乙酰胆碱作用于心肌细胞降低收缩频率，作用于骨骼肌细胞引起肌肉收缩，作用于唾液腺细胞则导致分泌。

2. 可逆性　由于受体与配体是以氢键、离子键和范德华力等非共价键结合，所以它们的结合引发相应的生物学效应之后，二者解离。受体与配体的结合与解离处于可逆的动态平衡中。受体与配体解离后，受体可恢复到原来的状态，并被再次利用，而配体则常常被灭活。

3. 高亲和力　受体与配体的结合力极强，极低浓度的配体与受体结合后，就可以产生显著的生物学效应。但是不同受体和配体之间的亲和力差异很大。

4. 可饱和性　某一特定受体在特定细胞中的数量是相对恒定的，因此随着配体浓度的升高，所有受体都被配体结合后，就不再结合其他配体，达到饱和状态。这是细胞控制自身对胞外信号反应强度的一种方式。

第二节　细胞表面受体介导的信号传递

亲水性信号分子不能直接进入细胞内，必须先与细胞表面受体结合，将信号转换后传给相应的胞内系统，引起细胞内一系列生化级联反应，最终才产生生物效应。信号分子引起的细胞内生化反应是前后相连的，前一个反应的产物可作为下一个反应的底物或发动者，所以被称为生化级联反应。信号分子引发的细胞效应主要有两类：①调控基因转录，影响细胞内特殊蛋白的表达；②改变细胞内预存蛋白的活性或功能，从而影响细胞的代谢和功能。第一类效应的产生通常需要1小时或更长的时间，被称为慢反应；而第二类效应的产生仅需要数秒或数分钟，被称为快反应。受体的类型不同，其信号转导途径也不同。阐明信号转导机制不仅能加深人们对细胞生命活动本质的认识，还有助于对肿瘤发生、药物和毒物作用等机制的研究。

一、离子通道型受体介导的信号跨膜传递

离子通道型受体是由多亚基组成的复合物，它既是一个受体，具有信号分子结合位点，又是一个配体门控离子通道。离子通道型受体主要分布于神经、肌肉等可兴奋细胞，其配体通常是神经递质，所以又称递质门离子通道（transmitter-gated channel）。离子通道型受体的跨膜信号转导无须中间步骤，神经递质与离子通道型受体结合后，受体构象发生改变，使通道瞬时开放，离子经开放的通道流入细胞或流出细胞。因为离子是带电的，所以离子流入细胞或流出细胞，将在细胞内产生电效应，导致膜电位的改变。因此离子跨膜转运的改变，快速将胞外化学信号转换为电信号，继而改变突触后细胞的兴奋性。离子通道型受体介导的信号转导是一种快速的反应，为神经系统和其他电激发细胞如肌细胞所特有，主要在神经系统的突触反应中起控制作用。在哺乳动物的神经系统，神经冲动（电信号）传递到突触前膜，诱发突触前膜释放神经递质（化学信号）；接着，该神经递质与突触后膜上的离子通道型受体结合，通道打开，离子内流。所以，在突触前膜，电信号转换为化学信号；而在突触后膜，化学信号转换为电信号，实现了神经元之间的信号传递（图9-3）。而在神经肌肉接头处，分布于骨骼肌细胞膜上的N型乙酰胆碱受体，又称乙酰胆碱门阳离子通道，由五个亚基组成（图9-4）。当神经末梢释放的乙酰胆碱与骨骼肌细胞膜上的N型乙酰胆碱受体结合后，通道瞬时开放，钠离子内流，引起细胞膜局部去极化和膜电位改变，化学信号转换为电信号，导致骨骼肌细胞兴奋。

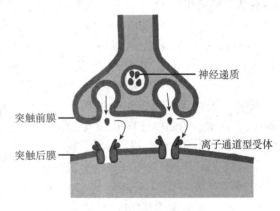

图9-3　哺乳动物的突触传递

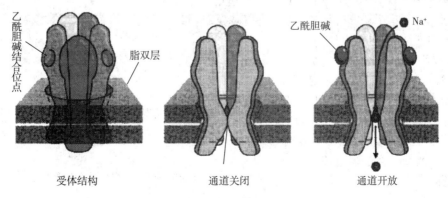

图9-4　N型乙酰胆碱受体

在神经－肌肉接头，如果乙酰胆碱不能与 N 型乙酰胆碱受体结合，将会有什么后果？

二、G 蛋白耦联受体介导的信号跨膜传递

G 蛋白耦联受体与胞外信号分子结合后，首先激活三聚体 G 蛋白，再由三聚体 G 蛋白激活效应器。效应器的活化，催化细胞内信号的生成。然后由细胞内信号引起细胞内一系列生化级联反应，最终产生生物学效应。受体激活后在细胞内产生的、能介导信号转导的活性物质（细胞内信号），被称为第二信使（second messenger），胞外信号分子则被称为第一信使（first messenger）。已经发现的第二信使有许多种，其中最重要的有 cAMP（cyclic AMP）、二酰基甘油（diacylglycerol，DAG）、三磷酸肌醇（inositol trisphosphate，IP_3）和 Ca^{2+} 等。

（一）G 蛋白（G protein）

全称为鸟嘌呤核苷酸结合蛋白（guanine nucleotide－binding protein），是指具有 GTP 酶活性，在细胞信号通路中起信号通路转换器或分子开关作用的蛋白质。主要包括三聚体 G 蛋白和小分子量的单体小 G 蛋白。被 G 蛋白耦联受体激活的是三聚体 G 蛋白，由 α、β 和 γ 三个亚基组成，为可溶性的外周蛋白，锚定在细胞膜的胞质面。与鸟苷酸结合的是 α 亚基，它具有 GDP 或 GTP 结合位点，能与 GDP 或 GTP 结合。在静息状态下，α 亚基与 GDP 结合，此时 α、β 和 γ 三个亚基组成三聚体，这样的三聚体 G 蛋白无活性且与受体分离。当信号分子与 G 蛋白耦联受体结合后，受体的构象发生改变，暴露出与 G 蛋白 α 亚基结合的位点，使受体的胞内部分与 G 蛋白 α 亚基接触并相互作用，进而使 G 蛋白 α 亚基的构象改变，与 GDP 的亲和力减弱，与 GTP 的亲和力增强，GTP 则取代 GDP 与 α 亚基结合，激活三聚体 G 蛋白。活化的三聚体 G 蛋白解离成两部分：α－GTP 和 β、γ－异二聚体。α－GTP 与细胞膜下游的效应蛋白相互作用，激活效应蛋白。另外，G 蛋白的 α 亚基还具有 GTP 酶活性，在配体与受体解离后，G 蛋白的 α 亚基水解与之结合的 GTP 为 GDP，使 α、β 和 γ 三个亚基重新组装成三聚体，三聚体 G 蛋白失活，回到静息状态（图 9－5）。在哺乳动物中已发现 20 多种不同类型的 G 蛋白，如 Gs、Gi 和 Gq 家族。Gs 为激活型 G 蛋白，其 α 亚基是 αs，能激活效应器腺苷酸环化酶（adenylate cyclase，AC）；Gi 为抑制型 G 蛋白，其 α 亚基是 αi，能抑制效应器腺苷酸环化酶；Gp 为磷脂酶 C 型 G 蛋白，其 α 亚基是 αp，能激活效应器磷脂酶 C（phospholipase C，PLC）。M. Rodbel 和 A. G. Gilman 两位科学家对 G 蛋白的发现做出了重要贡献，阐明胞外信号如何转换为胞内信号的机制，因此获得 1994 年诺贝尔生理学或医学奖。不同的三聚体 G 蛋白激活不同的效应器，例如腺苷酸环化酶、磷脂酶 C 和离子通道等，构成不同的信号通路。

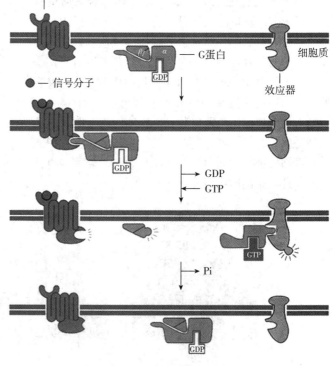

图 9－5　G 蛋白的激活与失活

（二）cAMP 信号通路

在 cAMP 信号通路中，G 蛋白耦联受体通过三聚体 G 蛋白激活的效应器是腺苷酸环化酶，活化的腺苷酸环化酶则催化了第二信使 cAMP 的生成，如图 9-6 所示。激活型信号的受体（Rs）与激活型信号（如肾上腺素、胰高血糖素）结合后，首先激活 Gs 蛋白，使 Gs 解离为 αs-GTP 和 $\beta \gamma$ 异二聚体；接着，活化的 αs-GTP 激活下游的腺苷酸环化酶；然后，活化的腺苷酸环化酶催化 ATP 分解形成 cAMP，使细胞内 cAMP 浓度升高；接下来，第二信使 cAMP 启动细胞内的生化级联反应；最终产生细胞效应。

在绝大多数真核细胞中，cAMP 通过 cAMP 依赖性蛋白激酶 A（cAMP-dependent protein kinase A，PKA）来调节细胞活动。PKA 广泛存在于哺乳动物的细胞质中，在脑细胞的许多亚结构（如突触）中，PKA 的浓度较高。无活性的 PKA 是由 2 个调节亚基（regulatory subunit，R）和 2 个催化亚基（catalytic subunit，C）组成的四聚体，在每个调节亚基上有 2 个 cAMP 的结合位点。cAMP 与调节亚基结合后，PKA 的构象发生改变，导致调节亚基与催化亚基解离，从而暴露出催化位点，具备催化功能，PKA 被激活。然后，活化的 PKA 催化靶蛋白的丝氨酸或苏氨酸残基磷酸化，激活靶蛋白。由于 PKA 对底物蛋白的特异性要求不高，因此在不同组织中，PKA 激活不同的靶蛋白，产生不同的生物学效应，例如调节细胞代谢和基因表达。

在肝脏，当胰高血糖素与肝细胞膜上的胰高血糖素受体结合后，使胞内 cAMP 浓度升高，激活 PKA。活化的 PKA 磷酸化糖原磷酸化酶激酶，使其激活。然后，活化的糖原磷酸化酶激酶再磷酸化糖原磷酸化酶，使其激活。最后，活化的糖原磷酸化酶刺激糖原分解，生成葡糖-1-磷酸。葡糖-1-磷酸经过变位和去磷酸化变为葡萄糖，释放进入血液，导致血糖升高。

肾上腺素等一些激素与相应受体结合，转换为 cAMP，激活 PKA 后，活化 PKA 的催化亚基则是进入细胞核中，将某些重要的转录因子磷酸化，如 cAMP 反应元件结合蛋白（cAMP-response element-binding protein，CREB）。磷酸化的 CREB 被细胞核内的 CBP/P 300 蛋白特异性识别并结合，使 CREB 活化。然后，CREB-CBP/P 300 蛋白复合体与特异 DNA 序列结合，调节各种靶基因转录，产生生物学效应。

该信号通路的反应链表示如下：胞外信号分子→G 蛋白耦联受体→三聚体 G 蛋白→AC→cAMP→PKA→靶蛋白→生物学效应。

腺苷酸环化酶除被激活型信号激活外，其活性还能被抑制型信号抑制。抑制型激素（如前列腺素和腺苷）与相应抑制型受体（Ri）结合后，激活 Gi，抑制下游腺苷酸环化酶，使靶细胞内的 cAMP 水平降低（图 9-7）。

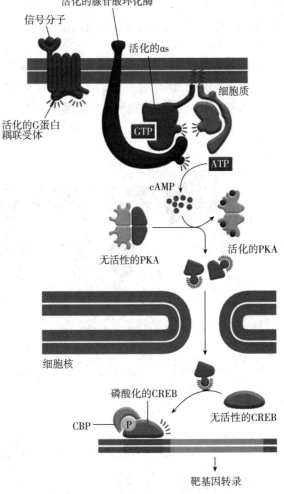

图 9-6　cAMP 信号通路调控基因表达

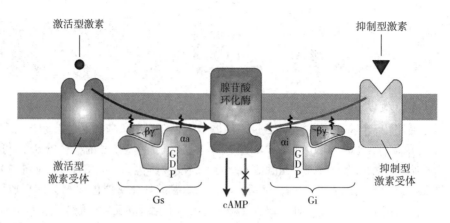

图 9 - 7　激活型和抑制型 G 蛋白耦联受体系统

（三）磷脂酰肌醇信号通路

在磷脂酰肌醇信号通路中，G 蛋白耦联受体通过三聚体 G 蛋白激活的效应器是磷脂酶 C，如图 9 - 8 所示。胞外信号分子与 G 蛋白耦联受体结合后，通过 Gp 激活磷脂酶 C；活化的磷脂酶 C 将细胞膜上的磷脂酰肌醇 - 4，5 - 二磷酸（phosphatidylinosital - 4，5 - biphosphate，PIP2）水解为两个胞内信使：IP3 和 DAG，所以磷脂酰肌醇信号通路又被称为双信使通路。IP3 在细胞质中扩散，DAG 是亲脂性分子，位于细胞膜上，这两个第二信使分别激活两条不同的信号通路。IP3 与内质网膜上的 IP3 受体（离子通道受体）结合，将通道打开，内质网释放 Ca^{2+} 进入细胞质基质，使细胞质基质的 Ca^{2+} 浓度升高。然后，Ca^{2+} 再活化各种依赖 Ca^{2+} 的蛋白质，如钙调蛋白（calmodulin，CaM）。活化的钙调蛋白再激活靶蛋白，引起不同的细胞反应，例如激素分泌、基因表达和启动受精后胚胎发育等，这一通路称为 IP3 - Ca^{2+} 途径。Ca^{2+} 浓度的升高还可以使无活性的蛋白激酶 C（kinase C，PKC）从细胞质基质转位到细胞膜胞质面，被另一第二信使 DAG 激活。活化的 PKC 使靶蛋白的丝氨酸/苏氨酸残基磷酸化，最终产生生物学效应，例如细胞分泌、肌肉收缩、细胞增殖和细胞分化等，这一通路称为 DAG - PKC 途径。

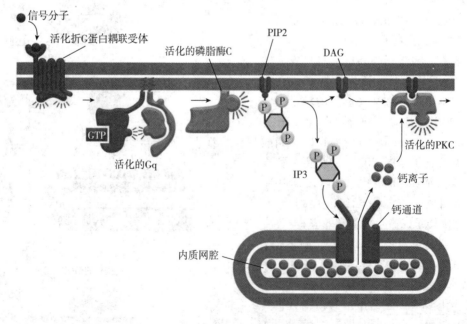

图 9 - 8　磷脂酰肌醇信号通路

该信号通路的反应链表示如下：①胞外信号分子→G 蛋白耦联受体→三聚体 G 蛋白→PLC→IP3→Ca^{2+}→CaM→靶蛋白→生物学效应；②DAG→PKC（依赖 Ca^{2+}）→靶蛋白→生物学效应。

（四）G 蛋白耦联受体激活离子通道

G 蛋白耦联受体通过三聚体 G 蛋白激活的效应器除了腺苷酸环化酶和磷脂酶 C 外，还有其他效应蛋白，如钠离子或钾离子通道。许多神经递质的受体是 G 蛋白耦联受体，神经递质与受体结合后，激活三聚体 G 蛋白，活化的三聚体 G 蛋白导致离子通道的开放或关闭，使膜电位发生改变。例如乙酰胆碱与心肌细胞膜上的 M 型乙酰胆碱受体结合后，激活 Gi 蛋白，Gi 解离为 αi - GTP 和 βγ 异二聚体。βγ 二聚体与钾离子通道结合，使通道开放，钾离子外流，导致心肌细胞膜超极化，减缓心肌收缩频率（图 9 - 9）。

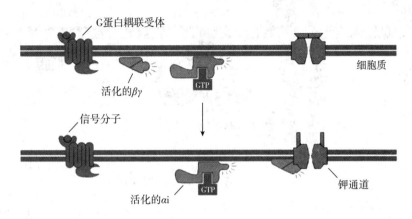

图 9 - 9　M 型乙酰胆碱受体通过三聚体 G 蛋白激活钾离子通道

该信号通路的反应链表示如下：胞外信号分子→G 蛋白耦联受体→三聚体 G 蛋白→离子通道→膜电位→生物学效应。

三、酶联受体介导的信号跨膜传递

酶联受体是一次跨膜蛋白，胞外区与配体结合，胞内区具有酶活性或者与细胞内的酶结合。胞外信号分子与酶联受体结合后，激活受体胞内区的酶活性或者与受体结合的酶活性，再激活下游信号蛋白，经过多步传递，最终改变基因表达，调节细胞的生长、增殖和分化等生命活动。根据酶联受体的作用性质可将其分为多种类型，如受体酪氨酸激酶、受体丝氨酸/苏氨酸激酶、受体鸟苷酸环化酶、酪氨酸激酶偶联受体和受体酪氨酸磷酸酯酶等。下面主要介绍受体酪氨酸激酶介导的 Ras 信号通路和酪氨酸激酶偶联受体介导的 JAK - STAT 信号通路。

（一）受体酪氨酸激酶介导的 Ras 信号通路

受体酪氨酸激酶是酶联受体中最大的一类，其胞内区具有酪氨酸激酶活性，能将靶蛋白的酪氨酸残基磷酸化。这类酶联受体的胞外信号分子主要包括胰岛素和多种生长因子，如神经生长因子、表皮生长因子、血小板生长因子和血管内皮生长因子等。

绝大多数受体酪氨酸激酶是单体蛋白，缺乏信号刺激时，其激酶活性很低。生长因子等配体与它结合后，引发受体二聚化形成二聚体，激活受体胞内区的酪氨酸激酶活性，在二聚体内彼此交叉磷酸化胞内肽链的酪氨酸残基，实现受体的自身磷酸化（autophosphorylation）。磷酸化的受体酪氨酸残基被衔接蛋白的 SH2 结构域识别并结合，然后衔接蛋白通过其 SH3 结构域与 Ras 激活蛋白结合，激活 Ras 激活蛋白。活化的 Ras 激活蛋白促使 Ras 蛋白上结合的 GDP 被 GTP 取代，激活 Ras 蛋白（图 9 - 10）。

Ras 蛋白最初发现于大鼠肉瘤病毒（Ras sarcoma virus，Ras），是 *ras* 基因的产物，为 190 个氨基酸残基组成的单体小 G 蛋白，具有 GTP 酶活性。与三聚体 G 蛋白一样，也锚定在细胞膜的胞质面。Ras 蛋白结合 GTP 时为活化状态，结合 GDP 时为失活状态。它是受体酪氨酸激酶介导的信号通路中的关键组分。

SH 结构域全称为 Src 同源结构域（Src homology domain，SH domain），*src* 是一种癌基因，最初发现于 Rous 肉瘤病毒（Rous sarcoma virus），src 是 sarcoma 的缩写。细胞内许多参与信号转导的蛋白都具有 SH

结构域，SH 结构域又分为 SH1、SH2 和 SH3 结构域等。SH1 具有催化活性；SH2 可识别受体酪氨酸激酶的磷酸化酪氨酸残基，并与之结合；SH3 能够识别富含脯氨酸和疏水性氨基酸残基的特异序列的蛋白质，并与之结合，介导蛋白与蛋白的相互作用。具有 SH2 结构域的蛋白通常也具有 SH3 结构域。

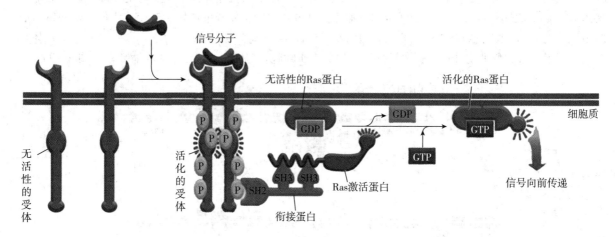

图 9 - 10　受体酪氨酸激酶激活 Ras

活化的 Ras 蛋白可激活 MAP 激酶磷酸化级联反应。首先，活化的 Ras 蛋白结合并激活有丝分裂原活化蛋白激酶激酶激酶（mitogen - activated protein kinase kinase kinase，MAPKKK）。接着，MAPKKK 再结合并磷酸化有丝分裂原活化蛋白激酶激酶（mitogen - activated protein kinase kinase，MAPKK），使其激活。然后，MAPKK 结合并磷酸化有丝分裂原活化蛋白激酶（mitogen - activated protein kinase，MAPK），使其激活。最后，活化的 MAPK 进入细胞核，将转录因子磷酸化，调控基因转录，进而影响细胞的增殖、分化等生命活动（图 9 - 11）。

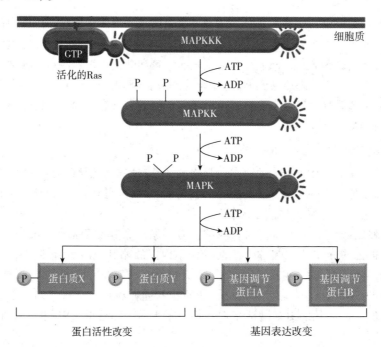

图 9 - 11　Ras 蛋白激活的下游蛋白及其效应

该信号通路的反应链表示如下：胞外信号分子→受体酪氨酸激酶→衔接蛋白→Ras 激活蛋白→Ras 蛋白→MAPKKK→MAPKK→MAPK→靶蛋白→生物学效应。

受体酪氨酸激酶介导的 Ras 信号通路与细胞的癌变密切相关，Ras 蛋白如果过度激活，将导致细胞增殖失控。有研究发现，约 30% 癌症患者体内的 ras 基因发生了激活突变。

知识链接

分子开关

分子开关（molecular switch）是能够通过"活化 - 非活化"的状态转变将信号向下传递的信号蛋白，分子开关每经历一次"活化 - 非活化"的状态转变，则完成一次信号传递。根据其作用机制可分为两类。一类是磷酸化 - 去磷酸化型，这类分子开关通过磷酸化和去磷酸化，使各种靶蛋白处于"开启"或"关闭"的状态。一些信号蛋白在激酶（如 PKA）的作用下被磷酸化后活化，处于"开启"状态，实现信号向下传递；同时在蛋白磷酸酶的作用下很快被去磷酸化后失活，回到"关闭状态"。这类分子开关，通过"磷酸化 - 去磷酸化"，实现了"活化 - 非活化"的转换，使该信号蛋白能够接收信号并将信号向下传递，在代谢调节、基因表达、细胞周期调控等多种细胞活动中具有重要作用。1992 年，Edwin G. Krebs 和 Edmond H. Fischer 因为发现蛋白质磷酸化与去磷酸化可作为一种生物学调节机制而获得诺贝尔生理学或医学奖。另一类分子开关是 G 蛋白即鸟嘌呤核苷酸结合蛋白，主要包括三聚体 G 蛋白和单体 G 蛋白。三聚体 G 蛋白存在于细胞膜上，参与 G 蛋白耦联受体介导的信号转导。单体 G 蛋白的分子量小，因此又被称为小 G 蛋白（如 Ras），存在于细胞的不同部位。这类分子开关可以与 GTP 结合，并且具有 GTP 酶活性，当它结合 GTP 时处于活化的"开启"状态，而当它结合 GDP 时则处于非活化的"关闭"状态。静息状态下，G 蛋白与 GDP 结合，为非活化形式。当接收上游信号后，GTP 取代 GDP 与 G 蛋白结合，G 蛋白被激活为活化形式，将信号向下传递。另外，G 蛋白还具有 GTP 酶活性，能迅速将 GTP 水解为 GDP，使 G 蛋白恢复为非活化形式。因此，G 蛋白是通过"结合 GDP - 结合 GTP"，实现"活化 - 非活化"状态的转换，完成信号的接收和向下传递。1994 年，Alfred G. Gilman 和 Martin Rodbell 因为发现 G 蛋白及其在信号转导中的调控作用而获得诺贝尔生理学或医学奖。

（二）酪氨酸激酶偶联受体介导的 JAK - STAT 信号通路

与受体酪氨酸激酶不同，酪氨酸激酶偶联受体的胞质区不具备酶活性，但是它与细胞质中的酪氨酸激酶 JAK（janus activatied kinase）相连。当酪氨酸激酶偶联受体与其配体结合后，引发受体二聚化形成二聚体，激活与它相连的 JAK。活化的 JAK，催化酪氨酸激酶偶联受体胞内区的酪氨酸残基磷酸化。接着，磷酸化的受体酪氨酸残基被信号转导和转录激活因子（signal transducer and activator of transcription，STAT）的 SH2 结构域识别并结合。然后，STAT 被 JAK 磷酸化激活。活化的 STAT 与受体解离，在细胞质基质中形成二聚体。最后，STAT 二聚体进入细胞核，发挥转录因子作用，调控靶基因表达（图 9 - 12）。已经发现有 30 种以上的细胞因子和激素（如干扰素、IL - 6 等）能激活 JAK - STAT 信号通路，调节细胞增殖、分化和凋亡等生命活动。

该信号通路的反应链表示如下：胞外信号分子→酪氨酸激酶偶联受体→JAK→STAT→靶基因转录→生物学效应。

除了以上介绍的两条信号通路外，酶联受体介导的信号通路还有受体鸟苷酸环化酶介导的 cGMP 信号通路和受体丝氨酸/苏氨酸激酶介导的 TGF - β 信号通路等。

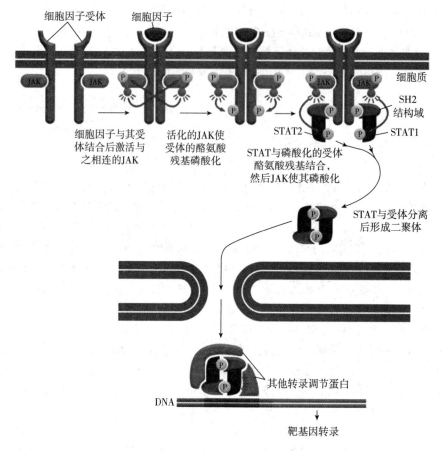

图 9-12 JAK-STAT 信号通路

PPT

第三节　细胞内受体介导的信号传递

　　细胞内受体简称胞内受体，是一个超家族，其本质是依赖激素激活的转录调节蛋白。在细胞内，胞内受体一般与抑制性蛋白结合成复合物，处于非活化状态。亲脂性小分子，如甾类激素、甲状腺素、维生素 D 和视黄酸等，因为其分子小、疏水性强，能直接穿过细胞膜，与胞内受体结合。配体与胞内受体结合后，受体的分子构象发生改变，促使抑制性蛋白从复合物上解离，受体的 DNA 结合位点因此暴露而被活化。活化的胞内受体进入细胞核，与 DNA 结合，调控靶基因的转录，从而调控细胞的物质代谢和生理活动（图 9-13）。

　　有一种特殊的细胞内受体是由 NO 激活的，它就是具有鸟苷酸环化酶活性的 NO 受体。在血管内皮细胞和神经细胞内，一氧化氮合酶催化 L-精氨酸脱氨生成 NO。由血管内皮细胞合成的内源性 NO，扩散到邻近平滑肌细胞，与平滑肌细胞内的鸟苷酸环化酶结合，激活鸟苷酸环化酶。活化的鸟苷酸环化酶催化 GTP 生成 cGMP，使细胞内 cGMP 水平升高。而 cGMP 水平的升高可降低血管平滑肌中 Ca^{2+} 浓度，引起血管平滑肌的舒张，导致血管扩张。临床上使用硝酸甘油治疗心绞痛正是基于 NO 的这一作用。硝酸甘油在体内可转化为 NO，然后 NO 发挥扩张血管的作用，使冠状动脉扩张，减轻心脏的负荷和心肌的需氧量，以达到治病的目的。神经细胞合成的 NO 则可以在神经细胞间传递信号，在大脑的学习记忆中发挥着重要的作用。

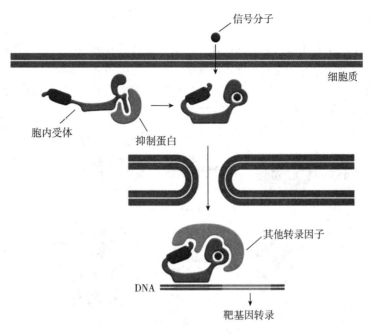

图 9-13 胞内受体的信号转导途径

PPT

第四节 细胞信号转导的特点

虽然细胞信号转导通路繁多且复杂，但是不同信号通路之间具有共同的特征，概括如下。

一、一过性

一过性是所有信号转导过程最基本的特征之一，是指信号传递链上的每一个节点在接收到上游一次信号并把信号传递到下游后，该节点的信号及时终止，并且恢复到未接收信号前的初始状态，以便进行下一次的信号传递的特性。信号转导的一过性，使信号在每一节点的持续时间有限，从而保证了信号强度维持在适度的水平。如果没有新的上游信号刺激，信号蛋白则恢复并保持非活化状态。然而，某些情况下，当上游信号已经终止后，某些信号蛋白仍然保持一定时间的持续活化状态，表现出记忆性。

二、级联式放大效应

细胞信号转导过程中，各个反应相互衔接，形成级联反应，同时在信号传递过程中，通过生成大量调节性小分子或激活大量下游信号蛋白，将信号逐级放大，使细胞外微弱（少量）信号分子引起明显的效应。例如引起糖原分解的 β-肾上腺素浓度为 10^{-10} mol/L，如此微量的 β-肾上腺素通过信号转导，在细胞内产生浓度为 10^{-6} mol/L 的 cAMP，使信号放大了 1 万倍。

三、交互作用

细胞内各种不同的信号通路不是彼此孤立的，而是构成一个复杂的信号网络系统。不同信号通路之间在信号传递链的特定节点形成侧向甚至网状的联系，发生交互作用（cross-talk），导致最后的效应比单一通路的线性激活更为复杂。例如，信号传递链上的许多蛋白激酶可以磷酸化不同信号通路的成员，导致单一信号引起的刺激在信号转导过程中多样化，同一信号产生多种不同的下游反应。不同信号通路发生交互的节点一般为受体、蛋白激酶或转录因子。

四、整合作用

细胞无时无刻都处在复杂环境的"信息轰炸"之下，例如多细胞生物的细胞经常暴露于以不同状态存在的上百种信号分子的环境中，这些信号分别或协同启动细胞内各种信号通路。细胞需要对这些信号进行整合，最后做出适宜的应答。大量的信息以组合的方式调节细胞行为，细胞对胞外信号的不同组合进行程序性反应，从而决定细胞存活、分裂、分化或者死亡的命运（图 9 – 14）。

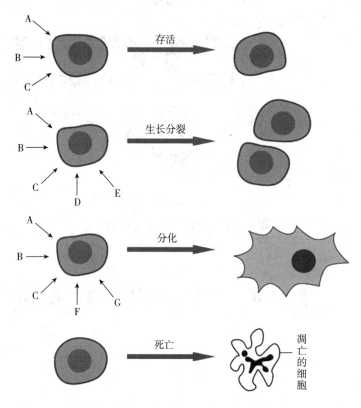

图 9 – 14　细胞对胞外信号的不同组合进行的程序性反应

PPT

第五节　细胞信号传递与医药学

信号转导是生物体生存的必要条件，它在影响细胞自身活动的同时，还使单个细胞与细胞群体乃至机体的整体活动保持协调一致，保证各种生命活动的顺利完成。信号转导的任何一个环节异常，例如信号不能正常传递，或者信号传递的某一节点处于持续激活或高度激活的状态，都可能使细胞失去正常功能或获得异常功能，引起细胞病变，最终导致疾病的发生。

一、受体异常与疾病

受体是信号转导过程中信号向细胞内传递的重要环节，受体的数量、结构或功能异常，都可诱发疾病，这类疾病被称为受体病。受体病可分为原发性受体病和继发性受体病两类，原发性受体病是由于受体的先天遗传性缺陷所致，而继发性受体病则是某些后天因素所致。LDL 受体缺陷导致的家族性高胆固醇血症就是一种原发性受体病，属于常染色体显性遗传病，详见第四章第一节。

1. 2 型糖尿病　其发生与胰岛素受体异常相关。胰岛素是机体内唯一具备降血糖功能的激素，由胰

腺 β 细胞合成，通过与胰岛素受体结合，发挥降低血糖等作用。胰岛素受体属于酶联受体中的受体酪氨酸激酶，分布于肝细胞、脂肪细胞等胰岛素作用的靶细胞膜上。胰岛素与胰岛素受体结合后，激活受体胞内区域的酪氨酸激酶活性，使靶蛋白磷酸化，最终产生降低血糖等生物学效应。肥胖等因素可使脂肪细胞等细胞上的胰岛素受体减少或功能异常，使脂肪细胞等对胰岛素的敏感性降低，临床上称为胰岛素抵抗。胰岛素抵抗使胰岛素激发的细胞内信号转导通路受阻，细胞糖代谢障碍，这是 2 型糖尿病的发病机制之一。当肥胖的 2 型糖尿病患者经饮食控制、体育锻炼使体重减轻时，可以使脂肪细胞等细胞上的胰岛素受体数量增多，与胰岛素结合力加强，使血糖被利用改善，这也是 2 型糖尿病治疗中必须减肥的理论依据。

2. 重症肌无力　是由于患者体内发生病理性免疫，产生了乙酰胆碱受体的抗体。该抗体能与神经肌肉接头处的乙酰胆碱受体结合，降低了受体与乙酰胆碱结合的能力，影响动作电位的生成，阻碍肌肉收缩信号从神经传递给肌细胞，引起肌肉收缩乏力的症状。

知识拓展

霍乱与中医

霍乱是一种烈性肠道传染病，属于甲类传染病，自 1817 年以来，已有 7 次世界性大流行，死者不计其数，使无数国家的人民深受其害。1883 年，德国细菌学家 Robert Koch 首次发现霍乱弧菌，之后人们尝试各种治疗方法，可惜难遂人愿，霍乱患者死亡率始终居高不下。1906～1920 年，英国科学家 Leonard Rogers 在霍乱治疗领域实施了一系列新疗法，例如高渗生理盐水静脉注射法，挽救了众多生命。Leonard Rogers 因为这一贡献，曾被提名为诺贝尔生理学或医学奖候选人。

一般学者认为，霍乱是在 1817～1820 年间传入我国的，在近代百余年间，我国年年都有霍乱流行，严重威胁人民的生命健康。在此背景下，无数中医积极投身到霍乱的防治工作中，对霍乱的防治做出了巨大的贡献。例如光绪二十八年（1902 年）夏季霍乱盛行，陈虬（1851～1904）以白头翁汤加减治疗，疗效甚好。并于当年著《瘟疫霍乱答问》一书，以问答形式对霍乱的病因、治法、预防等方面进行了全面的阐述，并于书后附方十八首用以治疗霍乱。清代温病四大家之一的王孟英（1808～1868）潜心钻研，归纳总结多年临床经验，终著成《随息居重订霍乱论》，书中不仅对寒、热霍乱的病情、治法、方剂、医案进行了深入阐释，而且在治法篇中详细载述了治疗霍乱病所用到的中医外治法。1945 年，成都及其附近地区霍乱流行，政府召集防疫会议，在会上，多人攻讦中医不能防治霍乱。后来四川省医药学术研究会经多方奔走、集资，组织中医医师开展义诊，在一个月中用中药治愈霍乱患者达三万以上，证明了中医在霍乱防治中的价值。

二、G 蛋白异常与疾病

化学修饰可以使 G 蛋白异常激活，导致疾病的发生，例如霍乱和百日咳。

1. 霍乱　霍乱弧菌感染人体后，产生霍乱毒素。霍乱毒素具有 ADP－核糖转移酶活性，进入小肠上皮细胞后催化细胞内辅酶 I（NAD^+）的 ADP 核糖基与激活型 G 蛋白的 Gs_α 亚基共价结合，使 Gs_α 亚基丧失 GTP 酶活性，不能水解 GTP 而致使 Gs 蛋白无法失活，持续活化。持续活化的 Gs 蛋白不断地激活腺苷酸环化酶，使小肠上皮细胞内的 cAMP 水平异常升高 100 倍以上，而 cAMP 又持续激活蛋白激酶 A（PKA）。PKA 则通过将小肠上皮细胞膜上的蛋白质磷酸化而改变细胞膜的通透性，导致小肠上皮细胞内大量 Na^+ 和水分外流，引起严重腹泻、水电解质严重紊乱和周围循环衰竭等症状。

2. 百日咳　是一种婴儿常见的呼吸道感染疾病，由百日咳杆菌产生的百日咳毒素引起。百日咳毒素催化抑制型 G 蛋白的 Gi_α 亚基发生 ADP－核糖基化，阻止 GDP 从 Gi_α 亚基上释放，从而将 Gi_α 亚基"锁定"在非活化状态。而 Gi 的作用是抑制腺苷酸环化酶，非活化的 Gi 无法发挥对腺苷酸环化酶的抑制作用，导致感染的气管上皮细胞内 cAMP 水平异常增高。cAMP 浓度的异常增高，则使大量液体分泌入呼吸道，引起严重咳嗽。

案例解析

【案例】患者，女，41岁，因"发现右乳肿块2月"入院。入院查体：双乳对称，右乳外上象限可触及一1.5cm×1cm×1cm肿块，质硬，边界不清，活动欠佳，皮黏（－）。双侧腋窝淋巴结未及明显肿大。完善相关检查，并行乳腺肿块穿刺活检术，术后免疫组化结果为浸润性导管癌，ER（＋），PR（－），Her－2（＋＋＋），Ki－67（40%）。根据相关检查，明确诊断为右乳浸润性导管癌T1N0M0，Ia期。随后，对患者进行右乳癌改良根治术，术后给予表柔比星＋环磷酰胺4周期续惯多西他赛＋曲妥珠单抗4周期方案治疗，之后定期使用曲妥珠单抗治疗满一年。

【问题】为什么术后采用曲妥珠单抗进行治疗？

【解析】曲妥珠单抗是抗肿瘤的分子靶向药，适用于 HER2 扩增阳性的乳腺癌患者。案例中钱某为早期乳腺癌患者，免疫组化检查结果显示其癌组织 HER2 扩增阳性（＋＋＋），所以适合采用曲妥珠单抗遏制肿瘤转移，同时增强免疫细胞攻击和杀伤肿瘤靶细胞的能力。

三、信号转导与药物研发

研究信号转导在疾病发生过程中的作用，不仅可以揭示疾病的发病机制，也可以为药物的开发和筛选提供新的靶点。例如，药物通常通过与药物作用靶点相互作用，发挥其药效。受体是最主要和最重要的药物作用靶点，现有药物中超过50%的药物是以受体为作用靶点的。因此，在现代新药研究与开发中，常常根据受体的内源性配体以及天然药物的化学结构特征设计药物分子，发现选择性作用于受体的新药。在作用于受体的药物中，以 G 蛋白耦联受体为作用靶点的药物占绝大多数，例如，吗啡类药物是就通过与 G 蛋白耦联受体结合，激活 cAMP 信号途径产生镇痛的功效。

曲妥珠单抗是以人表皮生长因子受体2（human epidermal growth factor receptor，HER2）为靶点的乳腺癌靶向治疗药物。HER2 是具有酪氨酸激酶活性的细胞表面受体，与其配体结合后，激活胞内的酪氨酸激酶活性，进而激活下游信号分子和靶蛋白，维持细胞正常生长和分裂。而 HER2 的过表达，可使细胞过度增殖，导致肿瘤的发生。曲妥珠单抗能与 HER2 胞外区结合，阻止配体与 HER2 的结合，从而抑制细胞外生长信号转导至细胞内，使肿瘤细胞的生长受到抑制。曲妥珠单抗在 HER2 扩增阳性的乳腺癌患者中，治疗效果优于 HER2 扩增阴性的乳腺癌患者。1998年，曲妥珠单抗获 FDA 批准，用于治疗 HER2 扩增阳性的乳腺癌患者，在早期和晚期（转移性）乳腺癌的治疗中均显示出较好疗效。

本章小结

细胞间主要依靠信号分子来传递信息，信号分子与细胞膜上或细胞内的受体结合，将信号转换后传给相应的胞内系统，使细胞对信号分子做出适当的反应，这一过程称为信号转导。受体分为细胞内受体和细胞表面受体（包括 G 蛋白耦联受体、离子通道型受体和酶联受体）。胞内受体与亲脂性小分子结合后，其构象发生改变而被活化，进而调控靶基因的表达。G 蛋白耦联受体与信号分子结合后，激活三聚体 G 蛋白，再由三聚体 G 蛋白激活效应器。活化的效应器催化细胞内信号的生成。然后由细胞内信号引起细胞内系列生化级联反应，最终产生生物学效应，包括 cAMP 信号通路和磷脂酰肌醇信号通路等。离子通道型受体既是受体，又是离子通道，它与神经递质结合后，通道开放或关闭，改变离子在细胞内外的转运，将化学信号快速转换为电信号，继而改变突触后细胞的兴奋性。酶联受体的胞内区具有酶活性或者与细胞内的酶结合，当它与胞外信号分子结合后，其胞内区的酶活性被激活，或者与之结合的酶被激活，再激活下游信号蛋白，产生生物学效应，包括 Ras 信号通路和 JAK – STAT 信号通路等。细胞信号转导具有一过性、级联式放大效应、交互作用、整合作用等特征。信号转导的任何一个环节异常，都可能使细胞失去正常功能或获得异常功能，引起细胞病变，最终导致疾病的发生。研究信号转导在疾病发生过程中的作用，不仅可以揭示疾病的发病机制，也可以为药物的开发和筛选提供新的靶点。

练 习 题

题库

一、单选题

1. 下列物质中不属于信号分子的是 （ ）

    A. 甲状腺素　　　　　　　　B. 乙酰胆碱　　　　　　　　C. O_2

    D. NO　　　　　　　　　　　E. 胰岛素

2. 受体与信号分子结合的特点是 （ ）

    A. 特异性　　　　　　　　　B. 可逆性　　　　　　　　　C. 可饱和性

    D. 高亲和力　　　　　　　　E. 以上都是

3. G 蛋白在信号转导中的作用是 （ ）

    A. 配体　　　　　　　　　　B. 受体　　　　　　　　　　C. 分子开关

    D. 信号蛋白　　　　　　　　E. 信号分子

4. cAMP 信号通路的反应链是 （ ）

    A. 信号分子→G 蛋白耦联受体→G 蛋白→PLC→cAMP→PKA→靶蛋白→生物学效应

    B. 信号分子→G 蛋白耦联受体→G 蛋白→AC→cAMP→靶蛋白→PKA→生物学效应

    C. 信号分子→G 蛋白→G 蛋白耦联受体→AC→cAMP→靶蛋白→PKA→生物学效应

    D. 信号分子→G 蛋白耦联受体→G 蛋白→AC→cAMP→PKA→靶蛋白→生物学效应

    E. 信号分子→G 蛋白耦联受体→G 蛋白→cAMP→AC→靶蛋白→PKA→生物学效应

5. 磷脂酰肌醇信号通路中，PKC 的激活依赖于 （ ）

    A. 细胞内 Ca^{2+} 浓度的升高　　　　　　　　B. 细胞内 cAMP 浓度的升高

    C. AC 活化　　　　　　　　　　　　　　　D. 细胞内 cGMP 浓度的升高

    E. 细胞内 Ca^{2+} 浓度的降低

6. 霍乱弧菌产生的霍乱毒素可使 （ ） 处于持续激活的状态

    A. GTP 酶　　　　　　　　　B. ATP 酶　　　　　　　　　C. 腺苷酸环化酶

    D. 磷脂酶 C　　　　　　　　E. Ras

7. 关于胞内受体，下列说法错误的是 （ ）

    A. 可调控基因转录　　　　　B. 是转录调节蛋白　　　　　C. 不依赖激素激活

    D. 与抑制性蛋白解离后被激活　　　　　　　E. 甲状腺素受体是胞内受体

二、多选题

1. 通过 G 蛋白耦联受体发挥作用的信号分子有 （ ）

    A. 胰高血糖素　　　　　　　B. NO　　　　　　　　　　　C. 肾上腺素

    D. TGF　　　　　　　　　　E. 视黄酸

2. 下列受体属于细胞表面受体的是 （ ）

    A. 胰岛素受体　　　　　　　B. M 型乙酰胆碱受体　　　　C. 甲状腺素受体

    D. 视紫红质受体　　　　　　E. 维生素 D 受体

3. cAMP 信号通路中，信号分子与 Ri 结合后，可 （ ）

A. 激活 Gi   B. 抑制 Gi   C. 激活 AC

D. 抑制 AC   E. 激活 Gs

4. 下列信号通路中，属于酶联受体介导的信号通路有（   ）

 A. Ras 信号通路   B. JAK – STAT 信号通路

 C. cGMP 信号通路   D. TGF – β 信号通路

 E. cAMP 信号通路

三、思考题

1. 试分析细胞信号转导系统的组成及作用。

2. 比较不同受体介导的信号转导途径。

（龙   莉）

第十章

细胞的增殖及其调控

学习导引

知识要求

1. **掌握** 有丝分裂和减数分裂的基本过程；细胞周期的基本概念及各时相主要事件；细胞周期检查点的基本概念及其类型；成熟促进因子的作用；细胞周期同步化的基本概念及方法。

2. **熟悉** 无丝分裂的概念；Cyclin – CDK复合物的种类及作用特点；细胞周期各时相的调控特点。

3. **了解** 细胞周期的研究模型；细胞周期时相的测定；细胞周期与医药学的关系。

能力要求

能够绘制有丝分裂及减数分裂全过程；能够归纳细胞周期各时相的特点。

　　细胞增殖（cell proliferation）是细胞生命活动的重要特征之一。自然界中各种生物得以不断繁衍生息的最重要的基础就是细胞增殖。细胞增殖包括细胞的生长、DNA复制和细胞分裂。细胞生长（cell growth）包含两方面的含义：一方面指单个细胞的生长，即细胞体积的增大；另一方面是指细胞群体的生长，即通过细胞分裂实现细胞数目的增加。

　　细胞分裂（cell division）是指一个亲代细胞一分为二形成两个子代细胞的过程。通过细胞分裂，亲代细胞复制的遗传物质被平均地分配到两个子代细胞中，有效地保证了生物遗传的稳定性。细胞分裂与新个体的发生以及个体器官组织的维持和更新密切相关。对于单细胞生物（如细菌、酵母等），细胞分裂可以直接引起细胞数量的增加，是个体繁衍的重要方式。对于多细胞生物，细胞分裂是生物个体形成及组织生长的基础。多细胞生物是由一个受精卵经过无数次细胞分裂并经过细胞分化发育为一个成体。细胞分裂在生物体组织器官的维持和更新中也发挥着重要的作用。大多数组织器官都是通过细胞分裂以增加细胞数量的方式完成生长，只有个别种类的细胞（如神经元细胞）是通过增大细胞体积的方式进行生长。成体动物的皮肤、骨髓、肠上皮等组织器官中存在着一些具有潜在分裂能力的原始细胞，如表皮基底层和毛囊中的干细胞、骨髓造血干细胞和肠上皮干细胞等。通过这些细胞的分裂，大量新生细胞能够不断地替换因生理性衰老而死亡的细胞，从而使组织器官的细胞数量得以维持恒定，细胞的组成也得以更新。此外，在机体的创伤后组织修复和组织再生等生命活动中都存在着大量的细胞分裂。

　　细胞分裂呈现周期性的运行。通常将细胞从一次分裂完成开始到下一次分裂结束所经历的全过程称为一个细胞周期（cell cycle）。细胞周期调控着细胞分裂的全过程，是细胞维持正常生命活动的生物基础。细胞增殖是通过细胞周期的运行来实现的。细胞周期受到诸多因素的严密调控，表现出严格的时空有序性。细胞周期失控将导致细胞的增殖异常，进而影响细胞的生存。因此，探讨细胞增殖及其调控机制，对于了解细胞正常的生命活动具有重要的意义。

课堂互动

细胞分裂分为几种方式？分别是什么？

第一节　细胞分裂

PPT

　　细胞增殖是生物的基本属性，是物种延续的根本保证。细胞增殖是通过细胞分裂来实现的。细胞通过分裂将胞内最重要的遗传物质以及其他细胞成分分配到子代细胞中，以保证细胞的增殖和生命的延续。

　　细胞分裂的方式随着生物进化从简单到复杂。低等的原核生物的细胞结构简单，主要通过简单的无丝分裂（amitosis）将细胞直接一分为二。高等的真核生物的细胞种类繁多、结构复杂，分裂方式也复杂多样，包括无丝分裂（amitosis）、有丝分裂（mitosis）和减数分裂（meiosis）。不同的分裂方式各具特点。以下分别介绍这三种分裂方式的过程及其主要特点。

一、无丝分裂

　　无丝分裂（amitosis），是指细胞直接分裂成两个大小大致相等的子细胞，是最早被发现的一种细胞分裂方式。1841年，R. Remark 首次在鸡胚的血细胞中观察到了这种分裂现象。无丝分裂简单迅速，过程中没有纺锤体的形成，也不涉及染色体的变化。根据这些特点，1882年，W. Flemming 首次提出了无丝分裂的概念。在无丝分裂过程中，细胞核和细胞质直接进行分裂，没有核膜、核仁的解体与重建，所以无丝分裂又被称为直接分裂（direct division）。

　　细胞发生无丝分裂时，细胞以及细胞核的体积均增大，细胞核内的 DNA 完成复制。细胞核拉长并在中部从一面或两面向内凹陷，随后细胞核进一步拉长呈哑铃状，中央部位逐渐变细，并最终断裂为两个细胞核。整个细胞在中部形成环状缢缩，并最终缢裂形成两个子代细胞。

　　无丝分裂是低等生物细胞增殖的主要方式，在高等生物中较少见。目前除了在高等生物的创伤、衰老及癌变的组织细胞中能观察到无丝分裂外，在高等生物体内的正常组织，如动物的上皮组织、疏松结缔组织、肌肉组织和肝组织中，也均观察到了无丝分裂的现象。

　　由于无丝分裂缺乏染色体的平均分配，故遗传物质不一定能够均等地分配给后代子细胞。但由于具有分裂迅速、能量消耗少，且在分裂过程中的细胞仍然可以执行生理功能等特点，无丝分裂对于细胞适应外界环境的变化具有重要的意义。

二、有丝分裂

　　有丝分裂（mitosis）又被称为间接分裂（indirect division），是高等真核生物细胞进行分裂的主要方式，因为细胞分裂过程中出现纺锤形状的线状纤维结构而得名。有丝分裂的英文"mitosis"来源于希腊文"mitos"，即"丝线"之意。

　　有丝分裂是由 E. Strasburger 和 W. Flemming 分别于 1880 年和 1882 年在植物和动物中发现的。有丝分裂通常是指细胞分裂的整个过程，包括细胞核分裂（karyokinesis）以及紧随核分裂之后的胞质分裂（cytokinesis）。有丝分裂过程中细胞核会发生一系列复杂的变化，其核分裂过程可以被人为地划分为五个时期，即前期、前中期、中期、后期、末期，如图 10-1 所示。

　　有丝分裂是真核细胞的主要增殖方式，其最大的特征是在细胞分裂过程中会形成一种由纺锤体、星体和染色体所组成的动态结构——有丝分裂器（mitotic apparatus）。该结构专门执行有丝分裂功能，在 ATP 供能的情况下产生推拉力量，以确保 S 期复制的遗传物质平均分配到后代子细胞中，从而保证遗传的稳定性。下文主要以动物细胞为例，分别介绍有丝分裂的各个时期。

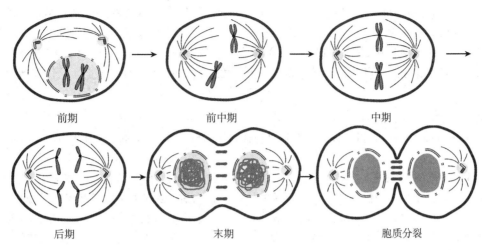

前期　　　　　　　　　　前中期　　　　　　　　　　中期

后期　　　　　　　　　　末期　　　　　　　　　　胞质分裂

图 10 - 1　有丝分裂示意图

（一）前期

前期（prophase）一般是指从染色质卷曲凝缩开始到核膜解体为止。前期的主要事件包括：①染色质凝集；②分裂极确立；③纺锤体形成；④核仁解体、核膜消失。

1. 染色质凝集　前期开始的一个重要特征是间期复制的呈松散状态的染色质不断浓缩凝集、螺旋化、折叠并包装成染色体。染色体的凝集是细胞核内在间期已经复制完成的染色质（chromatin）逐渐缩短变粗，并装配成光学显微镜下可以分辨的染色体的过程。在成熟促进因子（maturation promoting factor，MPF）的作用下，染色质高度螺旋化形成染色体。每一条染色体由两条染色单体（chromatid）组成，而同一个染色体的两条染色单体（姐妹染色单体）由着丝粒（centromere）相连。在染色质凝集的过程中，凝缩蛋白（condensin）发挥了关键作用。染色体结构维持蛋白（structural maintenance of chromosome protein，Smc protein）中的 Smc2 和 Smc4 形成二聚体，并与 3 个非 Smc 亚基蛋白结合共同形成环状的蛋白复合体，即凝缩蛋白。凝缩蛋白特异性地与 DNA 结合，利用 ATP 水解的能量形成自我组装环（self - assembling loop）。这些组装环之间相互作用，可以在沿着染色体轴的方向形成压缩 DNA 的重要结构。

2. 分裂极确立　在动物细胞中，分裂极的确定和中心体的活动有关。中心体是细胞中与染色体分离相关的细胞器，每一个中心体由一对中心粒（centriole）及其周围无定型基质构成。这些无定型基质包括微管蛋白、微管结合蛋白、马达蛋白以及一些与细胞周期调控相关的蛋白。中心体是细胞的微管组织中心之一，其周围放射状分布着大量的微管。这些微管与中心体一起被合称为星体（aster）。组成星体的微管分为三种。

（1）极微管　为两个星体之间且在赤道附近重叠的微管。极微管在动力蛋白（dynein）的作用下相互滑动，进而促成星体向两极移动。

（2）动粒微管　从中心体发出并与染色体的动粒结合，通过缩短将染色单体拉向两极。

（3）星体微管　位于星体周围并伸向胞质。中心体在 S 期之前为一对相互垂直的筒状结构，并在 S 期完成复制。到了分裂期的前期，原来分布于细胞同一侧并已经完成复制的两个中心体（centrosome）形成两个星体。马达蛋白以星体微管为轨道，利用 ATP 水解提供的能量，牵引两个中心体沿核膜外围逐渐分开，分别向细胞的两极移动。这两个中心体最后到达的位置将决定细胞的分裂极。

3. 纺锤体形成　前期的另一个显著特征是细胞内在前期末开始出现一个特化的亚细胞结构，这是一种临时性的细胞骨架结构，因形似纺锤而被称为纺锤体（spindle）。纺锤体由星体微管（astral microtubule）、动粒微管（kinetochore microtubule）和极微管（polar microtubule）组成。纺锤体和位于两极的星体（aster）共同组成有丝分裂器（mitotic apparatus），在细胞分裂及染色体分离的过程中发挥重要的作用，确保遗传物质能平均分配到子代细胞中。

4. 核仁解体、核膜消失　核膜核仁的解体标志着分裂前期的结束。核膜解体与核纤层（lamina）蛋白的磷酸化有关。核纤层是由核纤层蛋白 A、B、C（lamin A，B，C）构成的一种网状结构，并与核孔复合体一起组成核骨架的一部分。核纤层蛋白发生磷酸化可导致核膜崩解成小囊泡。其中，核纤层蛋白 A 和核纤层蛋白 C 分散于胞质中，而核纤层蛋白 B 则结合于核膜小囊泡上。另外，在染色质凝集过程中，因染色质上的核仁组织中心重新组装到其所属的相应染色体上，rRNA 的合成停止，核仁逐渐分解并最终消失。

（二）前中期

前中期（prometaphase）是指从核膜崩解到染色体排列到赤道面的阶段。前中期为前期与中期之间的过渡期。

核膜解体消失后，细胞进入前中期。这一时期染色体进一步凝集浓缩变短变粗，形成明显的 X 形染色体结构。染色体开始往细胞中央聚集。当纺锤体的微管蛋白进入细胞的中央部位时，构成纺锤体微管的正极并不是静止不动的，而是在动态地收缩或延伸，通过这种方式搜寻染色体。当微管与着丝粒靠近时，微管就会被动粒"捕获"并结合形成动粒微管。染色体一侧的动粒"捕获"该侧的微管，另一侧的动粒则会"捕获"来自另一极的微管。最终每个染色体的一对动粒分别与来自两极的微管相连。与同一条染色体相连的两侧的动粒微管并不等长，染色体逐渐向细胞中央的赤道面移动的过程中，动粒微管处于伸缩状态，长的微管缩短，短的微管伸长。

前中期纺锤体两极之间的距离短，而细胞赤道面的直径大。由动粒微管不断的聚合及解聚产生牵引力，导致染色体剧烈地振荡摇摆，并逐渐向细胞中央移动。最后，各方的力量达到平衡，染色体排列在细胞中央的赤道面上。

（三）中期

中期（metaphase）是指从染色体整齐地排列到赤道板上到姐妹染色单体开始分离前的一段时间。

中期的主要特征如下：染色体达到最大程度的凝集，并非随机地排列在细胞中央的赤道面上，构成赤道板（equatorial plate）。在人类细胞中，一般小的染色体排列在内侧，大的染色体排列在外侧。染色体的两个动粒分别面向纺锤体的两极，同一条染色体相连的位于染色体两侧的动粒微管的长度相等，作用力均衡，所有染色体排列在细胞中央，且它们的着丝粒都位于同一平面上。

中期细胞染色体的形态存在两种形式：极面观和赤道面观。从纺锤体一侧的极点观察，染色体集中排列在赤道面形成菊花瓣状，染色体的着丝粒位于中心，而其两臂伸向外周。另外，从细胞的侧面观察，染色体位于细胞中央并排列成线状。

这个时期的染色体被压缩为典型的短棒状，在形态上比其他任何时期都要短粗。所以该时期染色体的数目和形态结构都具备较好的稳定性和典型性，可以展示该物种染色体的数目及形态特征，非常适合进行染色体的观察及研究。

如果使用药物（例如秋水仙碱）处理细胞，可以抑制微管聚合，破坏纺锤体的形成，那么细胞就将被阻断在分裂中期，以便对细胞染色体的数目及结构进行核查。这种药物阻断法在染色体病的诊断与治疗中使用广泛，具有重要意义。

如果中期时的染色体没有整齐地排列在细胞中央的赤道面上，两条染色单体就不能彼此分离，细胞也就不能从中期向后期转化。在个别情况下，即使出现上述情况，细胞分裂依然可以继续进行，但常常由于染色体不能平均分配而导致细胞最终的死亡。

染色体向赤道面的运动被称为染色体集合（chromosome congression）或染色体整列（chromosome alignment）。那么细胞是通过何种机制将染色体整齐地排列在赤道面上的呢？目前主要有两种假说：牵拉假说和外推假说。当染色体上的两个动粒被微管捕获后，牵拉假说认为，染色体向赤道面方向的运动是由于动粒微管牵拉的结果。动粒微管越长，牵拉力越大。当来自两极的动粒微管的拉力相等时，染色体就被稳定在赤道面上。外推假说则认为，染色体向赤道面方向移动是由于星体的排斥力将染色体外推的结果。染色体距离中心体越近，星体对染色体的外推力就越强。当来自两极的推力达到平衡时，染色体就被稳定在赤道面上。

（四）后期

后期（anaphase）一般是指从染色单体相互分离到子代染色体到达细胞两极的时期。中期染色体的两条染色单体在着丝粒处相互分离形成子代染色体，并分别向两极运动标志着后期的开始，当子代染色体到达细胞两极标志着后期的结束。

后期可分为两个阶段：后期 A 和后期 B。后期 A 是指染色单体向两极运动的过程。该阶段动粒微管在着丝点处去组装而缩短，染色单体在分子马达蛋白的作用下向纺锤体的两极移动。在后期 A 中，染色体两臂的移动常落后于动粒，因此在形态上可呈现"V"形、"J"形或"I"形；当姐妹染色单体分开一定距离后，后期 B 启动。后期 B 是指纺锤体两极间距逐渐增大的过程。一方面极微管延长，结合在极微管重叠部分的马达蛋白提供动力推动两极分离；另一方面星体微管去组装而缩短，结合在星体微管正极的马达蛋白牵引两极间距增大。动物细胞中通常先发生后期 A 再发生后期 B，但也有些细胞只发生后期 A，还有一些细胞的后期 A 和后期 B 同时发生。

后期的主要特征如下：染色体的两条姐妹染色单体分离，并向细胞两极移动。后期的起始阶段，在后期促进复合物（anaphase promoting complex，APC）的作用下，分离酶被激活，结合在着丝粒上的粘连蛋白解离，着丝点分离。姐妹染色单体分开且各自形成一套独立的染色体，即子代染色体。子代染色体同步且基本以相同的速度向两极移动。

染色体向两极移动的机制还未完全了解清楚，目前主要有两种假说：①微管解聚假说，认为染色体向两极移动的动力来源于动粒微管的不断解聚，长度变短，从而牵引染色单体向两极移动，与此同时，解聚下来的动粒微管蛋白又在极微管末端聚合，使极微管伸长，导致两极之间相互远离。这两种作用的结果使纺锤体拉长，两套子染色体分开且间距逐渐变大；②微管滑动假说，认为染色体在后期向两极的移动是由于动粒微管和极微管之间相互滑动造成的。这种滑动是通过一种横桥来实现的，横桥在微管上的附着与脱开使微管相互滑动。在电镜下可看到横桥的化学成分为动力蛋白（dynein），该蛋白具有 ATP酶活性，可水解 ATP，为微管的滑动提供能量。

（五）末期

末期（telophase）是指从两套子代染色体到达细胞两极开始至形成两个子代细胞核为止的时期。末期的主要事件如下：①染色体解螺旋成染色质；②纺锤体消失；③核膜、核仁重建，形成新的细胞核。末期的主要特点是子代细胞核的形成。随着后期末两套子代染色体分别到达细胞的两极，动粒微管消失，极微管加长且主要分布于两套染色体之间。在每一个染色单体的周围，核膜开始重新组装。有丝分裂前期，核膜解体后，核纤层蛋白 B 与核膜残余小泡结合。到了末期，核纤层蛋白 B 去磷酸化，介导核膜的重新组装。首先，分散在胞质中的核膜前体——核膜小泡与染色单体表面相结合并相互融合，逐渐形成大的双层核膜片段，并重新与内质网相连。然后，核膜片段再相互融合形成完整的新的核膜，将两套染色体分别包围起来。在核膜形成的过程中，核孔复合体同时在核膜上组装。在有丝分裂前期被磷酸化的核纤层蛋白，在末期被去磷酸化，重新形成核纤层并连接于核膜上。同时，染色体上的组蛋白发生去磷酸化，高度凝集的染色体去螺旋化，解螺旋为松散的间期状态的染色质。随着染色体去凝集，核仁重新组装，核仁由染色体上的核仁组织中心（NOR）形成。至此，两个子代细胞的核形成，基因的转录活性得到恢复，RNA 合成能力也逐渐恢复。有丝分裂的核分裂完成。

（六）胞质分裂

胞质分裂（cytokinesis）是细胞有丝分裂的最后一步，是指有丝分裂过程中，在细胞核分裂之后，细胞质一分为二并形成两个子代细胞的过程。

胞质分裂通常始于有丝分裂的后期末段，终于有丝分裂的末期之后。胞质分裂的全部过程包括四个阶段：①分裂沟位置的确定；②肌动蛋白聚集以及收缩环的形成；③收缩环发生收缩；④收缩环处的细胞膜发生融合并最终形成两个子代细胞。

胞质分裂开始时，细胞赤道板周围的细胞表面下陷形成环形缢缩，称为分裂沟（cleavage furrow）。分裂沟形成的部位与纺锤体的位置有着密切的关系，在大多数动物细胞中，纺锤体位于细胞中央，分裂沟则形成于与其相垂直的赤道面上。纺锤体的位置决定两个子代细胞的大小，当纺锤体处于细胞中央时，细胞对称分裂，产生的两个子代细胞的大小均等且成分相同。但纺锤体不在细胞中央时，细胞将进行不均等分裂，所产生的子代细胞在大小和成分上均存在差异，这种情况可见于胚胎发育过程中的某些细胞。如果在分裂沟形成的初期，通过微操作或其他方法，人为地使纺锤体的位置发生变动，就可以使原有的分裂沟消失而在新的位置形成新的分裂沟。分裂沟的形成与多种因素有关。肌动蛋白和肌球蛋白参与分裂沟的形成和整个胞质分裂的过程。

动物细胞的胞质分裂以形成收缩环的方式完成。当细胞分裂进入后期末或末期初，纺锤体开始解体，但在纺锤体中部的微管数量增加。残存的纺锤体微管及一些囊泡聚集于子代细胞核之间的细胞中部，形成高电子密度的环形致密结构，即中体（midbody）。胞质分裂开始时，大量平行排列的肌动蛋白、肌球蛋白Ⅱ及其他多种结构蛋白和调节蛋白在中体处共同装配组装形成环状纤维束，即收缩环（contractile ring）。

收缩环中的肌动蛋白和肌球蛋白相互滑动，使收缩环不断紧缩，与其相连的细胞膜也不断内陷，细胞发生缢缩，最后细胞在缢缩处形成分裂沟。随着分裂沟不断加深，细胞逐步凹陷。一方面当分裂沟深至一定程度时，细胞在中央发生断裂，两个子细胞完全分开，细胞一分为二，完成胞质分裂；另一方面，伴随着收缩环的缩小，一些来自细胞内部的囊泡聚集于收缩环处并与此处的细胞膜融合，形成新生膜，以此增加细胞的表面，用于保证新分裂形成的细胞与亲代细胞具有相似的表面。

用细胞松弛素及肌动蛋白和肌球蛋白抗体处理细胞，均可以抑制收缩环的形成，使分裂沟消失，已经形成收缩环的细胞恢复成圆球状。胞质分裂一般结束于分裂末期之后的 1~2 小时。有些细胞在细胞分裂时只发生核分裂而缺乏胞质分裂，进而形成多核细胞，比如破骨细胞、骨骼肌细胞和肝细胞。而大多数细胞的细胞分裂过程既包含细胞核分裂，也包含核分裂之后的胞质分裂。

知识拓展

有丝分裂的发现

显微镜的发明为有丝分裂的发现奠定了基础，发现细胞核与细胞分裂有关是有丝分裂研究的开始。

1841 年，Remak Robert 清楚地记录了鸡幼胚有核血红细胞分裂成 2 个带核子细胞的全过程，并将这一过程作为细胞分裂机制最直接的证据。

1842 年，Karl Wilhelm Von Nageli 发现在分裂过程中，百合和紫露草的细胞核被一些微结构所替代，这些微结构极其微小，且存在时间很短。

1848 年，W. Hofmeister 通过碘液染色证实了 Karl Wilhelm Von Nageli 提到的微结构（后被命名为染色体）的存在，并在 1849 年出版的专著中详细记录了在紫露草、西蕃莲科和松树中观察到的有丝分裂过程。

1871 年，Kowalevski Alexander 通过研究线虫及其他节肢动物的胚胎发育过程，绘制了动物细胞纺锤体和染色体在有丝分裂后期的结构图。

1875 年，苏黎世病理研究所教授冯·韦特斯基首次详细地记录了在分裂前期细胞核的结构变化。

1877 年，W. Fleming 提出染色体的"纵向分裂"模式，并于 1879 年将有丝分裂分为 8 个阶段，但由于阶段间的划分界限不清晰而未被认可。1882 年出版的《细胞成分、细胞核和细胞分裂》基本上涵盖了 W. Fleming 在有丝分裂方面的研究成果。

1880 年，在《细胞的形成和分裂》一书中，Strasburger Eduard 首次提出动、植物的有丝分裂过程具有高度的统一性，并于 1884 年用"prophase""metaphase"和"anaphase"来表示有丝分裂过程的前期、中期和后期。

1894 年，Heidenhain Richard 的助手提出有丝分裂的末期用"telophase"一词表示。至此，有丝分裂过程被分为前、中、后、末四个时期。

1913 年，Lunde – gardh 提出分裂间期用"interphase"一词来表示。至此，人们对有丝分裂的全过程有了一个基本认识。

三、减数分裂

减数分裂（meiosis）是有性生殖个体性成熟时，有性生殖细胞即配子形成和成熟过程中的一种特殊形式的有丝分裂。

整个减数分裂过程中，DNA 只复制 1 次，而细胞连续分裂 2 次，结果产生染色体数目减半的精子或卵子，即染色体数目由 $2n$ 变成 n，故称减数分裂。由于减数分裂发生在生殖细胞成熟的过程中，故又称其为成熟分裂（maturation division）。

减数分裂过程中的连续两次分裂分别被称为减数第一次分裂（meosis Ⅰ）及减数第二次分裂（meosis Ⅱ）。两次分裂之间通常有一个短暂的间期。减数第一次分裂中完成的主要事件包括同源染色体的交叉互换以及染色体数目的减半，而减数第二次分裂与有丝分裂的过程类似，主要事件是姐妹染色单体的分开。减数分裂的过程如图 10 – 2 所示。

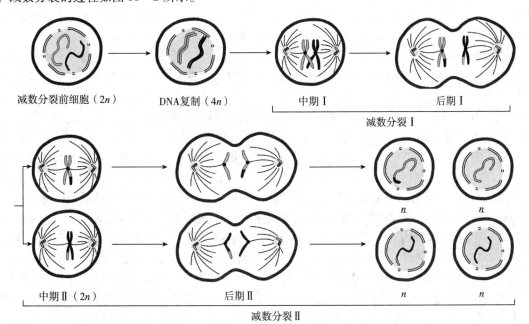

图 10 – 2　减数分裂示意图

减数分裂的结果是形成四个只含有单倍染色体组（n）的配子细胞，其染色体数目只有亲本的一半。减数分裂产生的单倍体精卵细胞经受精后形成的受精卵的合子染色体数目又恢复到体细胞的二倍体数目（$2n$）。

减数分裂是遗传学三大定律的细胞学基础，对于维持生物世代间的遗传稳定性具有重要意义。经过减数分裂，有性生殖生物配子中的染色体数目由 $2n$ 减半为 n。受精后配子融合形成的受精卵中染色体数目又恢复为 $2n$，由此保证了有性生殖的生物在世代遗传过程中染色体数目的恒定。

减数分裂还是生物变异及多样性的基础。减数分裂通过非同源染色体的自由组合以及同源染色体的交换重组，使生殖细胞的遗传基础多样化，增加后代更多的变异机会，保证生物的多样性，增强个体适应环境变化的能力。

因而减数分裂不仅对维持生物世代间遗传的稳定性具有重要的意义，同时也是生物进化及生物多样性的重要基础。

（一）减数第一次分裂

1. 前期Ⅰ（prophase Ⅰ） 约占整个减数分裂过程的90%，是减数分裂过程中非常重要的时期。该时期持续时间较长，持续时间由物种的种类以及产生配子的类型决定。在高等生物中，前期Ⅰ可持续数周、数月、数年，甚至数十年。而在低等生物中，前期Ⅰ的持续时间相比高等生物短，但也比有丝分裂的前期时间长得多。

前期Ⅰ发生了很多重要的事件，包括染色质组装成染色体、同源染色体的配对、联会复合体的产生以及染色体的交叉互换等。根据染色体的形态变化，可以人为地将前期Ⅰ细分为细线期（leptotene stage）、偶线期（zygotene stage）、粗线期（pachytene sage）、双线期（diplotene stage）和终变期（diakinesis）五个阶段。

（1）**细线期（leptotene stage）** 又称凝集期（condensation stage）。精（卵）原细胞经过减数分裂前间期的DNA复制后，直接进入前期Ⅰ的细线期。细线期持续的时间最长，在整个减数分裂周期中占40%。该期细胞中细胞核及核仁的体积均增大，推测与RNA及蛋白合成有关。在该时期，细胞核中的染色质呈细线状且相互交织成网状，已在间期完成复制的染色质开始凝集。每条染色体由两条染色单体构成，但在光学显微镜下分辨不出两条染色单体，每条染色体仍呈单条细线，称为染色线（chromonema）。染色线的局部由于DNA分子更加凝集而膨大呈粒状，在镜下可观察到一系列大小不同的念珠状结构，称为染色粒（chromomere）。目前已经知道染色粒是由染色质组成，但其功能并不清楚。有的物种的细线期，细长的染色线由端部与核膜相连形如花束状，故也称此期为花束期（bouquet stage）。

（2）**偶线期（zygotene stage）** 又称配对期（pairing stage），即同源染色体相互配对的阶段。同源染色体相互靠找并准确配对的过程称为联会（synapsis）。二倍体生物的细胞核内有两组相似的染色体，对于每一对常染色体而言，一条来自父方，另一条来自母方，这两条染色体的形态和大小很相近，而且在DNA的序列上具有很高的相似性，它们被称作同源染色体（homologous chromosome）。配对后两条同源染色体紧密结合在一起形成的复合体结构，称为二价体（bivalent）。细胞含有几对染色体就会形成几个二价体。人体细胞包含23对染色体，所以就形成23个二价体。由于每条同源染色体都具有两条姐妹染色单体，一对同源染色体配对后便含有4条染色单体，所以二价体又被称为四分体（tetrad）。在联会过程中，配对的同源染色体之间沿长轴临时形成一种特殊的在进化上高度保守的复合体结构，称为联会复合体（synaptonemal complex，SC）。在电镜下，该结构包括三个平行的部分。侧生组分（lateral element）宽20~40nm，位于复合体两侧，电子密度很高，其外侧为同源染色体DNA。两侧生组分之间电子密度低的区域为宽约100nm的中间区（central space），其中央为电子密度高的中央组分（central element），宽30nm。侧生组分与中央组分之间由横向排列的粗7~10nm的L-C纤维相连，纤维间的距离为20~30nm，使联会复合体像一条"拉链"，将同源染色体连在一起。联会复合体主要由碱性蛋白和RNA组成，并含有微量的DNA，被认为与同源染色体的联会和基因重组密切相关。此外，减数分裂发生之前，间期的S期只合成全部染色体DNA的99.7%，剩余的约0.3%的DNA是在偶线期合成的。这部分DNA被称为偶线期DNA（zygotene DNA，Z-DNA）。偶线期DNA的转录活性被认为与同源染色体配对有关。在细线期或是偶线期加入DNA合成抑制剂，可以抑制Z-DNA的合成，并能抑制联会复合体的组装。

（3）**粗线期（pachytene stage）** 又称为重组期（recombination stage）。在该时期，染色体进一步凝集，缩短变粗，同源染色体配对完成。在显微镜下可以看到每一条染色体是由两条染色单体组成，一条染色体的两条染色单体互称姐妹染色单体（sister chromatid），同源染色体的染色单体之间互称非姐妹染色单体（nonsister chromatid）。在这个时期，非姐妹染色单体的某些部位之间出现交叉（chiasma），导致同源染色体之间发生DNA片段的部分交换（cross over）及重组（recombination），产生新的等位基因组合。交叉的部位和数量与物种、细胞类型、染色体长度等均有关，人类平均每对染色体的交叉数为2~3个。此时期，在联会复合体的中间区出现新的结构，呈圆球形、椭球形或长约0.2mm的棒状，被称为重组节（recombination nodule）。重组节的直径约为90nm，横跨联会复合体的中央组分，重组节的数目与交叉的数目大致相等。重组节中含有大量与 DNA 重组有关的酶。多个重组节相间地分布于联会复合体上，将非姐妹染色单体的对应区域结合在一起，发生活跃的 DNA 片段交换，导致基因重组。此外，在粗线期发生交换的部位能合成少量的 DNA，被称为粗线期 DNA（pachytene DNA，P－DNA）。粗线期 DNA 能够编码一些与 DNA 剪切和修复有关的酶，参与修复因交换而产生的染色单体断裂。粗线期中另一个重要的生化事件是合成减数分裂所特有的组蛋白，并将体细胞类型的组蛋白部分或全部置换下来。这种置换可能在一定程度上参与基因的重组过程。

（4）双线期（diplotene stage）　重组阶段结束，染色体因进一步螺旋化而缩短变粗，联会复合体因去组装而解体。同源染色体相互分离，但在交叉点上仍然连在一起。所以两条同源染色体并没有完全分开，四分体结构非常清晰易被观察。随着双线期的进行，交叉点将逐渐远离着丝粒而向染色体臂的末端移动，交叉点的数目也由此减少，这种现象被称为交叉端化（chiasma terminalization）。交叉端化过程可以一直进行到中期Ⅰ。交叉是交换的结果，但因为存在交叉端化过程，所以交叉的位置并不一定是交换的位置。交换是在联会时发生的，即同源染色体紧密结合在一起时发生的，但交换很难被直接观察到。当观察到交叉现象时，同源染色体其实已经完成交换并开始逐渐分离。随着交叉端化的进行，二价体在镜下可呈"V""8""X""O"等形状，该特征可作为双线期的判断标志。双线期末，染色体继续变短变粗，螺旋折叠化程度不断加强。在人类和许多动物的细胞中，减数分裂在双线期常停留较长的时间。例如，人类初级卵母细胞在胚胎期第 5 个月就进入双线期，一直到性成熟之后排卵之前都可以停留在该时期。人的排卵年龄一般为 15～50 岁，这也就意味着双线期可以持续十几年甚至几十年之久。

（5）终变期（diakinesis）　又称再凝集期（recondensation stage），是前期Ⅰ的最后一个阶段。这个时期，同源染色体进一步凝集，高度螺旋化，显著缩短变粗成短棒状。核膜及核仁逐渐消失，二价体显著缩短变粗，染色体螺旋化达到最高程度并向核的四周边移动，四分体均匀地分布在细胞核中。同源染色体进一步互相排斥，交叉端化继续进行。由于染色体交叉逐步向染色体的端部移动，到终变期末，四分体只靠端部交叉而结合在一起，姐妹染色单体通过着丝粒结合在一起，同源染色体重组完成。由于交叉数目和端化进程的差异，这个时期二价体的形态表现出多样性。当前期Ⅰ即将结束时，精（卵）母细胞的中心体已经完成复制。随后，中心体会向细胞两极迁移并最终形成纺锤体。终变期的完成标志着减数第一次分裂前期的结束。该时期完成了染色体重组，同时合成了生殖细胞及早期胚胎发育所需的全部或大部分蛋白质及糖类。

2. 中期Ⅰ（metaphase Ⅰ）　指的是分散于细胞核中的四分体在纺锤体的牵引下移动到细胞中央，着丝粒成对排列在赤道面两侧的过程。核膜解体及核仁消失是细胞进入中期Ⅰ的标志。中期Ⅰ的主要事件包括纺锤体的组装及染色体排列到赤道面两侧。

细胞进入中期Ⅰ后，首先进行纺锤体的组装。减数分裂中纺锤体的结构及形成过程与有丝分裂相似。然后分散于细胞核中的四分体逐渐向纺锤体的中部即细胞中部汇集，并最终排列到赤道面两侧。此过程与有丝分裂不同，有丝分裂时染色体的两个动粒分别与来自两极的纺锤体微管相连。但是中期Ⅰ时的每对同源染色体的四分体含有四个动粒，其中一条同源染色体的两个动粒位于一侧，另一条同源染色体的两个动粒位于另一侧。从纺锤体一极发出的微管只与同侧的一条同源染色体的两个动粒相连，而另一极发出的微管则与另外一侧的另一条同源染色体的两个动粒相连。

中期Ⅰ的同源染色体的着丝粒并不位于赤道面上，而是位于赤道面的两侧，与赤道面等距离的纺锤体长轴中。这个时期的姐妹染色单体紧密相连，而同源染色体仍然依靠端部的交叉结合在一起。

3. 后期Ⅰ（anaphase Ⅰ）　指的是同源染色体彼此分离，在纺锤体微管的牵引下分别向两极移动的阶段。后期Ⅰ时，二价体中的两条同源染色体分别由纺锤体牵拉着向两极移动，即同源染色体发生分离。但该时期着丝粒并不发生分离，姐妹染色单体并不分开，即四分体分离成二分体。由于染色体的计数是以着丝粒的计算为标准，因此该时期的每极的染色体数为细胞原有染色体数的一半，由 $2n$ 减至 n，即每极含有 n 条染色体。但是这 n 条染色体各包含 2 个姐妹染色单体，所以每极的 DNA 含量依然为 $2n$。与有丝分裂不同的是，后期Ⅰ同一极的微管连接同源染色体的两个动粒向细胞的一极运动，同源染色体分离进入细胞两极的过程是独立的，分别来源于父方和母方的两条染色体向两极的移动是随机的，因此非同源染色体之间可以自由组合。这种重组现象有利于有性生殖生物体减数分裂产物的基因组变异。例如，人类有23对染色体，不包括交换，染色体组合的方式就有2^{23}种，另外，同源染色体之间也会发生交叉重组，因此除了同卵双生之外几乎不可能有遗传上完全相同的后代。

后期Ⅰ是减数分裂中染色体减半的关键时期。同时，同源染色体向两极的移动是个随机分配、自由组合的过程。因而到达两极的染色体会出现多种组合方式，非同源染色体之间以自由组合的方式进入细胞两极，有利于生物变异与进化。

4. 末期Ⅰ（telophase Ⅰ） 指的是从染色体移至两极并凝集成细线状的染色质纤维，直到核膜和核仁重新出现，两个子细胞形成新的细胞核的过程。这个时期的染色体变化在不同的生物中有所不同。大部分生物的染色体在末期Ⅰ解旋为间期细胞核的形态，但有些生物的染色体在末期Ⅰ并不发生解螺旋而依然保持凝集的状态。细胞在末期Ⅰ之后将进行胞质分裂，形成两个子细胞，即次级精母细胞或次级卵母细胞。子细胞内含有的染色体数目是亲代细胞中的一半。

课堂互动

减数分裂间期与有丝分裂间期的区别是什么？

（二）减数分裂间期

减数分裂间期（interkinesis）指的是减数第一次分裂和减数第二次分裂之间的时期。减数分裂间期时间短暂，不进行DNA的合成，也不发生染色体的复制。这个时期的细胞中的染色体数目已经减半。某些生物在第一次减数分裂结束后可以不经过减数分裂间期而直接进入第二次减数分裂。

（三）减数第二次分裂

减数第二次分裂与有丝分裂相似，也分为前、中、后、末四个核分裂时期，被称为前期Ⅱ、中期Ⅱ、后期Ⅱ和末期Ⅱ。

1. 前期Ⅱ 该时期的持续时间较短，染色质凝集，核仁消失核膜崩解，纺锤体形成。

2. 中期Ⅱ 染色体会进一步凝集并整齐地排列到细胞中央的赤道板上，着丝粒与纺锤体相连，两条姐妹染色单体分别通过各自的动粒与动粒微管相连并朝向两极。

3. 后期Ⅱ 每条染色体在着丝点处分离，两条姐妹染色单体也随之分开，成为两条染色体。在纺锤体的牵引下，两条染色体分别移向细胞的两极。

4. 末期Ⅱ 两组染色体到达细胞两极之后，染色体解螺旋去凝集，重新形成染色质。核膜核仁重现，形成新的子代细胞核。

然后细胞进行胞质分裂，形成新的子代细胞。减数分裂完成。

经过上述的两次减数分裂，一个亲代细胞可以形成四个子代细胞，子代细胞中染色体数目与亲代细胞相比减少了一半，且子代细胞间在染色体组成上也存在着差异。

减数分裂产生的四个子代细胞随性别的不同而异。在雄性动物中，一个精原细胞经减数分裂形成四个大小相似的精子细胞，最后发育成四个精子。在雌性动物中，由于细胞质的不均等分裂，减数第一次分裂为不对称分裂。卵母细胞经第一次分裂产生一个大的次级卵母细胞和一个小的第一极体，第一极体可经减数第二次分裂产生两个第二极体。次级卵母细胞进行的减数第二次分裂也是不对称分裂，可以产生一个大的卵细胞和一个第二极体。所以，雌性动物的一个卵母细胞经过减数分裂可以产生一个大且富含营养物质的卵细胞以及三个小的极体。只有卵细胞才能与精子结合形成合子，而极体由于细胞质含量很少，缺乏营养物质，没有功能且很快就会退化解体。

有丝分裂与减数分裂的比较见表10－1。

表 10 – 1　有丝分裂与减数分裂的比较

	有丝分裂	减数分裂
分裂细胞类型	体细胞	生殖细胞
部位场所	几乎所有组织器官	精巢、卵巢
分裂次数	一次	两次
染色体复制次数	一次	一次
纺锤体	出现	出现
同源染色体行为	不发生联会	发生联会，形成四分体，非姐妹染色单体间发生交叉互换
子细胞数量	2	4 个精细胞；1 个卵细胞 + 3 个极体
子细胞类型	体细胞	性细胞
子细胞的染色体数	与亲代细胞一致	与亲代细胞相比减半
子细胞间的遗传物质	一定相同	不一定相同

第二节　细胞周期

PPT

微课

一、细胞周期的基本概念

细胞周期是细胞的整个生命过程，即刚分裂的细胞经过体积增大、物质准备、能量积累到分裂形成新的子代细胞的过程。通常将一次细胞分裂完成开始，到下一次细胞分裂结束为止的全过程称为一个细胞周期（cell cycle）。

根据细胞的形态变化，可以将细胞周期划分为两个时期，即分裂期（mitotic phase，M phase）和位于两次分裂期之间的间期（interphase）。根据 DNA 等物质合成的情况，间期可被进一步细分为三个时期，即 G_1 期、S 期和 G_2 期。G_1 期是指从细胞分裂完成到 DNA 复制之前的阶段，S 期是指 DNA 复制的阶段，G_2 期是指 DNA 复制完成到细胞分裂开始之前的阶段。分裂期即 M 期，指从细胞分裂开始到结束的阶段。

细胞周期时间的长短在同种细胞之间相似或相同，但在不同种类的细胞之间则差异较大。有的细胞增殖一次只需要几十分钟，如大肠埃希菌和蛙胚细胞等；有的细胞需要十几个小时或几十个小时，如小肠上皮细胞等；而有的细胞则需要长达一年至数年的时间，如高等动物体内的某些组织细胞。就高等生物的细胞而言，S 期、G_2 期和 M 期的总时间相对恒定，细胞周期时间的长短主要取决于 G_1 期。G_1 期的时间与 G_1 期细胞中某些特殊的 mRNA 及蛋白的量有关。此外，激素、生长因子等环境因素也能影响细胞周期时间的长短，例如环境温度高于 39℃ 或低于 36℃，细胞周期各时相的时间将随之按比例地变化。以人体细胞为例，典型的快速增殖的人体细胞的细胞周期时间大约为 24 小时，其中 G_1 期约 11 小时，S 期约 8 小时，G_2 期约 4 小时，M 期则只有约 1 小时。

除了细胞周期时间，不同种类细胞在细胞周期中的分裂行为也不一样。根据细胞增殖及分裂特性，可将真核生物细胞分为三类：

1. 周期中细胞（cycling cell）　这类细胞的增殖能力强，始终保持旺盛的分裂活性，可以持续分裂，又称持续分裂细胞。机体内某些组织需要不断更新，而组成这些组织的细胞就属于持续分裂细胞。这些细胞通过细胞周期的持续循环，不断分裂产生新的细胞，维持组织的更新。如造血干细胞需要不断地分裂产生红细胞和白细胞；上皮组织的基底层细胞，通过持续不断的分裂，补充上皮组织表层死亡脱落的细胞。

2. 终末分化细胞（terminally differentiated cell）　该类细胞由于分化程度高，一旦分化成熟，将执行特定功能，终生不再分裂。终末分化细胞具有生理活性机能，但不可逆地脱离了细胞周期，直到细胞死亡，所以也被称为不再增殖细胞。如哺乳动物的成熟红细胞、神经细胞、心肌细胞、横纹肌细胞、多形核白细胞等。

3. G₀期细胞　又称休眠期细胞（dormant cell）或静止期细胞（quiescent cell）。这类细胞是执行特定功能的分化细胞，在通常情况下会暂时脱离细胞周期，停止细胞分裂，但它们可在某些信号的刺激下快速返回细胞周期重新进行 DNA 的合成以及分裂增殖。如肝细胞，研究发现外科手术切除部分肝组织后可以诱导剩余的肝细胞进行细胞分裂，产生新的肝细胞以修复肝脏。再比如结缔组织中的成纤维细胞，平时并不分裂，但所在部位受到伤害时，这类细胞将立即返回细胞周期进行分裂增殖，产生新的成纤维细胞，促进受伤部位的伤口愈合。另外，体外培养的细胞在某些营养物质缺乏时也可进入休眠期，依然可以生存，但不能进行分裂。一旦得到营养物质的补充，这些处于休眠状态的细胞会很快返回细胞周期进行细胞分裂。对于 G₀期细胞的研究越来越受到重视，这不仅涉及对细胞增殖和细胞分化的探讨，而且对肿瘤的发生与治疗、组织再生、创伤愈合、免疫反应、药物设计及筛选等都具有重要的意义。

细胞周期是一个十分复杂且非常精确的生命活动过程。在细胞周期中有三个非常关键的问题：细胞分裂前遗传物质 DNA 的精确复制；复制完全的 DNA 在细胞分裂过程中准确地分配到两个子细胞中去；细胞分裂的物质准备及精确调控。细胞在解决这三个关键问题的过程中，任何环节出错且错误没有及时得到更正，都有可能导致细胞周期紊乱，影响细胞增殖。

二、细胞周期各时相及其主要事件

图 10－3　细胞周期示意图

细胞周期的进程是围绕着遗传物质的复制和分离而展开的。一个细胞周期可以被划分为 DNA 合成前期（G₁期）、DNA 合成期（S 期）、DNA 合成后期（G₂期）和分裂期（M 期）四个时相。其中 DNA 合成前期、DNA 合成期与 DNA 合成后期都属于分裂间期。细胞在分裂间期进行 DNA 的复制、组蛋白与非组蛋白的合成、分裂期所需的其他蛋白的合成等，以为细胞进入分裂期做好准备。细胞周期的组成如图 10－3 所示。细胞在每个时相均会发生许多重要的事件，这些事件相互协调，共同调控细胞周期的进程。

（一）G₁期（DNA 合成前期）

G₁期是指从一次细胞分裂结束到下一次 DNA 合成期开始之前的时期，被称为 DNA 合成前期（presynthetic phase）。G₁期在细胞周期中占比最大，是细胞生长的主要阶段，也是 DNA 复制的准备阶段。该时期的主要特征包括：细胞生长迅速且代谢旺盛，细胞体积与质量均显著增大；合成大量的 RNA 和蛋白。

G₁早期，细胞摄取大量营养，细胞生化活动非常活跃。RNA 聚合酶活性快速升高，三种 RNA（rRNA、tRNA、mRNA）和核糖体等大量合成，生成细胞生长所需的各种蛋白、糖类和脂类，主要用于形成各种细胞器（高尔基复合体、内质网、线粒体、溶酶体等）及其他细胞结构，使细胞体积逐渐增大。

G₁晚期，细胞主要合成 DNA 复制所需要的各种酶类，如 DNA 聚合酶、DNA 解旋酶、胸苷激酶等。同时，细胞也合成一些在 G₁期向 S 期转变过程中起重要作用的蛋白，如触发蛋白、钙调蛋白、细胞周期蛋白等，为 S 期的 DNA 复制及细胞由 G₁期向 S 期的转变做准备。

G₁期的另一个重要特点是多种蛋白发生磷酸化作用，如组蛋白、非组蛋白以及一些蛋白激酶等。组蛋白的磷酸化在 G₁期增强，以促进 G₁晚期染色体结构成分的重排，有利于 S 期 DNA 的合成。G₁期蛋白激酶的磷酸化则与细胞周期蛋白的活化以及细胞周期调控直接相关。

另外，在 G₁期，细胞膜对物质的转运作用加强。细胞对氨基酸、核酸、葡萄糖等小分子营养物质的摄入量增加，以保证 G₁期进行大量生化合成的原料充足。此外，细胞也加强了参与 G₁期向 S 期转变的调控物质的转运，例如 AMP 等。

G₁期的晚期阶段存在一个检控点。真核细胞中，该检控点被称为限制点（restriction point），即 R 点。几乎所有的动物细胞，尤其是哺乳动物细胞都有 R 点。细胞只有通过这一限制点才能进入 S 期合成 DNA。

任何因素阻碍细胞通过 R 点，都将影响细胞从 G_1 期向 S 期转换。影响细胞通过 R 点的内部因素主要是细胞周期进程相关调节因子的活性，外部因素则包括环境条件、营养供给、生长因子的刺激等。通常认为 R 点之前为生长因子依赖性阶段，之后则为生长因子非依赖性阶段。R 点是生长因子和药物等因素影响细胞周期的敏感点，不能越过 R 点的细胞将离开细胞周期，进行等待、分化或凋亡。

（二）S 期（DNA 合成期）

S 期是指从 DNA 合成开始到 DNA 合成结束的时期，称为 DNA 合成期（DNA synthetic phase）。S 期是细胞周期进程中非常重要的一个阶段，该时期细胞的主要特征是 DNA 复制、组蛋白及非组蛋白等染色质蛋白的合成、染色质的组装、中心粒的复制等。

DNA 的复制需要多种酶的参与，包括 DNA 聚合酶、DNA 连接酶、胸腺嘧啶核激酶、核酸还原酶等。随着细胞由 G_1 期进入 S 期，这些酶的活性显著增强。真核生物在 DNA 复制的时间和空间上均有其自身特点。高等动物 DNA 复制在多个起始点进行，DNA 复制起始点的启动具有严格的时序性。不同的复制起始点在 S 期的不同阶段启动。通常，就 DNA 序列而言，富含 GC 碱基的复制早，而富含 AT 碱基的复制晚；就染色体而言，具有转录活性、低凝集状态的常染色质复制在前，而不具有转录活性、高凝集状态的异染色质复制在后。

组蛋白、非组蛋白等染色质蛋白的合成与 DNA 的复制同步进行。伴随着 DNA 的复制，胞质中组蛋白 mRNA 大量增加。新合成的组蛋白迅速进入胞核与已复制的 DNA 结合，组装成染色质的一级结构——核小体。S 期的染色质在组装过程中，依照复制前的 DNA 甲基化和组蛋白乙酰化状态，对新合成的 DNA 链和组蛋白进行对应的化学修饰，使两套新染色质保持原来染色质的表观遗传特征。至 S 期末 DNA 复制停止时，组蛋白 mRNA 则成为不稳定成分，其在短时间内完成降解以保证组蛋白合成的量与 DNA 合成的量相匹配。

中心粒的复制也在 S 期完成。原本在 G_1 期相互垂直的一对中心粒在 S 期彼此分开，各自在其垂直方向复制出一个子中心粒。由此形成的两对中心粒，将作为微管组织中心随着细胞周期进程，在纺锤体微管、星体微管等的形成中发挥重要作用。

（三）G_2 期（DNA 合成后期）

G_2 期指的是从 DNA 复制完成到细胞分裂开始之前的一段时期，又称为 DNA 合成后期（postsynthetic phase）。该时期主要对 DNA 复制进行检查并为细胞分裂做好准备。

细胞经过 S 期，DNA 完成复制，细胞内的 DNA 含量增加了 1 倍。细胞进入 G_2 期，S 期启动因子失活，即可保证一个细胞周期中 DNA 只能复制一次。在 S 期完成的 DNA 复制以及染色质组装，需要在 G_2 期进行检查，以保证基因组复制的准确性和完整性。如射线可以引起 DNA 损伤，DNA 在复制过程中可能会越过这些不易修复的 DNA 损伤片段，以使复制叉能够继续前进。那么遗留的未复制片段就需要在 G_2 期进行修复，这被称为 DNA 的 S 期外合成。在 DNA 修复完成以前，细胞将抑制 M 期的启动，以保证错误的遗传信息不会遗传到子代细胞中，同时也给细胞足够的时间修复错误。如果修复失败，细胞将启动细胞凋亡。

G_2 期细胞为接下来的细胞分裂做了很多物质和能量的准备。细胞在 G_2 期主要合成 RNA 以及一些与细胞分裂相关的结构和功能蛋白，如 M 期纺锤体组装必需的微管蛋白、对 M 期核膜崩解及染色体凝集均有重要作用的成熟促进因子（maturation promoting factor, MPF）。细胞在 G_2 期合成的某些调控蛋白为其由 G_2 期向 M 期转化所必需，若缺乏这些蛋白，G_2 期细胞将不能进入随后的 M 期。S 期复制的中心粒在 G_2 期时，体积逐渐增大，开始分离并向细胞两极移动。另外，由于随后的 M 期细胞内许多结构成分都发生剧烈运动，消耗大量的能量。因此 G_2 期细胞还需要准备一定的能量。研究发现，如果抑制 G_2 期细胞的呼吸作用或氧化磷酸化，则细胞的分裂就会受到严重影响。

（四）M 期（分裂期）

M 期即细胞的分裂期（mitotic phase），在整个细胞周期中所占的时间最短。M 期是细胞形态结构变化最显著的时期，组蛋白进一步磷酸化，蛋白质合成显著减少，RNA 合成被完全抑制，而一些与有丝分裂密切相关的酶（如拓扑异构酶）的活性则增加。在 M 期，细胞内相继发生染色质凝集成染色体、核膜和核仁崩解、细胞核解体、纺锤体形成、染色单体分离、子细胞核形成、收缩环出现等一系列事件，最终经过核分裂和胞质分裂，母细胞将经过 S 期复制的遗传物质准确地分配给两个后代子细胞。M 期根据细胞核的形态变化可被人为划分为前期、中期、后期和末期，前期和中期之间还可划分出前中期。

三、细胞周期的调控

细胞周期调控是一个精细复杂的过程，依赖于细胞周期调节蛋白网络，即细胞周期调控系统。真核生物细胞进化出了一个复杂的细胞周期调控系统，对细胞周期的运转进行严格的控制。细胞周期调控系统的基本构成在从酵母到人类的所有真核生物细胞中都是高度保守的。其本质是一系列生化反应的有序发生，以控制 DNA 复制、复制后的染色体分离等细胞周期主要事件。

细胞周期的进程高度精确，包括细胞周期事件发生的严格时序性、遗传物质复制的精确性以及分配的均等性等。细胞周期各时相的结构特征及生化功能均按照一定的时序性受到不同蛋白的严格控制。细胞中多种蛋白构成的细胞周期调控系统发挥其强大的分子开关作用，对细胞周期的主要事件加以调控，使一系列有规律的特定生化反应能够在特定的阶段启动，并在特定的阶段停止，从而使细胞周期能够在正确的时间以正确的顺序程序性地开始和结束。

细胞周期调控系统包括多种重要的细胞周期相关蛋白，如细胞周期蛋白、细胞周期蛋白依赖性激酶、细胞周期蛋白依赖性激酶抑制因子等。研究发现，细胞周期的调控是一个多因素多层次的复杂过程，除了受多种基因及其产物的作用外，还受到生长因子及其受体、各种胞外刺激引起的信号转导等的调节。

细胞周期调控的研究，早在 20 世纪 50 年代便已开始。20 世纪 60～90 年代，一系列关键性的突破相继诞生。美国科学家 Leland Hartwell 对酵母细胞周期相关基因进行研究，获得大量细胞周期突变株，并提出细胞周期检查点的概念；英国科学家 Timothy Hunt 发现海胆的周期蛋白的浓度随细胞周期呈现明显的周期性变化；英国科学家 Paul Nurse 分离出了酵母的周期蛋白依赖性激酶，并发现其活性受到周期蛋白的调控。由于这三名科学家对细胞周期调控机制的开创性研究，他们共同获得 2001 年诺贝尔生理学或医学奖。

细胞周期的精确调控对生物的生存、繁殖、发育和遗传均具有十分重要的意义，也是现代分子细胞生物学的重点研究领域。随着基因组学、蛋白质组学、生物信息学和系统生物学的迅速发展，人们开始对细胞周期的调控网络进行全基因组水平的分析，并通过建立各种研究模型来深入揭示细胞周期的调控原理。

（一）参与细胞周期调控的主要物质

1. 细胞周期蛋白　1983 年，T. Evans 等研究人员利用标记有放射性物质的氨基酸对海胆受精卵的蛋白合成情况进行检测时，发现在受精卵早期卵裂中有一类蛋白的含量呈现特殊的变化规律。这些蛋白随细胞周期的进程发生周期性的合成与降解，且使用秋水仙碱抑制细胞分裂后，这些蛋白不发生降解或降解被延缓。进一步研究发现，这类蛋白广泛存在于从酵母到人类的各种真核生物细胞中，而且在细胞周期进程中周而复始周期性地出现与消失，因此这类蛋白被命名为细胞周期蛋白（cyclin）。在细胞周期进程中，不同的周期蛋白相继表达并与细胞中另一类重要的细胞周期调控相关蛋白——细胞周期蛋白依赖性激酶（CDK）结合，共同参与细胞周期的调节。

随后许多科学家开展周期蛋白的研究，很快从各种生物体中克隆分离了数十种周期蛋白，如酵母的 Cln1、Cln2、Cln3、Cb1～6，高等动物的周期蛋白 A1～2、B1～3、C、D1～3、E1～2、F、G、H、K、T1～2 等。这些周期蛋白在细胞周期内表达的时相有所不同，所执行的功能也多种多样。根据细胞周期蛋白在细胞周期中表达的时相和功能的不同，可将周期蛋白分为四大类：G_1 期周期蛋白、G_1/S 期周期蛋白、S 期周期蛋白和 M 期周期蛋白。在哺乳动物细胞中，G_1 期周期蛋白主要有 Cyclin C、D、E 三种，这

三种蛋白主要在 G_1 期表达，进入 S 期即开始降解；G_1/S 期周期蛋白主要是 Cyclin D 和 Cyclin E，这两种蛋白是细胞 G_1/S 期转化必需的；S 期周期蛋白的代表是 Cyclin A，该蛋白的合成发生于 G_1 期向 S 期转变的过程中，在 M 期的中期时消失；M 期周期蛋白的代表是 Cyclin B，该蛋白的表达开始于 S 期，在 G_2/M 期时达到高峰，随着 M 期的结束而被降解。

各种周期蛋白之间具有共同的分子结构，但也各具特色。首先它们均含有一段约 100 个氨基酸的保守序列，被称为周期蛋白框（cyclin box）。周期蛋白框介导周期蛋白与 CDK 结合。不同的周期蛋白识别并结合不同的 CDK，组成不同的 Cyclin – CDK 复合体，表现出不同的 CDK 激酶活性，调节细胞周期的进程。S 期和 M 期周期蛋白的 N 端附近有一段 9 个氨基酸组成的特殊序列（RXXLGXIXN，X 代表可变的氨基酸），被称为破坏框（destruction box）。在破坏框之后为一段约 40 个氨基酸组成的赖氨酸富集区。破坏框主要参与由泛素（ubiquitin）介导的 Cyclin A 和 Cyclin B 的降解。G_1 期周期蛋白的分子中不含破坏框，但其 C 端含有一段特殊的 PEST 序列，研究认为 PEST 序列与 G_1 期周期蛋白的降解有着重要的关系。细胞周期蛋白的结构与周期蛋白的周期性变化如图 10 – 4 所示。

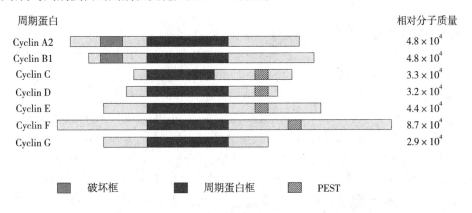

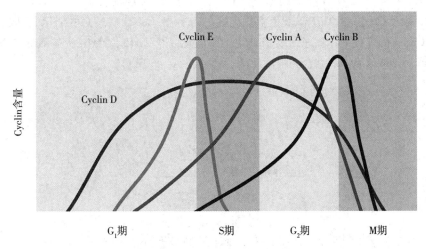

图 10 – 4　细胞周期蛋白的结构与周期蛋白的周期性变化

2. 细胞周期蛋白依赖性激酶　细胞周期调控系统的另外一个重要组成就是细胞周期蛋白依赖性激酶（cyclin dependent kinase，CDK）。

CDK 是一类必须与细胞周期蛋白结合后才具有激酶活性的丝氨酸/苏氨酸蛋白激酶。CDK 通过催化多种细胞周期相关蛋白发生磷酸化，在细胞周期调控过程中发挥关键的作用。目前在人体中已发现的 CDK 家族成员有 20 个，即 CDK1 ~ CDK20。不同的 CDK 分子均含有一段类似的 CDK 激酶结构域（CDK kinase domain），其中有一小段介导 CDK 与周期蛋白结合的高度保守的序列，即 PSTAIRE 序列。在细胞周期的不同阶段，不同的 CDK 通过结合特定的周期蛋白，催化下游一系列的蛋白发生磷酸化，由此引发或调控细胞周期中的一些主要事件。

细胞周期进程中，Cyclin可不断地被合成与降解，因此CDK对蛋白磷酸化的作用也呈现出周期性的变化。以CDK为核心的细胞周期调控系统是细胞周期事件严格按照时序性发生的根本保证。因此CDK的活性调节就是细胞周期调控的关键环节。为保证其精准性，细胞从多个层面正、反调控CDK的激酶活性。其中起到主导作用的调控方式主要包括：①CDK与特定的Cyclin结合；②CDK多重磷酸化与去磷酸化修饰；③CDK与CDK抑制因子结合。

（1）CDK与周期蛋白结合是CDK活化的基本条件　CDK的激活必须首先与细胞周期蛋白结合。二者的结合可通过改变CDK空间构象，暴露出CDK与底物结合的激酶活性位点，从而部分激活CDK的激酶活性。处于非磷酸化状态的无活性的CDK分子中含有一个弯曲的环状区域，即T环。该结构将CDK的催化活性部位的入口封闭，阻止蛋白底物与催化活性部位结合。当非磷酸化状态的CDK与Cyclin结合后，Cyclin与T环彼此间发生强烈的相互作用，引起T环结构位移并缩回袋状的催化活性部位后方，CDK的催化活性部位的入口开启，其中的活性位点暴露。此时的CDK激酶活性较低，仅在体外实验中可检测到。

（2）CDK多重磷酸化与去磷酸化修饰实现CDK活性的完全激活　完成与周期蛋白结合的CDK激酶的活性仍处于较低的水平，CDK的完全活化还必须依赖CDK分子上3个重要的磷酸化位点的多重磷酸化及去磷酸化的修饰，包括活化型磷酸化位点的磷酸化（第161位苏氨酸Thr161）以及抑制性磷酸化位点的去磷酸化（第15位酪氨酸Tyr15和第14位苏氨酸Thr14）。

Thr161位于T环结构中，在经CDK活化激酶（CDK activating kinase，CAK）催化发生磷酸化后，Cyclin-CDK复合物上的底物结合部位的构型显著改变，与底物的结合能力进一步增强。与未发生磷酸化时相比，Thr161发生磷酸化的CDK催化活性可提高300倍，因此Thr161位点的磷酸化被称为CDK活化型磷酸化。Tyr15存在于CDK与ATP结合的区域，其磷酸化过程发生于Thr161发生磷酸化之前，由Wee1激酶催化。当Thr161发生磷酸化后，Tyr15在Cdc25磷酸酶的催化下再发生去磷酸化。另外，在脊椎动物中，CDK上的Thr14与Tyr15一样位于CDK与ATP结合的部位，其磷酸化过程也发生于Thr161发生磷酸化之前，由Myt1激酶催化。当Thr161发生磷酸化后，Thr14在Cdc25磷酸酶的催化下再发生去磷酸化。CDK只有在结合Cyclin的前提下，顺序完成Thr161的磷酸化以及Tyr15、Thr14去磷酸化的双重作用，才能最终被完全激活。CDK与Cyclin结合并被激活的过程如图10-5所示。

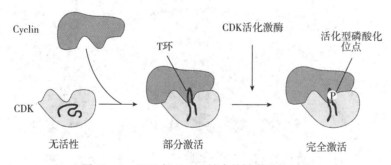

图10-5　CDK与Cyclin结合并被激活的过程

3. 细胞周期蛋白依赖性激酶抑制因子（cyclin-dependent kinase inhibitor，CKI）　是一类可对CDK进行调控的蛋白。在细胞周期各阶段，不同的CKI可与相应的Cyclin-CDK复合物相互作用，抑制后者的活性，参与细胞周期的调控。CKI对CDK的抑制作用是通过与Cyclin-CDK复合物结合，进而改变CDK分子激酶活性位点的空间位置来实现的。CDK的激酶活性被CKI抑制的过程如图10-6所示。目前，已发现在哺乳动物细胞中存在多种CKI。根据分子量的差异，可以将CKI分为两大家族。

（1）CDK4抑制因子（inhibitor of CDK4，INK4）家族　该家族成员可特异性地抑制Cyclin D-CDK4和Cyclin D-CDK6复合物的活性。受INK4家族成员抑制的CDK主要是CDK4/6。INK4家族的主要成员有p15、p16、p18和p19等。其中的典型代表是p16，它可以通过与Cyclin D竞争性地结合CDK4/6，阻

止 G_1 期细胞通过 R 点向 S 期转化。

（2）CDK 相互作用蛋白/激酶抑制蛋白（CDK interacting protein / kinase inhibition protein，CIP/KIP）家族　该家族成员可以抑制目前已知的大部分 CDK 的激酶活性。CIP/KIP 家族的主要成员包括 p21、p27 和 p57。其中的典型代表是 p21，它可以抑制大多数的 Cyclin - CDK 复合物（如 Cyclin D - CDK4、Cyclin E - CDK2、Cyclin A - CDK2、Cyclin B - CDK1 等），在细胞周期的多个阶段发挥作用。p21 还能与 DNA 聚合酶 β 的辅助因子——增殖细胞核抗原（proliferating cell nuclear antigen，PCNA）结合，直接抑制 DNA 的合成。

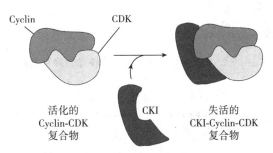

图 10 - 6　CDK 激酶活性被 CKI 抑制的过程

4. 泛素　细胞周期进程中，周期蛋白的降解与表达一样关键，同样是保证细胞周期正常运行的重要动力。研究表明，蛋白降解系统的功能失调也能够导致细胞周期紊乱。真核细胞中周期蛋白的降解主要是由泛素化降解系统来完成的。

泛素（ubiquitin，Ub）是一种由 76 个氨基酸组成的高度保守的蛋白，普遍存在于真核细胞。泛素被视为蛋白的降解标签，能够共价地与底物蛋白的赖氨酸残基结合，标记需要降解的蛋白，且这种标记作用是非底物特异性的。被泛素标记的蛋白将被蛋白酶体（proteasome）特异性地识别并被迅速降解成短肽，这一过程被称为蛋白的泛素化。

泛素标记蛋白需要 3 种酶的参与，分别是泛素活化酶 E1（ubiquitin - activating enzyme，E1）、泛素结合酶 E2（ubiquitin - conjugating enzyme，E2）及泛素连接酶 E3（ubiquitin - ligating enzyme，E3）。其中泛素连接酶 E3 决定靶蛋白的特异性识别，是介导泛素与靶蛋白连接的关键酶。在蛋白的泛素化过程中，泛素活化酶 E1 水解 ATP 获得能量，并通过其活性位点的半胱氨酸残基与泛素的羧基端形成高能硫酯键而激活泛素。随后，共价结合形成的泛素活化酶 E1 - 泛素复合体与泛素结合酶 E2 相互作用，泛素结合酶 E2 将泛素转移到自身的半胱氨酸活性位点。最后，在泛素连接酶 E3 的催化下，泛素被进一步转移到靶蛋白上。结合到靶蛋白上的一个泛素连接酶 E3 能催化多个泛素分子的转移，使靶蛋白上的多个赖氨酸残基与泛素相连，并且随后的泛素分子可相继与前一个泛素分子的赖氨酸残基相连而形成一条多聚泛素链。该泛素链即可作为标记物被 26S 蛋白酶体所识别，进而介导靶蛋白进入泛素 - 蛋白酶体降解途径（ubiquitin - proteasome pathway，UPP）完成降解，多聚泛素链也解聚为单个泛素分子，重新被利用。

参与细胞周期调控的泛素连接酶 E3 包括 SCF（SKP1 - CUL1 - F - box protein）和后期促进复合物 APC（anaphase - promoting complex）两类。这两个泛素连接酶参与很多细胞周期调节因子的泛素化作用。其中 SCF 负责将泛素连接到 G_1/S 期周期蛋白和某些 CKI 上，APC 则负责将泛素连接到 M 期周期蛋白上。SCF 复合物的活性从 G_1 期一直延续到 S 期末，主要负责将泛素连接到 G_1/S 期周期蛋白和某些 CKI 上，如 Cdc25A、CDT1、Cyclin E、p27 和 E2F 等，参与调控 G_1 期向 S 期的过渡。APC 与其共激活因子 CDH1 或 Cdc20 分别在细胞周期的不同时相共同催化相应的周期蛋白降解，促进细胞周期转换。Cdc20 在 G_1 期向 S 期过渡时开始表达，于 M 期时达到高峰，在 M 期末段被降解。APC 与 Cdc20 共同调控细胞周期从中期向后期的转变。之后，APC 与 CDH1 结合，通过降解 Cyclin A 和 Cyclin B，启动 M 期的退出。Cyclin 通过泛素蛋白酶体途径降解的过程如图 10 - 7 所示。

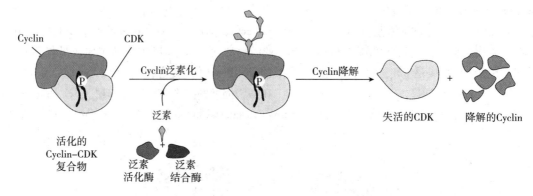

图 10-7　Cyclin 通过泛素蛋白酶体途径降解的过程

在泛素化降解过程中，Cyclin A 和 Cyclin B 分子中 N 端的破坏框结构域起着重要的作用。Cyclin D 和 Cyclin E 的 N 端没有破坏框结构域，但它们的 C 端有一段 PEST 序列，也能通过类似的途径完成降解。

知识拓展

泛素的发现

20 世纪 70 年代，大多数科学家对于蛋白的研究仍然聚焦于蛋白的"诞生"，且至少有 5 次诺贝尔奖授予了从事该研究方向的科学家。但是，关于蛋白的"死亡"人们却知之甚少。

不同于大多数科学家的研究方向，以色列科学家阿龙·切哈诺沃、阿夫拉姆·赫什科和美国科学家欧文·罗斯三人更关注蛋白的降解，他们所关注的问题主要有两个：①在细胞内蛋白是如何降解的；②为什么细胞需要消耗能量来降解蛋白。

基于共同的研究兴趣，20 世纪 70 年代末，阿龙·切哈诺沃和阿夫拉姆·赫什科以停薪留职的方式前往美国，与当时在克斯·蔡斯癌症研究中心工作的欧文·罗斯汇合，开始共同研究。

1979 年，在他们试图通过层析法去除血红蛋白时，发现萃取液被分为两部分，这两部分单独存在时都处于静止状态，而一旦将两部分混合在一起，就会激活消耗 ATP 的蛋白降解过程。在其中一部分中，一种具有热稳定性的多肽就是发挥作用的主要成分，这种多肽包含一个分子量约为 9000Da 的分子，被命名为 APF-1，后来证实这种多肽就是泛素。

三位科学家共同获得 2004 年诺贝尔化学奖，以表彰他们在研究泛素调节蛋白降解工作中的突出贡献。

（二）细胞周期运转的调控

细胞周期是高度有组织和精确的时序调控过程。Cyclin - CDK 复合物是细胞周期调控体系的核心，CDK 对细胞周期的运行起着核心调控作用，不同种类的 Cyclin 与不同种类的 CDK 结合，构成不同的 Cyclin - CDK 复合物。Cyclin 周期性的表达与降解，将直接引发 Cyclin - CDK 复合物周期性的表达及降解，导致不同的 Cyclin - CDK 复合物在细胞周期的不同时相活性表达，从而对细胞周期的不同时相进行调节。这些 Cyclin - CDK 复合物周期性的形成与降解能够引发细胞周期进程中特定事件的顺序发生以及与细胞周期有关的基因有序表达，促成 G_1 期向 S 期、G_2 期向 M 期以及 M 期内的中期向后期不可逆的转换，从而维持细胞周期严格按照 $G_1 \rightarrow S \rightarrow G_2 \rightarrow M$ 的顺序正常运转。

1. G_1 期的调控　G_1 期向 S 期转化主要受 G_1 期的 Cyclin - CDK 复合物的调控。在哺乳动物中，G_1 期的周期蛋白主要包括 Cyclin D 和 Cyclin E，与 G_1 期的周期蛋白相结合的 CDK 主要有 CDK2、CDK4 和 CDK6。G_1 期形成的 Cyclin - CDK 复合物主要包括 Cyclin D - CDK4、Cyclin D - CDK6 和 Cyclin E - CDK2。

Cyclin D – CDK 复合物主要在 G_1/S 期转变的过程中发挥作用。如果将 Cyclin D 抗体加入 G_1 期细胞，则 G_1 期向 S 期的转化将受阻。而 Cyclin E – CDK 复合物则为 S 期的启动所必需。研究发现，胚胎细胞中的 Cyclin E 基因发生突变，细胞将滞留于 G_1 期。如果向 G_1 期细胞中微注射特异性的 Cyclin E 抗体，细胞向 S 期的转变会受到抑制。相反，通过某些方法促进 Cyclin E 在细胞中的表达，则细胞将从 G_1 期迅速进入 S 期。

G_1 早期，Cyclin D 在细胞中大量合成，CDK4、CDK6 与其结合并通过发挥激酶活性，催化下游的蛋白如视网膜母细胞瘤蛋白 Rb 发生磷酸化。Rb 的主要功能是抑制 S 期的转录因子 E2F。Rb 发生磷酸化后失活并丧失与 E2F 的结合能力。E2F 被释放并恢复活性，促进一系列与 G_1/S 期转换以及 DNA 复制相关基因的转录，如编码 Cyclin E、Cyclin A 和 CDK2 的基因。

G_1 晚期，Cyclin E 开始合成并与 CDK2 结合。到 G_1/S 期检查点时，Cyclin E – CDK2 的活性达到峰值，细胞中其他一些转录因子随之活化。与 DNA 复制相关基因的表达启动，产生 DNA 复制所需的各种酶类和蛋白，促进细胞通过 G_1/S 期检查点而进入 S 期。

此外，S 期 Cyclin – CDK 复合物的抑制蛋白可以被 G_1 期 Cyclin – CDK 复合物催化发生磷酸化，然后经多聚泛素化途径被降解，使 S 期 Cyclin – CDK 复合物的活性得以恢复，进一步促使细胞跨越 G_1 晚期的限制点向 S 期转换。

2. S 期的调控 细胞进入 S 期后，Cyclin – CDK 复合物的主要变化包括：Cyclin D/E – CDK 复合物中的 Cyclin D/E 发生降解，Cyclin A – CDK2 复合物形成。Cyclin D/E 的降解是不可逆的，所以已进入 S 期的细胞无法向 G_1 期逆转。Cyclin A – CDK2 复合物是 S 期中最主要的 Cyclin – CDK 复合物，能启动 DNA 的复制并阻止已复制的 DNA 再次发生复制。

（1）Cyclin A – CDK2 复合物启动 DNA 的复制 DNA 复制起始点的识别是 DNA 复制调控中的重要事件。复制起始点识别复合体（origin recognition complex，ORC）识别 DNA 复制起始位点并与之结合是 DNA 复制起始所必需的，该复合体与 DNA 复制起始点结合并可作为许多调节蛋白的连接位点。关于 Cyclin A – CDK2 复合物启动 DNA 复制的机制，目前认为与真核细胞 DNA 分子复制起始点及其附近 DNA 序列上一个由多种蛋白构成的结构有关。该结构即预复制复合体（pre – replication complex，pre – RC），主要由复制起始点识别复合体、Cdc6 及 Mcm 等蛋白构成。Cdc6 在 G_1 早期的表达量升高并与 DNA 复制起始点处的 ORC 结合。Mcm 是一种 DNA 解旋酶，也可以与 DNA 复制起始点结合。

Cyclin A – CDK2 复合物利用其激酶活性可使与 DNA 复制起始相关的预复制复合体的某些位点发生磷酸化。预复制复合体由此被激活，DNA 合成开始启动。Cyclin A – CDK2 复合物还可通过磷酸化作用激活预复制复合体中的 DNA 解旋酶 Mcm。活化的 Mcm 具有解旋酶功能，能够在 DNA 复制起始点处将 DNA 双链解离，促进与 DNA 合成相关的酶如 DNA 聚合酶等与单链 DNA 结合，启动 DNA 的复制。

（2）Cyclin A – CDK2 复合物保证 DNA 只能复制一次 DNA 复制启动后，Cyclin A – CDK2 复合物催化预复制复合体的组成蛋白发生磷酸化，导致 Cdc6 与 ORC 解离并发生降解，进而引起预复制复合体去组装；同时也可导致 Mcm 向核外的转运，阻止了预复制复合体在原复制起始点以及其他复制起始点的重新装配，使 DNA 复制不会再次启动。Cyclin A – CDK2 复合物通过上述机制可以保证 DNA 在 S 期只能复制一次。Cyclin A – CDK2 复合物的这一作用能持续维持到 G_2 期及 M 期，直至有丝分裂后期染色单体发生分离前，DNA 均无法再次进行复制。

3. G_2 期的调控 真核细胞中，G_2 晚期形成的 Cyclin B – CDK1 复合物在促进细胞从 G_2 期向 M 期转换的过程中起着关键作用，该复合物又被称为成熟促进因子（maturation promoting factor，MPF）或有丝分裂促进因子（mitosis promoting factor，MPF）或 M 期促进因子（M phase promoting factor，MPF）。1971 年，Y. Masui 等将经孕酮处理的成熟非洲爪蟾卵细胞的胞质微注射到未成熟的处于 G_2 期的爪蟾卵母细胞中，发现后者可被诱导并向 M 期转化。据此研究人员认为在成熟卵细胞的细胞质中必定存在一种能够促进 G_2 期卵母细胞进入 M 期并发育成熟的物质，并将该物质命名为 MPF。现在已证实，MPF 广泛存在于从酵母到哺乳动物的细胞中。

在 MPF 中，CDK1 作为一种 Ser/Thr 蛋白激酶，可以催化底物蛋白的丝氨酸与苏氨酸残基磷酸化，是 MPF 的催化亚基。CDK1 在整个细胞周期进程中的表达水平恒定。Cyclin B 可以结合并激活 CDK1，Cyclin

B 的含量随着细胞周期的进程发生变化，是 MPF 的调节亚基。在 G_2 晚期，Cyclin B 的表达达到峰值，CDK1 与 Cyclin B 结合后，CDK1 上处于磷酸化的 Tyr15 和 Thr14 位点经 Cdc25 作用发生去磷酸化，而 Thr161 位点则继续保持磷酸化状态，CDK1 被激活，MPF 的活性显著升高。MPF 活性增高促进了细胞从 G_2 期向 M 期的转换。如果 Cyclin B 与 CDK1 分离并被泛素化降解，CDK1 上的 Tyr15 和 Thr14 位点又会发生磷酸化，CDK1 失活，细胞将从 M 期向下一个细胞周期的 G_1 期转化。

4. M 期的调控　真核细胞 M 期中发生的多个事件以及 M 期向下一个 G_1 期转换均与 MPF 有着重要的关系。

（1）MPF 促进染色体凝集　在 M 期的早期，MPF 可以通过催化组蛋白 H1 上与有丝分裂有关的位点发生磷酸化，诱导染色质凝集并启动分裂。MPF 也可直接作用于染色体凝集蛋白，使散在的 DNA 分子结合于磷酸化的凝集蛋白上并在其表面发生聚集，介导染色体形成超螺旋化结构。

（2）MPF 促进核膜崩解　核纤层蛋白（lamin）也是 MPF 的底物蛋白，MPF 可以催化核纤层蛋白上特定的氨基酸位点发生磷酸化，进而引起核纤层纤维结构解聚，再加上染色体逐渐凝集的拉动作用，核膜最终崩解为核膜小泡，细胞核解体。

（3）MPF 促进纺锤体的形成　MPF 还可以催化细胞中多种微管结合蛋白发生磷酸化，进而调控细胞周期中微管的动态变化，使微管发生重排，促进纺锤体的形成。

（4）MPF 促进姐妹染色单体的分离　MPF 还可以促进细胞从 M 期的中期向后期的转换。中期染色体的姐妹染色单体的分离是启动后期的关键。中期姐妹染色单体在着丝粒处依靠粘连蛋白复合体相连，该复合体是一种由 Smc（structural maintenance of chromosome）蛋白家族的 Smc1 和 Smc3 构成的异二聚体，以及两种非 Smc 蛋白（Scc1 和 Scc3）在一起共同组成的环状蛋白复合体。粘连蛋白复合体被分离酶（separase）分解而导致姐妹染色单体之间的黏合力下降或消失，是引起姐妹染色单体分离的重要机制。

后期之前，分离酶与分离酶抑制蛋白（securin）结合，分离酶呈现无活性的状态，姐妹染色单体紧密相连，不发生分离。中期末段，当所有染色体的动粒均与纺锤体微管相连时，后期促进因子（anaphase promoting complex，APC）可在 MPF 作用下发生磷酸化，进而与 Cdc20 结合而被激活。APC 是一种泛素连接酶，APC 被激活后可以引起分离酶抑制蛋白发生多聚泛素化而被降解。分离酶由此被释放并恢复活性，分解粘连蛋白复合体中的 Scc1，使粘连蛋白复合体解体，姐妹染色单体之间的黏合力丧失。姐妹染色单体彼此分离，在纺锤体微管的牵引下分别向两极移动，细胞进入后期。

（5）MPF 失活促进 M 期末期的进程　后期末段，Cyclin B 在 APC 作用下经多聚泛素化途径被降解，MPF 因解聚而失活，促使细胞转向末期。细胞因失去 MPF 的活性作用，磷酸化的组蛋白、核纤层蛋白等可在磷酸酶的作用下发生去磷酸化，染色体重新开始去凝集，核膜再次组装，子代细胞核逐渐形成。

后期末，MPF 的失活也促进了胞质分裂。M 期的早期，MPF 可催化参与胞质分裂收缩环形成的肌球蛋白发生磷酸化。进入后期，MPF 失活，肌球蛋白在磷酸酶的作用下发生去磷酸化并恢复活性。随后，肌球蛋白与肌动蛋白相互作用，使收缩环不断缢缩，分裂沟不断加深，促进胞质发生分裂。

细胞周期中主要的 Cyclin – CDK 复合物及其功能见表 10 – 2。

表 10 – 2　细胞周期中主要的 Cyclin – CDK 复合物及其功能

CDK	结合的 Cyclin	作用时期	发挥的作用
CDK1	Cyclin A	G_2 期	促进 G_2 期向 M 期转换
	Cyclin B	G_2 期、M 期	促进 G_2 期向 M 期转换，推动 M 期的进程
CDK2	Cyclin A	S 期	启动 S 期的 DNA 复制，并阻止已复制的 DNA 再次复制
	Cyclin E	G_1 晚期	促进 G_1 晚期细胞跨越限制点向 S 期转换
CDK3	Cyclin C	G_0/G_1 期	促使细胞从 G_0 期退出，重新进入 G_1 期
CDK4	Cyclin D（D1、D2、D3）	G_1 中、晚期	促进 G_1 晚期细胞跨越限制点向 S 期转换
CDK6	Cyclin D（D1、D2、D3）	G_1 中、晚期	促进 G_1 晚期细胞跨越限制点向 S 期转换
CDK7	Cyclin H	整个细胞周期	与 MAT1 一起形成 CDK 活化激酶 CAK

（三）细胞周期检查点

细胞周期在正常情况下按照 $G_1 \to S \to G_2 \to M$ 的顺序不可逆地运转。但如果在细胞周期的进程中，某一阶段的重要事件没有被正确执行，那么就会导致发生错误的细胞进入细胞周期的下一阶段，导致非常严重的后果，比如分裂产生的后代子细胞中的染色体数目异常。实际上，为了保证细胞周期中 DNA 复制和染色体分配的准确，细胞在长期的进化过程中发展出了一套精密的检查系统来监控细胞周期进程中的一些关键环节。这些检查系统被称为细胞周期检查点（cell cycle checkpoint）。

细胞周期检查点又称细胞周期检测系统，是由多个蛋白构成的检查和控制细胞周期进程的信号转导通路。检查点主要通过抑制 CDK 的活性来调控细胞周期下一阶段事件的启动，同时还可根据不同情况激活 DNA 修复、细胞分化或细胞凋亡等。检查点本质上是一类反馈调节系统，并构成 DNA 修复的完整元件。当细胞周期进程中出现异常事件（如 DNA 损伤、DNA 复制异常、纺锤体组装异常）时，细胞周期检查点即被激活。检查点中的感受分子（sensor）捕捉到异常信号后，通过转导分子（conductor）实施信号转导，并最终由效应分子（effector）直接执行细胞周期的调控。检查点首先启动细胞周期阻滞（cell cycle arrest），即将细胞周期停滞，然后实施故障修复。例如 DNA 损伤触发细胞周期阻滞时，检查点将启动强大的 DNA 修复系统对损伤的 DNA 进行修复，若损伤顺利得到修复则细胞周期阻滞被解除，细胞周期恢复正常运转并进入下一阶段；但是，如果损伤无法进行修复，那么检查点将启动细胞凋亡，消除出错的细胞。

细胞周期检查点在维护基因组稳定性方面非常重要。细胞通过严格的细胞周期检测系统，可以最大限度地保证遗传稳定性。

检查点主要检查和控制细胞周期中的关键转换，如 G_1/S 转换、G_2/M 转换、中期/后期转换等。根据在细胞周期中存在的阶段，检查点可以分为 G_1/S 期检查点、S 期检查点、G_2/M 期检查点、M 期检查点 4 种。细胞周期检查点的组成如图 10-8 所示。而根据检查点的调控事件，检查点可以分为 DNA 损伤检查点（DNA damage checkpoint）、DNA 复制检查点（DNA replication checkpoint）、纺锤体组装检查点（spindle assembly checkpoint）和染色体分离检查点（chromosome segregation checkpoint）4 类。

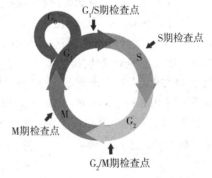

图 10-8 细胞周期检查点示意图

1. G_1/S 期检查点 是细胞周期中决定细胞命运重要的检查点。该检查点存在于 G_1 晚期，检查的主要事件包括 DNA 是否损伤；细胞体积是否足够大；细胞外环境是否适宜。根据检查的结果决定细胞是否可以进入 S 期。

G_1/S 期主要包含一个 DNA 损伤检查点（DNA damage checkpoint）。当 G_1 期细胞的 DNA 受细胞内外一些因素的影响而发生损伤时，细胞将停留在该检查点并启动 DNA 损伤的修复。如果 DNA 损伤较轻微，可以得到有效的修复，细胞在 DNA 损伤修复完成后将跨过检查点进入 S 期；如果 DNA 损伤较严重，无法得到修复，细胞将启动凋亡。

DNA 损伤检查点是由 ATM 和 ATR 两个蛋白激酶介导的，它们属于磷脂酰肌醇 3 激酶样激酶（phosphatidylinositol-3-kinase-like protein kinases，PIKKs）家族，能够被不同类型的 DNA 损伤激活并通过磷酸化相应的下游蛋白发挥作用，其中 ATR 可以被单链 DNA 激活，而 ATM 则能被断裂的双链 DNA 激活。ATM 和 ATR 被激活后将立即启动两条 DNA 损伤检查点的信号转导途径：p53 依赖途径和 p53 非依赖途径。

（1）p53 依赖途径 正常情况下，p53 可随 Mdm2 出核并被水解，故而活性低且寿命短。DNA 发生损伤可激活 ATM 和 ATR，被激活的 ATM 和 ATR 具有两方面作用：①催化 Mdm2 磷酸化，使之不能与 p53 结合，从而促使 p53 留在细胞核内；②催化 p53 磷酸化，发生磷酸化的 p53 蛋白非常稳定且活性增强，导致细胞中的 p53 含量快速升高。p53 是一种转录因子，位于细胞核内且被激活的 p53 可以促进编码 p21

基因的转录。p21 是一种 CDK 抑制因子，能够抑制多种 Cyclin – CDK 复合物的活性，包括 G_1 期的 Cyclin D – CDK4/6 和 Cyclin E – CDK2，使细胞在 DNA 损伤修复完成之前停留在 G_1 期。

（2）p53 非依赖途径　DNA 损伤激活 ATM 和 ATR，被激活的 ATM 和 ATR 可以磷酸化并激活检查点激酶 Chk1 和 Chk2。被激活的 Chk1 和 Chk2 能够催化磷酸酶 Cdc25A 磷酸化，然后磷酸化的 Cdc25A 出核并经泛素蛋白酶体途径降解。在哺乳动物中，Cdc25A 的磷酸酶作用是 CDK2 完全活化所必需的。Cdc25A 的降解失活将导致 CDK2 不能完全活化，故而由 Cyclin E – CDK2 介导的 G_1/S 期转化过程将受阻，细胞将被滞留于 G_1 期。

2. S 期检查点　S 期存在一个 DNA 损伤检查点，其主要功能是监测 DNA 的损伤并延迟启动 DNA 的复制。

S 期 DNA 损伤检查点在作用机制上与 G_1 期的 DNA 损伤检查点相似，区别在于受到抑制的 Cyclin – CDK 复合物不同。在 S 期发生 DNA 损伤时，该检查点被激活，经过一系列激酶级联反应，Cyclin A – CDK2 的活性被抑制，不能启动 DNA 复制，细胞因此被阻滞在 S 期。同时，该检查点被激活后，DNA 损伤修复将立即被启动。

在 DNA 损伤得到有效修复后，S 期的 DNA 损伤检查点失效，CDK2 的磷酸化抑制状态被解除，Cyclin A – CDK2 复合物恢复活性并启动 DNA 的复制。

3. G_2/M 期检查点　位于 G_2 期的晚期，检查的主要事件包括：DNA 是否复制完全；DNA 是否还有损伤等。G_2/M 期主要包含两个检查点：DNA 损伤检查点和 DNA 复制检查点。

G_2/M 期的 DNA 损伤检查点为 p53 依赖途径，具体的作用机制与 G_1 期的 DNA 损伤检查点类似。不同之处在于，G_2/M 期时的 p53 被激活后，促进 p21 的表达，随后 p21 可以抑制 Cyclin B – CDK1（成熟促进因子 MPF）的活性，导致细胞被阻滞在 G_2 期。

另外，在 G_2/M 期也存在一个 DNA 复制检查点（DNA replication checkpoint），其主要作用是识别未复制的 DNA 并抑制 MPF 的激活，以确保 DNA 未发生复制的细胞不能进入 M 期。在 DNA 复制进行的过程中，ATR 在与 DNA 复制叉结合后被激活，由此引发一系列蛋白激酶级联反应：ATR 磷酸化并激活 Chk1，Chk1 磷酸化 Cdc25C 磷酸酶。Cdc25C 被磷酸化后出细胞核并降解，不能去除 CDK1 上抑制其活性的磷酸基团，使 MPF 即 Cyclin B – CDK1 复合物保持被抑制的状态。上述级联反应可以一直持续，直至所有 DNA 复制叉上所进行的 DNA 合成均完成。然后复制叉解体，ATR 失活，Chk1 失活，而 Cdc25C 磷酸酶恢复活性并对 CDK1 进行去磷酸化，解除 CDK1 的磷酸化抑制，激活 Cyclin B – CDK1 复合物，启动 G_2/M 期转换。

所以，只有在 DNA 损伤全部得到修复且 DNA 复制彻底完成之后，G_2/M 期的 DNA 损伤检查点和 DNA 复制检查点才会失效，细胞才能进入 M 期。

4. M 期检查点　分裂期主要包含两个检查点，分别是位于中期的纺锤体组装检查点和位于后期的染色体分离检查点。

（1）纺锤体组装检查点（spindle assembly checkpoint，SAC）　又称分裂中期检查点（metaphase checkpoint）。分裂期的中期存在纺锤体组装检查点，是一种进化上高度保守的机制。该检查点保证中期染色体在赤道面上正确排列，且纺锤体组装完成之前不会启动染色单体的分离或者启动 M 期的退出，阻止纺锤体装配不完全或装配错误的中期细胞进入后期，以保证染色体分配的准确。SAC 监控着纺锤体微管与着丝点之间的连接。当所有染色体与来自纺锤体两极的微管正确连接并排列在赤道面上时，SAC 才会失活，细胞从中期进入后期的抑制才会被解除。只要细胞中有一个染色体的动粒与纺锤体微管连接不正确，SAC 的活性就都会存在，细胞从中期进入后期的抑制就不会被解除。

研究证实，在细胞周期进程中，后期促进复合物 APC 所介导的 securin 蛋白的多聚泛素化控制中期向后期的转化。Mad2 是纺锤体组装检查点中关键的蛋白，对 APC 的激活因子 Cdc20 有抑制作用。在中期，没有与纺锤体微管相连的动粒会产生一个等待信号，招募纺锤体组装检查点的上游分子 Bub1 定位到着丝点，已定位并活化的 Bub1 进一步招募 Mad1 和 Mad2 到着丝点处。Mad1 促使 Mad2 构象发生改变，结合并抑制 Cdc20，从而抑制 APC 所介导的 securin 蛋白的多聚泛素化，进而阻止细胞从中期向后期转化。一且染色体上所有的动粒均被动粒微管附着，则纺锤体组装完成。Mad2 从着丝点处离开并恢复为无活性的状态，Cdc20 的活性抑制状态被解除，引起 APC 的活化及其介导的 securin 蛋白的多聚泛素化，从而启动染色单体的分离以及中期向后期的转化。

（2）染色体分离检查点（chromosome segregation checkpoint，CSC）　位于有丝分裂的后期末。在细胞周期进程中，末期发生的各种事件以及随后的胞质分裂均需要 MPF 的失活。Cdc14 磷酸酶的活化能促使 M 期的周期蛋白经多聚泛素化途径被降解，导致 MPF 活性丧失，细胞从后期进入末期以及随后的胞质分裂。如果后期末染色体的分离出现异常，Cdc14 就不能被活化，细胞也就不能通过染色体分离检查点。

染色体分离检查点的作用是通过监测发生分离的子代染色体在后期末细胞中的位置，决定细胞中是否要激活 Cdc14 磷酸酶的活性，以促进细胞进入末期。只有染色体分离正常的后期细胞才能通过染色体分离检查点进入末期。该检查点的存在阻止了染色体未正确分离之前分裂末期及胞质分裂的发生，保证了子代细胞有且只有一套完整的染色体。

M 期检查点蛋白功能的异常与肿瘤的发生、发展存在着密切的关系，许多肿瘤都存在 M 期检查点的功能缺陷。

课堂互动

如果细胞周期检查点的功能丧失，将会有什么后果？

四、细胞周期的研究方法

（一）细胞周期的研究模型

使用某些典型的物种和细胞开展细胞周期的研究，可以较大地提高研究效率。常用的研究细胞周期的模型包括酵母细胞、早期胚胎细胞和体外培养的哺乳动物细胞。

1. 酵母　是一种小的单细胞真菌，基因组大小不到哺乳动物基因组的 1%，但是其细胞周期调控系统与人的细胞周期调控系统的相似度较高。通常用于细胞周期研究的酵母有两类：裂殖酵母和芽殖酵母。酵母的基因组简单，周期持续时间短，便于遗传操作。例如，芽殖酵母是第一个完成基因组测序的真核生物，其基因组全长 1.2×10^7 bp，基因总数约 6000 个，其中只有 24 个内含子。目前已经较全面地完成芽殖酵母的基因敲除、细胞周期基因表达、转录因子的染色体定位等研究，为全面研究酵母的细胞周期提供了丰富系统的资料。

酵母的增殖速度快，并能以单倍体形式进行增殖。单倍体容易分离，而且可以通过抑制某一个基因来研究突变。许多关于细胞周期调控的重要发现都来自对酵母突变体的研究。这些突变体是通过抑制编码细胞周期调控系统重要元件的基因而形成的。突变能够导致细胞停留在细胞周期的某一阶段，这就说明要使细胞周期能够通过这一阶段，某些基因是必需的。近几十年以来，将酵母作为研究模型进行细胞周期调控的研究取得了大量突破性的成果。

2. 早期胚胎细胞　主要是指受精卵在卵裂过程中的细胞。早期胚胎细胞的特点是体积大，便于镜下观察，也便于进行细胞注射和核移植等显微操作。另外，早期胚胎细胞分裂快，G_1 期和 G_2 期非常短暂，以致常被误认为只含有 S 期和 M 期。常用的早期胚胎细胞有两栖类（如爪蟾）、海洋无脊椎类和昆虫类等，其中两栖类最常用。

爪蟾早期胚胎细胞作为细胞周期的研究模型有两大优点：①细胞体积大，例如，非洲爪蟾的卵细胞直径约为 1mm，其细胞质的含量要比人体细胞中细胞质的含量多 10000 倍，这样不仅便于观察以及显微操作，而且便于从爪蟾卵中抽提其细胞质，并在体外建立非细胞的周期时相系统。②分裂快，爪蟾卵细胞的受精能够触发一个快速的细胞分裂过程，称为卵裂。爪蟾胚胎细胞的细胞周期主要包含 S 期和 M 期，G_1 期及 G_2 期则由于太短暂而检测不到。这就说明爪蟾的早期胚胎细胞在缺少复杂细胞周期调控机制的情况下仍然能够进行快速的细胞分裂。因此，可以对爪蟾胚胎细胞的细胞提取物在高度简化且可控的条件下对其细胞周期事件进行观察及操控，以探究基本的细胞周期调控机制。

3. 体外培养的哺乳动物细胞　在哺乳动物个体中观察单个细胞并不容易，因此常常从哺乳动物正常组织或肿瘤组织中分离出细胞作为实验材料，开展对哺乳动物细胞周期调控的研究。不过来源于哺乳动物正常组织的细胞在标准培养条件下进行培养时，经过一定代数的培养后，经常停止分裂。例如，体外培养的人成纤维细胞在经过 25~40 次传代后会停止分裂。

哺乳动物细胞在培养过程中会发生突变，成为"永生"细胞系而进行无限增殖。尽管这些细胞系不是正常的，但因为能无限提供遗传结构相同的细胞而便于对细胞周期调控系统所涉及的蛋白进行研究。基于这些细胞系的研究，不仅对了解哺乳动物细胞增殖的调控有着重要意义，而且对探究细胞癌变的机制具有非常重要的价值。

（二）细胞周期同步化

在一个体外培养的由同种细胞组成的细胞群体中，同时存在着处于不同细胞周期时相的细胞。不同时相的细胞对外界作用因素的敏感度不同，包括药物干预、放射辐射、病菌感染等。探讨不同周期时相细胞的生命活动规律及其对外界作用因素的反应，不仅对细胞周期调控机制的研究具有理论意义，而且对药物筛选以及作用机制的研究具有重要的应用价值。因此，为了满足各项工作，研究人员需要得到处于细胞周期中同一时相的大量细胞，即同步化细胞。

细胞同步化（cell synchronization）是指自然发生的或人为处理造成的使处于细胞周期不同时相的细胞共同进入周期某一特定时相的过程。自然发生的细胞同步化称为自然同步化，人为处理所造成的细胞同步化称为人工同步化。经同步化后的细胞具有形态和生化上相似的特点，是研究细胞周期各时相特征以及细胞周期调控机制等方面的重要实验材料。

1. 自然同步化　也被称为天然同步化（natural synchronization），是指自然界中天然存在的一些细胞群体处于同一细胞周期时相的现象。该现象存在于动物、植物及黏菌等生物中。例如，黏菌在分裂时只进行核分裂，不发生胞质分裂，从而形成多核体。大量的细胞核处于同一个细胞内进行同步化分裂，可使一个细胞中的核达到 10^8 个。大多数无脊椎动物的早期胚胎细胞可以进行同步化卵裂，次数从几次到十几次。例如，海胆卵受精后的前三次卵裂均为同步化进行，而海参卵受精后的前九次卵裂也为同步化进行。由于自然同步化是自然发生的，不受各种人为因素的影响，所以在应用上受到很大的限制。

2. 人工同步化（artificial synchronization）　是指利用体外培养的细胞，人为地将处于细胞周期不同时相的细胞分离开，以获得处于不同周期时相的细胞群体的方法。从原理上，人工同步化可分为两类：选择同步化和诱导同步化。经过同步化的细胞具有相似的形态和生化特征。人工同步化可以将大量的培养细胞同步至同一周期时相，从而满足研究的需要。

（1）诱导同步化（induction synchrony）　是指通过药物处理使细胞同步化在细胞周期中某个特定时相的方法。目前应用最广泛的诱导同步化方法主要有两种：DNA 合成阻断法和分裂中期阻断法。

1）DNA 合成阻断法　使用低毒或无毒的 DNA 合成抑制剂能可逆地抑制 S 期细胞的 DNA 合成，但不影响其他时相细胞的周期运转，最终将细胞周期运转阻抑在 G_1/S 交界处或 S 期。常用的 DNA 合成抑制剂有 5－氟脱氧尿嘧啶、羟基脲、阿糖胞苷、甲氨蝶呤、高浓度腺嘌呤核苷（AdR）、鸟嘌呤核苷（GdR）和胸腺嘧啶核苷（TdR）等。

TdR 是细胞 DNA 合成不可缺少的前体，但 TdR 过量则会形成过量的三磷酸腺苷，抑制其他核酸的磷酸化，进而抑制 DNA 的合成。研究表明，过量的 TdR 对 S 期细胞的毒性较小且阻断效果较好。TdR 双阻断法诱导细胞同步化的效果更佳，目前比较常用。

首先在处于对数生长期的细胞中加入过量的 TdR，S 期细胞立刻被抑制，其他时相细胞继续运转，但最后也会停滞在 G_1/S 交界处。洗涤细胞去除 TdR 后，再加入新鲜培养液进行释放，细胞重新进入细胞周期。当释放的时间大于 S 期的时间 Ts，所有细胞均脱离 S 期。第二次加入过量的 TdR 进行再次阻断，所有细胞都会被阻滞在 G_1/S 交界处。当加入新鲜培养基解除抑制再次释放时，就能得到大量同步于 S 期的细胞。TdR 双阻断法诱导细胞同步化的过程如图 10－9 所示。

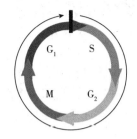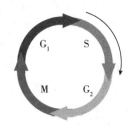

图 10 – 9　TdR 双阻断法诱导细胞同步化

该方法的优点是同步化程度高，对细胞的毒性小且适用于绝大多数体外培养的细胞。缺点是化学药物的诱导会导致细胞非均衡生长，同步化的细胞群在细胞周期的时间等方面可能出现一定差异，另外，细胞的染色体可能出现异常等。

2）分裂中期阻断法　使用有丝分裂抑制剂可以抑制细胞中微管的聚合和纺锤体的形成，使细胞阻断在分裂期的中期。常用的阻断药物包括秋水仙碱、秋水仙酰胺和诺考达唑（nocodazole）等。与 DNA 合成阻断法相比，分裂中期阻断法的优点是操作简便且获得同步生长细胞的效率较高，但阻断药物的毒性均相对较大，如果处理的时间过长，则获得的细胞中的一部分常常不能恢复正常的细胞周期运转而出现异常分裂。所以该方法的可逆性差，在使用时要注意药物处理的时间不宜过长。

诱导同步化方法的优点是能根据需要获得多种类型的大量同步化细胞，缺点是所使用的诱导药物可能导致细胞的不均衡生长，或可能影响细胞周期的正常调控。

（2）选择同步化　诱导同步化是使用比较广泛的获得同步化细胞群体的方法，但这种方法使用的是有毒性的药物，对细胞有毒副作用。而选择同步化（selection synchrony）是利用处于不同周期时相细胞物理特性的差别，使用物理方法选择性地从非同步的细胞群体中分离出处于细胞周期某一特定阶段的细胞，且在同步化过程中对细胞没有毒副作用。

1）有丝分裂选择法　是根据细胞在细胞周期不同阶段的生理变化特点收集处于分裂期细胞的一种方法。在单层贴壁的体外培养细胞中，间期细胞一般呈铺展生长且贴壁牢固，而分裂期细胞则呈圆球状隆起，贴壁不牢固。尤其是处于对数增殖期的单层培养细胞，分裂活性强，分裂指数高，且其中大量处于分裂期的细胞会变圆隆起，与培养皿内壁的附着性降低。此时对培养器皿稍加振荡，分裂期的细胞会从培养器皿的内壁脱落而悬浮于培养液中，其他细胞时相的细胞则不会脱落。收集培养液中的细胞，即可获得一定量的分裂期细胞。该方法的优点是操作简单，同步化程度高，细胞不受药物伤害；缺点是分裂期细胞在细胞总数中占比较低，只有 1% ~ 2%，单次收集的细胞收获率较低，获得的同步化细胞数量少。若想获得大量的同步化细胞，则需要进行多次收集，成本较高。

2）细胞沉降分离法　由于细胞在周期进程中体积逐渐增大，所以处于不同细胞周期时相的细胞的体积不同。而细胞在某一离心力场中的沉降速度与其半径的平方成正比，因此可用离心沉降法分离处于不同周期时相的细胞。该方法的优点是简单、省时、效率高，而且成本低。缺点是主要适用于悬浮培养的细胞，而对贴壁生长的细胞，因为同一时相细胞的体积并非都是一致的，故用此法获得的细胞的同步化程度较低。

（三）细胞周期时相的测定

细胞周期时间的长短因细胞的类型、状态以及所处环境的不同而有很大的差异。首先，细胞周期的时间长短与细胞类型有关。例如，小鼠的十二指肠上皮细胞的周期为 10 小时，人的胃上皮细胞的周期为 24 小时，人的骨髓细胞的周期为 18 小时。就人体细胞而言，不同组织器官的不同类型细胞的倍增时间差异很大，时间短的可在十几个小时内完成，如造血干细胞；时间长的则需要几个月，如某些上皮细胞；而时间更长的则甚至需要几年，如肝细胞。另外，细胞周期的长短与细胞所处的环境也有着密切的关系。就环境温度而言，在适合的温度范围内，温度高时细胞的分裂增殖速度加快，而温度低时细胞的分裂增殖速度则会减慢。例如，对同种类型的酵母进行培养时，改变包括温度在内的培养条件，酵母增殖速度的差异可以达到两倍以上。针对细胞周期的研究工作常常涉及细胞周期时相的测定，方法有很多种，下文将简要的介绍两种常用的方法。

1. 掺入标记法 指的是对测定细胞进行脉冲标记、定时取材，利用放射自显影技术显示标记细胞，通过统计标记有丝分裂细胞百分数的办法来测定细胞周期。这是一种常用的测定细胞周期时相的方法，也被称为标记有丝分裂百分率法（percentage labeled mitosis，PLM），主要适用于细胞种类构成相对简单、细胞周期时间相对短，且周期运转均匀的细胞群体。

细胞周期进程中的一个显著特点就是细胞中 DNA 含量的变化。据此，可以用放射性核素[3]H 或者[14]C 标记 DNA 合成的特异前体——胸腺嘧啶核苷（TdR），TdR 能被 S 期细胞摄入后掺进 DNA 中。因为在整个细胞周期进程中，只有处于 S 期细胞的 DNA 才能被 TdR 标记，所以将细胞在含有[3]H – TdR 的培养基中培养一段时间，放射自显影后检测被标记细胞所占的比例即可推测出细胞周期不同时相细胞的数量和比例。

同样，将人工合成的胸腺嘧啶核苷类似物 5 – 溴脱氧尿嘧啶核苷（BrdU）加入细胞中，通过观测细胞的抗 BrdU 抗体的染色情况，也能够判定出不同周期时相细胞的数量和比例。掺入 BrdU 标记法的优点是克服了核素可能出现放射性污染的不足。

2. 流式细胞分光光度法 流式细胞仪（flow cytometer，FCM）是一种通过快速测定和分析流体中细胞或颗粒物的各种参数，对细胞进行自动分析和分选的设备。流式细胞仪可以逐个地分析细胞或颗粒物的某个参数，也可以结合各种细胞标记技术同时分析多个参数（如细胞种类、DNA、RNA、蛋白质含量）以及这些参数在细胞周期中的变化。流式细胞仪可以快速测量悬浮在液体中的分散细胞的一系列重要的特征量，并可以根据预设的参量范围值将指定的细胞亚群从中分选出来。使用流式细胞法测定细胞周期的时相是通过检测细胞中 DNA 的含量来判定一个细胞到达细胞周期的某个阶段。

细胞内的 DNA 经过荧光染色后，细胞逐个通过流式细胞仪的荧光探测装置时，每个细胞的荧光强度都会被记录下来，而细胞的荧光强度则与细胞中的 DNA 含量成正比。另外，在细胞周期各时相中，G_1 期、G_2/M 期细胞中的 DNA 含量是固定的，且 G_2/M 期细胞的 DNA 含量为 G_1 期细胞的 2 倍，而 S 期细胞的 DNA 含量介于 G_1 期和 G_2/M 期之间。因此，基于以上这些原理，使用流式细胞仪可以通过检测细胞中 DNA 的含量来测定和分析细胞周期各个时相（G_1 期、S 期、$G_2 + M$ 期）中的细胞数目和分布情况。使用流式细胞仪检测细胞周期的原理如图 10 – 10 所示。

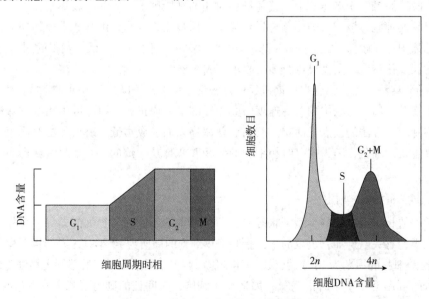

图 10 – 10 流式细胞分选技术检测细胞周期

将流式细胞分选技术与细胞周期同步化结合起来，对细胞周期时相进行测定及综合分析，具有快速简便、结果可靠、上样量少等优点，目前已被广泛使用。

PPT

第三节　细胞周期与医药学

细胞增殖是生物生长、发育、繁殖和遗传的基础。生物需要细胞增殖以完成机体的新陈代谢。就人体而言，大量细胞保持分裂状态，以补充衰老和死亡的细胞。例如皮肤细胞、血液细胞、肠上皮细胞、黏膜细胞等。一方面，维持机体细胞的数量平衡和正常功能，需要依赖细胞增殖；另一方面，机体完成创伤愈合、组织再生、病理性修复等，都需要依靠细胞增殖。

细胞周期的调控是一个精细复杂的过程，依赖于细胞周期调控系统。该系统的基本构成在从酵母到人类的所有真核细胞中高度保守。细胞周期调控系统不仅可以精细地调节细胞周期中的不同事件，还可以对细胞外信号产生应答，对细胞周期实行多因子、多层次的调控，从而使整个细胞周期呈现出高度的时空有序性和协同性。

如果由于某些细胞自身或外在环境的因素，细胞周期的调控体系受到影响，细胞周期进程可能出现异常，细胞增殖失控，从而导致一些疾病的发生。细胞周期与医学的关系十分密切，如果细胞增殖不足，会导致出现贫血、发育迟缓、免疫力下降、组织器官萎缩等退行性病变；如果细胞增殖过剩，则有可能导致肿瘤的发生。

一、细胞周期与肿瘤

肿瘤是指生物体在各种致瘤因子作用下，局部正常组织细胞过度增殖所形成的新生物。肿瘤的发生通常与细胞周期紊乱有关，调控细胞周期的重要因子主要有 Cyclin、CDK、CKI。Cyclin 对 CDK 具有正调控作用，而 CKI 对 CDK 则起负调控作用。CDK 或 Cyclin 过度表达、CKI 缺失、细胞周期检查点异常，均可导致细胞周期紊乱及细胞增殖失控。通过对细胞周期分子机制不断深入的研究，寻找肿瘤相关分子标志物，对肿瘤的诊断及治疗均具有重要的意义。

1. Cyclin 异常与肿瘤　Cyclin 在细胞周期的调控过程中起到关键的作用，其异常表达会破坏细胞周期转换，与多种肿瘤的发生发展有关。Cyclin 通过与 CDK 结合形成复合物，促进细胞周期的进展。Cyclin B1 主要通过与 CDK1 结合，促进细胞 G_2/M 期转换，促进细胞分裂。当 Cyclin B1 过度表达，细胞会过度增殖，导致肿瘤的形成。哺乳动物细胞编码三种 Cyclin D（D1、D2 和 D3），它们协同作为 CDK4 和 CDK6 的调节因子，调节细胞周期从 G_1 期向 S 期的转换。在人类癌症中，Cyclin D1 比 Cyclin D2 或 Cyclin D3 更容易失调，Cyclin D1 过度表达，会导致细胞快速生长，绕过 G_1/S 期细胞检查点，引起细胞周期紊乱，导致肿瘤生长。Cyclin E 与 CDK2 结合，形成的复合物也可促进细胞周期从 G_1 期进入 S 期。Cyclin E 异常过度表达可使 CDK2 呈持续激活状态，缩短 G_1 期，干扰有丝分裂，从而导致染色体形成不稳定，诱发肿瘤。研究表明，Cyclin E 与结直肠癌的浸润程度、肿瘤大小、病理分期及淋巴结转移之间均具有相关性。Cyclin E 异常高表达时，患者生存期缩短，预后较差。Cyclin E 可作为判断结直肠癌患者预后的指标。

2. CDK 的异常与肿瘤　CDK 与细胞周期蛋白结合，在细胞周期的调控过程中发挥重要作用。例如 CDK4/6 是细胞周期的主要调控因子，也是影响大多数肿瘤发生、发展的关键蛋白激酶。CDK4 和 CDK6 在结构和功能上具有高度相似性，共同调节细胞周期 G_1/S 期转换。CDK4/6 与 Cyclin D 结合形成复合物，使视网膜母细胞瘤蛋白（retinoblastoma protein，Rb）初步磷酸化，进而激活 Cyclin E–CDK2 复合物，使 Rb 进一步磷酸化，导致转录因子腺病毒 2 区早期结合因子（adenoviral early region 2 binding factor，E2F）与 Rb 分离并活化，推动细胞周期进入 S 期，启动 DNA 合成，促进细胞增殖。在此后的 G_2 期及 M 期内，Rb 均保持较高的磷酸化水平，直至整个分裂过程结束。在多种肿瘤中，例如肺癌、乳腺癌、肝癌、结直肠癌等，CDK4/6 均呈高表达。Cyclin D - CDK4/6 复合物活性受 CDK4 抑制因子（inhibitor of CDK4，INK4）家族成员 p16 及 CDK 相互作用蛋白／激酶抑制蛋白（CDK interacting protein／kinase inhibition protein，CIP/KIP）家族成员 p21 和 p27 的抑制。Cyclin D 的过度表达、CDK4/6 的突变或扩增、CDK4/6 抑制因子的缺失，均可使 Cyclin D - CDK4/6 的活性增高，以致细胞增殖失控，促进肿瘤发生发展。

3. CKI 的异常与肿瘤 CKI 是一类细胞周期负调控蛋白，与癌症的发生发展同样密切相关。CKI 可与 Cyclin - CDK 复合物结合，抑制 CDK 的蛋白激酶活性。CKI 包括两大家族：①特异性抑制 Cyclin D - CDK4/CDK6 活性的 INK4 家族，主要成员有 p15、p16、p18 和 p19；②更为广谱的 CIP/KIP 家族，主要包括 p21、p27 和 p57。CKI 和 Cyclin、CDK 相互作用、相互制约，形成细胞周期调控系统，调控细胞周期的动态平衡。当这种动态平衡被打破，细胞就可能发生异常的增殖。CKI 在细胞中的异常表达在肿瘤发生发展过程中发挥重要作用。CKI 的异常表达会对 Cyclin - CDK 复合物的活性产生影响，继而影响细胞增殖与分化，最终导致肿瘤的发生。研究表明，p27 在良性病变及正常组织中的蛋白表达明显高于恶性肿瘤，p27 蛋白表达下调将导致细胞的异常增生。研究也已证明，p27 缺失或表达下降可发生于结肠癌、乳腺癌、胃癌、肺癌、肝癌等肿瘤组织中，且与这些肿瘤患者的不良预后相关。

4. 细胞周期检查点异常与肿瘤 细胞周期检查点是指细胞周期中保证 DNA 复制和染色体分配的重要检查机制。细胞周期检查点出现异常会引起一系列疾病，尤其是肿瘤。例如，细胞周期检查点激酶 1（checkpoint kinase 1，Chk1）是细胞周期中 DNA 损伤检查点的主要调控蛋白。Chk1 在多种肿瘤组织中均有表达，且 Chk1 的高表达与某些肿瘤的发生发展有关。研究发现，在膀胱癌细胞中，Chk1 高表达，细胞增殖能力较强，细胞凋亡率低。Chk1 可作为理想的肿瘤治疗靶点。目前，Chk1 抑制剂已经被开发出来，在临床上可作为单一药物使用，也可以与放疗、化疗联合使用，有效地干预肿瘤细胞代谢过程，阻止肿瘤细胞增殖。

知识拓展

靶向细胞周期的抗肿瘤药物——博安霉素

细胞周期是高度有序的调控过程，受一系列基因表达产物的控制，决定细胞是继续分裂增殖还是分化或凋亡。如果某一基因发生改变或者表达异常，细胞周期调节失控，则细胞逃脱生长控制，呈现自主且无节制的增殖，导致细胞出现恶性表型，引起肿瘤的发生。因此，靶向细胞周期对肿瘤进行治疗，一直是肿瘤治疗中的研究热点。我国科研工作者在这一方面做出了突出的贡献。

博安霉素（Boanmycin）是由中国医学科学院医药生物技术研究所与河北制药厂共同研发的抗肿瘤抗生素一类新药，已于 2002 年以冻干粉形式正式上市销售。博安霉素是平阳霉素（Pingyangmycin）和博来霉素（Bleomycin）的更新换代产品，其抗癌有效成分主要是从轮枝链霉菌平阳新变种中提取得到。与传统的平阳霉素和博来霉素相比，博安霉素不仅可以抑制头颈癌、食管癌、皮肤癌、宫颈癌、阴道癌、霍奇金淋巴瘤等，还可以抑制肝癌、胃癌、肺癌、结肠癌等常见癌症，适用范围大大增加。另外，博安霉素是一种高效且低毒的抗肿瘤药物，其在用药过程中产生的肺毒性远远低于其他同类药物，且对正常组织如骨髓等抑制作用很小。

博安霉素属于细胞周期非特异性药物，主要作用于 G_2 期和 M 期，可以显著抑制 G_2/M 期的细胞周期进程。另外，博安霉素还可以诱导肿瘤细胞的染色体发生畸变，进而使肿瘤细胞发生凋亡。

案例分析

【案例】2021 年 1 月，王女士因一个月前出现下腹部胀痛且一直没有好转，当地医院就诊。超声检查显示：双侧附件区出现包块，右附件包块 7.1 cm×4.4 cm，左附件包块 6.3 cm×4.5 cm，考虑卵巢肿瘤。王女士转院至省城某专科医院，接受进一步诊治。住院期间，盆腔包块穿刺结果显示：纤维组织中可见乳头状腺癌浸润，考虑卵巢浆液性癌的可能性大。王女士进行手术治疗后，肿瘤的病理情况得到进一步明确，为卵巢浆液性乳头状囊腺癌。医生建议术后采用顺铂结合紫杉醇进行辅助治疗，处方：顺铂注射液 180mg，每 3 周一次；紫杉醇注射液 200mg，每 2 周一次。

【问题】案例中的术后用药方案是否妥当？是否存在不当之处？

【解析】案例中使用的紫杉醇与顺铂都属于细胞周期的非特异性药物。紫杉醇可以通过破坏微管和微管蛋白之间的动态平衡来抑制细胞的分裂和增殖。顺铂可以通过与细胞核内 DNA 的碱基结合，造成 DNA 损伤，破坏 DNA 复制和转录。两种药物都可用于治疗卵巢癌，但是，顺铂的存在会使紫杉醇的清除率降低 1/3，导致后者的血药浓度升高。另外，这两种药物都有抑制骨髓的副作用，且如果先注射顺铂，再注射紫杉醇，则会出现更为严重的骨髓抑制。因此，顺铂与紫杉醇联合用药不是一个妥当的治疗方案。

二、细胞周期与心血管疾病

细胞周期的异常与冠心病、高血压及心肌病等心血管疾病的发生发展有密切关系，表现为血管平滑肌细胞（VSMCs）及心肌细胞的过度增殖。VSMCs 的异常增殖、迁移是引起冠心病的关键因素之一。氧化型低密度脂蛋白（oxLDL）通过上调 CDK2、CDK4、Cyclin E 及 Cyclin D 等细胞周期正调控因子的表达，及下调 p27、p21 等细胞周期负调控因子的表达，刺激 VSMCs 增殖。高血压患者常会伴随 VSMCs 的增殖进而发生血管重塑。实验表明，高血压大鼠的 VSMCs 在 G_0/G_1 期，Cyclin D1 和 CDK4 的表达增强，p21 的表达减弱。另外，在病理条件刺激下，细胞周期相关因子的表达发生变化，导致心肌细胞重新启动进入细胞周期，引起 G_0 期和 G_1 期的细胞减少，而 S 期和 G_2 期的细胞增多。但是这些心肌细胞无法顺利进入 M 期，不能完成细胞分裂，具体表现为细胞的核酸和蛋白的合成量增加，并可最终导致心肌肥大。

通过多种细胞周期调控因子，干预细胞过度增殖，可有效抑制 VSMCs 的过度增殖及心肌细胞的肥大，从而改善血管弹性和心肌重构，减少心血管系统终末事件的发生。

三、细胞周期与阿尔茨海默病

"神经退行性变——细胞周期"假说打破了"神经元处于一种有丝分裂后的终末分化状态"的理论，该假说认为在神经退行性变等病理情况下，神经元可以进行分裂增殖，重新进入细胞周期，但这些被迫重新进入细胞周期的神经元细胞并不能继续正常生长，而是走向死亡。阿尔茨海默病（Alzheimer's disease，AD）中受损神经元重新进入细胞周期已被证实为 AD 患者早期的主要病理特征之一。在 AD 等神经变性疾病中，神经元细胞周期调控因子异常表达，细胞周期重新启动是导致 AD 等神经变性疾病神经元死亡的关键环节。离体和在体模型中均已观察到，AD 神经元中有多种 Cyclin 表达上调，如 Cyclin D、Cyclin E 等。另外，神经元细胞周期调控异常主要发生在 G_1/S 检查点，AD 患者细胞的 DNA 受损后，其 G_1/S 检查点的功能不仅不能被激活，反而失去了本来的检查点功能，使受损细胞不能停滞于 G_1 期进行 DNA 修复，而是进入随后的 S 期、G_2 期直至 M 期。但是这些细胞不能完成正常的分裂，而是会走向死亡。研究发现，若阻断 AD 等神经变性疾病神经元由 G_1 期向 S 期的转换，可抑制神经元进入细胞周期，从而减少神经元细胞的死亡。

四、细胞周期与衰老

细胞衰老是指随着时间的推移或面临外界刺激时，细胞进入一种"不可逆"的停滞状态，从而脱离正常的细胞周期。细胞衰老是细胞周期调控下多基因参与的复杂过程，任何一个调节细胞周期正常运转的机制被破坏都有可能导致细胞周期停滞，引起细胞衰老。

腺病毒 E2 启动子结合因子（adenovirus E2 promoter binding factor，E2F）是一种转录因子，与细胞通过 G_1/S 期检查点直接相关。一些细胞生长相关的重要基因，如 c - myc、Cdc2 及 DNA 聚合酶等基因的调节区均含有 E2F 结合位点。视网膜母细胞瘤蛋白（Rb）是一种抑癌因子，以有活性的低磷酸化和失活的高磷酸化两种形式存在。其中，低磷酸化的 Rb 蛋白可与 E2F 结合，阻滞细胞于 G_1 期；而当 Rb 蛋白的磷酸化水平较高时，其可与 E2F 分离，E2F 进入细胞核结合 DNA，参与 DNA 的复制与细胞分裂，促进细胞周期的进展。在衰老细胞中，Rb 蛋白的磷酸化水平较低，能够将衰老细胞阻滞于 G_1 期。研究发现，许多调控蛋白参与细胞衰老的过程。如何更合理地利用这些调控蛋白延缓正常细胞的衰老，同时加快肿瘤细胞的衰老，是非常具有研究价值的。

五、细胞周期与组织再生

组织再生，可分为生理性再生及病理性再生两类。在生理状况下，机体的细胞不断进行更新，老的细胞死亡，新的细胞产生，称为"生理性再生"；组织遭受损伤后重新开始分裂，进行细胞增殖，则称为"病理性再生"。组织再生的基础就是细胞分裂，与细胞周期有着紧密的关系。

生理性再生的细胞，又称为不稳定细胞，这些细胞在增殖分化后仍保持原来的结构和功能，对维持机体稳定具有重要的作用。生理性再生的形成与干细胞的分裂直接相关。干细胞是具有自我更新能力，在特定条件下能够分化成不同类型细胞的一种原始细胞。例如，消化道黏膜细胞平均每 1~2 天更新一次；皮肤的角化层细胞不断脱落，基底层细胞不断增殖分化；造血干细胞不断增殖，以补充外周血细胞。

病理性再生，又分为完全再生和不完全再生。完全再生的细胞是指具有较强潜在再生能力的稳定细胞。这类细胞在生理情况下常常处于 G_0 期，不发生增殖，但是当受到损伤或刺激时，可进入 G_1 期进行增殖，参与再生修复。例如，将大鼠的肝脏切除 2/3 后，剩余肝脏组织细胞的分裂指数明显增加；发生骨折后，成骨细胞分裂增殖，促进骨折处愈合。不完全再生的细胞是指永久性细胞，这类细胞脱离细胞周期，永久停止细胞分裂。例如神经细胞、心肌细胞和骨骼肌细胞。这些细胞一旦受到损伤，便不会进行再生修复，代之以瘢痕修复。

近年来，随着细胞周期调控机制研究的逐步深入，再生医学成为国际生物学和医学界备受关注的领域。再生医学是指通过研究干细胞的分化、创伤的修复与再生等机制，寻找有效的生物治疗方法，以恢复和改善损伤组织及器官功能的一门学科，对因某些疾病或创伤所致的组织修复等具有重要意义。

本章小结

细胞增殖包括细胞体积的增大和细胞数目的增加。其中，通过细胞分裂来增加细胞数量是大多数组织器官的生长方式。细胞分裂包括无丝分裂、有丝分裂和减数分裂三种。无丝分裂是低等生物细胞增殖的主要方式，该过程中细胞核和细胞质直接进行分裂，没有核膜、核仁的解体与重建。有丝分裂是真核细胞的主要增殖方式，在分裂过程中出现有丝分裂器，并发生核膜、核仁的解体与重建，整个过程分为前期、前中期、中期、后期和末期五个时期，最终产生与亲代细胞遗传物质相同的子代细胞。减数分裂是有性生殖细胞产生配子的分裂方式，是一种特殊形式的有丝分裂。在减数分裂中，DNA 复制 1 次，细胞分裂 2 次，最终产生染色体数目减半的子代细胞。通常将一次细胞分裂结束开始到下一次细胞分裂结束为止的全过程称为一个细胞周期，包括 G_1 期、S 期、G_2 期和 M 期。细胞周期是一个精细复杂的过程，其运转受到严格的调控。参与细胞周期调控的因子主要包括 Cyclin、CDK、CKI 等。调控因子之间相互作用，精准调控细胞周期的进程。另外，在细胞周期中，还存在着一系列细胞周期检查点，以保证细胞周期的正常运转，包括 G_1/S、S、G_2/M 和 M 期检查点。为了更好地了解细胞周期，可以通过细胞周期同步化的方法对酵母细胞、早期胚胎细胞等模型进行研究。细胞周期调控系统的基本构成在真核细胞中是高度保守的，若由于细胞自身或外界因素的影响导致该系统异常，将会引起细胞周期紊乱，导致肿瘤等疾病的发生。因此，对细胞周期进行深入研究在医药学领域具有重要意义。

题库

练 习 题

一、单选题

1. 有丝分裂最主要的特点是 （ ）

    A. DNA 发生复制   B. 细胞核的平均分配   C. 细胞质的平均分配

    D. 有丝分裂器的形成   E. 赤道板的形成

2. 有丝分裂中，通过 （ ） 的重排，染色质平均分配到子细胞中

    A. 微管   B. 微丝   C. 核仁

    D. 中间纤维   E. 核纤层

3. 有丝分裂的后期，拉动染色体向细胞两极移动的是 （ ）

    A. 星体微管   B. 极间微管   C. 动粒微管

    D. 稳定微管   E. 中心体微管

4. 下列不属于减数分裂特征的是 （ ）

    A. 是生殖细胞产生配子的分裂方式

    B. 减数第一次分裂中发生分离的是姐妹染色单体

    C. DNA 复制一次，细胞分裂两次

    D. 减数分裂的结果是形成单倍体的配子

    E. 减数分裂是一种特殊的有丝分裂

5. 减数分裂过程中，同源染色体的交换和重组发生在 （ ）

    A. 细线期   B. 偶线期   C. 粗线期

    D. 双线期   E. 终变期

6. 成熟促进因子的合成发生在 （ ）

    A. G_0 期   B. G_1 期   C. S 期

    D. G_2 期   E. M 期

7. 如果一个 S 期细胞与一个 G_1 期细胞融合，将会发生的事件为 （ ）

    A. G_1 期细胞核进入 S 期   B. S 期细胞核进入 G_1 期   C. 两个细胞核均进入 G_2 期

    D. 两个细胞核均进入 M 期   E. 两个细胞核均发生解体

8. 关于 R 点，下列不正确的是 （ ）

    A. 是 G_1 期的调控点   B. 受内外因素的共同影响

    C. 负责监测 DNA 是否受到损伤   D. 通过 R 点的细胞可以继续增殖

    E. 负责监测 DNA 是否完成复制

9. Cyclin D 与 CDK4/6 结合后，作用于 （ ） 过程

    A. G_1 期向 S 期转化   B. S 期向 G_2 期转化   C. G_2 期向 M 期转化

    D. M 期向 G_1 期转化   E. S 期向 G_1 期转化

10. 用细胞周期的理论解释肿瘤细胞的无限增殖是因为 （ ）

    A. 肿瘤细胞没有接触抑制   B. 肿瘤细胞具有广泛的转移能力

C. 肿瘤细胞具有强大的侵袭力

D. 宿主缺乏阻止肿瘤细胞生长的有效机制

E. 肿瘤细胞失去全部或部分 R 点的调控

二、多选题

1. 下列属于无丝分裂特征的有 （　　）

   A. 细胞直接分裂　　　　　B. 遗传物质平均分配　　　C. 没有染色体的组装

   D. 没有纺锤体的形成　　　E. 只发生于低等生物

2. 组成纺锤体的微管主要为 （　　）

   A. 动粒微管　　　　　　　B. 极间微管　　　　　　　C. 中心体微管

   D. 中间微管　　　　　　　E. 星体微管

3. G_1 期的主要特征包括 （　　）

   A. 合成大量的 RNA 和蛋白质　　　　　　　B. 正常细胞的 G_1 期存在 R 点

   C. 合成成熟促进因子（MPF）　　　　　　　D. 染色质开始凝集

   E. 合成大量的微管蛋白

4. 有丝分裂前期的主要特征包括 （　　）

   A. 中心粒完成复制　　　　B. 染色质凝集成染色体　　　C. 核膜破裂

   D. 核仁消失　　　　　　　E. DNA 复制

5. 影响细胞增殖的因素包括 （　　）

   A. 细胞内信号　　　　　　B. 抑素　　　　　　　　　C. 癌基因与抑癌基因

   D. *cdc* 基因　　　　　　　E. 生长因子及其受体

三、思考题

1. 比较不同的细胞周期同步化方法的优缺点。
2. 概述 MPF 的活化及其在细胞周期调控中的作用。
3. 举例说明细胞周期异常与医药学的关系。

（郑　皓）

第十一章

细胞分化与再生医学

课堂互动

众所周知，人类是有性生殖的多细胞有机体，组成人体不同器官的 200 多种不同类型的细胞（如肌肉细胞、神经细胞、表皮细胞、肝细胞、血细胞等）究竟如何从一个受精卵发育而来？

PPT

第一节 概　述

一、细胞分化的概念与特征

（一）细胞分化的概念及意义

细胞分化（cell differentiation）是指同一来源的细胞（如受精卵）逐渐在形态结构、生理功能、生化组成和蛋白合成等方面形成稳定差异的过程。高等动物受精卵发育初期，以细胞增殖方式实现数量增加，并在此基础上逐渐分化，出现 mRNA 转录及蛋白质成分各异，形态结构及生理功能各不相同的异质细胞类型。所以，细胞分化的本质在于特异蛋白质的合成。除胚胎发育过程外，成年机体内也会依赖细胞分化机制产生各种特定类型的细胞，以补充机体组织在各类生理病理条件下损失的细胞。由此可见，细胞分化的意义重大并贯穿整个生命过程。

（二）细胞分化的主要特征

1. 稳定性 生理条件下，高等动物体内细胞一旦分化成为一种稳定细胞类型后，一般无法再逆转到未分化状态，这就是细胞分化的稳定性（stability）。整个生命过程中，已分化的终末细胞在形态结构和功能上保持稳定，该状态的维持主要得益于漫长进化过程中逐渐形成的细胞内外动态平衡的稳定微环境。

2. 可逆性　细胞分化虽然是稳定的，但是在一定条件下，已经分化的细胞可以发生逆转，回复到未分化状态，这种现象称为去分化（dedifferentiation）或脱分化。去分化细胞失去特有的结构和功能，变为具有未分化细胞的特性；在动物中，去分化细胞具有胚胎间质细胞的特性；在植物中，去分化细胞成为薄壁细胞，称为愈伤组织（callus）。

已分化的细胞还可能发生转分化（transdifferentiation），即一种细胞类型在某些理化因素作用下转变成为另一种类型细胞的现象。转分化经历去分化和再分化的过程。转分化的特点是细胞发生形态、表型及功能的改变，即一种细胞失去其特有的细胞表型和特征，成为获得新的表型和功能的另一类型细胞。例如，孕育期女性乳房中的脂肪组织细胞会适应生理的需要转化为泌乳细胞，而当哺乳期过后泌乳细胞又会重新转分化为脂肪细胞。

必须指出的是，无论是动物还是植物，细胞分化的稳定性是普遍存在的，而发生细胞的转分化或去分化是有条件的。

3. 时空性　一个细胞在不同的发育阶段可以有不同的形态和功能，这是"时间"上的分化。在多细胞生物中，同一细胞的后代由于所处的位置不同，微环境存在一定的差异，表现出不同的形态和功能，这是"空间"上的分化。

4. 分化潜能随个体发育进程逐渐"缩窄"　多细胞生物个体起源于同一个受精卵，并从受精卵衍生出整个机体的各种组织器官，因此受精卵具有全能性。受精卵经过卵裂到形成桑椹胚以前的细胞，分化方向尚未决定，都具全能性。从囊胚开始，细胞出现分化。例如，哺乳类囊胚期细胞开始出现分化具有两种类型的细胞，一类是滋养层细胞，另一类是内细胞团。前者将来发育成为胚胎附属结构，而内细胞团将发育成为个体。但是，内细胞团没有滋养层细胞，不可能单独发育成为个体，其全能性降低。发育到原肠胚，细胞增殖，迁移并重新排列发育为三个胚层，随着细胞空间位置的改变和微环境的差异，各胚层在分化潜能上开始出现一定的限制，形成各器官的预定区已经确定，只能按一定的规律发育分化成特定的组织、器官和系统。如外胚层只能发育成为神经、表皮等；中胚层只能发育成为肌肉、骨骼等组织；内胚层只能发育成为消化道及肺的上皮组织。

三胚层细胞的分化潜能虽然受限，但仍具有分化成为多种类型细胞的能力，这种细胞称为多能细胞（pluripotent cell）；经过器官发生，最终逐渐确定各种组织细胞的发育命运，形成只能分化成为一种或两种细胞的特殊细胞类型，称为单能细胞（unipotent cell）；最后形成在形态上特化、功能专一（specialization）的终末分化细胞（不再具有分化潜力）。由此可见，胚胎发育过程中细胞的分化潜能由"全能－多能－单能"细胞，最终成为没有分化潜能的终末分化细胞。所以，胚胎发育过程是一个细胞分化潜能逐渐受到限制或降低的过程，如图11-1所示。

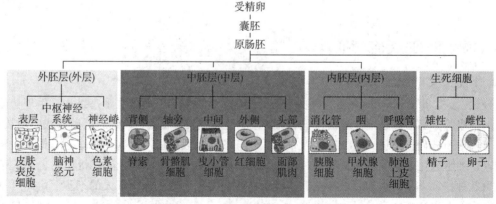

图11-1　动物胚胎的三胚层分化

在体细胞中，除了生殖腺的细胞及各组织的干细胞以外，都是终末分化细胞。这些细胞不仅丧失了继续分化的能力，而且失去了再分裂的能力，最终走向衰老死亡的命运。在成体组织中（如皮肤、血液和肠上皮细胞等），许多细胞寿命短暂，需要不断更新，成体产生新的分化细胞依赖两种方式：①通过已存在的分化细胞经分裂产生完全类同的新细胞，如血管中新的内皮细胞；②由未分化的干细胞产生。存在于各组织、器官中未分化的成体干细胞不是执行已分化细胞的功能，而是产生具有功能的细胞，替代损伤死亡的细胞，实现损伤修复作用。

知识拓展

细胞核的全能性

在终末分化细胞中，除马蛔虫外，都保留了全套基因组，并在特殊条件下表现出全能性——细胞核全能性。J. B. Gurdon 等人成功地将非洲爪蟾肠上皮细胞核移植入去核的爪蟾细胞中，并获得蝌蚪。1962 年，格登在英国《胚胎学与实验形态学杂志》以"细胞的特化机能可以逆转"为题报告了这一实验，由于对细胞核重新编程方面的突出贡献，2012 年，他和山中伸弥共同获得诺贝尔生理学或医学奖。我国著名科学家童第周在 1978 年也曾将黑斑侧褶蛙的红细胞核移入去核的黑斑侧褶蛙卵，发育成正常蝌蚪。这些例子证明已分化的细胞核仍保持着受精卵细胞核的全部遗传信息，而卵细胞质则可能对细胞的决定和分化起关键的作用。1996 年 7 月，英国科学家 Jan Wilmut 等人利用体细胞克隆技术培育出世界上第一只克隆动物——"多莉"（Dolly，1996～2003 年）。它是一只通过现代工程创造出来的雌性绵羊，也是第一个成功克隆的哺乳类人工动物。它被英国广播公司和科学美国人杂志等媒体称为世界上最著名的动物。多莉的诞生助推"克隆"技术飞速发展，但也因此引发了公众对于克隆人的想象，所以它在受到赞誉的同时也引起了争议。

二、细胞决定与细胞分化

（一）细胞决定概念

个体发育过程中，细胞在发生可识别的分化特征之前就已经确定了未来的发育命运，只能向特定方向分化的状态，称为细胞决定（cell determination）。在原肠期的内、中、外三胚层形成时，各层细胞虽然形态上并无明显差异，但此时形成各器官的预定区域已经确定，每个预定区决定了它只能按一定的规律发育分化成特定的组织、器官及系统。

（二）细胞决定与细胞分化的关系

在胚胎发育早期，细胞的分化方向就已经被决定了，即细胞决定先于细胞分化。该现象可在经典胚胎移植实验（grafting experiment）中得以充分证明。例如，在两栖类胚胎中，如果将原肠胚早期预定发育为表皮的细胞（供体），移植到另一个胚胎（受体）预定发育为脑组织的区域，供体表皮细胞在受体胚胎中将发育成为脑组织；而如果到原肠胚晚期阶段再做类似移植实验时，供体表皮细胞则将在受体胚胎脑组织区域发育形成表皮组织，如图 11-2 所示。

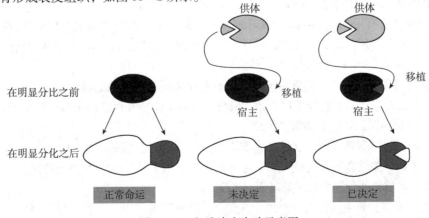

图 11-2 细胞决定实验示意图

这表明，原肠胚表皮细胞分化的命运在原肠胚早期到晚期发育的某个中间阶段便开始出现细胞决定，且一旦决定后，即使外界环境因素变化（被移植到供体脑部），细胞仍按已被决定的命运继续分化。

（三）细胞决定具有稳定性与可遗传特性

一般情况下，细胞决定以后分化方向不会改变，一个细胞一旦分化为稳定类型后，不再逆转到未分化状态，这便是细胞决定的稳定性。同时，细胞决定的稳定性也保证了细胞分化的稳定性。

细胞决定的稳定性是可遗传的，受到严格的程序调控，且不受增殖代数的影响。细胞决定实质上是细胞在接受某种指令或信号分子作用后，导致特定基因激活或抑制，表现出稳定的印记存在于基因组中。某种指令或信号分子的作用是短暂的，但细胞将这种短暂的作用记录并存储于基因组中，从而产生长期稳定的记忆。因此细胞决定与细胞记忆密切相关。原始细胞也正是具备细胞记忆才能保证细胞决定的稳定性与遗传性。

课堂互动

人体由230多种不同类型的细胞构成，如果每一种类型的细胞都需要一种调控蛋白，那么人体发育过程中是否需要230多种调控蛋白？

三、决定细胞分化的关键分子机制

（一）细胞质中存在细胞分化的决定因子

细胞分化的实质是基因的差别表达。多数情况下，细胞核拥有细胞分化相关的全部遗传信息，但决定其选择性表达的因素有时与细胞质中的决定因子密切相关，如母体效应基因产物的极性分布可决定细胞分化与发育的命运。

1. 母体效应基因（maternal effect gene，MEG）产物　在卵质中呈极性分布，在受精后被翻译为在胚胎发育中起重要作用的转录因子和翻译调节蛋白的 mRNA 分子，它们在细胞发育命运的决定中起重要作用。

2. 不均一性胞质　胚胎细胞分裂时胞质的不均等分配同样影响细胞的分化命运。在胚胎早期发育过程中，细胞质成分是不均质的，胞质中某些成分的分布有区域性。当细胞分裂时，细胞质成分被不均等地分配到子细胞中，这种不均一性胞质成分可以调控细胞核基因的表达，在一定程度上决定细胞的早期分化，称为不对称分裂现象。

（二）基因时序表达调控决定细胞分化

在细胞内与分化有关的基因按其功能分为两类：①管家基因（house - keeping gene），维持细胞基本活动所必需的基因（如细胞骨架 $\beta - actin$ 基因，代谢相关的 $GAPDH$ 基因等）；②组织特异性基因（tissue specific gene）或奢侈基因（luxury gene），编码细胞特异蛋白质，它对细胞的生存无直接影响，但对细胞分化、细胞决定起重要作用。在胚胎发育过程中，不同基因严格按照时空顺序相继活化现象称为基因的时序表达（sequential expression）现象。

1. 组织特异性基因在时空上差异表达　动物胚胎发育从受精卵开始的整个过程中，按照组织特异性和发育阶段专一性的特点，基因选择性地表达，表现出时间空间特异性（spatiotemporal specificity）。

2. 细胞分化过程中基因表达受到精密调控

（1）发育阶段关键特异性基因的表达　细胞决定从本质上来讲是发育过程中特异性基因表达的结果，该过程中，存在因某个关键基因表达而引发一连串下游基因的表达变化，并介导特定谱系细胞发育的现象，这类关键基因常被称为细胞分化主导基因（differentiation master control gene）。

（2）组合调控调节特异性蛋白基因表达　事实上人类发育过程中，只有少量类型调控蛋白启动各类细胞分化，其机制就是组合调控（combinational control），每种类型的细胞分化由多种调控蛋白共同调节，决定一种基因的表达，这种调节模式称为组合调控。例如 3 种调节蛋白，可通过不同组合，引发 8 种不同类型的细胞进行分化。因此个体发育中，如果调控蛋白的数量是 n，则启动分化的细胞类型是 2^n。通过特定的调节蛋白组合引发其他调节蛋白的级联反应，不断启动细胞分化，产生不同类型的细胞，实现并完成复杂的有机发育过程（图 11–3）。

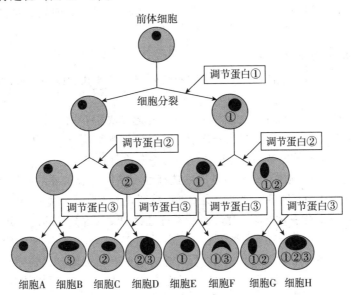

图 11–3　调节蛋白组合调控细胞分化过程

（3）表观遗传学调控基因表达　基因位于染色质上，为实现基因表达通常需要将特定区域内致密压缩的染色质或核小体舒展开来，该过程涉及不同修饰酶介导的染色质成分的化学修饰，如 DNA 甲基化和组蛋白修饰等，均可导致染色质结构和基因转录活性变化，这些能够调节基因转录活性的修饰性标记在细胞分裂过程中能够被继承并共同作用决定细胞表型，因此被称为表观遗传现象。这种程序性的变化被视为组成了一种"表观遗传密码"（图 11–4），从而使经典遗传密码中所隐藏的信息得到了扩展。

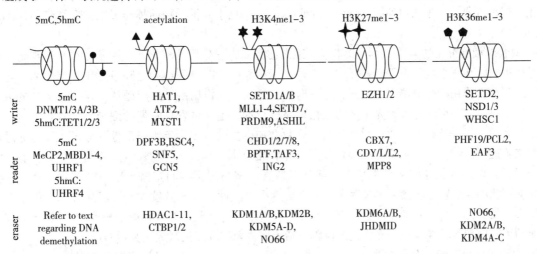

图 11–4　表观遗传修饰蛋白

acetylation：乙酰化；"writer"：参与 DNA 或组蛋白修饰的表观遗传方式包括催化特定修饰的酶；

"reader"：识别和结合修饰的酶；eraser：去除修饰的酶

（4）非编码 RNA 在细胞分化中的作用　非编码 RNA 是一类不编码蛋白质的 RNA 分子。哺乳动物基因组中近 98% 的区域与蛋白编码无关。因此虽然人类基因组高达约 32 亿个碱基，但编码蛋白质的基因仅 2 万～3 万个，其余绝大部分可转录区域均转录形成非编码 RNA。不仅如此，传统意义上基因的外显子和内含子序列的转录产物也可被加工为非编码 RNA（tRNA 和 rRNA 除外），迄今已发现的具有基因表达调控作用的非编码 RNA 主要包括小分子非编码 RNA 和长度超过 200 个核苷酸（nt）的长链非编码 RNA。miRNA 可在转录和转录后水平调控细胞的分化，它们通过与靶基因 mRNA 互补结合而抑制蛋白质合成或促使靶基因 mRNA 降解。长链非编码 RNA 与细胞的分化和发育密切相关，lncRNA 来源极其复杂，哺乳动物基因组中 4%～9% 的序列产生的转录本是 lncRNA，并通过结合 miRNA、mRNA、转录因子等多种方式调控相关基因表达。

（三）细胞分化的其他影响因素

细胞分化的机制极其复杂，总体而言取决于细胞的内部因素（胚胎诱导、临近细胞间互作）和外部环境（激素及环境因素等）。

1. 细胞核决定细胞分化　在细胞分化过程中，细胞核起着决定作用。实验证明，在完全没有细胞核的情况下，卵裂不会发生，也观察不到细胞分化现象，且该细胞很快死亡。因此，分化细胞之所以能合成特异蛋白质，正是依赖细胞核内基因的有选择性的时序表达而实现。

2. 细胞质与细胞分化　细胞质对细胞核基因的选择性表达同样起重要的调控作用。许多实验证明，在细胞分化过程中，细胞核中基因的表达潜力受到细胞核所在的细胞质环境的控制。

3. 胚胎诱导与细胞间互作决定细胞分化　胚胎发育过程中，一部分细胞对邻近细胞产生影响并决定其分化方向的现象，称为胚胎诱导或细胞诱导现象。其特点在于，胚胎细胞间的相互诱导作用是有层次的。在三个胚层中，中胚层首先独立分化，该过程对相邻胚胎有很强的分化诱导作用，促进内胚层、外胚层各自向相应的组织器官分化。胚胎诱导的分子基础在于通过诱导组织释放的各种旁分泌因子（paracrine factor）得以实现。这些旁分泌因子以诱导组织为中心形成由近及远的浓度梯度，它们与相应组织细胞表面的受体结合，将信号传递至胞内，通过调节相应组织细胞的基因表达而诱导其发育和分化。旁分泌因子在胚胎的不同发育阶段以及处于不同位置的胚胎细胞中存在差异表达，这提供了胚胎发育过程中的关键位置信息。

此外，胚胎细胞间的相互作用还表现为细胞分化的抑制效应，即在胚胎发育中已分化的细胞抑制邻近细胞进行相同分化而产生的负反馈调节作用。而在具有相同分化命运的胚胎细胞中，如果一个细胞"试图"向某个特定方向分化，那么，这个细胞在启动分化指令的同时也发出另一个信号去抑制邻近细胞的分化，这种现象被称为侧向抑制（lateral inhibition）。常见于脊椎动物的神经板细胞向神经前体细胞分化的过程中。

4. 激素对细胞分化的调节作用　激素是远距离细胞间相互作用的分化调节因子。在个体细胞分化与发育过程中，除相邻细胞间可发生相互作用之外，不相邻的远距离的细胞之间也发生相互作用。与介导邻近细胞间相互作用的旁分泌因子不同，远距离细胞间的相互作用由经血液循环输送至各部分的激素来完成。激素所引起的反应是按预先决定的分化程序进行的，是个体发育晚期的细胞分化调控方式。激素可分为两大类：①甾类激素，如类固醇激素、雌激素和昆虫的蜕皮素等为脂溶性，分子小，可穿过靶细胞的细胞膜进入细胞质，与细胞内的特异受体结合形成受体 – 激素复合物，该复合物入核后，能作为转录调控因子，直接结合到 DNA 调控位点上激活（或在一些情况下抑制）特异基因的转录；②多肽类激素，如促甲状腺素、肾上腺素、生长激素和胰岛素等为水溶性，分子量较大，不能穿过细胞膜，而是通过与质膜上的受体结合，并经细胞内信号转导过程将信号传递到细胞核，影响核内 DNA 转录。如同许多其他的细胞内信号转导途径一样，这个过程包括蛋白激酶的顺序级联放大激活效应。

5. 细胞微环境对细胞分化的影响　环境中的物理、化学和生物因素均可对细胞的分化产生重要影响，例如，人类孕妇高热会影响胎儿中枢神经系统的发育；妊娠期间感染风疹病毒、麻疹病毒、疱疹病毒等，易引发胎儿发育畸形而导致先天性听力障碍和心脏畸形等。

细胞的生存、迁移、增殖、分化、衰老及死亡等生物学行为都受到细胞内在因素及其周围邻近外在信号的调节。细胞生存的周围邻近外环境称为细胞微环境（cell microenvironment）或小生境（niche）。细胞与微环境中的成分之间相互作用在胚胎发育过程中决定细胞不同的命运，而在成熟个体则维持组织的动态平衡，并协调各个细胞对刺激的反应。

细胞微环境对细胞分化的影响主要体现在以下几个方面。

（1）微环境中直接接触的相邻支持细胞影响分化　在微环境中，周围相邻细胞构成一个精细的空间结构，提供细胞生存、进行生命活动的场所。细胞与周围相邻细胞密切接触，这些细胞分泌信号分子，调节细胞的增殖、分化，共同维持小生境中细胞数量以及保持微环境的动态平衡。

（2）细胞外基质能引发超特定细胞的增殖和分化　细胞外基质与细胞表面的整合素相互作用，激活黏着斑激酶（FAK），启动相关信号通路，引起细胞增殖、分化。不同的细胞外基质诱导分化的细胞类型各不相同。例如，干细胞在Ⅳ型胶原和层粘连蛋白上分化为上皮细胞；在Ⅰ型胶原和粘连蛋白上则分化为成纤维细胞；在Ⅱ型胶原及软骨粘连蛋白上则分化为软骨细胞。在发育与创伤组织中，透明质酸合成旺盛，能促进细胞的增殖和迁移，阻止细胞的分化，当细胞增殖数达到一定数量，透明质酸被水解，取而代之的是合成硫酸皮肤素、硫酸软骨素等其他形式的氨基聚糖。

（3）微环境中可溶性信号分子的作用　微环境中存在着多种可溶性的生长因子、细胞因子，这些因子大部分由支持细胞分泌，细胞因子在细胞与细胞之间的信号通讯中起着重要作用，调节细胞的增殖并决定细胞分化。不同的微环境中常见可溶性信号因子主要有 Wnt、BMP、Notch、Ang－1 和 Upd 等。

第二节　细胞分化与干细胞再生医学

PPT

脊椎动物发育过程中，都要经历受精卵形成、卵裂、胚层出现、组织器官形成及胚后发育这样一个连续过程。从细胞水平看，个体发育可简单地认为是全能细胞→多能细胞→专能细胞→成熟分化细胞的发展过程，各种细胞在发育过程中精确地出现于特定的空间位置，并分化为各种类型细胞，形成组织、器官，同时在发育过程中，很多组织保留了一些具有自我更新能力的细胞亚群，分化潜能各异，这些细胞即干细胞。目前，干细胞已成为生物医学基础领域的重要研究工具，在细胞治疗、基因治疗、组织器官移植、新基因发现及基因功能分析、新药开发、药效和药物毒性评价等方面得到了广泛应用，同时在特定组织器官修复及再生医学领域中展现了广阔的应用前景。

一、干细胞的概念与特征

（一）干细胞概念

干细胞（stem cell）是指具有无限或长期自我更新（self－renewing）能力，并在一定条件下产生至少一种以上高度分化子代细胞的细胞。在个体发育不同阶段及成体不同组织中均存在，根据其分化潜能及产生分化细胞能力不同，又可分为全能干细胞（totipotent stem cell）、多能干细胞（multipotent stem cell）和单能干细胞（monopotent stem cell）或称为专能干细胞（committed stem cell）。全能干细胞是指能发育成为一个完整个体的原始细胞，受精卵和人体胚胎 8～16 细胞以前的卵裂球都是全能干细胞。万能干细胞是指来源于早期囊胚腔的内细胞团的细胞，虽然失去了发育成完整个体的能力，但理论上仍具有分化成个体中各种细胞的潜能，如胚胎干细胞（embryonic stem cell，ES cell）。多能干细胞的分化潜能要窄许多，它只能分化成几种特定类型的细胞，如骨髓基质干细胞通常只能分化形成骨、肌肉、软骨、脂肪及其他结缔组织细胞。单能干细胞只能向密切相关的一种或两种类型的细胞分化，如上皮组织基底层的干细胞、肌肉中的成肌细胞等。

此外，根据干细胞存在的阶段和组织来源，又可将干细胞分为胚胎干细胞和成体干细胞。胚胎干细胞是存在于早期胚胎组织中，具有高度自我更新能力、增殖能力和分化潜能的干细胞，保持了所有细胞的初始状态。成体干细胞是指存在于各组织器官的未分化细胞，在体内具有终生自我更新能力和分化潜能。

从干细胞到分化细胞的发育过程中，干细胞可形成过渡增殖细胞（transit amplify cell）和祖细胞（progenitor cell）。干细胞经过非对称分裂进入分化程序后，先经过一个短暂的增殖期，产生过渡放大细胞，再产生分化细胞（图 11 – 5）。由于干细胞自身增殖缓慢，而过渡放大细胞增殖较快，所以可通过较少干细胞产生较多的分化细胞，同时保护干细胞。祖细胞是干细胞向终末分化细胞进程中的中间细胞，只能向特定细胞系列分化，而且祖细胞分裂的次数是有限的。过渡放大细胞和祖细胞没有自我更新能力。

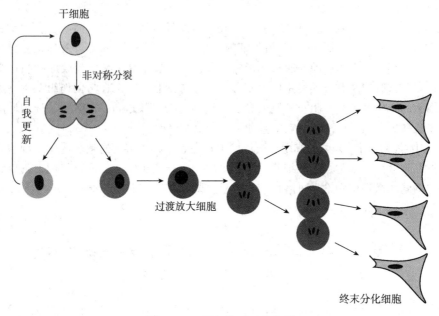

图 11 – 5　干细胞不对称分裂

（二）干细胞的生物学特征

1. 干细胞的形态和生化特征

（1）形态特征　干细胞通常呈圆形或椭圆形，体积较小，核质比例较大。根据其形态学特征和存在的位置可以被辨认。但是，很多干细胞的存在部位仍未确定，且没有与分化细胞截然不同的形态学特征。

（2）生化特征　干细胞都具有较高的端粒酶活性，这与其增殖能力密切相关。不同的干细胞可能具有不同的生化标志分子，如角蛋白 15 是毛囊中表皮干细胞的标志分子，神经干细胞重要标志分子为巢蛋白（nestin）。干细胞的生化标志对确定干细胞位置、寻找或分离干细胞有重要意义。

2. 干细胞的增殖特征

（1）缓慢性　一般情况下，干细胞处于休眠或缓慢增殖状态，当其接受刺激而进行分化时，首先要经过一个短暂的增殖期，产生过渡放大细胞。缓慢增殖有利于干细胞对特定的外界信号做出反应，以决定进行增殖还是进入特定的分化程序；还可以使干细胞有更多的时间发现和校正复制错误，减少体细胞的自发突变。

（2）自稳性（self – maintenance）　是指干细胞可以在生物个体生命区间中自我更新，并维持其自身数目恒定，这是干细胞的基本特征之一。当干细胞分裂时，如果 2 个子代细胞都是干细胞或都是分化细胞，则称为对称分裂（symmetry division）；如果产生 1 个子代干细胞和 1 个子代分化细胞，则称为不对称分裂（asymmetry division）。

哺乳动物的干细胞以对称分裂和不对称分裂两种形式进行分裂，但主要是不对称分裂，并通过两种分裂方式的协调，保证干细胞数目相对恒定，同时适应组织再生的需要。当组织处于稳定状态时，干细胞分裂后产生的细胞有多种可能，既可以是子代干细胞，也可以是定向祖细胞，不严格执行不对称分裂的规定，但从群体水平来看，仍然保持着严格的不对称分裂，这种分裂现象称为群体不对称分裂（populational asymmetry division）。可使机体对干细胞的调控更具灵活性，以适应机体各种生理变化的需要。

3. 干细胞的分化特征

（1）分化潜能　干细胞具有向多种特化细胞分化的能力，但不同的干细胞分化潜能有差异。例如，胚胎干细胞可以分化为任何一种组织类型的细胞；成体干细胞则只能分化成其相应或相近的组织细胞。胚胎干细胞分化为成体干细胞是一个连续的过程，即胚胎发育过程，在此过程中的各种细胞都是处于不同分化等级的干细胞，分化方向趋于增多，分化潜能也趋于变"窄"。

（2）转分化和去分化   在正常情况下，干细胞分化发生在干细胞所属组织的主体细胞类群内。在适当条件下，一种组织类型的干细胞也可分化为另一种组织类型的细胞，甚至跨胚层分化，称为干细胞的转分化（trans differentiation）。而一种干细胞向其前体细胞的逆向转化称为干细胞的去分化（de differentiation）。

（三）干细胞增殖和分化的调控

干细胞如何建立并维持自我更新能力和多向分化潜能，一直是研究者探索的重点，目前研究普遍归因于以下几个方面。

1. 转录因子网络   所有生物体都依靠转录机制表达特定基因来应对环境或发育信号的改变，以此执行生命周期中的关键生物功能。转录因子因具备调控基因转录的功能，被认为是决定细胞命运的主开关。干细胞多向分化潜能的维持主要依赖于多种转录因子之间的相互作用网络，以及转录因子及其靶基因表达的蛋白质与 DNA 之间相互作用共同决定，转录因子网络是否稳定决定了干细胞的增殖与分化。

Oct4、Nanog、Sox2 在转录因子网络中发挥了核心作用，以维持细胞自我更新能力并阻止细胞分化。例如，Oct4 处于一定的表达水平时，可维持细胞进行自我更新；如果表达上调，则诱导细胞形成原始内胚层和中胚层细胞。Nanog 作用于一条独立的保持干细胞多能性的信号转导通路，支持胚胎干细胞的自我更新能力，当 Nanog 表达上调的时候，细胞自我更新能力加强。Sox2 对早期胚胎发育和分化抑制都是十分重要。常见的转录因子 c – Myc 对阻止细胞谱系特异性分化也是非常重要的，在胚胎干细胞中，c – Myc 可以与 3000 多个靶基因启动子结合，使染色质上维持干细胞特性的基因处于开放状态，并抑制细胞分化相关基因表达。

2. 干细胞微环境   满足了维持干细胞存活和增殖的一切苛刻条件，干细胞在机体组织中的居所称为干细胞巢（stemcell niche）。在干细胞巢中，所有控制干细胞增殖与分化的外部信号构成干细胞生存的微环境，是控制干细胞命运的外在因素的总和，其主要包括细胞因子、细胞间相互作用、细胞外基质。

（1）细胞因子   许多细胞因子通过增殖调控实现分化调节作用，此外，细胞因子介导的信号转导形成功能重叠、协同或相互拮抗的网状体系，有的信号是在进化上高度保守的，有的则表现出系特异性或非特异性。细胞因子可分为早期增殖调控因子（干细胞→祖细胞）、中期增殖调控因子和晚期增殖调控因子（祖细胞→终末分化细胞），早期发现的细胞因子包括干细胞因子（SCF）、白细胞介素、转化生长因子（TGF）、表皮生长因子（EGF）、成纤维细胞生长因子（FGF）、肝细胞生长因子（HGF）及白血病抑制因子（LIF）等，后续的研究发现，Notch 蛋白家族、Wnt 蛋白家族、SHh 蛋白家族的成员对干细胞的增殖与分化都存在重要的调节作用，其功能各异，而且细胞因子的不同组合也会导致不同的增殖、分化结果。

（2）细胞间相互作用   微环境内细胞与细胞之间的相互作用对干细胞命运的调控具重要意义。与干细胞相关的细胞间相互作用包括干细胞与干细胞之间、干细胞与其分裂后产生的子细胞之间、干细胞与周围细胞之间复杂的相互作用和相互影响。

（3）细胞外基质   对维持干细胞的增殖分化至关重要，基质具有将干细胞置于组织中正确位置的作用，否则干细胞会脱离生存环境而分化或凋亡。例如，整合素与其配体的相互作用为干细胞的非分化增殖提供了适当的微环境，当 β1 整合素丧失功能时，上皮干细胞逃脱了微环境的制约，分化成角质细胞。细胞外基质同时具有传递信号分子的作用，当微环境发生改变时，细胞外某些信号通过整合素传递给干细胞，触发跨膜信号转导，调控基因表达，这不仅可以改变干细胞的分裂方式，而且可激活干细胞的多分化潜能。细胞外基质还具有调节干细胞微环境中局部分泌因子浓度的作用。

3. 表观遗传调控   随着人多能干细胞（hPSC）在生物医学研究中越来越广泛的应用，以及探测表观基因组和基因组技术的进步，DNA 元件和动态表观遗传过程的复杂相互作用被证实是人类发育过程中基因表达协调调控模式的基础。目前大量研究已证实，在人和小鼠的多能细胞及胚胎发育过程中均存在且依赖 DNA 甲基化和组蛋白修饰两种表观调控方式，以确保干细胞特性的维持及发育过程的精准进行。

二、常见干细胞种类及来源

（一）体细胞重编程与转分化

1. 体细胞重编程 近些年飞速发展并且极受关注的干细胞生命科学领域，以及以干细胞为基础的再生医学研究领域中，体细胞重编程一直是热点之一。体细胞重编程是指通过特殊的诱导体系，抹去成体分化的体细胞的分化记忆，使之回到类似于生命最开始的胚胎状态，让分化的体细胞重新获得全能性或者多能性的过程。通过重编程技术可以克服当前生命科学和医学研究领域中胚胎来源稀少、个体差异性大、免疫排斥等困难，也避免了一系列使用和研究人胚胎的伦理学争议，因而在疾病模拟、药物筛选、个体化治疗及早期胚胎发育等热点研究上具有很大的潜力和广阔的应用前景。

在重编程的科学研究和探索中，通过几代科学家不懈的努力和前赴后继的发现，终于取得一系列重要的研究突破，为生命科学与医学研究领域做出了巨大贡献。常用的体细胞重编程手段包括以下三种。

（1）体细胞核移植（somatic cell nuclear transfer, SCNT） 又称体细胞克隆，作为动物细胞工程技术的常用手段，即把体细胞核移入去核卵母细胞中，使其发生再程序化，并发育为新的胚胎，这个胚胎最终发育为动物个体。用核移植方法获得的动物称为克隆动物。

（2）细胞融合（cell fusion） 诞生于 19 世纪 70 年代，主要依赖化学诱导或电刺激诱导细胞融合，使新生成的子代细胞同时兼备融合前体细胞的双重特性。该项技术在单克隆抗体制备和植物育种等方面有重要意义。

（3）诱导多能干细胞（induced pluripotent stemcell, iPSC） 是指将干性维持相关因子导入终末分化的细胞中，并诱导后者恢复胚胎干细胞的多潜能特性，所产生的一类特殊类型的干细胞。其实质是基因组重编程介导的去分化过程，包括以下主要步骤：①携带 *Oct*4、*Sox*2、*K1If*4 和 *Myc* 基因的重组病毒进入体细胞，并插入宿主的基因组；②这些基因在病毒所带有的启动子的驱动下转录，在细胞质中翻译成这 4 种蛋白质；③上述蛋白分子又进入细胞核，启动其所能启动的第一批基因；④这些初始反应基因的产物通过组蛋白修饰系统和 DNA 甲基化系统参与表观遗传学机制来重塑染色质。在这个过程中，对于多能性至关重要的基因必须被转录因子活化，并通过染色质重塑来保持这种开放状态。相反，负责分化的基因则必须被转录机制关闭，并通过表观遗传学机制保持沉默。

2. 体细胞转分化 由于细胞重编程到 iPSCs 阶段的增殖方式与癌基因类似，任何残留 iPSC 的组织或器官一直都存在较大的致癌风险。在此背景下，科学家提出了另一种方案，让已分化的细胞跳过中间诱导产生多能干细胞的步骤，直接分化成另一种所需的细胞类型，以降低致癌风险。该方案就是转分化。转分化是指从一种分化细胞直接转化为另一种分化细胞，不经过中间多能干细胞的状态。图 11-6 较为清晰地展现了转分化与重编程的关系。

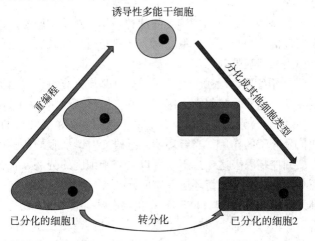

图 11-6 转分化和重编程的区别

　　由此可见，重编程（eprorgmmin）过程将一种已分化的细胞诱导成为多能干细胞状态，再通过分化（differentiation）过程变为另一种终末分化的细胞。而转分化过程直接跳过 iPSC 阶段，从分化细胞直接转化为另一种分化细胞类型。

> **知识拓展**
>
> ### iPS 的发现
>
> 　　2006 年，日本京都大学的科学家 Yamanaka 选择了已经证实与"干性"相关的 24 种基因作为候选因素，寻找能够诱导体细胞转化为其他类型细胞的关键因子。研究结果发现，其中的 4 种基因 *Oct3/4*、*Sox2*、*c–Myc* 和 *Klf4* 通过一种反转录病毒载体，导入小鼠皮肤成纤维细胞中，可以使来自胚胎小鼠或成年小鼠的成纤维细胞拥有胚胎干细胞的多能性。他们将经由这种方法获得的胚胎干细胞命名为诱导性多潜能干细胞（induced pluripotent stem cell，iPS）。2007 年，Thomson 选用 4 个因子 Oct3/4、Sox2、Nanog 和 Lin28，导入胎儿和幼儿成纤维细胞后也得到了类似胚胎干细胞的多能干细胞。随后，更多研究进一步完善了此项技术，人类的 iPS 细胞系的建立也获得了成功。显微注射 iPS 细胞进入胚泡，产生嵌合体小鼠，验证 iPS 细胞具有发育为 3 个胚层细胞的能力，并能参与生殖系统的发育，才能最终确定 iPS 细胞是否具有胚胎干细胞特性。由于 iPS 技术在人类健康领域所展示的巨大应用前最和科学意义，Yamanaka 获得 2012 年诺贝尔生理学或医学奖。

（二）胚胎干细胞

　　胚胎干细胞是着床前的内细胞团（inner cell mass，ICM）或原始生殖细胞（primordial germ cell，PGC）中获得的多潜能，可发育成各种细胞，同时又保持不分化状态，持续生长的一类克隆细胞系。1981 年，Evens 和 Kaufman 首次分离得到小鼠的胚胎干细胞。1998 年，Thomson 和 Gearhart 分别获得人胚胎干细胞。

　　胚胎干细胞主要生物学特征如下：表达胚胎阶段特异性抗原（stage specific embryonic antigen，SSEA）是鉴定人胚胎干细胞的标志，具有多潜能性，可分化为内、中、外 3 个胚层的潜能，如图 11–7 所示。

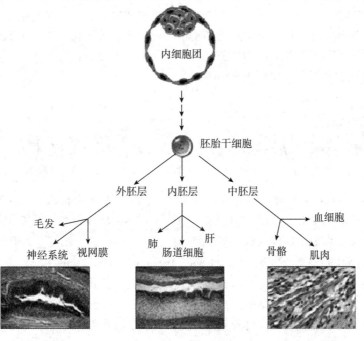

图 11–7　胚胎干细胞具有分化形成外、中、内三个胚胎的潜能

目前胚胎干细胞诱导分化的研究是该领域的热点，目的在于探索并明确决定细胞分化的基因表达时空关系及相关外界刺激因子成分，在此基础上定向诱导产生所需要的具有特定功能的细胞或器官。一般分阶段先得到类胚体，再在类胚体的基础上进一步诱导其向不同器官分化。各阶段应添加的细胞因子各不相同（细胞因子种类、浓度或组合）。目前利用此法已得到多种不同类型的细胞，如造血细胞、心肌细胞、神经细胞等，但目的细胞纯度仍有待提高。

（三）组织成体干细胞

在成体组织或器官中，许多细胞仍具有自我更新及分化产生不同组织细胞的能力，近年来，已成功鉴定或分离了多种成体组织的干细胞，如造血干细胞、神经干细胞、间充质干细胞、皮肤干细胞、肠干细胞、肝干细胞、生殖干细胞等。以下列举一些较为成熟的干细胞进行详细介绍。

1. 神经干细胞　近年来的一些研究证明，神经系统中存在部分细胞仍具有自我更新和增殖能力，而且在特定因素影响或诱导下，可向神经元和神经胶质细胞分化，这些细胞被称为神经干细胞（neural stem cell，NSC）。1992 年，Reynolds 和 Weiss 首先在成体小鼠的脑旁侧室膜下的神经组织中分离出神经干细胞，Svendsen 等则从人胎儿皮质中分离出神经干细胞。神经干细胞被定义为具有分化为神经元、星形胶质细胞和少突胶质细胞的能力，能自我更新并足以提供大量脑组织细胞的细胞。

体内神经干细胞的形态尚不明确，有研究表明，中枢神经系统不同区域的神经干细胞可能存在细胞形态及其他生物学特征多样性。体外培养状态下的哺乳动物神经干细胞往往呈球状。神经干细胞具有包括增殖、多分化潜能和特殊标记蛋白（包括巢蛋白等）等干细胞特性。神经干细胞的分裂方式既有不对称分裂，也有对称分裂，分裂增殖过程中子代细胞仍维持干细胞样属性。发育中的神经干细胞只有迁移到特定的部位，才能分化为具有特殊功能的神经元。

2. 骨髓间充质干细胞（bone marrow stromal stem cells，bMSC）　主要存在于骨髓中，但比例很低，平均 10 万个骨髓有核细胞中仅含 1 ~ 2 个，并随着年龄的增加数量逐渐减少。此外骨髓间充质干细胞主要生理功能如下：①支持、调节造血功能，骨髓间充质干细胞具有与其他骨髓细胞一起构成结缔组织骨架、分泌细胞因子及细胞外基质蛋白、调节造血细胞的增殖及归巢的功能；②调节免疫，骨髓间充质干细胞不仅参与调节髓系细胞的生长，也参与淋巴系细胞的发育，构成早期淋巴细胞生长的微环境，对早期 T 淋巴细胞的选择性黏附、生存及增殖均具有重要作用；③补充衰老死亡的间充质细胞，使其保持数量的恒定。

骨髓间充质干细胞具有广泛的分化潜能。骨髓间充质干细胞由于所定居的组织不同，微环境中的细胞因子、生长因子等环境因素不同，可向不同的谱系分化，不仅可分化为成骨细胞、脂肪细胞、软骨细胞和肌细胞等，还可以跨胚层分化。由于骨髓基质干细胞取材方便、容易在体外培养、具有多向分化潜能等优点，已成为细胞治疗及基因治疗研究的热点。

> **课堂互动**
>
> 哪些组织含有 MSC？如何获取能够满足临床治疗使用的 MSC？

3. 间充质干细胞（mesenchymal stem cell，MSC）　是中胚层来源的具有高度自我更新能力和多向分化潜能的多能干细胞，广泛存在于全身多种组织中，可在体外培养扩增，并能在特定条件下分化为神经细胞、成骨细胞、软骨细胞、肌肉细胞、脂肪细胞等。MSC 是多能干细胞，具有"横向分化"或"跨系分化"的能力，不仅支持造血干细胞（hematopoietic stem cell，HSC）的生长，还可以在地塞米松、抗坏血酸、胰岛素、异丁基甲基黄嘌呤等不同诱导条件下，在体外分化为多种组织细胞（如神经细胞、成骨细胞、软骨细胞、脂肪细胞、心肌细胞等）。因此，MSC 具有广阔的临床应用前景，是细胞替代治疗和组织工程的首选种子细胞，也是移植和自身免疫系统疾病治疗领域的研究热点。

（1）MSC 的定义　目前较为广泛接受的定义是一种可在体外增殖并定向分化为骨细胞、软骨细胞、脂肪细胞、肌细胞和其他谱系细胞的贴壁细胞群。MSC 能够增殖并产生具有相同基因型和表型的子代细胞，从而维持初始细胞干性。自我更新及分化能力是将 MSC 定义为干细胞的两个必要标准。

目前，国际间充质组织和干细胞治疗委员会（ISCT）提出以下最低分子标准定义 hMSC：①在标准培养体系中具有贴壁性，能形成 CFU – F；②表达 CD105、CD73、CD90，不表达 CD45、CD4、CD14 或 CD11b、CD79 或 CD19 和 HLA – DR 表面分子；③体外能分化成骨、软骨和脂肪细胞。

（2）MSC 的来源及获取途径　MSC 的胚胎起源仍不清楚。有研究显示，MSC 可能来源于主动脉 – 性腺 – 中肾（AGM）区的背主动脉的支撑层。发育不同时期的造血器官、卵黄囊、主动脉 – 生殖嵴 – 中肾区、胎肝、脾脏等也有间充质干细胞的存在。脐血、成体外周血、骨滑膜组织、真皮组织、脂肪组织（ASC）、椎间盘、羊水、各种牙齿组织、人胎盘中同样存在 MSC。与这些发现一致的是，MSC 样细胞在人早期血液中循环，成人 MSC 常驻于许多组织，对这些组织的正常更新代谢发挥作用。

（3）MSC 的作用机制　MSC 具有很强的分化能力，这一特性曾经被认为是其参与组织损伤修复的主要作用机制。然而目前许多的研究结果表明，MSC 在动物疾病模型中确实能发挥治疗作用，但是在免疫健全的动物体内定植和分化的细胞数量甚微。MSC 具有强大的旁分泌功能，通过分泌一系列的细胞因子、化学分子和生长因子来调节微环境，激活内源性的干细胞发挥组织损伤修复作用。通过已有的蛋白质检测方法可以检测有一定表达量的分泌蛋白。应用质谱定量检测方法检测到鼠 MSC 表达 258 种蛋白，其中分泌蛋白为 54 种，另有研究人员确定 hMSC 表达的 247 种蛋白，包括 29 个未知蛋白，通过芯片法确定了低表达的 72 种蛋白，其中只有 3 个与质谱法检测到的蛋白相同。通过生物信息学的方法分析编码这些蛋白的 201 种基因，这些基因涉及 58 种生物过程和 30 条信号通路，58 种生物过程主要分成 3 个部分，即代谢、防御应答和组织分化；30 条信号通路涉及的范围更广，包括受体结合、信号转导、细胞直接接触、细胞迁移、免疫应答和代谢。

外泌体（exosome）是由细胞内多泡体（ultivesiclar body，MVB）与细胞膜融合后，释放到细胞外基质（extra cellular matrix，ECM）中的一种直径为 30 ~ 120nm 的膜性囊泡。外泌体所携带的"货物"具有重要的生物学意义，包括具有多种生物学特性的脂质、蛋白质、RNA 和 DNA。其中脂质包括胆固醇、鞘磷脂等。大量证据表明，MSC 通过外泌体来进行细胞间的交流，通过循环系统到达各种细胞与组织，进而发挥其组织损伤修复作用。

线粒体转移是 MSC 另一种可能的作用机制。MSC 是非常好的线粒体供者，MSC 高表达 RHOT1（一个关键的 Rho GTP 酶），从而支持 MSC 对其他细胞进行线粒体转移，MSC 与损伤的组织细胞共培养时，会通过线粒体转移主动修复存在 mtDNA 缺陷的细胞，从而挽救受损的细胞，促进组织的再生。因此，增强 MSC 的线粒体转移能力将有望得到更好的治疗效果。

知识拓展

间充质干细胞的发现

间充质干细胞的发现最早可以追溯到 130 多年前。1867 年，德国病理学家 Cohnheim 在研究伤口愈合时，首次提出骨髓中存在非 HSC 的观点，指出成纤维细胞可能来源于骨髓。直到 1976 年，Friedenstein 等人从骨髓细胞中培养出这种成纤维细胞，并证实其可在体外大量扩增，易贴壁，呈集落样生长，且具有定向分化的特点。1988 年，这类干细胞被命名为"骨髓基质干细胞"。随后，Prockop 和 Pittenger 等人分别证明了这种成纤维细胞包含间充质干细胞，具有形成多种间质组织（如骨、软骨、脂肪和平滑肌）的能力。Caplan 在 1992 年进一步把这类干细胞命名为"间充质干细胞"，随后该命名逐渐被广泛接受和使用。有学者认为间充质干细胞的英文名称应为"mesenchymal stromal cell"，但是更多学者习惯采用"mesenchymal stem cell"。

三、MSC 在医药领域的应用及前景展望

(一) 在临床疾病治疗中的应用现状

MSC 具有许多独特的性质，如归巢迁移能力、造血支持能力、免疫调节能力、多向分化能力等，MSC 针对不同的适应证能发挥不同的治疗作用。MSC 是造血微环境的主要细胞成分，在 HSC 的生长、增殖、分化中起重要作用。MSC 也是一类免疫缺陷细胞，具有低免疫原性和免疫调节特性，还具有多向分化潜能。因此，MSC 被公认为组织工程研究的首选种子细胞。

我国研究学者万美蓉教授借助自体骨髓间充质干细胞移植技术对 60 例慢性重症肝病患者进行治疗，发现接受干细胞治疗患者生存率得到显著改善，75% 患者治疗两周后食欲改善，半数以上患者治疗后体力好转，且治疗后患者肝功能得到显著增强。上述结果表明，MSC 对于慢性肝病具有显著治疗效果。此外，该学者创立了人脐带血间充质干细胞条件培养基的制备方法，并通过多年临床经验积累，发现 MSC 对脑瘫、阿尔茨海默病、帕金森病、遗传性缺陷（脑白质病变）、脊髓损伤、慢性重症肝病、糖尿病、糖尿病足、深静脉栓塞、骨质疏松、股骨头坏死、心血管疾病、自身免疫性疾病等多种疑难杂症均存在潜在的临床治疗效果，应用前景非常广阔。

(二) 应用前景与展望

截至 2021 年 6 月，累计在 Pubmed 上发表的 MSC 相关的各类论文数量达到 73588 篇，从 2001 年开始论文数量呈现爆发式增长，2001 年发表了 147 篇，而 2020 年发表了 8183 篇。目前已经有一定数量获准进入临床的干细胞药物，其中多数为异体 MSC，这也说明 MSC 具有广阔的临床应用前景。

要实现将干细胞变成药物还有许多的关键技术需要解决，例如，如何保持干细胞经过体外大规模培养后的分化能力、遗传特征、稳定性问题；建立与药效作用相关的体外生物学评价方法；筛选保持活细胞稳定的药物制剂配方；选择剂型及包装材料；规范储存、冷链运输条件；建立干细胞产品的技术标准及质量评价体系；摸索临床前药物有效性评价体系、安全评价体系等。另外，建立健全规范的法律法规和统一的生产与质量标准也是发展干细胞技术的关键。只有通过严格的临床试验审查，经过严格监管，才能保证干细胞技术应用的安全性和有效性。

案例解析

【案例】 急性心肌梗死（AMI）是指冠状动脉急性闭塞、血流中断所引起的局部心肌的缺血性坏死。目前无论药物还是手术等现有治疗方法均无法达到理想的治疗效果，属世界性医学难题。我国中医理论认为主要病因在于痰浊瘀血，因此借助活血化瘀药物治疗心肌梗死已被证明具有一定疗效，其中复方丹参滴丸（CDDP）是最具代表性的药物之一。然而传统中药组分尽管能够在一定程度上挽救部分濒死心肌，并改善心功能，但无法使患者已经坏死的心肌细胞数量得以补充。MSC 具有自我更新和跨胚层分化的潜能，特定条件下可分化为心肌样细胞，但发生 AMI 时，由于梗死部位的心肌细胞血供严重不足，局部微环境已被破坏，往往导致 MSC 无法有效存活及分化，临床治疗效果同样无法达到预期效果。

【问题】 是否可以利用传统中药组分 CDDP 促进 MSC 分化治疗心肌梗死？

【解析】 鉴于上述情况，我国科研工作者创新性提出，如果将经典中医组方与现代干细胞技术整合，也许能获得更好的心梗治疗效果。经过研究人员的大胆尝试，目前已在 AMI 大鼠心肌梗死模型中证明，坏死部位移植 MSC 时，若同时服用 CDDP，MSC 的存活及心肌细胞分化的比例显著增加。推测 MSC 存活及分化主要依赖于 AMI 梗死部位的微环境，而 CDDP 借助其活血化瘀功效，能够有效恢复局部血供，直接或间接地改善心肌微环境，保障 MSC 被送达梗死部位并存活及进一

步分化为心肌细胞，使缺失的心肌功能得到充分补充，这改变了以往单纯依赖药物或 MSC 移植治疗过程中各自存在的不利因素，使心肌功能得到全面彻底的有效恢复，因此获得较传统治疗更为令人满意的实验结果。

这一案例充分说明，现代药学研究中，若能够将我国传统中医药学理论与现代医学技术巧妙整合，则有望在各类疑难疾病的治疗过程中创造更多的医学（药学）奇迹。

PPT

微课

第三节　细胞分化与肿瘤

一、细胞分化异常与肿瘤发生

（一）肿瘤细胞是异常分化的细胞

肿瘤细胞和胚胎细胞具有许多相似的生物学特性，均呈现出未分化和低分化特点。高度恶性的肿瘤细胞，其形态结构显示快速增殖的细胞特征：较大细胞核、核仁数目多，核膜和核仁轮廓清楚。电镜下的超微结构特点如下：细胞质呈低分化状态，含有大量的游离核糖体和部分多聚核糖体；内膜系统尤其是高尔基复合体不发达；微丝排列不够规则；细胞表面微绒毛增多变细；细胞间连接减少。从细胞分化观点分析肿瘤，认为分化障碍是肿瘤细胞的一个重要生物学特性，甚至有人认为肿瘤本身是种分化疾病，是由于正常基因功能受控于错误的表达程序所致。因为分化是一个定向的、严密调节的程序控制过程，其关键在于基因按一定的时空顺序有选择地被激活或抑制。多数情况下，终末分化细胞不再具有增殖能力，而肿瘤细胞在不同程度上缺乏分化成熟细胞的形态和完整的功能，丧失某些终末分化细胞的性状，且常对正常的分化调节机制缺乏反应。因此，恶性肿瘤细胞普遍具有分化障碍，它们停滞在分化过程的某阶段，可被视为细胞分化和胚胎发育过程中的一种异常表现。

肿瘤细胞的另一个特点是丧失了正常细胞的接触性抑制的生长特性，肿瘤细胞或转化细胞（transformation）的生长对生长因子或血清的依赖性降低，甚至在缺乏生长因子或低血清（2%）状态下也可生长分裂。这可能涉及几种机制：①肿瘤细胞能合成、分泌自身生长所需的生长因子（自分泌）；②肿瘤细胞所表达的一些受体异常增高，这样即使配体浓度非常低，也可以保持较高的信号活性；③与细胞增殖相关的信号转导途径异常，这与基因突变有关。此外，人类正常细胞在体外培养传代一般不能超过 50 次，而恶性肿瘤细胞则可以无限传代成为"永生"的细胞系。在体内，肿瘤细胞不但增殖失控形成新的肿块，而且侵袭破坏周围正常组织，进入血管和淋巴管中，转移到身体其他部位滋生继发性的肿瘤，这些继发性的肿瘤会再侵袭和破坏植入部位的组织。肿瘤细胞在宿主体内广泛传播，而宿主却缺乏阻止它生长的有效机制，这使得恶性肿瘤成为高度危险并难以治愈的顽疾，最终导致患者死亡。肿瘤细胞的这些特征与胚胎细胞具有一定共性。

（二）细胞分化的研究进展促进了对肿瘤细胞起源的认识

肿瘤细胞是从机体内正常细胞演变而来的，正常细胞转变为恶行肿瘤的过程称为癌变。绝大多数肿瘤呈单克隆生长特性，说明肿瘤中的全部细胞都来源于同一个恶变细胞。根据生长动力学原理，肿瘤细胞群体大致分为以下类型：① 干细胞，是肿瘤群体的起源，具有无限分裂增殖及自我更新的能力，维持整个群体的更新和生长；② 过度细胞，由干细胞分化而来，具备有限分裂增殖能力，但丧失自我更新特征；③ 终末细胞，是分化成熟细胞，已彻底丧失分裂增殖能力；④ G_0 期细胞，是细胞群体中的后备细胞，有增殖潜能，但不分裂，在一定条件下，可以更新进入增殖周期。其中肿瘤干细胞在肿瘤发生、发展中起关键作用。

大量证据表明，肿瘤起源于一些未分化或微分化的干细胞，是由于组织更新时所产生的分化异常所致。组织更新存在于高等生物发育的各个时期。据统计，目前人类肿瘤中的90%以上是上皮源性的，这是因为上皮组织含有许多分裂中的干细胞，易受到致癌因素的影响发生突变，转化为癌细胞。

（三）肿瘤细胞可被诱导分化为成熟细胞

恶性肿瘤细胞的本质是增殖分化失去控制，正常程序化的增殖分化机制丧失。研究表明，肿瘤细胞可以在高浓度的分化信号诱导下，增殖减慢，分化加强，走向正常的终末分化。这种诱导分化信号分子被称为分化诱导剂，目前全反式视黄酸和三氧化二砷联合应用可以对急性早幼粒细胞白血病实现诱导分化治疗，并能够使90%的患者达到5年无病生存，这是中国学者对人类的重大贡献。该研究揭示可通过诱导肿瘤细胞分化来实现肿瘤细胞的"改邪归正"，改变肿瘤细胞恶性生物学行为，达到理想治疗目的。

二、肿瘤干细胞特性与免疫治疗

（一）肿瘤干细胞和肿瘤干细胞学说

JohnDick在研究人急性髓性细胞白血病时发现，人急性髓性细胞白血病中只有0.2%表型为CD34$^+$ CD38$^-$的细胞能在NOD/DCID鼠体内形成白血病移植瘤的细胞亚群。Bonnet分离并纯化了CD34$^+$CD38$^-$的急性髓性细胞白血病细胞，并且证明这类细胞具有自我更新能力。随后在多种实体瘤中发现了同类细胞，因此把这类细胞命名为肿瘤干细胞（cancer stem cell，CSC）。这些存在于肿瘤组织中的具有干细胞性质的肿瘤细胞群体，具有自我更新的能力，是形成不同分化程度肿瘤细胞、肿瘤不断扩大和转移的"罪恶源泉"。

研究者在总结大量研究数据的基础上提出了肿瘤干细胞学说，即肿瘤组织中存在极少量在肿瘤中充当干细胞角色的肿瘤细胞，具有无限增殖潜能，在启动肿瘤形成和生长过程中起着决定性作用，而其余的大多数细胞，经过短暂的分化，最终死亡（图11-8）。很多肿瘤组织中存在三种细胞：①为数不多的具多分化潜能并起关键作用的特殊细胞，即"肿瘤干细胞"；②快速分裂、扩增的前体细胞；③分化成熟、走向凋亡的细胞。

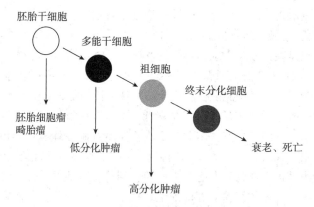

图11-8　不同分化状态肿瘤细胞来源

（二）肿瘤干细胞的来源

1. 干细胞起源假说　该假说认为机体不同组织中的干细胞积累多次突变，从而演变为肿瘤干细胞。诱导正常干细胞演变为肿瘤干细胞的因素可能包括细胞内基因突变及染色体变异、细胞微环境变化（如感染、损伤、某些促生长因子或致癌化学物质等）及严格调控正常干细胞生长分化的信号通路发生失控等。

2. 分化祖细胞和成熟体细胞起源假说　研究显示，在特定条件下，已分化祖细胞及发生逆向分化的成熟体细胞可能演变为肿瘤干细胞。促使正常干细胞恶性转化的诸多因素也可能是导致分化祖细胞和成熟体细胞转化为肿瘤干细胞的诱因。如果致癌因子作用于未分化的干细胞，干细胞就成为肿瘤性干细胞而形成恶性肿瘤；如果致癌因子作用于近于终末期分化而仍能合成 DNA 的细胞，则形成良性肿瘤；如果致癌因子击中的是中间状态的细胞，则会出现中等程度分化并介于这两种状态之间的肿瘤。

（三）肿瘤干细胞研究的意义和临床应用

传统治疗的对象是肿瘤的整体，但大多数肿瘤细胞并无肿瘤源性，其生长依赖于少量肿瘤干细胞，而目前普遍使用的放化疗药物并未有效攻击肿瘤干细胞，而是以分裂细胞为靶向，但干细胞大多处于休眠状态，这可能使肿瘤干细胞与其他肿瘤细胞对化学治疗药物的敏感性上存在差异，因此需要将治疗重心逐渐转向肿瘤干细胞。

1. 肿瘤干细胞的研究意义

（1）有助于阐明肿瘤发生、发展的机制　该学说提示干细胞可作为研究肿瘤发生、发展机制的重要工具。

（2）有助于抗肿瘤药物的研发　例如，Notch 和 Wnt 信号途径在某些肿瘤干细胞中起着关键调节作用。这些信号途径有助于选择抗肿癌药物的靶点，为抗肿瘤药物研究开辟新的领域。

（3）有助于肿瘤治疗　只要有效地杀灭肿瘤干细胞就可以达到控制及治愈肿瘤、防止复发的目的，这改变了杀灭大多数肿瘤细胞的传统观点，有助于减少治疗中的不良反应并提高疗效。

2. 针对肿瘤干细胞的靶向治疗

（1）细胞表面抗原靶向治疗　对于白血病而言，靶向抗原可选择 CD123 分子，其表达于造血干细胞。大多数急性白血病母细胞表面表达 IL-3R。白喉毒素-IL-3 融合蛋白（DT88IL3）对白血病母细胞和白血病干细胞群有毒性作用，而对正常前体细胞无毒性。在化疗前或化疗中同时应用 ABCG2 抑制剂或抗 ABCG2 抗体，可增加白血病干细胞对化学治疗药物的敏感性。

（2）诱导针对肿瘤干细胞的特殊免疫反应　从患者体内分离纯化肿瘤干细胞，并进行致死性辐射后，回输给患者以激活其抗宿主 CSC 的特异性免疫反应，是针对白血病干细胞的靶向治疗方法之一。Bonnet 等人报道了用 CD8+ 细胞毒性 T 淋巴细胞（CTL）克隆特异性针对次要组织相容性抗原，抑制人 AML 细胞在 NOD/SCID 小鼠体内的植入，并证实了该抑制作用是由 CTL 直接针对 LSC 进行介导。

（3）针对肿瘤干细胞信号通路的靶向治疗　肿瘤干细胞具有很强的自我更新和分化能力，Notch、Wnt、SHh 等信号通路起着关键作用，因此也成为药物研究的主要靶点。目前针对上述三条信号通路的抑制剂药物正在研究中。例如，Wnt 信号通路阻断抗体及小分子化合物；三种 SHh 抑制剂（Ronikinin、环巴胺、HPI1）目前已进入临床研究。此外，Notch 信号通路抑制剂已进入临床 II 期。

本章小结

细胞分化是多细胞生物个体发育的核心事件。其机制对于阐明生命的奥秘、推动医学的发展具有重要意义。在个体发育过程中，具有分化能力的细胞称为干细胞，细胞分化的潜能由全能到多能再到单能，同时对应不同种类干细胞（全能干细胞、多能干细胞及单能干细胞）。细胞分化的方向由细胞决定所选择，其分子基础是基因的选择性表达。细胞分化受多种因素的影响。随个体发育进程，不断增加的胚胎细胞间的相互作用对细胞分化的影响越来越明显，其主要形式表现为由旁分泌和细胞间位置信息所介导的胚胎诱导现象；而激素则是个体发育晚期细胞分化的调节因素。此外，多数情况下高等动物细胞分化是不可逆转的，然而在特定条件下，已分化的细胞可发生转分化或去分化，回到未分化状态或被重编程为诱导多潜能干细胞（iPS）。肿瘤细胞的典型特点是细胞增殖失控和分化障碍，可视为细胞的异常分化状态。恶性肿瘤可以向正常成熟细胞诱导分化，同时近年来越来越多的证据表明，肿瘤干细胞的确真实存在于各类肿瘤组织中。因此，由一个受精卵正确有序分化来的细胞为什么会变得如此多样与丰富多彩这一问题，数百年来虽经许多生命科学家前赴后继的工作，但至今尚未得到完全解析。而克隆羊的诞生、人胚胎干细胞的建系、iPS 细胞的发现、肿瘤干细胞治疗，以及基因打靶技术的有效应用等，成为近年来细胞分化及相关疾病研究领域的亮点，并正在向一个个世界性医学难题发起挑战，再生医学领域的飞速发展有望使未来人类寿命得到大幅提升。

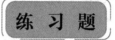

一、单选题

1. 细胞分化发生于细胞周期的（　　）时相
   A. G_1　　　　　　　　　　B. S　　　　　　　　　　C. G_2
   D. M　　　　　　　　　　E. G_0

2. 关于细胞分化的概念，以下叙述错误的是（　　）
   A. 细胞分化使机体不同细胞之间产生稳定性的差异
   B. 细胞分化是特定基因正常的、严格有序的表达过程
   C. 细胞分化的重要标志是细胞内开始合成新的特异质的蛋白质
   D. 细胞分化是细胞由非专一状态向形态和功能专一状态的转变
   E. 细胞分化是细胞原有的高度可塑性潜能逐渐增加的过程

3. 全能性最高的细胞是（　　）
   A. 原始生殖细胞　　　　　　B. 卵母细胞　　　　　　C. 精子
   D. 受精卵　　　　　　　　E. 内细胞群细胞

4. 离体的水母横纹肌细胞经能降解细胞外基质的酶处理培养后，可形成神经元，这是（　　）的典型例子
   A. 细胞转化　　　　　　　　B. 细胞分化　　　　　　C. 细胞决定
   D. 转决定　　　　　　　　E. 转分化

5. 多细胞生物的细胞分化存在于整个生活史中，但最重要的细胞分化期是（　　）
   A. 胚胎期　　　　　　　　B. 新生儿期　　　　　　C. 幼儿期
   D. 童年期　　　　　　　　E. 青春发育期

6. 受精卵属于（　　）
   A. 全能干细胞　　　　　　B. 多能干细胞　　　　　C. 专能干细胞
   D. 单能干细胞　　　　　　E. 万能干细胞

7. 关于干细胞的基本特性，以下描述正确的是（　　）
   A. 具有自我更新和多向分化潜能
   B. 分化产生的细胞不可能是干细胞
   C. 均具有发育全能性
   D. 干细胞只存在于个体发育的早期阶段
   E. 至少能分化为两种体细胞类型

8. 小鼠胚胎干细胞不具有的特点是（　　）
   A. 表现为小、圆形、隆起的三维克隆
   B. 表达 Oct4、Nanog、SSEA1 等表面标志物
   C. 畸胎瘤形成能力
   D. 四倍体补偿能力
   E. 形成胚外组织的能力

9. 关于间充质干细胞，以下说法正确的是（　　）
   A. 最早是从血液中分离而来的
   B. 是一群完全相似的细胞

C. 在体内或体外特定的诱导条件下，能诱导分化为成骨细胞、脂肪细胞、软骨细胞、肌细胞，而不能形成神经细胞

D. 具有很强的免疫原性，容易引起免疫排斥反应

E. 在多种组织中广泛存在，包括脂肪组织、脐带、脐带血、胎盘、羊水、肌肉组织以及牙龈等

10. 获取胚胎干细胞不能通过的方式为（　　）

    A. 分离囊胚期胚胎的内细胞团

    B. 将桑葚胚期的受精卵直接接种到饲养层细胞上

    C. 将 12 细胞阶段的卵裂球消化成单个细胞，接种在饲养层细胞后可见 ESCs 克隆的形成

    D. 在体外通过物理或化学因素等刺激，激活卵母细胞发生分裂形成囊胚，获取内细胞团

    E. 利用核转移的方法，将体细胞核注入去核卵细胞获得囊胚，再进一步分离内细胞团

11. 按照干细胞的分化潜能分类，分化潜能最强的是（　　）

    A. 胚胎干细胞　　　　　　　B. 成体干细胞　　　　　　　C. 多能干细胞

    D. 受精卵　　　　　　　　　E. 表皮细胞

二、多选题

1. 调控细胞分化与增殖的因素有（　　）

    A. 激素　　　　　　　　　　B. 神经递质　　　　　　　　C. 生长因子

    D. 抗体　　　　　　　　　　E. 抑素

2. 关于癌基因，下列叙述正确的是（　　）

    A. 是能使细胞无限增殖而癌变的一段 DNA 序列

    B. 在正常情况下，原癌基因产物表达量较少

    C. 突变或过度表达可引起细胞癌变

    D. 是细胞生长所必需的

    E. *myc* 是原癌基因

3. 以下属于胎儿干细胞的有（　　）

    A. 羊水干细胞　　　　　　　B. 脐带血干细胞　　　　　　C. 脐带干细胞

    D. 羊膜干细胞　　　　　　　E. 胎盘干细胞

4. 多能干细胞有可能应用于（　　）

    A. 细胞治疗　　　　　　　　B. 药物筛选　　　　　　　　C. 心肌修复

    D. 体外疾病模拟　　　　　　E. 肝移植

5. 关于成体干细胞，以下描述正确的是（　　）

    A. 成体干细胞是一种多能干细胞

    B. 成体干细胞主要依赖不对称分裂方式来维持干细胞池的数量稳定

    C. 成体干细胞具有自我更新能力和多向分化潜能

    D. 神经干细胞是一种成体干细胞

    E. 成体干细胞增殖分化能力虽不如胚胎干细胞，但在临床上也具有广阔的应用前景

三、思考题

1. 简述细胞分化的定义、特点及影响因素。

2. 试述胚胎干细胞的基本生物学特征及获取胚胎干细胞的方法。

（时　晰）

第十二章

细胞衰老与死亡

细胞作为生命的基本单位，在生命活动中会不断受到内外环境的影响而发生损伤和破坏，致使机体内某些细胞不断地衰老与死亡。事实上，机体中细胞的衰老、死亡现象从胚胎时期就开始了。因此，细胞衰老与细胞死亡是生物界的普遍规律，是一种不可抗拒的生理现象。细胞衰老最终导致细胞死亡；细胞死亡则意味着细胞生命活动的终结。阐明细胞衰老与死亡的机制，对于揭示生命的奥秘和延缓个体衰老具有重要生物学意义。因此，细胞衰老与死亡的相关研究已经成为近年来生命科学研究领域的重要课题。

课堂互动

人类为什么不能长生不老、长命百岁？

第一节　细胞衰老

PPT

衰老是生物体在结构和功能上的退化，可以具体表现为个体/机体衰老、细胞衰老、细胞器衰老、生物大分子衰老等不同层次。个体衰老通常是指随着年龄的增加，机体形态结构、化学成分和生理功能逐渐退化或老化的现象。而细胞衰老则是指细胞的增殖能力和生理功能发生衰退、细胞形态发生改变，并趋于死亡的现象。衰老细胞会呈现出一种不可逆的生长停滞状态，其最终结果将导致细胞死亡。细胞衰老是生物个体衰老的细胞基础。

一、细胞衰老与个体衰老的关系

对单细胞生物来说，细胞衰老为个体衰老。而在多细胞生物中，细胞衰老与个体衰老是两个不同的概念。个别细胞的衰老甚至机体局部许多细胞的衰老并不影响机体的寿命，而机体的衰老也并不代表个体中所有细胞的衰老，例如衰老机体的骨髓仍具有造血功能，新生成的血细胞并未衰老。同时，个体衰老与细胞衰老之间又有密切的联系，个体衰老以细胞衰老为基础。各种组织器官的衰老都有其细胞学基础，例如，人体内神经细胞的变性、衰老，最终导致脑衰老；体内运动神经元的衰老则与老年人运动功能的衰退密切相关。因此，阐明机体衰老机制必须从细胞衰老机制研究入手。

知识拓展

细胞衰老的发现历程

早在1881年，德国生物学家August Weismann就提出：有机体终究会死亡，因为组织不可能永远能自我更新，而细胞凭借分裂来增加数量的能力也是有限的。但这一观点受到法国外科医生、诺贝尔奖获得者Alexis Carrel的挑战，而一度被研究者们抛弃。Carrel和他的同事Ebeling声称他们对鸡心脏细胞连续培养了34年，并据此认为细胞可以无限制地在离体培养条件下生长和分裂。这一发现使"细胞不死"的观点占据了主导地位。后来他们还发现在离体培养条件下，鸡胚成纤维细胞的生长速度与培养液中加入的鸡血浆供体年龄呈负相关。因此，他们认为细胞本身不会衰老，衰老是环境因素所引起的。但事实上，没有人能够重复Carrel的工作。

1961年，美国生物学家L. Hayflick首次报道了体外培养的人成纤维细胞具有增殖分裂的极限，即著名的Hayflick界限。他利用来自胚胎和成体的成纤维细胞进行体外培养，发现胚胎的成纤维细胞分裂传代50次后即进入生长停滞状态，而来自成年组织的成纤维细胞培养15~30代就开始出现生长停滞。这说明细胞的分裂能力与个体年龄有关，体外培养细胞的寿命是有限的。Hayflick界限的发现彻底否定了Carrel等有关细胞"不死性"的学说。

为了确定人二倍体细胞在体外培养时最终停止生长的现象是细胞自身因素所致，而非受外界环境变化的影响（如培养基中营养物质缺乏、细菌污染、有毒物质积累等），Hayflick与Paul Moorhead精心设计了一系列实验。他们以间期有无巴氏小体作为细胞的标记，将已分裂40次的正常男性成纤维细胞（无巴氏小体）与已分裂10次的正常女性成纤维细胞（有巴氏小体）进行混合培养，并以分别单独培养的两种细胞作为对照。结果发现混合培养组中两类细胞的倍增次数与其各自单独培养时相同。这一结果有力地说明了细胞停止分裂是由细胞自身因素决定的，而与环境条件无关。对于Carrel等人的能将鸡心脏细胞连续培养34年的现象，Hayflick与其他研究者分析认为可能是传代时向培养液中加入的鸡胚提取物中混入了新鲜的鸡胚细胞所致。

二、细胞的寿命

人和动物有一定的寿命，细胞衰老的发生与生物体寿命密切相关。在成年体内的组织器官中，细胞在不断地衰老，不同类型细胞的寿命也不同。美国生物学家L. Hayflick比较了多种动物成纤维细胞在体外培养条件下的传代次数和寿命的关系，发现物种的寿命与培养细胞的寿命之间呈正相关，即物种寿命越长，细胞传代次数越多。例如，Galapagos龟寿命最长，平均175岁，其培养细胞的传代次数亦最多，高达90~125次；小鼠平均寿命约3年，其培养细胞的传代次数少，仅14~28次。

当然，构成同一个体不同组织的细胞其增殖能力、衰老速度也不尽相同。一般情况下，具有持续分裂能力的细胞通常不容易衰老，而分化程度高又不分裂的细胞寿命则有限。按照细胞的增殖能力，可将细胞分为三类：①在个体出生后不再分裂增殖的细胞，这类细胞分化成熟后的寿命接近于机体的整体寿命，细胞不可逆地脱离细胞周期，但仍保持生理功能活性；细胞发生破坏或丧失后，不能由同类细胞分裂来补充。当机体衰老时，该类细胞的体积逐步缩小甚至死亡，其细胞数量随年龄增长而逐渐减少。如神经细胞、肌细胞、脂肪细胞等。②缓慢更新的细胞，其寿命比机体寿命短，此类细胞暂时脱离细胞周期，不分裂增殖；但在适当刺激下，比如某些细胞受到破坏丧失时，剩余细胞可重新进入细胞周期进行

分裂，以补充失去的细胞。如淋巴细胞、肝细胞、肾细胞等。③快速不断更新的细胞，一般情况下该类细胞寿命较短。这类细胞往往执行某些特化功能，经一定时间后衰老、死亡，再由新生细胞分化、成熟、补充和更新，以保持细胞数量恒定。如小肠绒毛上皮细胞、皮肤表皮细胞、红细胞等。在体内，三类细胞寿命不同，但分工合作，组成统一的整体。

三、细胞衰老的表现

与正常细胞相比，衰老细胞脱离细胞周期并不可逆地丧失了增殖能力，细胞的外部形态和内部生理生化特征也发生了复杂变化。总体来看有以下几类特征。

（一）细胞含水量、体积改变

衰老细胞内水分减少，细胞萎缩、体积变小，原生质浓缩变硬，细胞失去正常形态。

（二）细胞膜的改变

衰老细胞中，细胞膜磷脂含量降低，磷脂的脂肪酸链被冻结，不能完全自由移动，膜变得刚性且流动性减弱，膜蛋白不再运动。在机械刺激或压迫条件下，膜易出现裂隙，细胞膜选择通透性降低，渗透增强，导致细胞外钙大量进入细胞，引起磷脂降解，质膜崩解。

（三）细胞器的改变

1. 细胞核变化 核膜内褶（invagination）是衰老细胞最明显的特征。细胞衰老程度越高，内褶越明显，最终导致核膜崩解。衰老细胞细胞核的另外一个变化是核固缩，表现为染色质固缩、常染色质减少等。此外，端粒缩短、核小体DNA变短也是核衰老的变化特征。

2. 线粒体变化 衰老细胞中线粒体数量减少，体积增大；膨大的线粒体结构也发生改变，如嵴排列紊乱，表现出菱形嵴、纵形嵴和嵴溶解等现象；线粒体内膜通透性增强；细胞产能能力下降。

3. 内质网变化 衰老细胞中粗面内质网数量减少，有序排列结构消失，膜膨胀扩大甚至崩解，表面核糖体减少。光面内质网成空泡状。

4. 高尔基复合体变化 衰老细胞中高尔基复合体囊泡肿胀，扁平囊泡断裂崩解，导致囊泡运输功能减退，高尔基复合体的分泌功能下降。

5. 溶酶体变化和致密体形成 衰老细胞的溶酶体功能下降，多种溶酶体酶活性降低，导致各种大分子物质不能及时消化分解，在细胞内形成残余体。致密体，又称为脂褐质、老年斑、残余体、黄色素或脂色素等，是衰老细胞中最常见的一种结构，绝大多数动物细胞在衰老时都有致密体的累积。致密体由溶酶体或线粒体转化而来，多数致密体具有单层膜且有阳性的磷酸酶反应，这与溶酶体是一致的。少数致密体由线粒体转化而来，具有双层膜，有时嵴的结构也依稀可见。研究发现，阿尔茨海默病（AD）动物脑内有较多的脂褐质，脑血管沉积物中有β-淀粉样蛋白（amyloid protein β，Aβ），因此Aβ可作为AD的鉴定指标。

（四）细胞骨架改变

当细胞发生衰老时，微丝结构和成分发生变化，球状肌动蛋白含量下降，微丝数量减少，核骨架改变；受体介导的与微丝相关的信号转导系统改变，导致从质膜向细胞核的信号转导功能下降。

（五）细胞衰老的生物化学改变

随着细胞的衰老，细胞内蛋白质合成速度下降，酶含量减少，功能降低。有研究者认为，老年人头发变白可能与毛囊黑色素细胞中产生黑色素的酪氨酸酶活性降低有关。另外，有研究发现，衰老神经细胞中硫胺素焦磷酸酶活性减弱，导致高尔基复合体的分泌与囊泡运输功能下降。

课堂互动

有什么方法或途径可以延缓衰老吗？

四、细胞衰老的发生机制

细胞衰老是复杂的生理过程，受体内和体外多种因素影响。迄今为止，人们提出的关于细胞衰老机制的假说或理论有 300 多种。这些理论或假说从不同角度反映了衰老这一复杂过程的某一个侧面和层次，但没有一种学说能合理全面地解释细胞衰老本质。归纳起来，影响较为深远的学说有以下几种。

（一）端粒钟学说

端粒钟学说认为端粒随细胞分裂而不断缩短是细胞衰老的主要原因。端粒是染色体末端的一种特殊结构，由简单的串联重复 DNA 序列组成。端粒 DNA 不能由 DNA 聚合酶催化复制，而是由端粒酶催化合成。端粒酶是一种核糖核蛋白酶，常见于生殖细胞和肿瘤细胞中。而正常的体细胞中则缺乏端粒酶或酶活性很低。因此，在正常体细胞分裂中，端粒不能完全复制；随着细胞分裂的进行，端粒逐渐缩短。

1990 年，C. Harley 等科学家测定了不同年龄段的人成纤维细胞中的端粒长度，发现随年龄增长端粒长度下降。在体外培养的成纤维细胞中，端粒长度也随分裂次数的增加而下降。基于以上结果发现，提出了细胞衰老的"有丝分裂钟"学说或"端粒钟"学说。该学说认为，当端粒长度缩短到一定程度，会触发某种信号，使细胞停止分裂并进入衰老状态。因此端粒被认为是掌控细胞衰老的生物时钟，端粒的长度即细胞的有丝分裂钟或端粒钟。

1998 年发表的一份研究结果又为该学说提供了更令人信服的证据。W. E. Wright 等人将端粒酶基因导入人正常的二倍体细胞，发现表达端粒酶的细胞分裂旺盛，端粒长度明显增加。而且表达端粒酶的细胞寿命比正常细胞至少长 20 代。该研究证明端粒长度的确与细胞衰老有着密切关系；同时提示端粒酶有可能是拨动"衰老时钟"的"扳手"。目前将端粒缩短所诱发的细胞衰老称为复制性衰老（Replicative senescence）。

当然，也有不支持端粒钟学说的报道。比如某些小鼠终身保持较长的端粒，但并未因此而获得较长寿命。而另一些剔除端粒酶基因的小鼠，其前 5 代中也未观察到寿命缩短的表型。有研究者认为，这种终身保持较长端粒小鼠的衰老属于另一类不同于复制型衰老的衰老类型，即氧化应激诱导的非端粒依赖性衰老，也被称为胁迫诱导的早熟型衰老（stress – induced premature senescence）。

> **知识拓展**
>
> **自由基及其产生来源**
>
> 自由基是指带有不成对电子的分子或原子基团，包括氧自由基、氢自由基、碳自由基、脂自由基等，其中氧自由基的性质最活泼。人体内的自由基有两种来源，一种是环境中的高温、辐射、光解、化学物质等引起的外源性自由基；另一种则是体内各种代谢反应产生的内源性自由基。内源性自由基是人体自由基的主要来源，细胞内线粒体、过氧化物酶体、内质网、细胞核及细胞质膜等均可产生自由基，其产生的主要途径包括：①由线粒体呼吸链电子泄露产生；②由经过氧化物酶体的多功能氧化酶等催化底物羟化产生。此外，机体血红蛋白、肌红蛋白中还可通过非酶促反应产生自由基。

（二）自由基学说

英国学者 Denham Harman 于 1956 年首次提出了细胞衰老的自由基学说。该学说的核心观点认为，机体代谢过程中产生的超氧阴离子、过氧化氢、羟自由基等含氧自由基（也被统称为活性氧类，reactive oxygen species，ROS）是导致细胞损伤和衰老的主要原因。自由基是一类高度活化的分子，易与细胞内核酸、蛋白质、脂质等生物大分子反应，夺取电子，导致这些生物大分子变性、失活，继而细胞结构及功能破坏，细胞及组织氧化性损伤，最终引起衰老的发生。有学者认为在衰老的原因中，99% 是由自由基造成的。

正常细胞内存在自由基清除系统，可最大限度地防御自由基对细胞的损伤。该自由基清除系统包括酶类抗氧化剂（抗氧化酶）和非酶类抗氧化剂。其中，酶类抗氧化剂在清除自由基方面起主要作用，主要包括谷胱甘肽过氧化物酶（GSH - PX）、超氧化物歧化酶（super oxide dismutase，SOD）、过氧化物酶（peroxisome，POD）及过氧化氢酶（catalase，CAT）。非酶类抗氧化剂主要是一些低分子质量的化合物，如谷胱甘肽、维生素 E、维生素 C、β - 胡萝卜素、半胱氨酸、硒化物、巯基乙醇等。如果体内清除自由基的酶类或抗氧化物质的活力减退，含量减少，细胞将发生衰老。

案例解析

【案例】随着生活水平的提高，人类寿命大大延长，每个人都渴望青春永驻。爱美的女性更注重美容护肤。在日常生活中常使用护肤品，希望能延缓皮肤的衰老。不少护肤品中含有从植物中提取的超氧化物歧化酶（SOD）。据说 SOD 能延缓衰老。

【问题】何为 SOD？你认为 SOD 抗衰老的机制是什么？

【解析】SOD 是生物体内特有的抗氧化酶，在生物界分布广泛，单细胞生物、植物、动物及人体内均存在。SOD 能清除体内的超氧阴离子，避免超氧阴离子对细胞的氧化损伤。

机体自身在新陈代谢过程中会产生大量自由基。环境中的辐射、紫外线等因素也会引起生物体内自由基产生。自由基可通过氧化作用使核酸、蛋白质等生物大分子失活，造成细胞损伤。细胞成分氧化损伤的积累则会导致组织器官的机能紊乱逐渐加重，引起生物体的衰老。最早反映机体衰老的组织为皮肤。皮肤老化的过程会发生诸如细胞内水分减少、质膜破坏、色素颗粒增多等一系列生物学改变，表现为皮肤失去光泽和弹性、产生皱纹、色素沉着等。超氧阴离子是生物体内多种生理反应过程中的中间产物，是自由基中性质最活泼的氧自由基，具有极强的氧化能力。它能引起皮肤角质形成细胞、毛囊黑素细胞等细胞的氧化损伤，造成生物膜破坏、脂褐质产生等皮肤老化现象。

SOD 能将有害的超氧阴离子转化为过氧化氢。尽管过氧化氢仍是对机体有害的活性氧，但体内的过氧化氢酶（CAT）和过氧化物酶（POD）会将其分解为水。这三种酶组成的超氧阴离子防氧化链条，避免了超氧阴离子对细胞的氧化损伤。

随着年龄的增长，人体内自身的 SOD 活性逐渐减弱，清除自由基的能力显著下降，衰老的表现也逐渐显现。因此，通过适当地给机体补充外源 SOD，能有效地延缓因自由基清除功能下降而导致的机体衰老过程。

（三）遗传程序学说

遗传程序学说认为衰老是由遗传控制的程序性过程，每一物种本身都存在衰老的遗传基因程序，该程序在生命诞生那一刻就已经编制完成。生物体细胞核基因组内控制个体生长、发育、分化、衰老和死亡的特定基因，按照预定程序，在特定时期有序地开启和关闭。一些与衰老有关的基因在生命早期并不表达，当进入生命的一定阶段后被激活，其表达产物则特异性地决定生物体的衰老与死亡。人类有两种典型的临床病例支持人细胞核基因组中存在与衰老有关基因的观点。一个是婴幼儿早衰症（又称早老症，Hutchinson - Gilford Syndrome，HGPS），患该病的患儿很早就出现明显衰老特征，身体衰老速度比正常衰老过程快 5 ~ 10 倍，貌如老人，12 ~ 18 岁即过早夭折；该病被发现是由于核纤层蛋白 A（lamin A，LM-NA）的基因突变所导致的，为常染色体隐性遗传病。另一个是成人早衰症（Werner's syndrome，WS），患者平均 39 岁时出现衰老，47 岁左右生命结束，该病是因为编码 DNA 解旋酸和核酸外切酶的 *WRN* 基因突变所致，该基因的突变使患者的 DNA 不能正常修复，引起细胞衰老提前和寿命缩短。

迄今为止，在人和动物体内已发现多个与衰老有关的基因，根据其功能可区分为衰老基因和抗衰老基因两大类。

1. 衰老基因　生物体内存在衰老基因，其表达产物可促进衰老。细胞衰老时，一些衰老基因（senescence associated gene）的表达水平显著高于年轻细胞。在人的 1、2、4、6、11、18 及 X 号染色体上都存在这类基因，它们在细胞中的丢失或激活可引起细胞发生永生化。例如 *MORF*4（mortality factor from chromosome 4）基因，它能表达一种与细胞衰老死亡有关的转录因子；$p16^{inkka}$ 基因，其基因产物是细胞周期依赖性激酶 CDK4 的抑制因子 P16 蛋白，该蛋白的表达增强将使细胞衰老加快；抑制 P16 蛋白的表达，细胞增殖能力和 DNA 损伤修复能力增强，端粒缩短速率减慢，衰老表征延迟出现。$p16^{inkka}$ 被视为细胞衰老的关键调控基因，也是抑制肿瘤发生的主要基因之一。近年来还发现，*p53*、*p21*、*Rb* 基因及 β - 淀粉样蛋白基因等也与衰老有关。

2. 抗衰老基因　生物体内也存在与衰老基因功能相反的抗衰老基因，也称长寿基因。例如，抗氧化酶类基因、延长因子 - 1α（EF - 1α）基因、凋亡抑制基因等都被发现与"长寿"有关。*Klotho* 基因是近年来新发现的一种抗衰老基因，研究发现该基因的突变和低表达会引起衰老和相关老年性疾病。

（四）线粒体 DNA 突变学说

线粒体是氧自由基浓度最高的细胞器，在其氧化磷酸化生成 ATP 的过程中，有 1% ~ 4% 的氧转化为氧自由基。线粒体裸露 DNA 由于缺乏结合蛋白的保护，较易受自由基的伤害而突变。因线粒体内缺乏有效的修复酶，其 DNA 突变使呼吸链的功能受损，会进一步引起自由基堆积，如此反复循环，最终导致细胞衰老。

（五）代谢废物积累学说

代谢废物积累学说认为代谢废物在细胞内的积累可引起细胞衰老。由于细胞功能的下降，细胞既不能将代谢废物及时排出胞外，又不能将其降解与消化，导致细胞内的代谢废物越积越多，最终阻碍细胞的正常生理功能，引起细胞的衰老。哺乳动物的脂褐质沉积就是一个典型的例子。

（六）错误成灾学说

随着年龄增长，机体细胞内的 DNA 复制能力下降，核酸、蛋白质和酶等大分子的合成也更容易产生差错，细胞对这些差错的修复能力降低或丧失，导致差错在细胞内积累，最终引起灾难性后果——细胞衰老、死亡。

（七）其他学说

除上述学说外，还有"神经 - 内分泌免疫调节学说""干细胞调控学说"等。

课堂互动

细胞死亡对生物个体而言，有利还是有害？

PPT

第二节　细胞死亡

死亡是生物界的普遍现象，细胞衰老的结果是细胞死亡。细胞死亡是指细胞生命活动的终止。就酵母和细菌等单细胞生物而言，细胞死亡即个体死亡。而多细胞生物中的细胞死亡，则与细胞分裂、增殖形成精确的平衡状态，是维持生物体正常生长发育及生命活动的必要条件。在正常人体组织中，每天都有众多细胞死亡。

一、细胞死亡的原因

引起细胞死亡的因素很多，包括内因和外因两大类。内因主要是由于发育过程或衰老所致的自然死亡，而外因则是指外界物理、化学、生物等环境因子的作用超过了细胞所能承受的强度或阈值引起的细胞死亡。物理性因子包括射线（紫外线和伽马射线等）、温度刺激（高温和超低温等）、高渗与低渗等；化学性因子包括活性氧基团和分子（超氧自由基、羟自由基和 H_2O_2 等）、化学毒物、强酸强碱、DNA 和蛋白质合成的抑制剂等；生物性因子包括细菌和病毒的感染等。

二、细胞死亡的形式

传统的死亡方式分为坏死（necrosis）和凋亡（apoptosis）两种。但近年来，越来越多的新型细胞死亡方式被发现。随着细胞死亡分子机制研究的深入，细胞死亡方式的分类更加科学。从功能及病理生理的角度，细胞死亡可分为非程序性细胞死亡和程序性细胞死亡（programmed cell death，PCD）两大类。

1. 非程序性细胞死亡　即细胞坏死，是在极端物理、化学或其他严重的病理性因素（局部缺血、高热等）的作用下，细胞生命活动被迫终止的被动性细胞死亡过程。坏死是病理性细胞死亡，没有潜伏期。细胞坏死时，细胞膜通透性增高，细胞肿胀；线粒体、内质网、溶酶体等细胞器变形或肿大；核染色质DNA 随机降解；最终坏死细胞的质膜破裂，释放出大量细胞内容物，引起严重的炎症反应（图 12-1）。在细胞坏死后的组织修复过程中，常伴随组织器官的纤维化，形成瘢痕。

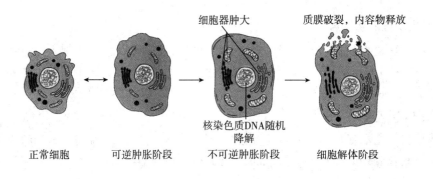

正常细胞　　可逆肿胀阶段　　不可逆肿胀阶段　　细胞解体阶段

图 12-1　细胞坏死过程

2. 程序性细胞死亡　是细胞主动结束生命活动的过程，且受到细胞内遗传基因的严格调控。基于细胞死亡的机制，又可将程序性细胞死亡分为 Caspase 依赖和 Caspase 非依赖的细胞死亡两大类。前者包括凋亡和焦亡（pyroptosis），后者包括自噬（autophagy）、坏死性凋亡（necroptosis）、铁死亡（ferroptosis）、胀亡（oncosis）、类凋亡（para-apoptosis）和有丝分裂灾难（mitotic catastrophe）等。尽管如此，细胞凋亡仍是细胞程序性死亡的主要方式。

PPT　　　微课

第三节　细胞凋亡

一、细胞凋亡的概念、特征与生物学意义

凋亡（apoptosis）是由死亡信号诱发、受基因调控的主动的细胞自杀行为，它是细胞生理性死亡的普遍形式。"apoptosis"来源于希腊语，"apo"意为分离，"poptosis"指树叶或花瓣的脱落、凋亡；因此，"apoptosis"意指细胞像秋天树叶凋落一样的死亡方式。当时选用这个词，就是为了强调这种细胞死亡是

自然的生理学过程。

（一）细胞凋亡的形态学特征

凋亡的细胞在光学显微镜和电子显微镜下可观察到一系列的细胞形态学变化，主要包括细胞皱缩（cell shrinkage）、染色质凝聚（chromatin condensation）、凋亡小体（apoptotic body）形成、细胞骨架解体等，其中以细胞核的变化最为明显（图 12-2）。根据凋亡细胞的形态改变，细胞凋亡过程可分为三个阶段。

1. 凋亡的起始

（1）细胞核的变化　核 DNA 在核小体连接处断裂，并向核膜下或中央部异染色质区聚集，形成浓缩的染色质块。聚集在核膜下的染色质呈新月形、马蹄形等多种形态，称为染色质边集（chromatin margination）（图 12-3）。

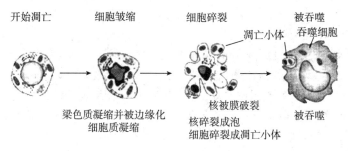

图 12-2　细胞凋亡过程

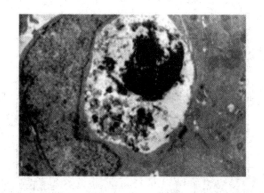

图 12-3　电子显微镜下凋亡细胞核的新月状结构

（2）细胞质的变化　线粒体体积增大，嵴增多，出现空泡化；线粒体内膜上的细胞色素 c 漏出（这是启动线粒体凋亡途径的关键步骤）；内质网腔膨胀扩张，并与质膜融合，形成膜表面的牙状突起，称为出芽（budding）；原有疏松有序的细胞骨架结构变得致密和紊乱。

（3）细胞膜的变化　细胞脱水、皱缩，体积缩小，失去原有特定形态。细胞表面原有的特化结构如微绒毛，细胞突起及细胞间连接等逐渐消失，细胞膜起泡，但保持完整，仍具有选择通透性。

2. 凋亡小体的形成　这是细胞凋亡最明显的特征。边集的染色质断裂为大小不等的片段，与某些细胞器聚集在一起，被反折的质膜包围，在细胞表面形成许多芽状或泡状突起，继而与细胞分离，形成单个凋亡小体（图 12-4）。

3. 凋亡小体的清除　凋亡小体被邻近细胞或吞噬细胞吞噬，在溶酶体内被消化分解。整个过程中，细胞膜始终保持完整，细胞内含物不泄露到细胞外，因此不引发机体的炎症反应。这也是细胞凋亡的另一个重要特征。从细胞凋亡开始到凋亡小体的出现仅数分钟，而整个凋亡过程可能延续 4~9 个小时。

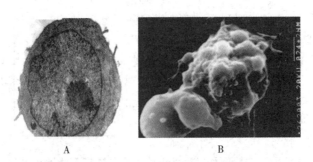

图 12 - 4　电镜下的凋亡细胞表面变化

A. 1μg/ml 新疆紫草素处理 24 小时，人大肠癌细胞（CCL229）收缩变圆，表面微绒毛显著减少，伪足消失（SEM2900）；B. 1μg/ml 新疆紫草素处理 48 小时，CCL229 表面出现多个大小不等的泡沫突起（SEM4300）

（二）细胞凋亡的生化改变

1. 染色质 DNA 的特征性片段化　核小体是基因组染色体的基本结构，缠绕单个核小体组蛋白八聚体核心的 DNA 长度为 180 ~ 200bp。细胞凋亡后期，细胞内的核酸内切酶（endonuclease）CAD 活化，并特异性地对染色质核小体之间的连接部位 DNA 进行切割。因此形成长度为 180 ~ 200bp 或其整数倍的寡聚核苷酸片段，即 DNA 片段化（fragmentation）。凋亡细胞中的这些片段化 DNA 在进行琼脂糖凝胶电泳时，表现出特征性的 DNA 梯状条带（DNA ladder），如图 12 – 5 所示。而细胞坏死时 DNA 随意断裂为长度不一的片段，在琼脂糖凝胶电泳中则呈现"弥散状"（smear）。尽管近年来发现，有些凋亡细胞并不出现 DNA 梯状条带，但人们仍把它作为细胞凋亡最典型的生化特征之一，DNA 梯状条带的出现也仍是判定细胞凋亡的指标之一。

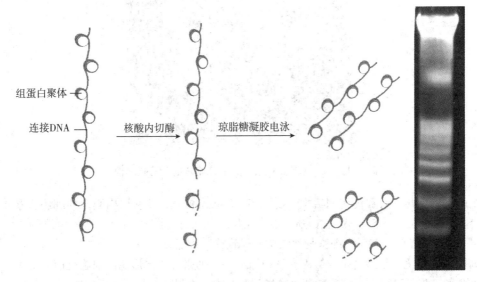

组蛋白聚体

连接DNA

核酸内切酶

琼脂糖凝胶电泳

图 12 – 5　凋亡细胞 DNA 梯状条带的形成

2. 膜的生化变化　细胞凋亡早期，质膜上磷脂酰丝氨酸由膜内侧翻转到外侧，此特征是早期凋亡细胞的标志。

3. 半胱氨酸天冬氨酸蛋白酶级联反应　细胞凋亡过程受到多种蛋白酶的控制，蛋白酶的级联切割是凋亡最关键的过程。控制凋亡的蛋白酶有多种，如半胱氨酸天冬氨酸蛋白酶（cystein aspartic acid specific protease，Caspase）家族、颗粒酶、分裂素等。Caspase 蛋白家族是一组存在于胞质溶胶中，结构上相关的蛋白酶类。它们的共同结构特点是酶活性中心富含半胱氨酸，能特意切开底物蛋白中天冬氨酸残基后的肽键，是参与细胞凋亡过程的重要酶类。在细胞凋亡过程中，Caspase 蛋白构成一系列级联反应，使靶蛋白活化或失活而介导各种凋亡事件。

4. 消耗 ATP 是细胞凋亡区别于细胞坏死的重要特征，坏死过程不消耗 ATP。当细胞内 ATP 的储存不足以启动细胞凋亡时，某些促凋亡信号则将细胞凋亡转化为细胞坏死。

（三）凋亡细胞的线粒体改变

线粒体是细胞的能量工厂，控制着细胞死亡；许多研究证明，线粒体在介导细胞凋亡方面发挥重要作用。细胞凋亡时，线粒体发生一系列显著变化。

1. 线粒体的跨膜电位（$\Delta\psi_m$）降低 在凋亡发生过程中，多种促细胞凋亡蛋白转移至线粒体，从而使线粒体膜的通透性和完整性受到破坏。由于内膜对氢离子通透性增加，引起线粒体膜电位降低甚至消失，导致细胞凋亡。这种线粒体跨膜电位的降低往往发生在凋亡细胞的形态学和生物化学改变之前。

2. 线粒体膜通透性转换孔开放（mitochondrial permeability transition pore，MPTP） 是线粒体内膜和外膜在接触部位协同组成的一条通道，线粒体膜电位的消失导致 MPTP 开放，使线粒体膜的通透性改变。

3. 线粒体内某些凋亡诱导物释放 细胞凋亡过程中，MPTP 的开放，使线粒体内某些凋亡诱导因子得以释放，如 Cyt c，从线粒体膜间隙被释放到细胞质，激活 Caspase 酶级联反应，启动细胞凋亡。

4. 线粒体产生活性氧增多 线粒体是细胞产生活性氧类物质（reactive oxygen species，ROS）的主要来源。ROS 是细胞凋亡的信使分子和效应分子，凋亡刺激使线粒体产生的 ROS 增多，促进了细胞凋亡。

（四）细胞凋亡与细胞坏死的区别

细胞凋亡是一种主动的、由基因决定的细胞自杀过程，与细胞坏死完全不同，两者属于截然不同的细胞学现象。它们在形态、代谢、分子机制、结局和意义等方面都有本质的区别（表 12-1）。

表 12-1 细胞坏死和细胞凋亡的主要特征比较

特征	细胞凋亡	细胞坏死
诱因	生理或病理性的特定凋亡信号诱导	剧烈刺激或病理因素，如毒素、严重缺氧、缺血和 ATP 缺乏等
形态学	细胞皱缩变小，与邻近细胞间连接丧失	细胞肿胀变大
细胞膜	膜鼓泡，形成凋亡小体，但完整	通透性增高，破损
溶酶体	完整	破裂
线粒体	肿胀、通透性增高	肿胀、破裂
细胞核	固缩，染色质边缘化	弥散性降解
染色质	均一凝集，沿核膜呈半月形	凝集不均一，呈絮状
DNA	核小体 DNA 断裂成约 180bp 的片段	随机断裂成大小不等的片段
死亡数量	多呈单细胞丢失	成群细胞死亡
能量需求	依赖 ATP	不依赖 ATP
组织反应	无炎症反应，个体存活需要	引起炎症反应，有破坏作用

案例解析

【案例】 2008 年，四川汶川发生强烈地震。部队派出的救援人员第一时间赶到现场。救援队员在施救过程中发现，被救伤员受伤部位有大量细胞死亡。

【问题】 伤员受伤部位细胞死亡属于细胞凋亡还是细胞坏死？两者有什么区别？

【解析】 受伤部位细胞死亡主要是细胞坏死，坏死细胞的膜破坏，内容物外溢，引起炎症。坏死是病理性刺激引起的细胞损伤和死亡。细胞凋亡是生理性死亡的普遍形式，受基因调控，凋亡过程中形成凋亡小体，对生物个体本身有积极的意义。两者的区别详见表 12-1。

（五）细胞凋亡的生物学意义

细胞凋亡现象普遍存在于人类及动植物中，是多细胞生物体个体正常发育、机体自身稳定的维持不可缺少的部分，具有重要的生物学意义。细胞凋亡几乎贯穿于生物全部的生命活动中。

1. 参与个体的正常发育过程　哺乳动物神经系统发育中神经元与靶细胞数量相匹配的过程是细胞凋亡参与生物体个体正常发育的典型例子。在动物个体发育的早期，一般先产生过量神经元细胞，但后续只有约50%的原始神经元能获得靶细胞分泌的存活因子而活下来，而不能获得足够存活因子的神经细胞则发生凋亡被清除（图12-6）。另外，高等哺乳类动物指（趾）间蹼的消失、腭融合、肠管腔道的形成、视网膜发育等过程都必须有细胞凋亡的参与。动物退变过程中幼体器官的缩小和退化（如蝌蚪尾的消失）也是通过细胞凋亡来实现的。

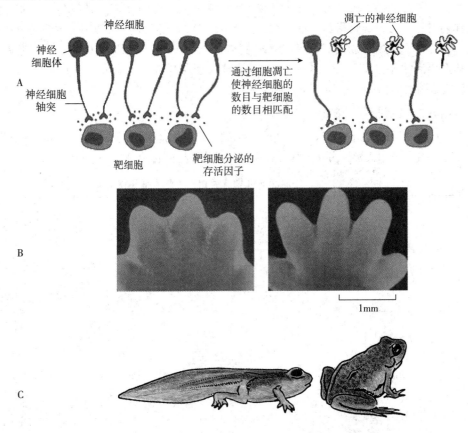

图12-6　细胞凋亡参与生物个体发育的事例

A. 细胞凋亡使神经细胞与靶细胞的数量相匹配；B. 哺乳类动物指（趾）间蹼通过
细胞凋亡被清除；C. 幼体蝌蚪向成体发育过程中尾部的消失通过细胞凋亡实现

2. 参与免疫细胞活化和免疫耐受的形成过程　胸腺细胞在分化成熟过程中涉及一系列的正负筛选过程，以形成各种类型的免疫活性细胞，该过程涉及复杂的细胞凋亡过程；同时通过细胞凋亡，对识别自身抗原的T细胞克隆选择性地消除，形成免疫耐受能力。T细胞克隆凋亡的异常会导致自身免疫性疾病。

3. 清除机体内衰老和受损细胞　细胞凋亡是一种生理性保护机制，能够清除体内多余、受损而不能修复或危险的细胞，从而使机体通过牺牲自身少数细胞来维持自身整体的稳定，起到积极的防御作用。

二、细胞凋亡的影响因素

能诱导动物细胞凋亡的因素多种多样。同一组织和细胞受到不同凋亡诱因的作用，其反应结果不尽相同。而同一因素对不同组织和细胞诱导凋亡的结果也各不相同。目前多数研究者认为，细胞凋亡受以下两类因素调节。

（一）细胞凋亡诱导因素

凋亡诱导因素是细胞凋亡程序的启动者。凋亡程序虽已预设在活细胞中，但正常情况下它并不随意启动；只有当细胞受到来自细胞内、外的凋亡诱导因素作用时才会启动。常见的诱导因素如下。

1. 激素和生长因子失衡　激素和生长因子是细胞生长不可缺少的因素，二者过多或缺乏均可导致细胞凋亡。例如，肿瘤坏死因子（TNF）及其家族中 Fas 配体（FasL）、转化生长因子 β（TGF－β）、神经递质（谷氨酸、多巴胺、N－甲酰－D－天门冬氨酸）、Ca^{2+}、糖皮质激素等。有研究发现，强烈应激引起大量糖皮质激素分泌，可诱导淋巴细胞凋亡，致使淋巴细胞数量减少。

2. 理化因素　射线（紫外线、γ射线）、温和的温度刺激、强酸、强碱、乙醇、细胞毒性抗癌药物等均可导致细胞凋亡。例如，电离辐射可产生大量氧自由基，使细胞 DNA 和大分子物质受损，引起细胞凋亡。

3. 微生物因素　细菌、病毒等病原微生物及其毒素可诱导细胞凋亡。例如，HIV 感染可致大量 $CD4^+T$ 淋巴细胞凋亡。

（二）细胞凋亡抑制因素

1. 部分激素　某些激素，如促肾上腺皮质激素、睾酮、雌激素等可抑制靶细胞凋亡，并对靶细胞的正常存活起重要作用。例如，当腺垂体被摘除或功能低下时，肾上腺皮质细胞失去肾上腺皮质激素的刺激，即发生细胞凋亡；如果给予生理维持剂量的肾上腺皮质激素，即可抑制肾上腺皮质细胞凋亡。

2. 部分细胞生长因子　有些细胞生长因子，如 IL－2、神经生长因子等，具有抑制靶细胞凋亡的作用。当从细胞培养基中去除这些因子时，依赖它们的靶细胞会凋亡，反之则抑制细胞凋亡。

3. 其他　某些二价金属阳离子（如 Zn^{2+}）、药物（如苯巴比妥和半胱氨酸蛋白酶抑制剂）、病毒（如牛痘病毒、EB 病毒和单纯疱疹病毒等）、中性氨基酸等也具有抑制细胞凋亡的作用。

三、细胞凋亡的分子机制

（一）细胞凋亡的相关基因及蛋白

细胞凋亡与某些基因的调控作用密切相关，人们将这些基因称为凋亡相关基因，并开始用它们来解释凋亡的分子机制。这些基因中研究较多的有线虫 ced 基因家族、人和哺乳动物的 Caspase 家族、Bcl－2 基因家族、Fas/APO－1/CD95、p53、Apaf－1 等。

1. 线虫凋亡相关基因　有关细胞凋亡基因的发现，最早来自对线虫体细胞凋亡的研究。秀丽隐杆线虫（C. elegans）仅有 1090 个体细胞，在发育过程中共有 131 个体细胞发生凋亡。研究者们从其受精卵起追踪每一个胚胎细胞的发育和分化过程，发现有 15 个基因与线虫的细胞凋亡有关，即 ced 基因家族。根据功能，这些基因被分为四组：①凋亡直接相关基因，包括 ced－3、ced－4 和 ced－9 基因。在线虫所有凋亡细胞中，均有 ced－3 和 ced－4 的表达，这两个基因的活化是线虫细胞凋亡起始或继续所必需的；一旦失活，正常凋亡无法发生，本该死亡的细胞也存活下来。ced－9 基因的作用与 ced－4 基因相反，它能抑制线虫体细胞的凋亡。②凋亡细胞吞噬和清除相关基因，包括 ced－1、ced－2、ced－5~8 和 ced－10 基因。它们与细胞死亡本身无关，仅与凋亡细胞被吞噬清除过程有关。③核酸酶基因 nuc－1，它不能抑制细胞死亡，也并非凋亡所必需，但其在细胞凋亡时 DNA 裂解过程中发挥作用。④仅与某些神经元和生殖系统体细胞凋亡有关的基因，包括 ces－1、ces－2、egl－1 和 her－1（图 12-7）。

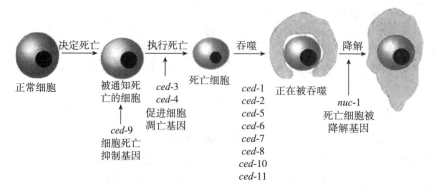

图 12－7　线虫体内与细胞凋亡有关的基因

知识拓展

细胞程序性死亡相关基因的发现

线虫作为生物发育研究中的重要模式生物，在细胞程序性死亡的调节和机制研究方面起着至关重要的作用。20 世纪 70 年代，线虫发育图谱的构建使人们得以了解线虫胚胎起源和每个细胞的定向分化情况，尤其是引入了一种特殊的细胞程序性死亡模式。1977 年，H. Rorbert Horvitz 和 John E. Sulston 发现在线虫成虫发育早期的 1090 个细胞中，有 131 个细胞发生程序性死亡。同一类型的细胞在所有的胚胎中同时死亡，说明这种类型的细胞在胚胎发育中死亡是正常发育现象，并且这种类型的细胞在死亡过程中呈现出相似的形态学变化，提示这种细胞的程序性死亡过程受相同的机制调控。

Horvitz 和另一个科学家 H. M. Ellis 等通过分离线虫突变体，利用一系列遗传学分析，进一步探讨了线虫发育过程中细胞程序性死亡的机制和调节方式。他们发现，当 ced－3 或 ced－4 突变后，原先应该凋亡的 131 个细胞依然存活。与之相反，ced－9 突变导致所有细胞在胚胎期死亡。这一结果证明，ced－3 和 ced－4 是线虫发育过程中细胞凋亡的必需基因，ced－9 的功能是抑制细胞凋亡。这一研究结果在 1986 年发表于 Cell 杂志上，这是首次关于线虫发育过程中细胞程序性死亡相关基因的报道。自此拉开了凋亡分子生物学研究的序幕。

后续的研究发现，ced－3、ced－4 以及 ced－9 基因编码的蛋白在生物进化中高度保守，是凋亡发生中起主要作用的调节因子和效应因子的蛋白前体。ced－3 的克隆和测序结果显示，它与哺乳动物中鉴定的 caspase 蛋白酶原同源。线虫 ced－9 基因与人 B 淋巴细胞中分离的凋亡抑制因子 bcl－2 原癌基因同源。ced－4 与人类凋亡酶激活因子 1（Apaf－1）同源。线虫中这些细胞程序性死亡相关基因的发现，为深入理解凋亡的分子基础和正常组织发育的机制奠定了基础。鉴于 H. Rorbert Horvitz 的重要发现，他与另外两位线虫研究模型的建立者 Sydney Brenner 和 John E. Sulston 共同获得 2002 年诺贝尔生理学或医学奖。

2. 人和哺乳动物凋亡相关基因及产物

（1）Caspase 家族　即半胱氨酸天冬氨酸蛋白酶家族，是哺乳动物细胞中存在的线虫 ced－3 的同源物。现在发现的哺乳动物细胞 Caspase 家族成员共有 15 种。其中，Caspase－1 和 Caspase－11（可能还有 Caspase－4）主要负责白细胞介素前体的活化，不直接参与凋亡信号的转导；其余的 Caspase 根据在细胞凋亡过程中发挥功能的不同可分为两类：①凋亡起始 Caspase，包括 Caspase－2、8、9、10 和 11；②凋亡执行 Caspase，包括 Caspase－3、6 和 7。起始者对执行者前体进行切割，使执行者活化；执行者则负责切割细胞核内、细胞质中的结构蛋白和调节蛋白，使其失活或活化，产生凋亡效应。凋亡起始 Caspase 和执行 Caspase 组成细胞内凋亡信号的级联网络。

在正常细胞中，Caspase 以无活性的 Caspase 酶原（procaspase）形式存在于胞质中。细胞接受凋亡信号刺激后，Caspase 酶原上特异的天冬氨酸残基位点被切割，形成由 2 个小亚基和 2 个大亚基组成的四聚体，即有活性的 Caspase。少量活化的起始 Caspase 切割其下游的 Caspase 酶原，产生大量活化的下游执行 Caspase，使凋亡信号在短时间内迅速扩大，并传递到整个细胞，产生凋亡效应（图 12 - 8）。这一过程是不可逆转的。

目前已知的执行 Caspase 作用底物有 400 多种，执行 Caspase 对这些底物的切割，使细胞呈现出凋亡的一系列形态和分子生物学特征。例如，上文中提到的与凋亡细胞中 DNA ladder 现象直接相关的核酸内切酶 CAD（Caspase activated DNase）的活化，就是由执行 Caspase - 3 对 CAD 的抑制因子 ICAD 的切割降解来实现的。另外，执行 Caspase 对细胞骨架蛋白的切割，使细胞骨架体系发生结构变化，便于细胞改变形态以及形成凋亡小体等。

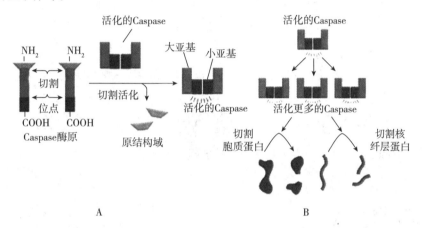

图 12 - 8　Caspase 的激活及其级联效应

A. 酶原激活过程；B. 酶原激活的级联反应

（2）Bcl - 2 家族　与线虫 ced - 9 具有一定同源性，在线粒体参与的内源性凋亡途径中起核心调控作用。Bcl - 2 家族含有多个成员，家族成员大多定位在线粒体外膜上，或受信号刺激后转移到线粒体外膜上；线粒体外膜的通透性主要受到该家族的调控。在结构上，Bcl - 2 家族成员同源性很高，都含有一个或多个 BH（Bcl - 2 homology）结构域，依次命名为 BH1、BH2、BH3 和 BH4。按照结构和功能，Bcl - 2 家族分为三个亚家族，具体见表 12 - 2。其中，Bax 促凋亡亚家族 Bax 或 Bak 可在线粒体膜上聚集在一起（寡聚体），形成类似于离子通道样的蛋白孔道，促使 Cyt c 从线粒体释放至细胞质而促进凋亡（图 12 - 9）。Bcl - 2 抗凋亡亚家族中 Bcl - 2/Bcl - X_L 则可阻止 Bax 孔道开放，从而阻

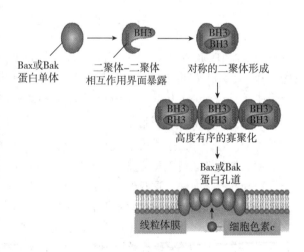

图 12 - 9　Bax 亚家族成员在线粒体膜上形成蛋白孔道

止 Cyt c 的释放，抑制凋亡。另外，BH3 亚家族中的促凋亡蛋白 Bad 在胞内感受到凋亡信号时，会发生去磷酸化；非磷酸化的 Bad 也可与线粒体膜的 Bcl - 2/Bcl - X_L 结合，阻止后者发挥抗凋亡作用，从而促进细胞凋亡。由此可见，Bcl - 2 家族成员之间可形成异二聚体或同二聚体，促凋亡亚家族成员和抗凋亡亚家族成员之间的相对含量影响着细胞调控系统，从而最终决定细胞是否凋亡。

表 12 – 2   Bcl – 2 家族成员的分类、结构与功能

分类	主要成员	结构特征	功能
Bcl – 2 亚家族	Bcl – 2、Bcl – X$_L$、Bcl – W、Bfl – 1 和 Mcl – 1 等	含 BH1 ~ 4（Bfl – 1 和 Mcl – 1 可能缺乏 BH4）	抑制细胞凋亡
BH3 亚家族	Bad、Bid、Bik、Puma、Noxa 等	只含 BH3	胞内凋亡信号的"感受器"，促进细胞凋亡
Bax 亚家族	Bax、Bak、Bok 等	含 BH1 ~ 3	促进细胞凋亡

（3）凋亡酶激活因子 1   （apoptotic protease activating factor – 1，Apaf – 1）是线虫 ced – 4 的哺乳类同源物，其 N 端含有 Caspase 募集结构域（caspase recruitment domain，CARD）。它能招募细胞质中的 Caspase – 9 酶原，并与从线粒体释放至细胞质的 Cyt c 结合，三者共同形成一个凋亡复合体（apoptosome）；Caspase – 9 酶原在凋亡复合体中发生自身切割而活化，之后进一步切割并激活 Caspase – 3 和 Caspase – 7 酶原，引发细胞凋亡（图 12 – 10）。由此可见，Apaf – 1 在线粒体参与的内源性凋亡途径中起重要作用。

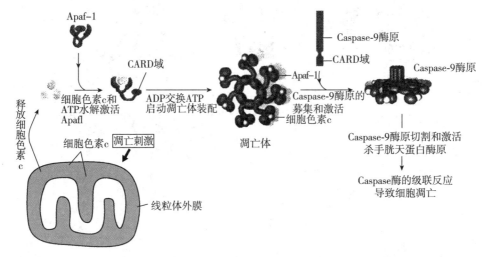

图 12 – 10   Apaf – 1 在线粒体内源性凋亡途径中起作用

（4）Fas/APO – 1/CD95 Fas（factor associated suicide）   是自杀相关因子的简称。它广泛存在于人和哺乳动物正常细胞和肿瘤细胞质膜表面，是肿瘤坏死因子受体（tumor necrosis factor receptor，TNFR）和神经生长因子受体（nerve growth factor receptor，NGFR）的家族成员。Fas 蛋白和 Fas 配体结合将导致细胞凋亡。

（二）细胞凋亡的信号通路

细胞外的凋亡诱导因子作用于靶细胞，通过细胞内不同的信号转导通路激活细胞死亡程序，凋亡程序一旦启动，细胞凋亡将不可逆发生。由 Caspase 依赖的细胞凋亡信号转导通路主要有两条：死亡受体信号转导通路和线粒体通路。这两条细胞凋亡途径研究得较为深入。此外，研究发现，细胞还可通过内质网信号转导通路等其他 Caspase 非依赖的细胞凋亡信号转导通路来导致细胞凋亡。值得说明的是，不同的凋亡途径间存在交叉，并且与细胞增殖、细胞分化的调控存在一些共同通路。

1. 死亡受体介导的信号转导通路   死亡受体介导的细胞凋亡起始于细胞外的死亡配体与细胞膜上死亡受体（death receptor，DR）的结合，又称为外源性凋亡途径。死亡配体主要是肿瘤坏死因子家族成员，如 FasL、TNF 等；死亡受体是细胞膜上的单次穿膜蛋白，其胞质部分含有死亡结构域（death domain，DD），负责招募凋亡信号通路中的信号分子。Fas/APO – 1/CD95 和 TNF – R1 是死亡受体家族的代表成员。

配体 FasL 与死亡受体 Fas 结合引起后者的三聚化（trimerization），聚合的 Fas 通过胞质侧的死亡结构域 DD 招募接头蛋白 FADD（Fas – associated death domain），FADD 的 N 端死亡效应结构域 DED（death effector domain）进一步与 Caspase – 8 酶原结合，形成死亡诱导信号复合物（death – inducing signaling complex，DISC）。Caspase – 8 酶原在复合物中通过自身切割而被激活，进而切割执行 Caspase – 3 酶原，产生

活性 Caspase-3，导致细胞凋亡。另一方面，活化的 Caspase-8 还可通过切割激活 Bcl-2 家族的促凋亡因子 Bid，进一步将凋亡信号传递到线粒体。正常状态下，Bid 以非活性方式存在于细胞质内，Caspase-8 可将其切割成一种截短的 Bid；后者转移到线粒体并破坏线粒体膜的稳定性，导致 Cyt c 释放入细胞质，从而引发线粒体介导的内源性凋亡途径。

2. 线粒体介导的信号转导通路　由线粒体内的凋亡相关因子（如 Cyt c）释放至细胞质所引发，又称为内源性凋亡途径。当细胞受到内部凋亡信号（如不可修复的 DNA 损伤）或外部的凋亡信号（如紫外线、γ射线、药物、一氧化氮、活性氧等）刺激时，胞内线粒体的外膜通透性会发生改变，向细胞质中释放出凋亡相关因子，引发细胞凋亡。线粒体释放到胞质中的凋亡因子有多种，其中最"著名"的是 Cyt c。如前所述，细胞质中的细胞色素 c 在脱氧腺三磷酸（dATP）存在的条件下，能与 Apaf-1 一起，结合并激活 Caspase-9 酶原。Caspase-9 进一步激活 Caspase-3，引起细胞凋亡。

除 Cyt c 之外，凋亡信号还能刺激线粒体释放其他的凋亡因子至细胞质基质中，引发 Caspase 非依赖性细胞凋亡途径，比如凋亡诱导因子 AIF（apoptosis inducing factor）、内切核酸酶 G（endonuclease G）等。AIF 被释放后能直接进入细胞核，引起核内 DNA 凝集并断裂成约 5×10^4 大小的片段。而内切核酸酶 G 释放出来进入细胞核后对核 DNA 的切割，则在 Caspase 未被激活的情况下，产生典型的以核小体为单位的 DNA 片段（图 12-11）。

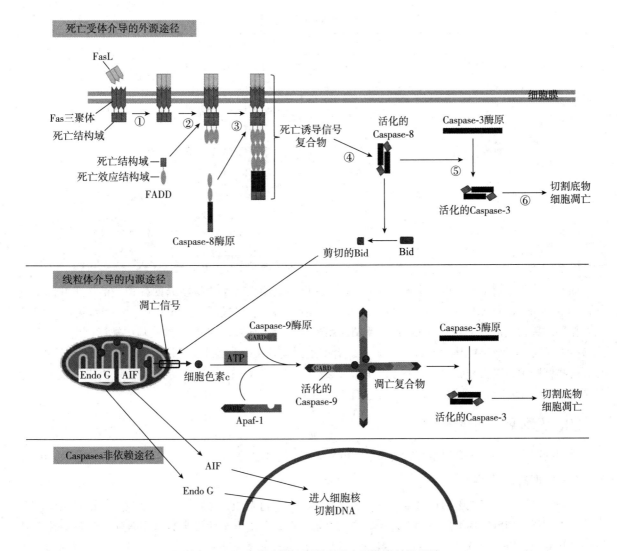

图 12-11　哺乳动物细胞凋亡的主要信号转导通路

3. 内质网介导的信号转导通路 这一信号通路是近年来发现的促进细胞凋亡的信号途径。内质网是细胞内蛋白质合成的主要场所，同时也是胞内钙离子的主要储存库。一方面，当钙离子稳态改变和未折叠或错误折叠蛋白质在内质网蓄积时，内质网中的 Caspase – 12 酶原被活化，之后被转运到胞质中与 Caspase – 9 介导的凋亡途径相结合，完成细胞凋亡。另一方面，内质网钙的释放可直接诱导线粒体的膜孔开放，并释放凋亡因子，以 Caspase 非依赖性方式完成细胞凋亡。所以，内质网和线粒体在凋亡调控中存在直接的相互对话和相互作用，内质网通过其钙库在凋亡信号接收和放大中发挥作用，而线粒体在接收凋亡信号后通过释放凋亡因子来启动和实施凋亡过程。

（三）细胞凋亡的调控

多细胞生物是高度有序的生命体，其细胞凋亡过程受到严格的信号调控。在决定细胞的生死过程中，细胞中的 Caspase 酶原系统发挥核心作用；但 Caspase 酶原自身的活化以及与其活化相关信号分子的活性在细胞中受到严格控制，以保证在必需的情况下才启动凋亡程序。

细胞中存在多种重要的内源性凋亡抑制分子，例如线虫细胞中的 ced – 9 和哺乳动物细胞中的 Bcl – 2 亚家族，它们能够抑制线粒体释放 Cyt c，阻止细胞凋亡发生。还有一类仅存在于哺乳动物细胞和果蝇细胞中的抑制因子 c – IAP（inhibitor of apoptosis）家族成员（表 12 – 3）。这类抑制因子可直接与 Caspase 活性分子结合，阻止其对底物的切割作用。

表 12 – 3 　内源性 caspase 抑制因子 c – IAP 家族

名称	抑制底物
NAIP（BIRC1）	Caspase – 3、7
c – IAP	Caspase – 3、7
c – IAP	Caspase – 3、7
XIAP	Caspase – 3、7、9
Survivin	Caspase – 3、7
Livin	Caspase – 3、7、9
ILP – 2	Caspase – 9
c – FLIP（I – FLICE）	Caspase – 8、10
ARC	Caspase – 2、8
BAR	Caspase – 8

而当凋亡程序启动后，Bcl – 2 和 c – IAP 家族成员的抗凋亡作用能被特异的凋亡激活因子解除。例如，Smac（second mitochondria derived activator of Caspase）和丝氨酸蛋白酶 Htra2/Omi 是能解除 c – IAP 抗凋亡作用的凋亡激活因子。它们在细胞接受凋亡刺激信号后，与 Cyt c 一起从线粒体中被释放出来。前者能与 IAP 结合，释放出被其封闭的 Caspase；后者则通过切割 IAP 解除其抑制凋亡作用。值得说明的是，哺乳动物细胞中抗凋亡和促凋亡的调控因子多种多样。因此，细胞生存或死亡，可能取决于细胞中这两类调控因子的相对含量，以及胞外信号对它们活性的调控。

四、细胞凋亡的检测

检测细胞凋亡的方法有很多，归纳起来，可分为三类：形态学检测、生化检测和流式细胞仪检测。

（一）形态学检测

形态学检测是鉴定细胞凋亡最可靠的方法之一。主要通过对组织或细胞进行染色后，在显微镜下观察其是否有凋亡细胞的各类形态学变化来鉴定。例如 HE 染色或吉姆萨染色后可在普通光学显微镜下观察；用吖啶橙、Hochest 33258 等荧光染料染色后则可在荧光显微镜下观察；也可通过将组织或细胞制成超薄切片后用电子显微镜观察。

（二）生化检测

细胞凋亡的显著生化特征之一是核酸内切酶激活之后导致的核 DNA 的片段化。针对凋亡细胞的这个特征，发展了检测凋亡的琼脂糖凝胶电泳法、原位末端标记法和 ELISA 法等。

（三）流式细胞仪检测

凋亡引发的细胞膜、细胞器和细胞核等的改变，会造成染色体荧光染料对凋亡细胞 DNA 可染性的改变。针对这个特点，发展了细胞凋亡检测的 DNA 单荧光染料（例如碘化丙啶）染色法。凋亡细胞被荧光染色后，可用流式细胞仪检测出凋亡的亚二倍体峰。另外，也可利用细胞凋亡早期胞膜内侧的磷脂酰丝氨酸翻转到膜外侧的特点，使用针对磷脂酰丝氨酸的荧光标记探针，结合流式细胞仪进行凋亡检测。

此外，还可借助其他的生理生化方法检测细胞凋亡，如检测 Caspase 激活、Cyt c 的释放、线粒体膜电位的变化等。

五、细胞凋亡与疾病

细胞凋亡是机体维持自身稳定的一种生理机制。机体通过细胞凋亡清除损伤、衰老与突变的细胞，维持生理平衡。如果机体内细胞凋亡失调，包括凋亡不足或过度凋亡，都将引起疾病。

（一）细胞凋亡不足导致的疾病

1. 肿瘤　细胞凋亡受阻在肿瘤发病机制中占重要地位。癌变前的细胞通过凋亡过程被清除，但在恶性肿瘤发病过程中，细胞中一系列癌基因和原癌基因被激活而过度表达，而许多凋亡抑制基因则发生失活或缺失，最终导致细胞凋亡发生障碍，细胞进入无序失控的生长状态形成癌症。

2. 自身免疫性疾病　正常的 T 淋巴细胞在受到入侵的抗原刺激后会被激活，产生一系列的免疫应答反应。机体为了防止免疫应答过高或免疫应答无限制的发展，便以诱导 T 淋巴细胞凋亡来控制其寿命。自身免疫性淋巴细胞增生综合征（ALPS）患者体内的 Fas 配体和 Fas 蛋白均发生突变，使得增生的 T 淋巴细胞无法正常凋亡，造成淋巴细胞增殖性的自身免疫性疾病。

（二）细胞凋亡过度导致的疾病

1. 艾滋病　人免疫缺陷病毒 HIV 能够直接诱导 T 细胞凋亡，或使其对凋亡信号的敏感性大大增强。比如，HIV 感染的外周血 T 淋巴细胞对 TRAIL 和 FasL 的凋亡诱导特别敏感。

2. 神经退行性疾病　中枢神经系统不同部位，特殊类型神经元的丧失是各种神经退行性疾病的病理特点。帕金森病（PD）、阿尔茨海默病（AD）、亨廷顿舞蹈病等都与正常神经元细胞的过度凋亡相关。研究发现，沉积于阿尔茨海默病患者神经元中的 β - 淀粉样蛋白，能诱导神经元凋亡。

3. 心血管疾病　人类的血管内皮细胞、平滑肌细胞和心肌细胞的凋亡是多种心血管疾病发生与演变的病理学基础。在动脉粥样硬化、心肌病、急性心肌梗死以及心力衰竭中均伴随着细胞凋亡。有证据表明，导致心律失常的右心室发育不良性心肌病、心力衰竭均与心肌细胞的过度凋亡有关，而对动脉粥样硬化的研究发现，血管内皮细胞和巨噬细胞大量凋亡。

PPT

第四节　细胞自噬

细胞自噬（autophagy）现象最早于 1962 年在大鼠肝细胞中观察到，1966 年由 Deduve C 和 Wattiaux R 正式提出自噬的概念。"autophagy" 在希腊语中是 "auto"（自我）与 "phagy"（吞噬）的组合，意指细胞的自我消化。自噬是胞质内大分子物质和细胞器包裹在膜囊泡中被溶酶体酶大量降解的生物学过程，它是真核细胞内普遍存在的一种维持细胞稳态的生理机制。

一、细胞自噬的类型

根据细胞内底物运送到溶酶体的方式的不同，哺乳动物细胞自噬分为巨自噬（macroautophagy）、微自噬（microautophagy）和分子伴侣介导的自噬（chaperone-mediated autophagy）三种类型（图12-12）。

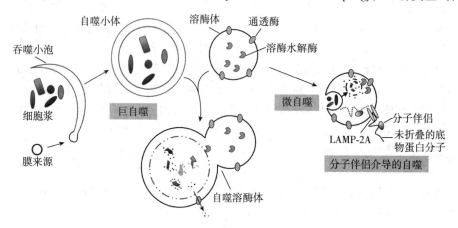

图12-12 哺乳动物细胞自噬的类型

1. 巨自噬 即通常所说的自噬，是自噬形式中最普遍的一种。在巨自噬过程中，部分或整个细胞质、细胞器被包裹进内质网或细胞质膜泡来源的双层膜囊泡中，形成自噬泡或自噬体（autophagosome），之后自噬体与溶酶体融合形成自噬溶酶体（autophagolysosome），继而其内含物被溶酶体水解酶消化成小分子物质（如蛋白质降解为氨基酸，核酸降解为核苷酸等），被细胞再利用于细胞代谢及细胞器更新。所以自噬作用以溶酶体依赖的方式消化不需要的成分，并为细胞内新细胞器的构建提供原料，完成细胞结构的再循环，维持了细胞稳态。

2. 微自噬 又称小自噬，是指溶酶体膜直接内陷、包裹待降解细胞内容物的自噬方式，如长寿命蛋白在溶酶体内的降解。

3. 分子伴侣介导的自噬 是由分子伴侣识别带有特定序列的蛋白底物，再与溶酶体膜上的受体LAMP-2A结合，进而将底物转运至溶酶体内降解的自噬方式。因此，这种自噬方式具有底物的选择性。

二、细胞自噬的过程

在正常细胞中，细胞自噬持续性地以较低速率进行。当细胞遭遇特殊情况，如动物发育的特殊阶段或细胞面临代谢压力时，会大量发生细胞自噬。自噬体的形成是细胞自噬区别于其他细胞死亡方式的显著特点。自噬体的形成过程包括囊泡成核（自噬启动阶段）和囊泡延伸与成熟阶段，这些过程受到各种自噬相关蛋白的严格调控（图12-13），之后，成熟的自噬体与溶酶体融合形成一个自噬溶酶体。在自噬溶酶体内部，隔离的内容物被降解，即自噬体降解阶段。目前，研究者们已经发现多个与细胞自噬相关的基因（在酵母菌中已成功取得并鉴定30多种），被统一命名为自噬相关基因（autophagy-telated gene，ATG）。2016年诺贝尔生理学或医学奖授予在"细胞自噬机制"方面有重要发现的日本科学家大隅良典。

1. 囊泡成核阶段 自噬的起始是哺乳动物蛋白激酶mTOR整合胞外的刺激信号，由ATG1/ULK1（酵母ATG1的哺乳动物同源物）在内质网或高尔基复合体膜等结构上诱发，在Beclin 1-Vps34复合物的作用下，诱导自噬初始囊泡的形成。虽然自噬体膜的起源尚有争议，但大部分学术研究倾向于自噬体膜来源于内质网、线粒体膜或高尔基复合体。

2. 囊泡延伸与成熟阶段 在该阶段，细胞内受损、衰老的细胞器，长寿蛋白及入侵的病原体等物质，被新月形的囊泡结构包裹，形成自噬体。在此过程中，两个泛素化系统ATG12-ATG5-ATG16L复合物和微管相关蛋白质轻链3（LC3，酵母ATG8的哺乳动物同源物）-磷脂酰乙醇胺（PE）复合物共同作用于自噬囊泡，促进自噬体膜的延伸。其中，ATG12 - ATG5 - ATG16L 复合物由 ATG7 和 ATG10 相继催化形成。LC3 - PE 复合物的形成过程亦与 ATG7 密切相关：LC3 先在 ATG4 的作用下脱羟基生成细胞质可溶性 LC3 - Ⅰ，随后被 ATG7 及 ATG3 共同介导与 PE 的结合，酯化形成 LC3 - Ⅱ并被募集至自噬体膜上。LC3 - Ⅱ定位到自噬体膜上，是自噬体形成的生物学标志。因此，LC3 - Ⅱ含量的多少与自噬体数量的多少成正比，其蛋白表达水平可以用来衡量细胞自噬水平。

三、细胞自噬的调控

自噬是由多条信号通路共同介导来完成的，其中 mTOR 通路被发现是自噬主要的直接负反馈调节通路。丝/苏氨酸蛋白激酶 mTOR 是氨基酸、ATP 和激素等多种信号刺激的感受器，对细胞生长和增殖具有重要的调节作用。在细胞正常状态下，正常浓度的生长因子能够通过磷脂酰肌醇 3 - 激酶（PI3K）信号途径激活 mTOR；mTOR 能够抑制 ATG1/ULK1 的激酶活性，从而抑制细胞自噬的发生（图 12 - 13）。当细胞处于营养缺乏等应激状态时，低浓度的生长因子使 mTOR 的活性被抑制，导致 ATG1/ULK1 活化，促进自噬体的形成。

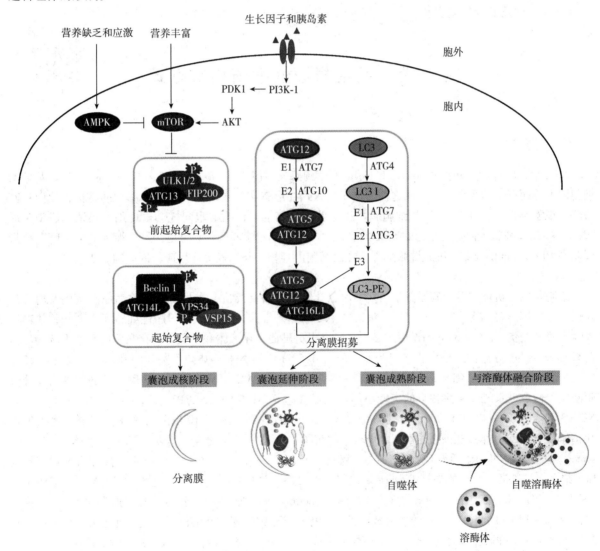

图 12 - 13　细胞自噬的基本过程及调控

四、细胞自噬与疾病

细胞自噬是促使细胞存活的自我保护机制。细胞面临代谢压力，如营养或生长因子缺乏或处于低氧环境中等代谢压力时，细胞通过自噬降解自身蛋白大分子或细胞器为细胞生存提供原材料或 ATP。另一方面，细胞自噬具有自我清理功能，它不仅能够降解错误折叠的蛋白质，还能降解功能失常的线粒体、过氧化物酶体或高尔基复合体等整个细胞器。因此，细胞自噬是促使细胞存活的自我保护机制。但是，过度激活的自噬会导致程序性细胞死亡。

自噬对细胞的两面性作用，导致其在疾病中也产生复杂的双刃剑效应。对于细胞自噬与肿瘤发展的关系，目前比较接受的是自噬有时促进肿瘤，有时又抑制肿瘤。有研究发现，多种抗肿瘤治疗都可以诱导肿瘤细胞自噬的发生，提示其可能是肿瘤细胞对抗治疗的一种耐受机制；自噬通过清理化疗与电离辐射受损的大分子或细胞器，保护被化疗药物攻击或放疗辐射攻击的肿瘤细胞，并使其避免凋亡。另外，人们原先认为细胞自噬是神经退行性疾病的元凶；但现在，实验证明，敲除 ATG5 和 ATG7 的小鼠均表现出蛋白质聚集导致的神经功能退化，说明细胞自噬很可能是进化过程中形成的一种重要的细胞保护机制。

第五节　其他程序性细胞死亡方式

PPT

一、焦亡

2005 年，Susan L. Fink 和 Brad T. Cookson 观察到感染沙门菌（*Salmonella*）和志贺杆菌（*Shigella*）的细胞因炎症而死亡的现象，并发现这种细胞死亡方式在形态学上同时具有坏死和凋亡的特征，他们将其命名为细胞焦亡（pyroptosis）。与细胞凋亡相似的是，发生焦亡的细胞同样会出现细胞核浓缩、染色质 DNA 断裂以及细胞表面外吐小泡的现象。但与凋亡不同，而与坏死类似的是，焦亡细胞的细胞膜上会形成众多 10~15nm 的孔隙，细胞肿胀炸裂，释放细胞内容物，并诱发炎症反应。因此细胞焦亡又被称为细胞炎性坏死。

细胞焦亡是机体在感知病原微生物侵染后启动的免疫防御反应，在拮抗和清除病原感染以及内源危险信号中发挥重要作用。与凋亡相比，焦亡发生更迅速。细胞焦亡是一种程序性细胞死亡方式，依赖于炎性半胱氨酸蛋白酶 Caspase 的作用。目前，研究人员已证实在人体和小鼠体内存在着由炎性半胱氨酸蛋白酶 Caspase-1 介导的经典焦亡途径和 Caspase-4/5/11 介导的非经典焦亡途径两种焦亡方式（图 12-14）。当脂多糖（LPS）细菌、真菌、病毒等病原相关分子和 ATP、胆固醇等非病原来源的危险信号分子刺激先天性免疫系统、激活各自的炎性小体传感器（包括 NLRP1b、NLRP3、NLRC4、AIM2 或 Pyrin 等，NLRP3 和 NLRC4 炎症小体的激活分别需要激酶 NEK7 和配体结合的 NAIP 蛋白）；炎性小体传感器触发炎性小体接头 ASC 和半胱氨酸蛋白酶 Caspase-1 的招募，形成一个大分子复合物，即炎性小体（inflamma-some）。炎性小体继而激活人/鼠 Caspase-1 酶原，人 Caspase-4、5 和鼠 Caspase-11 酶原可通过直接与 LPS 结合而被激活。活化的炎性 Caspase-1、4、5、11 一方面能通过切割孔蛋白 Gasdermin 家族蛋白 GSDMD，释放其有活性的 N 端结构域；释放的 Gasdermin-N 结构域与质膜中的磷酸肌苷结合，并齐聚形成内径 12~14nm 的膜孔。膜孔的形成破坏了渗透势，导致细胞膨胀并溶解。这些小孔也可以作为细胞外释放成熟 IL-1b 的通道。另一方面，活性的 Caspase-1 还会切割胞内白介素-1β 和白介素-18 的前体，释放出有活性的白介素-1β（IL-1β）和白介素-18（IL-18）炎症因子，从而引起炎症反应。

二、坏死性凋亡

早期认为细胞坏死是被动的。但越来越多的证据表明，坏死并非都是非程序性的。2005 年，哈佛大

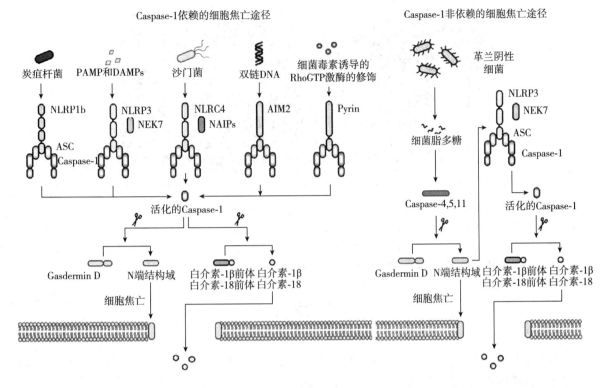

图 12 - 14　细胞焦亡的信号转导途径

学医学院袁俊英教授课题组发现了一种在抑制 Caspase - 8 活性的条件下，形态学特征与坏死相近，启动方式为非 Caspase 依赖的具有可调控性的程序性细胞死亡方式，即坏死性凋亡（necroptosis），也称为程序性坏死（programmed necrosis），其激活主要依赖于包含 RIP1 与 RIP3（receptor - interactingprotein kinase 3）的坏死小体（necrosome）的形成。激活的坏死小体继而招募 MLKL 分子，并插入膜结构上，使细胞膜以及胞内的膜结构的完整性被破坏，最终引发细胞的坏死性凋亡。

坏死性凋亡具有明显的细胞坏死样形态学改变，细胞器肿胀、细胞质水肿、细胞膜完整性破坏，但核内染色质缺乏明显的形态改变；细胞释放大量炎性损伤相关分子，引发严重的局部炎症反应，导致大量炎症细胞浸润和激活。坏死性凋亡与凋亡和自噬有明显的区别，三者可以通过光镜、电镜和 PI 染色得到明确的区分。

三、铁死亡

2012 年，Cell 杂志上报道了一种铁离子和活性氧 ROS 依赖的非凋亡程序性死亡途径，即铁死亡（ferroptosis）。当时，Dixon 等人用爱拉斯汀（erastin）小分子处理人纤维肉瘤细胞 HT1080 后，细胞内 ROS 增加，继而细胞死亡；但如果加入铁离子的螯合剂，则会抑制细胞内 ROS 的增加以及观察到的细胞死亡现象。因此，将这种依赖于细胞内铁离子存在的死亡方式称为铁死亡。

在形态学上，铁死亡的细胞呈现与凋亡、坏死和自噬等方式死亡的细胞完全不同的特征（图 12 - 15）。铁死亡细胞膜完整、不起泡且无破裂；细胞核正常，无染色体凝聚；但线粒体萎缩，嵴减少或消失，线粒体膜增厚同时外膜破裂。线粒体的改变是铁死亡方式的特征性改变，一般可作为该种死亡方式的检测指标。

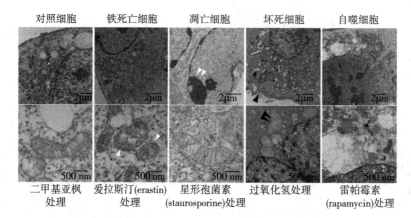

对照细胞　铁死亡细胞　凋亡细胞　坏死细胞　自噬细胞

二甲基亚砜　爱拉斯汀(erastin)　星形孢菌素　过氧化氢处理　雷帕霉素
处理　处理　(staurosporine)处理　(rapamycin)处理

图 12-15　铁死亡与凋亡、坏死和自噬 4 种细胞死亡方式的形态学比较

二甲基亚砜（10 小时）、erastin（37mM，10 小时）、staurosporine（0.75mM，8 小时）、H$_2$O$_2$（16mM，1 小时）和雷帕霉素（100nM，24 小时）处理 BJeLR 细胞的透射电镜观察图。单个白色箭头代表萎缩的线粒体；成对的白色箭头代表染色质凝结；黑色箭头代表细胞质和细胞器肿胀，质膜破裂；黑色带线箭头代表双膜囊泡的形成

本章小结

　　细胞衰老与死亡是细胞生命活动中的基本规律。衰老细胞在形态学上体现为细胞皱缩、膜通透性和脆性增加，核膜内陷、染色质固缩，细胞器尤其是线粒体数量减少，胞内出现脂褐质等异常物质沉积，蛋白质合成下降等。细胞衰老最终导致细胞死亡。细胞衰老的发生不光受到有机体本身基因的调控，也受到环境因素影响。个体/机体衰老是区别于细胞衰老的概念。机体的衰老不代表个体中所有细胞衰老，但个体衰老以细胞衰老为基础。细胞死亡分非程序性细胞死亡（坏死）和程序性细胞死亡（凋亡、自噬、焦亡、坏死性凋亡、铁死亡等）两大类。这些死亡方式在形态学改变、生化改变、分子机制和意义等方面均不同。坏死是由极端因素触发的细胞生命活动被迫终止的细胞死亡过程，不受胞内基因调控；坏死细胞及细胞器肿胀破裂；核染色质 DNA 随机降解；细胞内容物释放，引起周围组织炎症反应。凋亡是特定信号触发的细胞主动性死亡过程，表现为细胞皱缩，质膜内陷包裹细胞内容物形成凋亡小体并被周围细胞吞噬，不引起组织炎症反应。凋亡受许多基因调控，主要通过死亡受体外源性凋亡途径和线粒体内源性凋亡途径介导完成。细胞凋亡可清除机体内损伤、衰老与突变细胞，维持生理平衡。自噬是胞质内大分子物质和细胞器包裹在膜囊泡中被溶酶体酶大量降解，为机体供能的生物学过程，整个过程受到自噬相关蛋白 ATG 家族的严格调控。

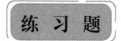

题库

一、单选题

1. 下列不属于细胞衰老特征的是（　　）

　　A. 细胞皱缩，水分减少　　B. 线粒体嵴数目减少　　C. 细胞膜流动性增大

　　D. 脂褐质沉积　　E. 核染色质固缩

2. 下列因素中不会导致细胞衰老的是（　　）

　　A. 基因转录差错　　B. 代谢废物积累　　C. 活性氧自由基增多

　　D. 端粒酶活性增高　　E. 线粒体 DNA 突变

3. 早衰综合征支持的学说是 （ ）

    A. 自由基学说   B. 代谢废物积累学说   C. 遗传程序学说

    D. 线粒体 DNA 突变学说   E. 端粒钟学说

4. 细胞凋亡的一个重要特点是 （ ）

    A. DNA 随机断裂   B. 端粒 DNA 断裂   C. 核糖体的 rRNA 断裂

    D. DNA 发生规则性断裂   E. 线粒体 DNA 断裂

5. 在检测某细胞时，发现细胞内有大量活性的胱天蛋白酶（Caspase）家族成员存在，提示此细胞发生了 （ ）

    A. 细胞衰老   B. 细胞坏死   C. 细胞凋亡

    D. 细胞癌变   E. 细胞分化

6. 细胞坏死时可发生 （ ）

    A. 仅发生单个细胞的坏死

    B. 胞膜完整   C. 周围组织发生炎症反应

    D. 一系列基因激活表达   E. 细胞器皱缩

7. 以下具有促进细胞凋亡作用的基因是 （ ）

    A. $ced-9$ B. $caspase-9$ C. $Bcl-2$

    D. $c-IAP$ E. $CDK1$

8. 以下与细胞凋亡过度有关的疾病是 （ ）

    A. 乳腺癌   B. 白血病   C. 艾滋病

    D. 系统性红斑狼疮   E. 肺癌

9. 在脊椎动物发育早期，一般要先产生过量的神经元，但只有那些与靶细胞建立良好的突触联系并充分接受了靶细胞分泌的存活因子的神经元才能保留下来。那么未保留下来的神经元细胞发生了 （ ）

    A. 细胞凋亡   B. 细胞坏死   C. 细胞自噬

    D. 细胞分化   E. 细胞衰老

10. 下列参与了凋亡执行的 Caspase 家族成员是 （ ）

    A. Caspase-1   B. Caspase-2   C. Caspase-3

    D. Caspase-4   E. Caspase-5

11. 下列关于线粒体与凋亡相关性的描述，不正确的是 （ ）

    A. 凋亡相关的 Bcl-2 家族蛋白很多定位于线粒体膜上

    B. 线粒体可释放 Cyt c 激活凋亡程序

    C. 线粒体诱导的凋亡必须发生在死亡受体信号通路激活以后

    D. 许多凋亡信号都可引起线粒体膜渗透性的改变

    E. 线粒体 DNA 的突变可能引发细胞凋亡

12. 细胞内衰老死亡的细胞器被膜包裹形成的结构是 （ ）

    A. 吞噬体   B. 自噬体   C. 异噬体

    D. 吞饮体   E. 衰老小体

13. 细胞自噬也是受基因调控的过程，科学家可通过测量某些蛋白的表达水平来衡量细胞自噬水平。其表达水平可以用来衡量自噬水平的蛋白是 （ ）

    A. Fas   B. Cyt c   C. Caspase-3

    D. LC3-Ⅱ   E. ATG

14. 细胞寿命接近于机体整体寿命的细胞是 （ ）

    A. 神经元   B. 肝细胞   C. 表皮细胞

    D. 巨噬细胞   E. 红细胞

二、多选题

1. 以下属于诱发细胞凋亡的因素的有 （   ）

    A. 肿瘤坏死因子 TNF   B. 自由基   C. 热休克

    D. 胞内钙离子浓度升高   E. 强酸强碱

2. 下列细胞中有端粒酶活性的有 （   ）

    A. 肿瘤细胞   B. 生殖细胞   C. 正常上皮细胞

    D. 胚胎细胞   E. 以上均不对

3. 在形态学上，会发生细胞内容物外溢的细胞死亡方式包括 （   ）

    A. 细胞凋亡   B. 细胞坏死   C. 坏死性凋亡

    D. 细胞焦亡   E. 细胞自噬

三、思考题

1. 复制性衰老的可能机制是什么？

2. 细胞凋亡的概念、形态特征及其与坏死的区别是什么？

3. 对于多细胞生物，细胞凋亡的生理意义何在？请举例说明。

（杨南扬）

参 考 答 案

第二章

一、单选题

1. D 2. B 3. C 4. D 5. D 6. A 7. A 8. B 9. A 10. A 11. D 12. C 13. E

二、多选题

1. ACDE 2. BC 3. ABD 4. ABCD 5. DE

第三章

一、单选题

1. D 2. D 3. A 4. B 5. A 6. C 7. C 8. B 9. A 10. B

二、多选题

ABCDE

第四章

一、单选题

1. C 2. A 3. E 4. C 5. A 6. A

二、多选题

1. BCDE 2. BDE 3. AB

第五章

一、单选题

1. A 2. D 3. C 4. D 5. E 6. A 7. A 8. D

二、多选题

1. BCD 2. BE 3. ABCD 4. CDE

第六章

一、单选题

1. D 2. B 3. A 4. B 5. E 6. E

二、多选题

1. AC 2. ABDE 3. ABD 4. ABCE

第七章

一、单选题

1. A 2. B 3. C 4. B 5. C 6. C 7. A 8. C

二、多选题

1. ACD 2. ABC 3. AD 4. ABDE 5. ABC

第八章

一、单选题

1. D 2. C 3. C 4. B 5. A 6. C 7. A 8. D 9. C 10. C 11. A

二、多选题

1. ABCDE 2. ACDE 3. BCDE 4. ABE

第九章

一、单选题

1. C 2. E 3. C 4. D 5. A 6. C 7. C

二、多选题

1. AC 2. ABD 3. AD 4. ABCD

第十章

一、单选题

1. D 2. A 3. C 4. B 5. C 6. D 7. A 8. E 9. A 10. E

二、多选题

1. ACD 2. ABE 3. AB 4. BCD 5. ABCDE

第十一章

一、单选题

1. A 2. E 3. D 4. E 5. A 6. A 7. A 8. E 9. E 10. C 11. D

二、多选题

1. ACE 2. ABCDE 3. ABCDE 4. ABCDE 5. BCDE

第十二章

一、单选题

1. C 2. D 3. C 4. D 5. C 6. C 7. B 8. C 9. A 10. C 11. C 12. B 13. D 14. A

二、多选题

1. ABCD 2. ABD 3. BCD

参 考 文 献

［1］陆士新. 干细胞与肿瘤［M］. 北京：中国协和医科大学出版社，2009.

［2］刘易斯·托马斯. 细胞生命的礼赞——一个生物学观察者的手记（The Lives of a Cell）. 长沙：湖南科学技术出版社，2011.

［3］韩忠朝. 间充质干细胞基础与临床［M］. 科学出版社，2012.

［4］陈志南. 工程细胞生物学［M］. 北京：科学出版社，2013.

［5］刘佳，周天华. 医学细胞生物学［M］. 北京：高等教育出版社，2014.

［6］杨恬，左仮，刘艳平. 细胞生物学［M］. 3版. 北京：人民卫生出版社，2015.

［7］陈誉华. 医学细胞生物学［M］. 5版. 北京：人民卫生出版社，2015.

［8］胡火珍，税青林. 医学细胞生物学［M］. 7版. 北京：科学出版社，2015.

［9］丰惠根，窦晓兵. 医学细胞生物学［M］. 北京：中国医药科技出版社，2016.

［10］陈元晓，陈俊霞. 医学细胞生物学［M］. 2版. 北京：科学出版社，2017.

［11］易静. 医学细胞生物学常用技术：原理和应用［M］. 北京：高等教育出版社，2017.

［12］龙莉，杨明. 医学遗传学［M］. 北京：科学出版社，2018.

［13］陈誉华，陈志南. 医学细胞生物学［M］. 6版. 北京：人民卫生出版社，2018.

［14］陈晔光，张传茂，陈佺. 分子细胞生物学［M］. 3版. 北京：高等教育出版社，2019.

［15］胡以平. 医学细胞生物学［M］. 4版. 高等教育出版社，2019.

［16］蔡绍京，霍正浩. 医学细胞生物学［M］. 3版. 北京：科学出版社，2019.

［17］刘佳，周天华. 医学细胞生物学［M］. 2版. 北京：高等教育出版社，2019.

［18］安威. 医学细胞生物学［M］. 4版. 北京：北京大学医学出版社，2019.

［19］胡火珍，税青林. 医学细胞生物学［M］. 8版. 北京：科学出版社，2019.

［20］徐威. 药学细胞生物学［M］. 3版. 北京：中国医药科技出版社，2019.

［21］王金法. 细胞生物学［M］. 2版. 北京：科学出版社，2020.

［22］翟中和. 细胞生物学［M］. 5版. 北京：科学出版社，2020.

［23］丁明孝，王喜忠，张传茂，等. 细胞生物学［M］. 5版. 北京：高等教育出版社，2020.

［24］Surani M A. Reprogramming of genome function through epigenetic inheritance［J］. Nature，2001，414（6859）：122 – 128.

［25］Sell S. Stem cell origin of cancer and differentiation therapy［J］. Critical Reviews in Oncology/hematology，2004，51（1）：1 – 28.

［26］Gotz M，Huttner W B. The cell biology of neurogenesis［J］. Nat Rev Mol Cell Biol，2005，6（10）：777 – 788.

［27］Laurent L，Wong E，Li G，et al. Dynamic changes in the human methylome during differentiation［J］. Genome Research，2010，20（3）：320 – 331.